絵で見てわかる クラウドインフラとAPIの仕組み

平山毅　著・監修

中島倫明／中井悦司／矢口悟志
森山京平／元木顕弘　著

SHOEISHA

本書内容に関するお問い合わせについて

このたびは翔泳社の書籍をお買い上げいただき、誠にありがとうございます。弊社では、読者の皆様からのお問い合わせに適切に対応させていただくため、以下のガイドラインへのご協力をお願い致しております。下記項目をお読みいただき、手順に従ってお問い合わせください。

●ご質問される前に

弊社 Web サイトの「正誤表」をご参照ください。これまでに判明した正誤や追加情報を掲載しています。

正誤表　https://www.shoeisha.co.jp/book/errata/

●ご質問方法

弊社 Web サイトの「刊行物 Q&A」をご利用ください。

刊行物 Q&A　https://www.shoeisha.co.jp/book/qa/

インターネットをご利用でない場合は、FAX または郵便にて、下記“翔泳社 愛読者サービスセンター”までお問い合わせください。
電話でのご質問は、お受けしておりません。

●回答について

回答は、ご質問いただいた手段によってご返事申し上げます。ご質問の内容によっては、回答に数日ないしはそれ以上の期間を要する場合があります。

●ご質問に際してのご注意

本書の対象を越えるもの、記述個所を特定されないもの、また読者固有の環境に起因するご質問等にはお答えできませんので、予めご了承ください。

●郵便物送付先および FAX 番号

送付先住所　〒160-0006　東京都新宿区舟町 5
FAX 番号　03-5362-3818
宛先　（株）翔泳社 愛読者サービスセンター

※本書に記載された URL 等は予告なく変更される場合があります。
※本書の出版にあたっては正確な記述につとめましたが、著者や出版社などのいずれも、本書の内容に対してなんらかの保証をするものではなく、内容やサンプルに基づくいかなる運用結果に関してもいっさいの責任を負いません。
※本書に掲載されているサンプルプログラムやスクリプト、および実行結果を記した画面イメージなどは、特定の設定に基づいた環境にて再現される一例です。

本章に記載しているリソースコンポーネントは、執筆時点（2015 年後半）のものです。クラウドは機能が拡張されていきます。本章の記載内容は、あくまで考え方を示すもので、構成や動作を担保するものではありません。機能詳細や最新の仕様は、ベンダーのマニュアルやサポートでご確認ください。

はじめに

本書は、主にIaaS（インフラサービス）のクラウドインフラ構築に携わるエンジニアが知っておきたい知識をまとめた書籍です。特定のクラウドサービスの機能を紹介する書籍ではなく、クラウドインフラのコンポーネントとAPIのコンセプトや動作原理を理解し、クラウド時代におけるフルスタックなクラウドアーキテクトになるための基礎知識を提供することを目的としています。

近年、企業のコアシステムの本番環境においても、クラウドの採用が一般的になってきました。そして、大手ITベンダーの戦略もクラウドに舵をきっています。もはやクラウドは、一部のニッチなエンジニアだけが使っていた時代が終わり、大衆化した技術になった感さえあります。これは、真の意味でITという技術がクラウドによって社会インフラの一部になりつつあることを示しているとも言えます。

実は、本書の執筆依頼を受けた当初、この企画は難航しました。というのも、クラウドは使いたいときに気軽に使え、仕組みを理解せずともシステムを構築できるのが売りのサービスだからです。内部構造は基本、ブラックボックスになっており、ユーザーは内部構造を意識せずに利用者視点で使える点がメリットでもあります。そして、クラウドでのインフラ構築と管理で根本的に変わる点は、インフラをAPIで制御でき、インフラを抽象化できることです。したがって、本書はこのAPIを軸にした内容としました。これによって従来の環境ではできなかった構築と運用が可能になります。

このAPIこそが、クラウドの本質です。しかし、APIを深く理解している人は、残念ながらWebエンジニアやアプリケーションエンジニアの一部のみに限定されているように思えます。クラウドでは、このAPIが管理コンソールやコマンドラインツールで隠ぺいされて意識せずに利用できるため、APIについてあまり知らなくても利用できてしまう背景もあります。

本書では、APIを理解していないインフラエンジニアやインフラを理解していないアプリケーションエンジニアを対象に、クラウドインフラとAPIの本質を伝えるため、インフラをアプリケーション設計視点で捉えるように配慮しています。本書を読むことで、クラウドインフラとAPIが、従来型のインフラエンジニアとアプリケーションエンジニアの垣根をとる要素技術であることに気がつくはずです。

最初にクラウドコンピューティングの概念と共通コンポーネントを説明した後、Web APIの仕組みを詳細に解説していきます。一般的にはクラウドは仮想化技術の延長と捉えられますが、実はクラウドはインターネット技術の延長でもあり、インターネット技術はクラウドの利用において極めて重要な基礎知識であるからです。そしてこのインターネット技術こそ、大衆化して内部構造がわからずに利用されている代表例であり、クラウドも同じ道をたどると著者は考えています。

続いて、本書の中盤では、クラウドでのサーバー、ストレージ、ネットワークのインフラのコンポーネントがどのようにAPIで制御できるかを説明していきます。そして最後に、その知識を元に、クラウドならではの大規模グローバルシステムにおけるイミュータブルでハイブリッドなシステムの構成技法を紹介し、著者の経験に基づいて最先端の適用現場での実践的な構成管理方法も説明します。本書の執筆陣にはすべて別々の企業／組織に所属するクラウドの専門家を揃えており、各自の経験による独自のエッセンスを取り入れて多様性を保っています。

クラウドは、構築するのが簡単ですが、抽象化されているため、構成をイメージするのが難しいという特徴があります。本書では、「絵で見てわかる」シリーズの特徴である図表を多用し、クラウドインフラのイメージを理解することに力点を置いています。また、汎用的に知識の応用が利くようにデファクトスタンダードなサービスを題材にしており、OSSであるため内部構造に言及でき、かつAPIがシンプルなOpenStackを基礎として、Amazon Web Servicesにもその知識が活用できるように配慮しています。

現在、多様なクラウドサービスが存在していますが、必ずAPIリファレンスが用意されています。本書を読み終わった後、APIリファレンスを見れば、各クラウドサービスで実現できることがわかるようになるはずです。そして、このAPIを軸にして、特定のクラウドサービスに依存しないクラウドの本質を理解いただければ幸いです。

著者を代表して　平山 毅

リソース用語集

本書では、クラウドの例として、OpenStackとAmazon Web Services（AWS）を取り上げていますが、各サービスのコンポーネント名やリソース名に多少の違いがあります。必要に応じて、以下の一覧を参考にしてください。

コンポーネント名	リソース名	OpenStack	Amazon Web Services（AWS）
テナント	-	テナント	アカウント
リージョン	-	リージョン	リージョン
アベイラビリティゾーン	-	アベイラビリティゾーン	アベイラビリティゾーン
コンソール	-	Horizon	マネージメントコンソール
サーバー	-	Nova	EC2（Elastic Compute Cloud）
	サーバー	サーバー	インスタンス
	タイプ	フレーバー	インスタンスタイプ
	イメージ	イメージ	イメージ（AMI）
ブロックストレージ	-	Cinder	EBS（Elastic Block Store）
	ディスク	ボリューム	ボリューム
	スナップショット	スナップショット	スナップショット
ネットワーク	-	Neutron	VPC（Virtual Private Cloud）
	ネットワーク全体	-	VPC
	スイッチ	ネットワーク	-
	サブネット	サブネット	サブネット
	ルーター	ルーター	ゲートウェイ、ルートテーブル
	ポート	ポート	ENI
	セキュリティグループ	セキュリティグループ	セキュリティグループ
	ネットワークアクセス制御	FWaaS	NACL
	グローバルIP	フローティングIP	Elastic IP
オーケストレーション	-	Heat	Cloudformation
	単位	スタック	スタック
	テンプレート	テンプレート	テンプレート
認証	-	Keystone	IAM（IdentityAccess Management）
	ユーザー	ユーザー	ユーザー
	グループ	グループ	グループ
	役割	ロール	-
	IAMロール	-	IAMロール
オブジェクトストレージ	-	Swift	S3（Simple Storage Service）
	箱	コンテナ	バケット
	ファイル	オブジェクト	オブジェクト

CONTENTS

目次

目次

【第12章】Immutable Infrastructure 329

第1章

クラウドコンピューティングにおけるAPIの役割

本書では、「APIを介して利用する」という観点から、クラウドコンピューティングの仕組みを解説していきます。ここでは、クラウドコンピューティングが生まれた背景から、クラウドコンピューティングにおけるAPIの役割を理解します。

1.1 クラウドコンピューティングの現状

一言でクラウドコンピューティングと言ってもさまざまな種類がありますが、本書では、IaaS（アイアース）（Infrastructure as a Service）タイプのクラウドを前提とします。まずは、クラウドコンピューティングが生まれた背景から、IaaSタイプのクラウドの位置づけを整理しましょう。

1.1.1 クラウドコンピューティングの誕生

一説によると、「クラウドコンピューティング」という言葉は、2006年に誕生したと言われています。米Google社の元CEOであるエリック・シュミット氏が、自身のプレゼンテーションで初めてこの言葉を使用したそうです。その後、インターネット上で提供されるさまざまなサービスが「クラウドサービス」と呼ばれるようになりました。当初は、一種のマーケティング戦略として「クラウド」という用語が用いられており、実際のところクラウドコンピューティングとは何なのか、だれしも明確な答えを持っていませんでした（当時、一部のITエンジニアの間では、「クラウドコンピューティングの定義」で議論に花が咲くこともよくありました）。

しかしながら、これまでのクラウドサービスの歴史を改めて振り返ると、クラウドコンピューティングが実現したものとは、「必要なITリソースをすぐに利用できる環境」、すなわち、「ITリソースの自動販売機」に他ならないことがわかります（図1.1）。クラウドコンピューティングを実現するうえで必要となる、さまざまな技術要素はありますが、クラウドコンピューティングの本質は、技術的な仕組みそのものではない点に注意が必要です。

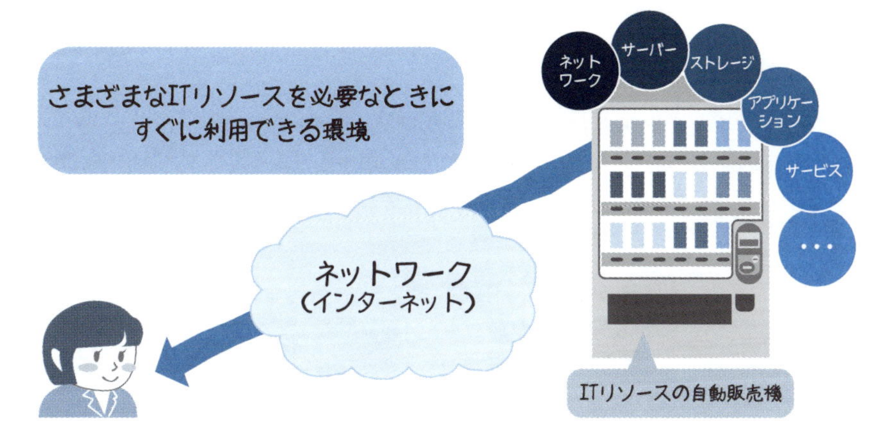

図 1.1　クラウドコンピューティングが実現したもの

1.1.2 パブリッククラウドとプライベートクラウドの違い

現在、世の中で提供される各種のクラウドサービスは、「だれが利用するのか？」「何が提供されるのか？」という２つの観点で分類することができます（図 1.2）。先ほどの「自動販売機」のたとえで言うと、「自動販売機の利用者」と「販売商品」という点にあたります。

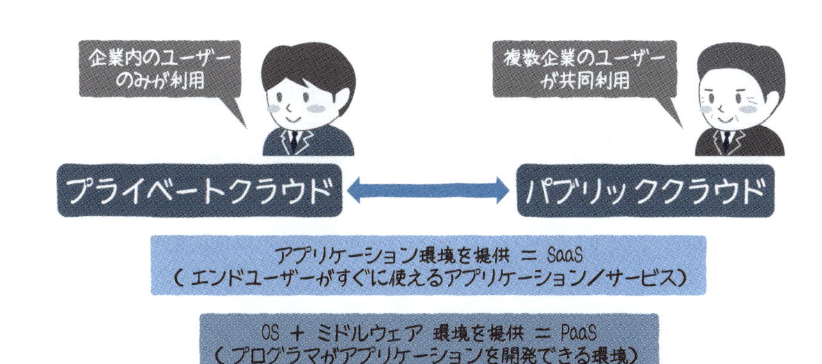

図 1.2　利用者とサービス内容によるクラウドの分類

まずは、「利用者」の観点で整理します（図 1.3）。いわゆる「プライベートクラウド」は、特定企業専用のクラウド環境です。その企業のユーザーのみが専有的に利用する形になります。ちょうど皆さんのオフィスに設置された自動販売機のようなもので、オフィスにいる人だけが利用できます。この場合、自動販売機の設置場所は、その企業が提供する必要があり、場所代や電気代は、利用企業自身で負担する必要があります。その代わり、商品の販売で利益を出す必要はないため、販売価格は少し安くなります。

図 1.3　オフィスの自動販売機と街頭の自動販売機

もう一方の「パブリッククラウド」は、複数企業のユーザーが共同利用する形態になります。パブリッククラウドの多くは、「マルチテナント」の機能を有しており、見かけ上は、他のユーザーの存在を意識せず、自分専用のクラウド環境が利用できるようになっています。しかしながら、その裏にあるクラウドを構成する物理的な機器は、クラウドサービスの提供企業が用意したものを複数ユーザーが共同利用することになります。街頭の自動販売機のように、だれもが自由に利用できるサービスですが、提供企業は商品販売で利益をあげる必要があるため、商品の価格はその分だけ割高になります。

　現実のクラウド環境で言うと、これらは、コスト構造の違いになります。自社内に専用のクラウド環境を用意するには、データセンター、および、ハードウェア資産を確保する必要があるので、そのための初期投資が必要です。一方、パブリッククラウドのサービスを利用するのであれば、このような初期投資は不要です。必要なリソースをその都度、必要なだけ確保して利用することが可能です。したがって、必要なリソースの総量に大きな変動が予想される、もしくは、増減の見通しが立てづらい状況では、パブリッククラウドのほうが自由度は高くなります。

　逆に言うと、ある程度の規模のリソース活用が事前に想定される場合は、プライベートクラウドのほうがコスト的に優位になり得ます。パブリッククラウドの場合は、リソース使用量に応じてコストが増加するため、基本的には、コストは直線的に増加します（実際には、使用量が増えると割引きが行なわれることもあります）。一方、プライベートクラウドでは、最初に用意したリソースを使い切るまでは、追加投資は発生しません。リソースが不足するごとに一定量のハードウェア資源を追加するので、コストは階段状に増加することになります。イメージ的には、図 1.4 のような違いとなります。

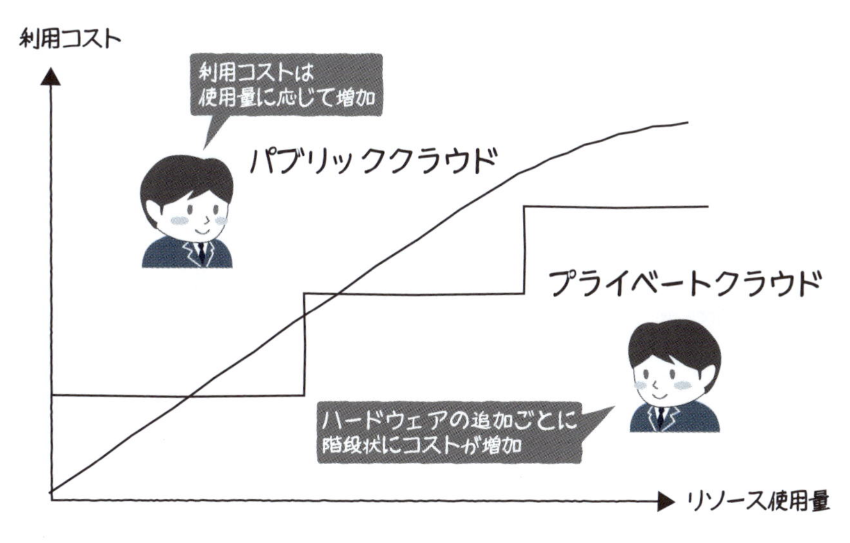

図 1.4　プライベートクラウドとパブリッククラウドのコスト構造の違い

1.1.3 IaaS/PaaS/SaaSの違い

続いて、「販売商品」の観点で整理します。これは、IaaS（Infrastructure as a Service）、PaaS（Platform as a Service）、SaaS（Software as a Service）と呼ばれる分類にあたります（図1.5）。歴史的には、クラウドサービスの利用は、SaaSタイプのサービスから広がっていきました。これは、企業向けのCRMアプリケーションや、個人向けのメールサービスなど、エンドユーザーが直接に利用可能なアプリケーション環境をクラウド上のサービスとして提供するものです。このようなサービスは、クラウドコンピューティングという用語が登場する以前より、ASP（アプリケーションサービスプロバイダー）という名称で提供されていましたが、一種のマーケティング戦略として、「クラウドサービス」という名称で呼ばれるようになりました。

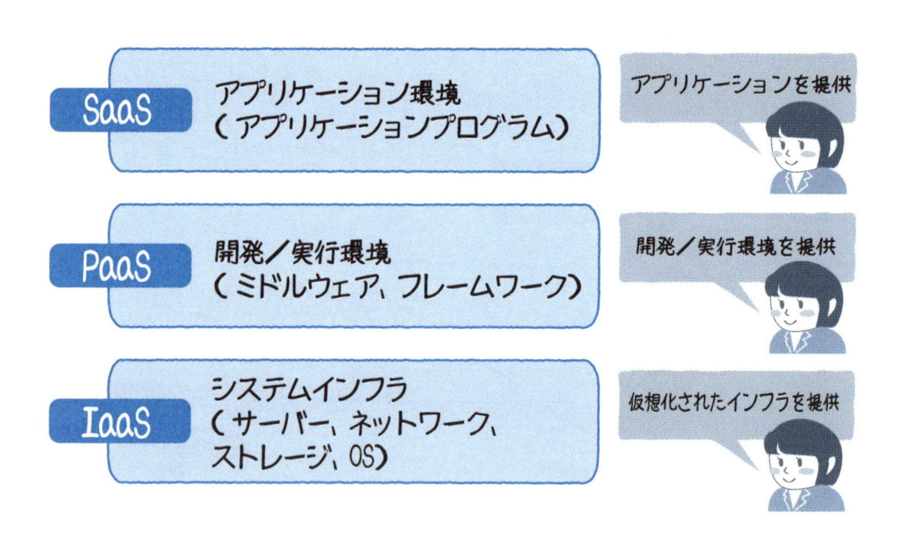

図1.5 IaaS/PaaS/SaaSが提供するリソースの違い

次に、PaaS タイプのサービスでは、アプリケーションの開発／実行環境がクラウド上のサービスとして提供されます。アプリケーションの開発を始めるには、アプリケーションサーバーとバックエンドのデータベース、あるいは、開発フレームワークやコンパイラーなどの準備が必要です。PaaS を利用すると、これらの環境が自動的に用意されるので、アプリケーション開発者は、すぐに開発に取りかかることができます。従来のフレームワークやデータベース環境をそのまま提供するサービスの他に、そのサービスに固有の特別なフレームワークやデータストアを提供するものもあります。

そして最後は、本書のテーマである IaaS タイプのサービスです。IaaS タイプのサービスでは、サーバー、ネットワーク、ストレージといった、IT インフラの構成要素をサービスとして提供します（図 1.6）。サービスの利用者には、それぞれに専用のテナント環境が用意されます。その中において、「仮想ルーター」や「仮想スイッチ」などの仮想的なネットワーク機器、「仮想マシンインスタンス」と呼ばれる仮想サーバー、そして、データ保存のための「仮想ストレージ」などを自由に追加していきます。つまり、仮想化された環境内で、サーバー、ネットワーク、ストレージという、IT インフラの 3 大要素を自由に組み合わせて、自分専用のサービス基盤を構築することが可能になります。

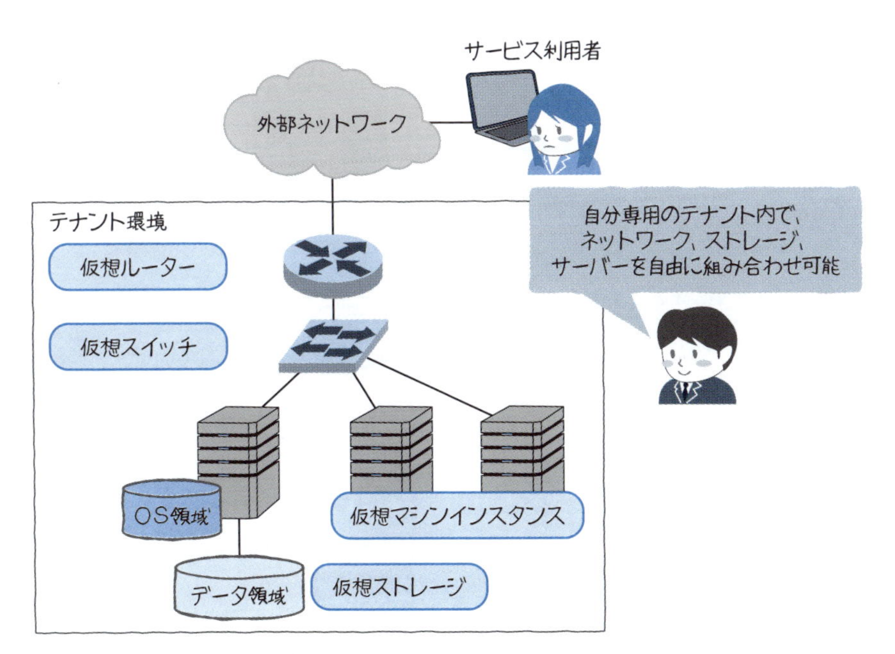

図 1.6　IaaS タイプのクラウドサービス

先の図 1.5 に示したように、SaaS/PaaS/IaaS は、ユーザーに提供される IT リソースの範囲の違いと捉えることもできます。しかしながら、IaaS の上に PaaS が作られる、あるいは、PaaS の上に SaaS が作られるという単純なものではありません。たとえば、SaaS の場合、サービスの利用者から見えるのは、あくまでアプリケーションのユーザーインターフェースです。アプリケーションの機能でマルチテナント化することにより、同じサーバー上で稼働する 1 つのアプリケーションを複数ユーザーに利用させることも可能です。インフラそのものを仮想化することは、必須というわけではありません。一方、IaaS の場合は、サーバーやネットワークなど、インフラの構成要素そのものをユーザー個別に提供する必要がありますので、それぞれのコンポーネントを仮想化して提供することは、ほぼ必須の要件となります[※1]（図 1.7）。

このように、IaaS タイプのクラウドで提供されるリソースは、**物理環境から切り離されて仮想化されている**という点に大きな特徴があります。この後で説明するように、仮想化によって抽象化されたリソースを効率的に操作するうえで、API が大きな役割を果たすことになります。

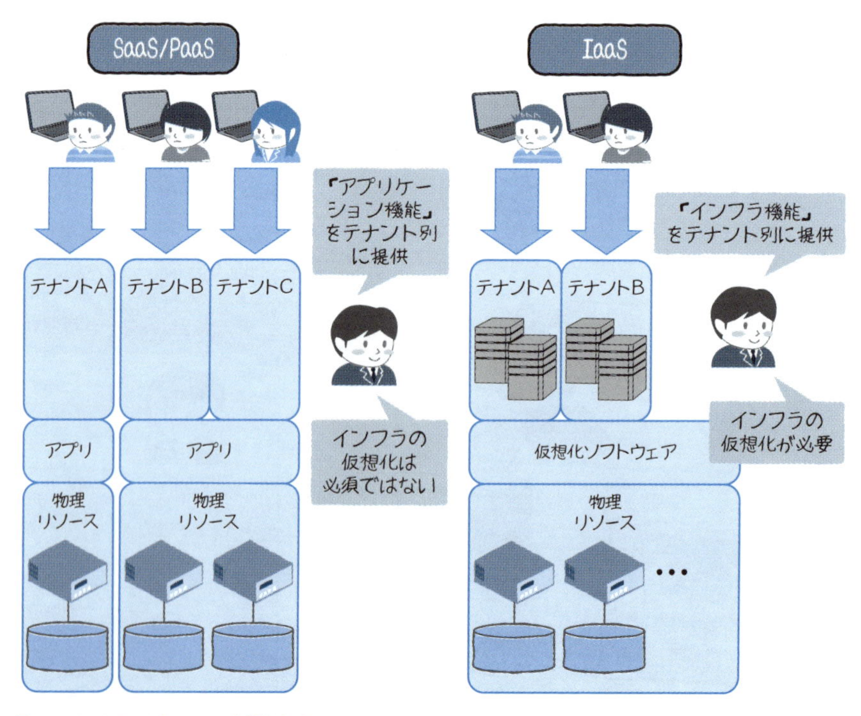

図 1.7　SaaS/PaaS と IaaS の本質的な違い

※1　IaaS タイプのクラウドサービスには、物理サーバーを利用できるものもあります。このようなサービスにおいても、物理サーバーであることを意識せずに仮想マシンと同様の手続き（API）で利用できるため、「API から操作する」という本質は変わらないと考えて良いでしょう。

1.2 クラウドが実現するインフラの標準化

先ほど、IaaSタイプのクラウドは、仮想化によって物理環境から切り離されているという説明をしました。この点をもう少し詳しく解説していきます。ここから、仮想化がもたらすクラウドの真のメリットが見えてきます。

1.2.1 クラウドによる構築手順の標準化

これまで、新たなシステムを構築するにあたり、サーバーやストレージなど物理的な機器の準備から始めるのは当たり前のことでした。しかしながら、物理機器の準備には、いくつかの点で大きな手間がかかります。

「そうそう。サーバーの設置や配線作業は面倒で時間がかかるよね」——いいえ、そんな単純な話ではありません。設置／配線などの物理作業はもちろん手間がかかりますが、その他にも面倒な点が隠されています。

たとえば、構築するシステムの規模に応じて、適切な機能／性能の機器を選択する必要がありますが、各ハードウェアメーカーは、競合他社との厳しい競争の中、常に新しい機種を市場に投入していきます。それぞれの機器が提供する機能も変わっていき、時代遅れの古い機種は、やがては販売停止となります。そのため、各ハードウェアメーカーの製品販売状況や最新機種の機能／性能を調査して、その時点で入手可能な製品の中から、適切なものを選ぶことが求められます（図1.8）。

図1.8　ハードウェアの選定作業

また、これまでになかった新しい機能を利用する場合、システム構築作業はその分だけ複雑になります。似たような機能であっても、製品によって設定方法がそれぞれ異なるため、まずは製品マニュアルを読んで、設定手順を確認する必要があります。その製品の専門家を呼んで、打ち合わせを行なうこともあります。これでは、システム構築の事前準備だけで何か月もかかるというのもうなずけます。

IaaSタイプのクラウドでは、このような個別の物理機器の設定方法や機能の違いを意識せずに利用できるという点に大きなメリットがあります。たとえば、先ほどの図1.6に示した「仮想ルーター」や「仮想スイッチ」といった、仮想ネットワーク機器について考えてみましょう。これらの背後には、物理的なネットワーク機器があり、ネットワークの仮想化を実現するためのソフトウェアが動作しています。

しかしながら、クラウドの利用者から見えるのはあくまで、クラウドサービスとして標準化されたルーターやスイッチの機能です。一度、そのクラウド上での仮想ネットワーク機器の使い方を覚えてしまえば、同じ方法で何度でもシステム構築が可能になります（図1.9）。このように、システム構築のたびにその時点で入手可能な機器やその設定方法を調べ直す必要がなくなります。一度作ったシステムと同じものを何度でも繰り返し構築することができるので、過去の経験を活かしてシステム構築作業を効率化していくことが可能になります。

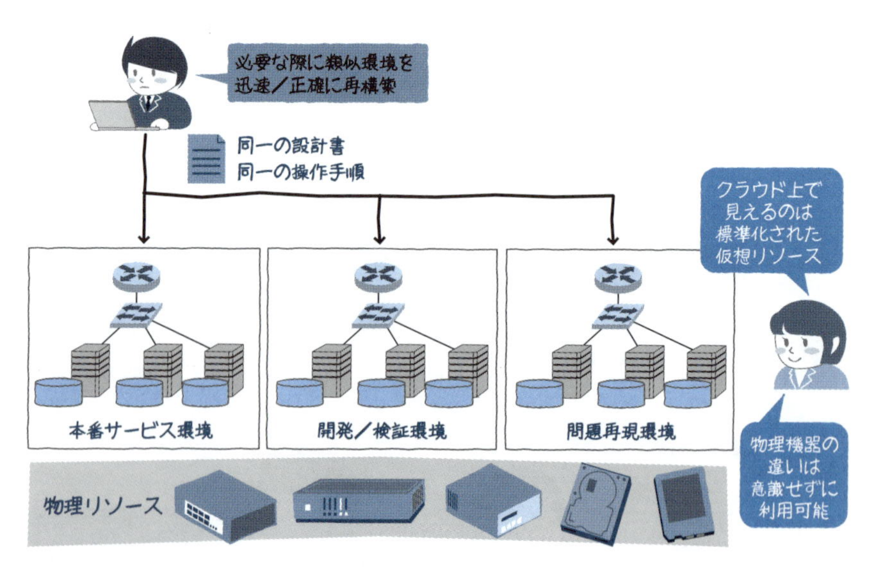

図1.9　物理機器の違いを意識せずにシステム構築が可能

もちろん、クラウドそのものを作り上げるための物理機器は、時代とともに進化していきます。社内で利用するプライベートクラウドであれば、数年ごとに、その時点での最新機種を用いた新たなクラウドインフラを構築するという手もあります。新しいハードウェアのほうが性能が高く、消費電力も少ないため、同じ台数のサーバーでより多くの仮想マシンを提供できるようになるでしょう。

このような場合でも、クラウドの利用方法が変わることはありません。既存のクラウドインフラで稼働するシステムを新しいクラウドインフラに再構築することも容易ですので、より高性能なクラウドにシステムを載せ替えていくことも可能になります。「クラウドを活用することで、効率の悪い古い機器をいつまでも使い続けるシステムをなくしていく」——そのような目的でクラウドインフラを積極活用する企業もあります（図 1.10）。

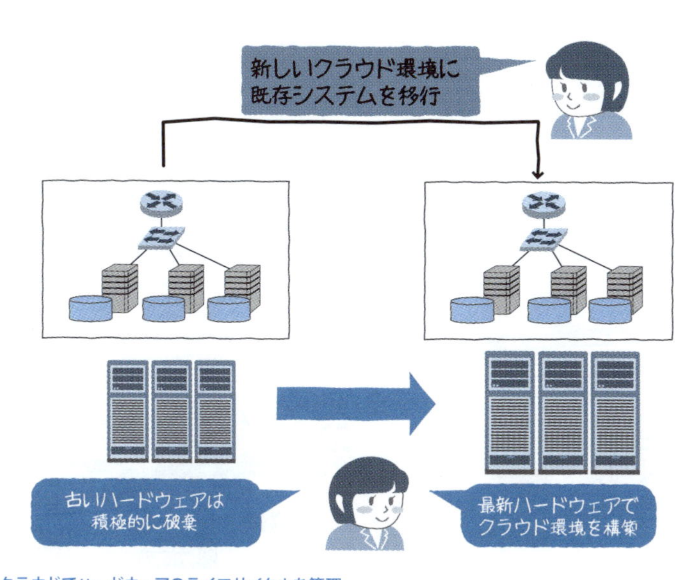

図 1.10　クラウドでハードウェアのライフサイクルを管理

1.2.2 クラウドによるコンポーネントの抽象化

クラウドによってシステムの構築手順が標準化される背景には、システムを構成するコンポーネントが「抽象化」されているという側面があります。物理機器が提供する機能は、その機器の物理的な構成に縛られますが、クラウド上で提供されるコンポーネントにはそのような制約がありません。あくまでも、利用者にとって必要な機能が、必要な形で提供されるという特徴があります。

たとえば、仮想マシンに出入りするネットワークパケットをフィルタリングするファイアウォール機能について考えます。物理環境では、ファイアウォール装置がその役割を担うので、ファイアウォールに物理的に出入りするパケットに対して、「どのサーバー宛てのどのようなパケットを通過させるのか」という条件を指定する必要があります。しかしながら、サーバー管理者の視点で考えると、フィルタリングしたいのは、自身が管理するサーバーに出入りするパケットであって、ファイアウォール装置に出入りするパケットではありません。

このためクラウド上で提供されるファイアウォール機能は、ファイアウォール装置がどこにあるのかを気にせずに利用できるようになっています。フィルタリングルールをまとめた「セキュリティグループ」を事前に定義しておき、フィルタリングを適用したい仮想マシンにこれを適用します（図 1.11）。これにより、仮想マシンの前に新たなファイアウォール装置が追加されたかのように、パケットフィルタリングが行なわれるようになります。

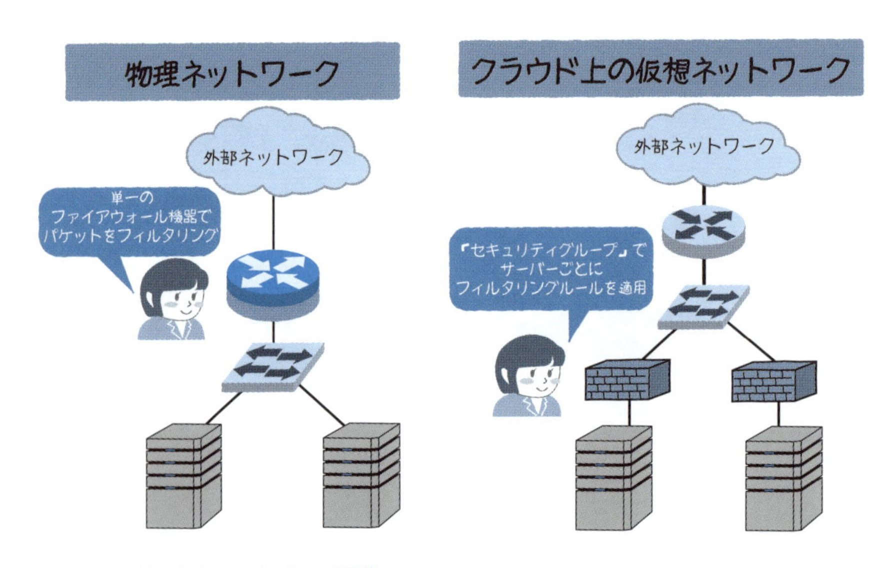

図 1.11　クラウドにおけるファイアウォール機能

物理機器によるシステム設計になじんだエンジニアは、このようなコンポーネントの抽象化に、最初は少しとまどうかもしれません。しかしながら、一度、抽象化された機能を理解してしまえば、すぐにその便利さを実感することでしょう。物理環境に依存した本質的でない設計要素を忘れて、「システムとして実現したいこと」に意識を集中することができます。

これは、ネットワーク以外の機能についても同様です。たとえば、仮想マシンを用意する場合、仮想マシンに割り当てる仮想CPUの個数やメモリー量などを決める必要があります。このとき、物理環境のサーバー設計になれているエンジニアは、ついつい物理サーバーと同じ感覚で、CPUコア数やメモリー容量を細かく決めようと考えます。サーバーを発注する際は、メモリー容量などは具体的な数値で指定する必要があるからです。

しかしながら、クラウド上で仮想マシンを用意する場合は、このような細かな指定は行ないません。「t2.small」「m3.large」など、事前に定義された「インスタンスタイプ」を指定すると、それぞれに対応した構成で仮想マシンが用意されます。これらのインスタンスタイプは、システム管理者によって事前に用意されており、「CPU性能を重視する」「メモリー容量を重視する」など、仮想マシンの利用目的に応じて使い分けるようになっています（図1.12）。クラウドの利用者には、細かな数値にこだわるのではなく、あくまでも利用目的を重視するという意識が求められます。

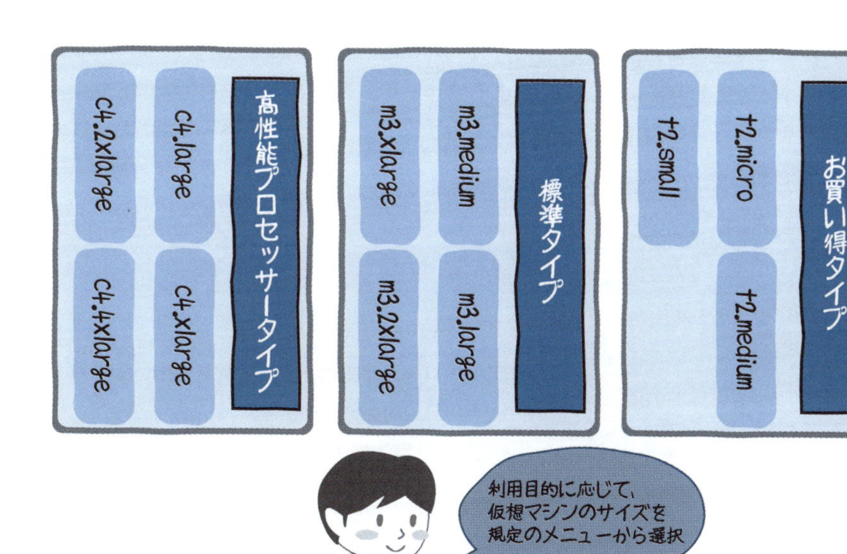

図1.12　インスタンスタイプによる仮想マシンの指定

1.2.3 APIによる操作の自動化

このように、IaaSタイプのクラウドでは、抽象化されたコンポーネントを組み合わせることで、標準化された手順でシステムを構築することが可能になります。つまり、一度確立した手順をもとに、同様のシステムを何度でも繰り返し構築できるようになります。また、当然ながら、物理的な作業は行なう必要がありません。自席のPCから操作するだけで、ネットワーク、サーバー、ストレージといったシステムインフラのすべての環境を自分一人で整えることが可能です。従来の物理機器を用いた環境と比較すると、驚くほどのスピード感でシステム構築が進められます。

しかしながら、クラウドのメリットはこれにとどまりません。同じ手順を何度も繰り返す場合、手順そのものを自動化したくなるものです。これまで、OSをインストールした後のサーバー内部の環境設定については、シェルスクリプトなどで簡易的に自動化することができました。PuppetやChefなどの構成管理ツールを利用して、より複雑な構成に対応することも可能です。その一方で、サーバーの設置やネットワーク接続など、物理作業を伴う手順を自動化することは、ほぼ不可能でした。クラウドでは、このような作業も自動化することが可能になるのです。

ここでポイントになるのが、**APIによる操作**です。そこでまずは、クラウドでシステム構築を行なう際の操作方法を整理しておきましょう。大きくは、表1.1のように分類できます。

表1.1 クラウドの操作方法の分類

操作方法	説明
Webコンソール（GUI）による操作	WebブラウザからGUIを用いて操作する
コマンドによる操作	クライアントツールが提供するコマンドを用いて操作する
自作プログラムによる操作	APIライブラリを用いたプログラムを作成して操作する
自動化ツールによる操作	クラウド環境の自動化ツールを用いて操作する

Web コンソールを用いる場合は、GUI のメニューから「仮想マシンを起動する」などの操作を選択します（図 1.13）。その後、仮想マシンの構成情報を入力するウィザード画面が表示されるといった流れになります。必要な情報の入力を終えて[完了]ボタンを押すと、Web コンソールを表示するプログラムから、クラウドの管理サーバーに対して、仮想マシンの起動を指示する命令が流れます。このとき、命令を伝えるために利用されるのがクラウドの「API」です（図 1.14）。

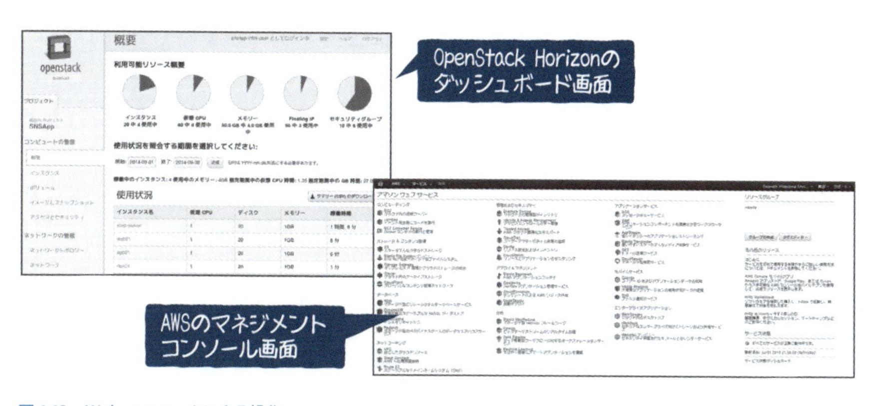

図 1.13　Web コンソールによる操作

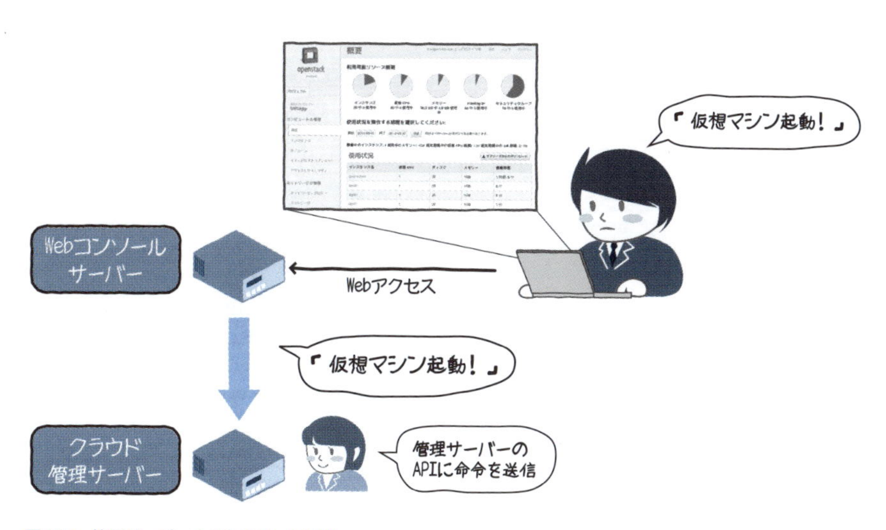

図 1.14　管理サーバーの API を用いた制御

API（Application Program Interface）とは、プログラム同士がお互いに命令をやりとりするために、事前に取り決められたルールを表わします。先ほどの場合は、クラウド管理サーバーで管理機能を提供するプログラムは、事前に決められたルールに従って、Web コンソールからの命令を受け取るというわけです。クラウドで実施できる操作は、すべてクラウドの管理サーバー側に対応する API が用意されています。

たとえば、専用のクライアントツールを導入した PC では、コマンドを用いてクラウドを操作することも可能です。仮想マシンを起動する例で考えると、Web コンソールであれば、ウィザードの画面から仮想マシンの構成情報を 1 つずつ入力する必要がありました。

一方、コマンドを用いる場合は、これらの情報をコマンドラインオプションとして指定することで、1 つのコマンドですぐに仮想マシンを起動することができます。この場合は、クライアントツールのプログラムから、クラウドの管理サーバーの API に対して直接に命令が送信されます（図 1.15）。

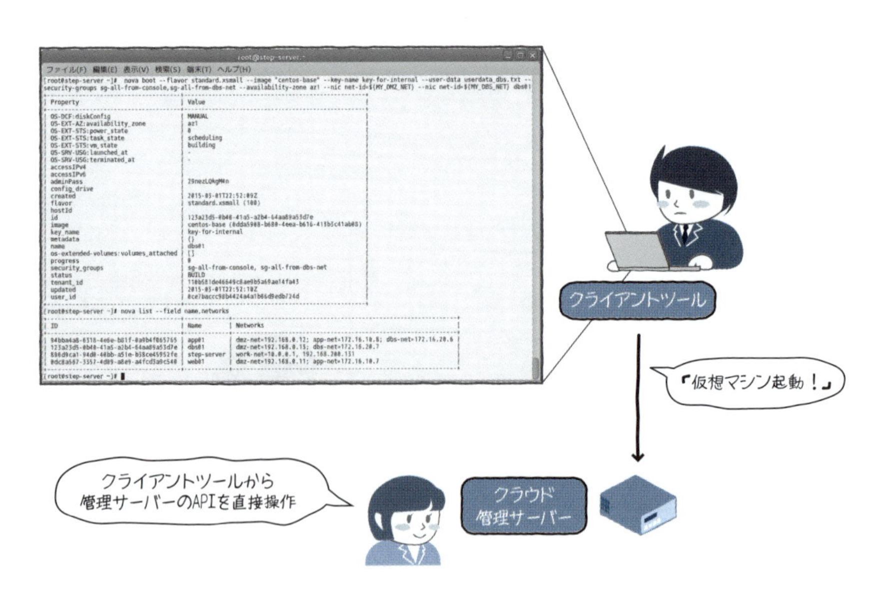

図 1.15　クライアントツールによる API 操作

クライアントツールと同様に、クラウドに対してAPI命令を送信するプログラムを作成すれば、自作のプログラムからクラウドを操作することもできます。それぞれのクラウドは、APIを操作するためのプログラムライブラリを提供しているため、このようなライブラリを使用すれば、それほど高度なプログラミング技術は必要ありません。RubyやPythonなどのプログラム言語を用いれば、Webサーバーの仮想マシンを負荷分散構成で複数用意しておき、Webサーバーの負荷に応じて仮想マシンを増減する「オートスケール」など、より高度な自動化処理も実現可能となります（図1.16）。

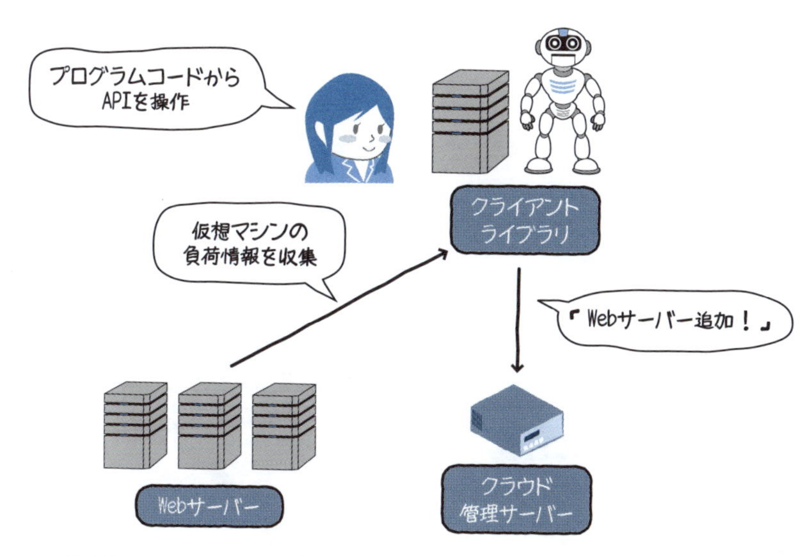

図 1.16　プログラムによる高度な自動化処理

ただし、最近では、このようなAPI操作を自動化するツールも充実してきたので、必ずしも自分でプログラムを書く必要はなくなりました。オートスケールのように、よく利用するパターンの自動化は、クラウド側でその機能が用意されていることもあります。しかしながら、どのような方法を用いるにしても、その背後では、必ずAPIによる操作が行なわれています。クラウドのAPIを理解することは、クラウドを操作するための「最小単位」、つまり、クラウドの基本機能を理解することに他なりません。これは、各種の自動化ツールを使いこなすための大切な基礎となります。

1.3 クラウドコンピューティングの活用に向けて

ここまで、クラウドコンピューティング、特に、IaaSタイプのクラウドサービスについて、その概要を説明してきました。抽象化されたコンポーネントにより、利用者にとって必要な機能を直接に提供するとともに、さまざまな手順が標準化されること、そして、APIを利用した自動化が実現できることがわかりました。これらはすべて、システム構築の迅速化に役立ちます。これらクラウドサービスの本質を理解して使いこなすことで、これまでとはまったく異なるシステム構築の世界が開けます。

また、クラウドのAPIは、クラウドの基本機能に対応するものなので、APIを理解することで、そのクラウドサービスが提供する機能を総合的に知ることができます。APIリストは、クラウドの機能一覧表とも言えるでしょう（図1.17）。中には、Webコンソールからは利用できない機能が隠れていることもあります。これまで、Webコンソールを中心にクラウドを利用していた方も、APIを見直すことで新たな発見があるかもしれません。

図1.17　APIリストはクラウドの機能一覧表

なお、物理環境を意識しないですむことがクラウドの利点ですが、より適切にクラウドサービスを利用するうえでは、その背後にある物理環境のことを知っておくことも有用です。たとえば、データセンターが被災した際にサービスを継続するための「DR（Disaster Recovery）」を実現するうえでは、異なるデータセンターに複数の仮想マシンを配置するなど物理環境を意識した構成が必要となります（図1.18）。

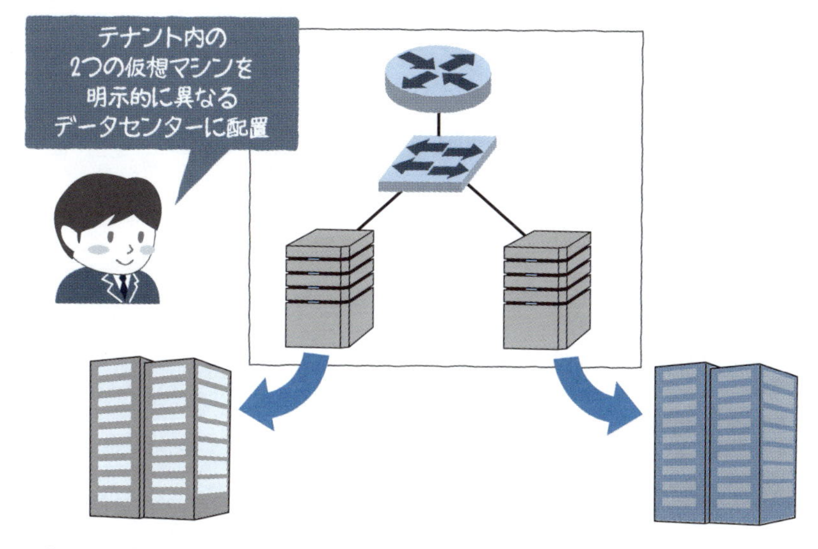

図 1.18　物理配置を意識したシステム構築

また、オープンソースソフトウェアとして提供されるOpenStackでは、内部の仕組みが公開されているので、その気になれば、各種コンポーネントの裏側にある仕組みをすべて理解することも不可能ではありません。Webコンソールやコマンドから仮想マシンを起動した場合、クラウドの中ではいったい何が行なわれているのか？——このような内部構造について知ることも、クラウドを活用するうえでは有益な知識となります。

続く第2章では、代表的なクラウド環境として、Amazon Web Services（AWS）とOpenStackを取り上げ、その主要な構成要素を紹介します。その後、第3章からは、各コンポーネントの機能とそれを操作するためのAPIについて、より詳しく説明を行ないます。OpenStackを例として、APIの背後にある、内部の仕組みについても解説を加えます。抽象化／標準化というクラウドサービスの本質を押さえつつ、内部構造の理解を含めることで、クラウドコンピューティングのメリットを最大限に引き出す活用法を学んでいきましょう。

第 2 章

クラウドの代表的コンポーネント

この章では、IaaS タイプのクラウドサービスが提供するコンポーネント群について、代表的なコンポーネントの機能を紹介しながら、その全体像を把握します。また、シンプルな Web アプリケーションシステムをクラウド上に構築する想定で、代表的なコンポーネントの組み合わせ方法を学びます。

2.1 クラウド環境の全体像

クラウドサービスを構成する大きな枠組みとして、「テナント」「リージョン」「アベイラビリティゾーン」があります。まずは、これらの概念を理解しておきましょう。クラウドサービスにもいくつかの種類があるので、本書では、Amazon Web Services (AWS)、および、OpenStack で構築したクラウド環境を前提とします。

2.1.1 テナント

第 1 章の図 1.6（P.7）に示したように、クラウドサービスの利用者には、それぞれに個別のテナント環境が用意されます。たとえば、AWS の場合は、AWS Account がテナントに該当します。1 つのテナント環境を複数のユーザーで共同利用することもできるので、どのような単位でテナントを用意するかは、事前に検討が必要となります。この際、図 2.1 に示した点がポイントとなります。

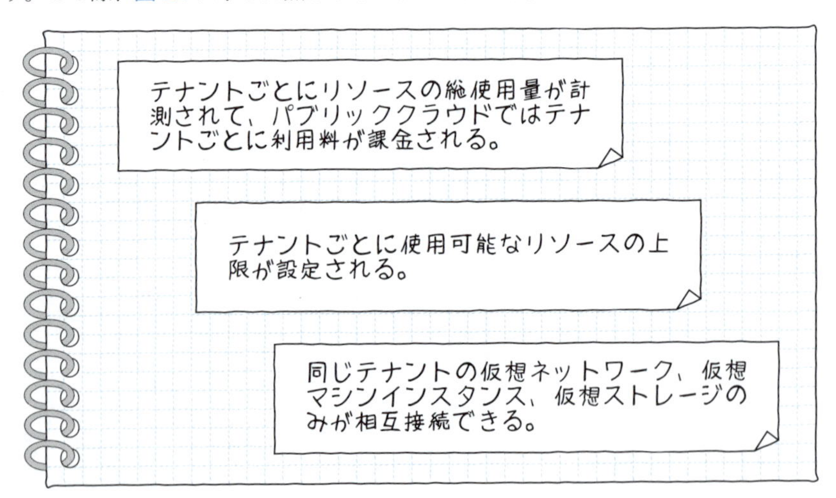

図 2.1　テナント設計の考慮ポイント

たとえば、できるだけ細かくテナントを分けるのであれば、1つのアプリケーションシステムに対して、1つのテナントを用意します。1つのプロジェクトチームが複数のアプリケーションシステムを構築／管理する場合、チームメンバーはアプリケーションごとに別れた複数のテナントに属することになります。ただし、これは少し極端な例で、典型的には、プロジェクトチームごとにテナントを用意して、そのチームが構築／管理するアプリケーションシステムを同じテナントにまとめます。この場合でも、仮想ネットワークを利用して、アプリケーションシステムごとにネットワークセグメントを分割することは可能です（図2.2）。

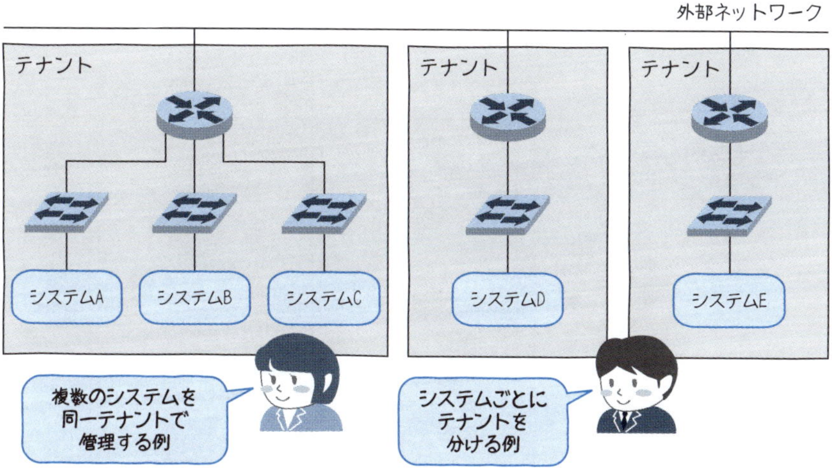

図2.2　テナント分割の例

2.1.2 リージョン

AWSでは、地理的に大きく離れた複数の箇所にクラウドインフラを用意しており、それぞれのクラウドインフラは「リージョン」と呼ばれます。「東京リージョン」「シドニーリージョン」など、クラウドインフラが存在する国や地域が特定できるようになっています。日本国内のユーザーが利用するアプリケーションは、東京リージョンに構築したシステムから提供するなどの使い方ができます。それぞれのリージョンの環境は独立しているので、複数リージョンにまたがる仮想ネットワークを構成するようなことはできません。リージョンごとに別々の仮想ネットワークを用意する必要があります。

一方、ユーザーアカウントやテナントの情報はリージョンごとに別れているわけではありません。それぞれのテナントから複数のリージョンを利用することが可能です（図 2.3）。たとえば、「東京リージョン」と「シドニーリージョン」に同一のアプリケーション環境を構築しておき、DR（Disaster Recovery）環境として利用することができます。普段は、東京リージョンのアプリケーション環境を利用しておき、大規模災害などで東京リージョンが使用できなくなった際は、シドニーリージョンのアプリケーション環境に利用先を切り替えるといった使い方になります。ただし、リージョンによって、使用できるグローバル IP アドレスの範囲が異なるので、接続先のリージョンを切り替えるには、アプリケーションのユーザーが明示的に接続先を変更するか、DNS の登録を変更する必要があります。

図 2.3　テナントとリージョンの関係

また、このような場合、東京リージョンのアプリケーションが使用するデータをシドニーリージョンに複製しておく必要があります。これについては、オブジェクトストレージを利用する方法があります。「それぞれのリージョンのクラウドインフラは独立している」と説明しましたが、この後で説明するように、オブジェクトストレージの機能はすべてのリージョンから共通に利用できるようになっています。

OpenStack においても、AWS と同様にリージョンの機能が利用できます。OpenStack でプライベートクラウドを構築する場合は、どのような単位でリージョンを用意するかは、クラウド環境の設計次第です。AWS のように複数の国にクラウドインフラを用意して、それぞれを個別のリージョンとすることもできますし、国内の複数のデータセンターのクラウドインフラを別々のリージョンとして管理することも可能です。

2.1.3 アベイラビリティゾーン

AWSでは、前述のように、リージョンごとに独立したクラウドインフラが用意されており、使用するリージョンによって仮想マシンインスタンスを起動する地域が決まります[※1]。さらに、1つのリージョンを構成するクラウドインフラは、該当地域における複数のデータセンターに分散配置されています。「東京リージョン」のクラウドインフラであれば、東京近辺の複数のデータセンターから構成されており、それぞれのデータセンターは「アベイラビリティゾーン」として識別されます（図2.4）。

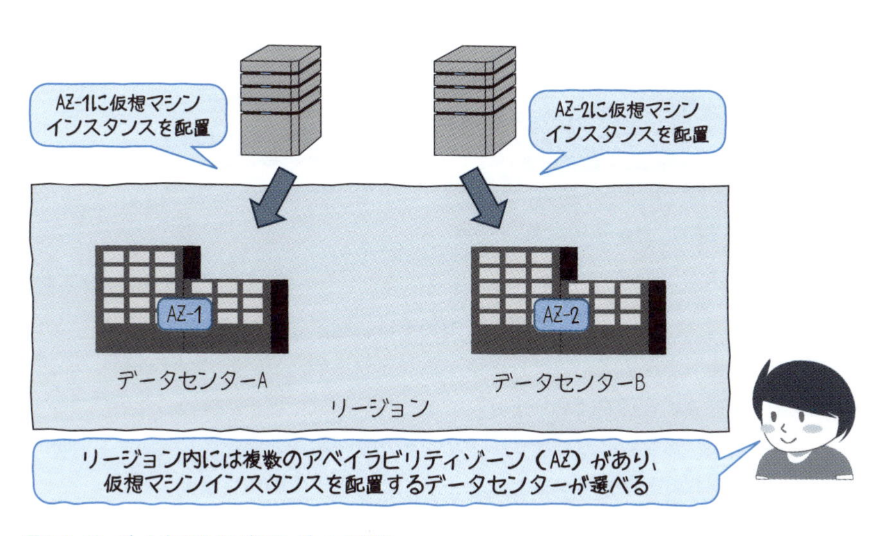

図2.4　リージョンとアベイラビリティゾーンの関係

AWSの仮想ネットワークにおいて、仮想スイッチに相当するコンポーネントであるサブネットは、アベイラビリティゾーンごとに用意されます。また、仮想マシンインスタンスを起動する場合、あるいは、仮想ストレージのボリュームを作成する際は、使用するアベイラビリティゾーンを指定する必要があります。

そして、異なるアベイラビリティゾーンに存在する仮想マシンインスタンスと仮想ストレージを接続することはできないので、この点にも注意が必要です。既存のボリュームを異なるアベイラビリティゾーンに持っていく際は、仮想ストレージのクローニング（複製）機能を用いて、他のアベイラビリティゾーンに複製して利用します（図2.5）。

※1　IaaSタイプのクラウドで提供される仮想マシンは、一般に、「仮想マシンインスタンス」と呼ばれます。

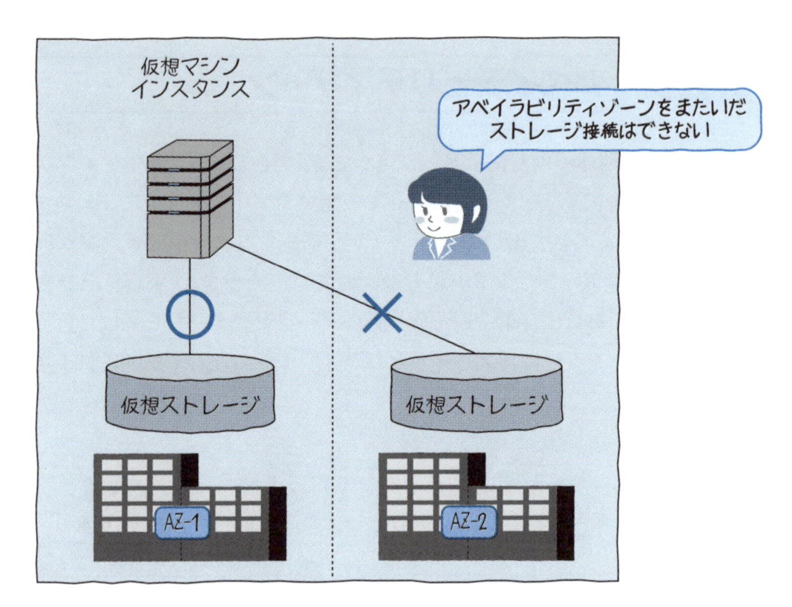

図 2.5　アベイラビリティゾーンとストレージ接続の関係

OpenStack においても、アベイラビリティゾーンを利用することができます。OpenStack の場合、仮想ネットワークについては、複数のアベイラビリティゾーンにまたがる形で利用できます。つまり、ネットワーク接続についてアベイラビリティゾーンの違いを意識する必要はありません。同一の仮想スイッチに接続した仮想マシンインスタンスは、異なるアベイラビリティゾーンで起動していたとしても、論理的には、同一のネットワークスイッチで直結されたかのように動作します。

OpenStack でプライベートクラウドを構築する場合、どのような単位でアベイラビリティゾーンを構成するかは、いくつかの選択肢があります。AWS と同様に近郊のデータセンターの単位でアベイラビリティゾーンを分けることも可能ですが、この場合は、データセンター間のネットワーク帯域に注意が必要です。前述のように、仮想ネットワークは複数のアベイラビリティゾーンにまたがって構成されるため、データセンター間のネットワーク帯域が不足すると、「論理的には同一のスイッチに接続しているにもかかわらず、仮想マシンインスタンス間の通信速度が遅い」などの不都合が生じる可能性があります。

あるいは、同一のデータセンター内で、異なるフロアーや異なるラックのように、もう少し小さな単位でアベイラビリティゾーンを分けることも可能です。たとえば、異なるフロアーでアベイラビリティゾーンを分けたとします。複数の Web サーバーを起動する際に、複数のアベイラビリティゾーンで Web サーバー用の仮想マシンインスタンスを起動すれば、電源障害などで特定フロアーのサーバーが全滅しても、Webサーバーが全面停止することはありません（図2.6）。

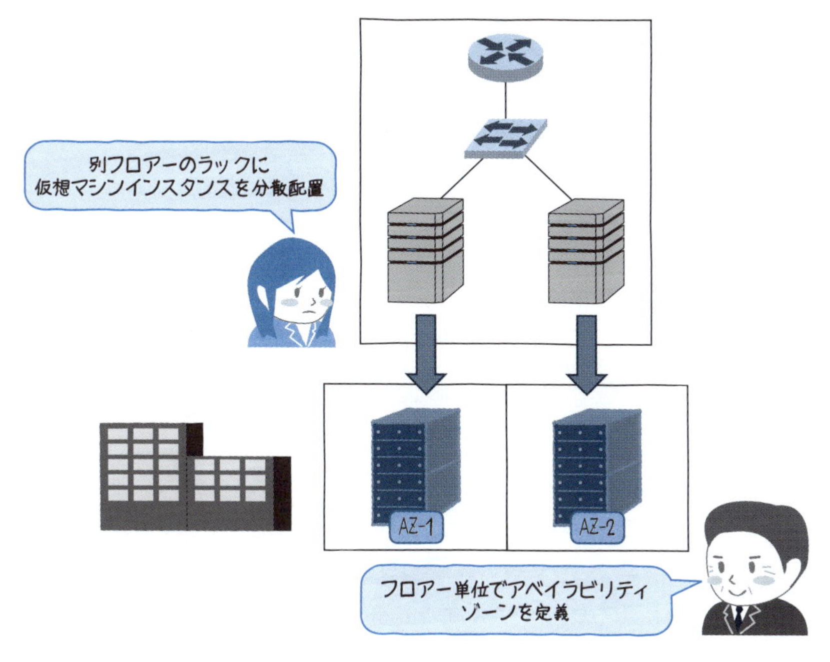

図2.6　アベイラビリティゾーンを利用した冗長化

仮想ストレージについても同様の考え方が適用されます。仮想ストレージの実体となるデータ領域は、データセンター内に設置された物理的なストレージ装置に確保されるので、ストレージ装置の設置場所に対応してアベイラビリティゾーンが決まります。異なるアベイラビリティゾーンにある仮想マシンインスタンスと仮想ストレージの接続を許可するかどうかは、クラウドインフラの管理者が事前に決めて設定しておきます。

データセンター単位でアベイラビリティゾーンを分ける場合、異なるアベイラビリティゾーンの仮想マシンインスタンスと仮想ストレージを接続するということは、データセンターをまたいでサーバーとストレージを接続することになります。アクセス速度の面で問題が発生する可能性が高くなるので、このような場合は、異なるアベイラビリティゾーンでの接続は許可しないほうが良いでしょう。

2.2 ネットワークリソース

複数のリージョンから成るクラウド環境では、リージョンごとに独立した仮想ネットワークが構成されます。ここでは、それぞれのリージョンの仮想ネットワークを構成するコンポーネントを説明します。仮想ネットワークについては、AWS と OpenStack で用語の違いなどがあるため、少し注意が必要です。

2.2.1 ルーター

「リージョンごとに独立した仮想ネットワークが構成される」と説明しましたが、AWS の場合、1 つの独立した仮想ネットワークは「Virtual Private Cloud（VPC）」と呼ばれ、1 つのリージョンに複数の VPC を用意することが可能です。一方、OpenStack の場合は、それぞれのテナントは、各リージョンに 1 つだけ仮想ネットワークを持つことができます。

ここで言う「独立した仮想ネットワーク」というのは、家庭内 LAN のようなプライベートなネットワークと考えることができます。家庭内 LAN をインターネットに接続するには、ブロードバンドルーターを設置する必要がありますが、これと同様に、テナント内の仮想ネットワークと物理的な外部ネットワークを接続する役割を担うのが仮想ルーターです。基本的には、それぞれの仮想ネットワークにおいて、仮想ルーターが 1 つ配置される形になります（図 2.7）。

また、それぞれの仮想ネットワーク内では、家庭内 LAN と同様に、プライベート IP アドレス[※2] を使用する必要があります。外部ネットワークと通信する際は、仮想ルーターの NAT 機能によって、グローバル IP アドレスへの変換が行なわれます。この点については、後ほど詳しく説明します。

逆に言うと、プライベート IP アドレスの範囲であれば、他のテナント、あるいは、他の VPC と重複する IP アドレスを使用しても問題ありません。家庭内 LAN で使用する IP アドレスを決める際に、隣の家の IP アドレスを気にする必要がないのと同じことです。

※2 プライベート IP アドレスとして利用できる範囲は、クラス A からクラス C に分けられており、クラス A は「10.0.0.0 〜 10.255.255.255(10.0.0.0/8)」、クラス B は「172.16.0.0 〜 172.31.255.255(172.16.0.0/12)」、クラス C は「192.168.0.0 〜 192.168.255.255 (192.168.0.0/16)」となります。

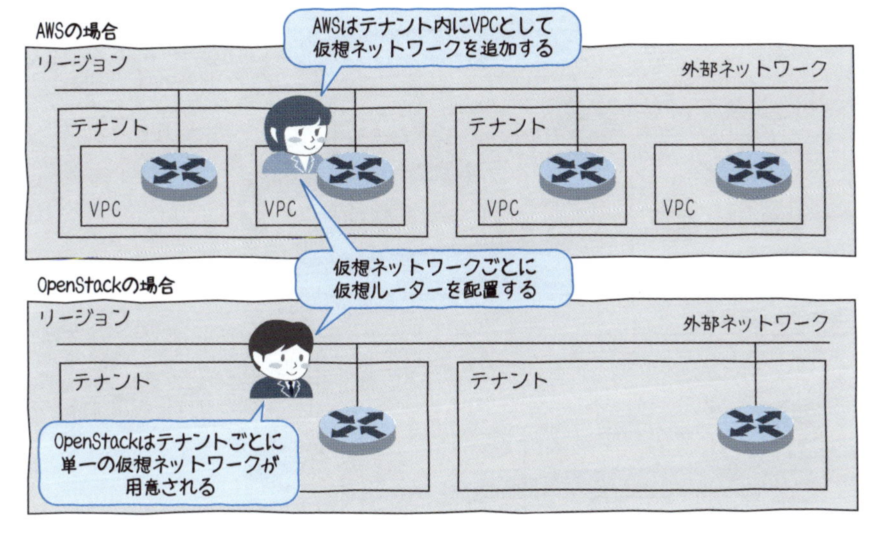

図 2.7　テナントと仮想ネットワークの関係

2.2.2 スイッチ（サブネット）

仮想スイッチは、仮想マシンインスタンスの仮想 NIC を接続する先になります。1 つの仮想スイッチに対して、1 つのサブネット（使用するプライベート IP アドレスの範囲）が割り当てられます。OpenStack の場合は、はじめに「仮想スイッチ」を定義して、その後で改めて「サブネット」を割り当てます[※3]。AWS では、仮想スイッチという概念がなく、いきなりサブネットを作成する形になりますが、これは「仮想スイッチ＋サブネット」と同じものと考えてかまいません。

OpenStack の場合、1 つの仮想スイッチは、自動的に複数のアベイラビリティゾーンにまたがった形で構成されます。一方、AWS では、1 つのサブネットは、1 つのアベイラビリティゾーンに属する形になります（図 2.8）。

仮想スイッチを定義した後、それを仮想ルーターに接続することで、外部ネットワークとの通信が可能になります。仮想ルーターに接続しない、仮想ネットワーク内部での通信専用の仮想スイッチを使用することも可能です。

なお、物理的なネットワーク環境では、1 つのネットワークスイッチで接続ポート数が不足する場合、複数のネットワークスイッチをカスケード接続することがあります。しかし、クラウド環境の仮想スイッチをカスケード接続することはできません。仮想スイッチの場合、接続ポートはいくらでも増やすことができるので、そもそもポ

※3　1 つの仮想スイッチに対して、IPv4 と IPv6 の 2 種類のサブネットを割り当てるといった使い方が可能です。

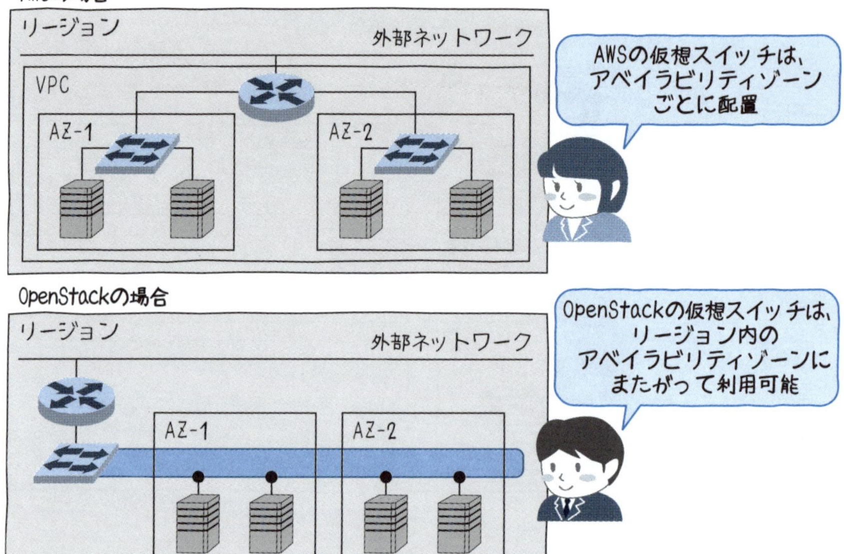

図 2.8　アベイラビリティゾーンと仮想スイッチの関係

ート数が不足することはありません。より正確に言うと、仮想スイッチを定義した段階では、接続ポートはまだ存在しません。仮想マシンインスタンスを接続する際は、事前に接続ポートを追加しておき、その後で、そのポートに対して仮想マシンインスタンスの仮想 NIC を接続するという手順になります。

仮想スイッチに接続ポートを追加すると、その段階で、該当の仮想スイッチが持つサブネット内の IP アドレスの 1 つが接続ポートに対して割り当てられます。明示的に IP アドレスを指定するか、もしくは、空いている IP アドレスの 1 つを自動で割り当てます。その後、このポートに接続した仮想 NIC に対して、DHCP によって、対応する IP アドレスが提供される形になります（図 2.9）。

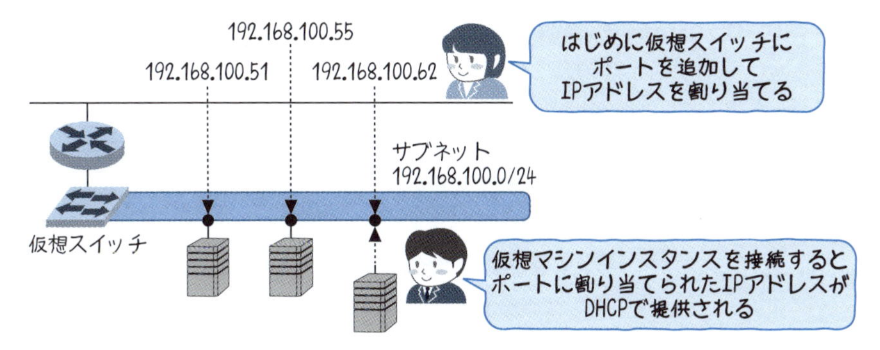

図 2.9　接続ポートと IP アドレスの関係

2.2.3 グローバル IP アドレス

仮想ネットワーク内部のプライベート IP アドレスは、仮想ルーターの NAT 機能でグローバル IP アドレスに変換されます。この際、2 種類の変換方法が利用できます。

1 つは、一般に「IP マスカレード」と呼ばれる方法で、仮想マシンインスタンスから外部ネットワークに接続する際に、仮想ルーターが持つグローバル IP アドレスを共有して利用します。家庭内 LAN の PC が、ブロードバンドルーターに割り当てられたグローバル IP アドレスを共有してインターネット接続する場合と同じ仕組みです（図 2.10）。

この機能は、仮想マシンインスタンスを接続した仮想スイッチが仮想ルーターに接続されていれば、デフォルトで利用可能です。ただし、仮想マシンインスタンスから外部ネットワークへの接続はできますが、外部ネットワークから仮想マシンインスタンスに接続することはできません。

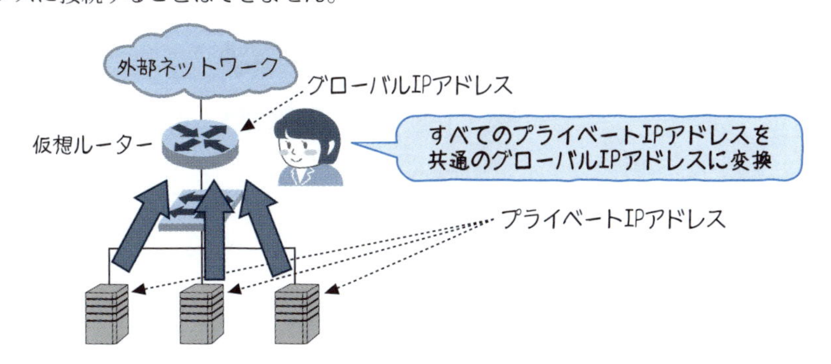

図 2.10　IP マスカレードによる外部ネットワーク接続

もう 1 つは、「Elastic IP（AWS の場合）」、もしくは「フローティング IP（OpenStack の場合）」と呼ばれる仕組みで、こちらは、個別のグローバル IP アドレスを仮想マシンインスタンスに割り当てます。具体的には、それぞれのテナントで、Elastic IP/ フローティング IP として利用できるグローバル IP アドレスを事前に確保しておき、その中の 1 つを特定の仮想マシンインスタンスに割り当てる操作を行ないます。これにより、割り当てたグローバル IP アドレスを用いて、外部ネットワークから仮想マシンインスタンスにアクセスできるようになります（図 2.11）。Elastic IP ／フローティング IP は、リージョンごとに確保する必要があります。

なお、操作上は仮想マシンインスタンスにグローバル IP アドレスを割り当てていますが、仮想マシンインスタンス内部のゲスト OS に該当の IP アドレスが設定されるわけではありません。仮想ルーターによって、割り当てたグローバル IP アドレスと、仮想マシンインスタンスのゲスト OS に設定されたプライベート IP アドレスを 1 対 1 で相互変換しています。

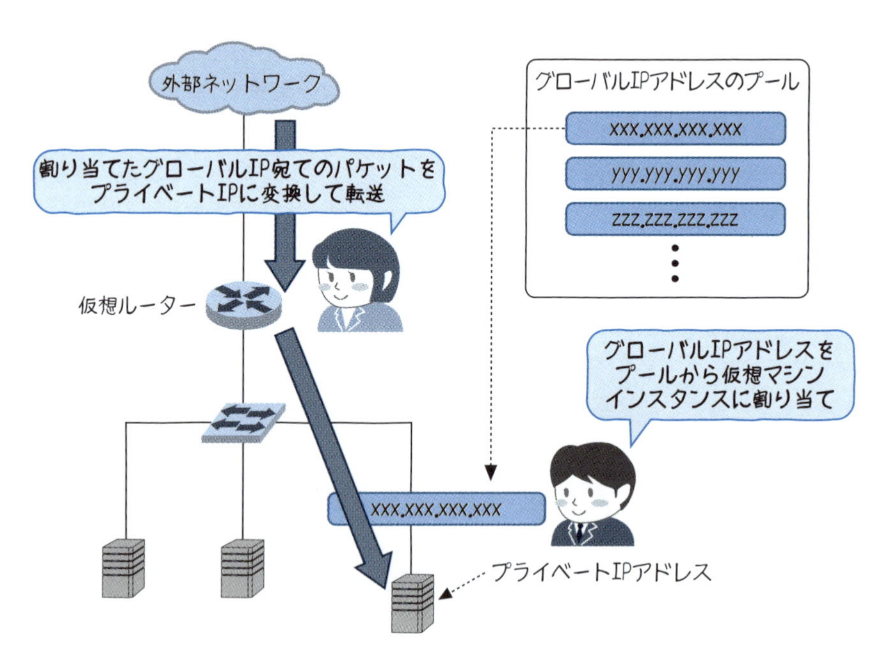

図 2.11　Elastic IP ／フローティング IP による外部ネットワークからの接続

2.2.4 セキュリティグループ

セキュリティグループは、仮想マシンインスタンスに出入りするネットワークパケットに対するフィルタリング機能を提供します。通信を許可するパケットの条件を指定したセキュリティグループを事前に定義しておき、仮想マシンインスタンスに対して適用します。同時に複数のセキュリティグループを適用することができるので、「すべての仮想マシンインスタンスに共通適用するグループ」「Web サーバーに追加適用するグループ」などの使い分けが可能です。つまり、「共通適用グループ」では、SSH 接続など、最低限必要な接続を許可しておき、「Web サーバー用グループ」では、HTTP/HTTPS など追加で必要となる接続を許可するという使い方です（図 2.12）。

また、図 2.12 にあるように、フィルタリング処理は、仮想マシンインスタンスと仮想スイッチの接続ポートの間で実施されます。適用するセキュリティグループ、あるいは、それぞれのセキュリティグループの定義内容は、仮想マシンインスタンスを起動したまま、動的に変更することが可能です。

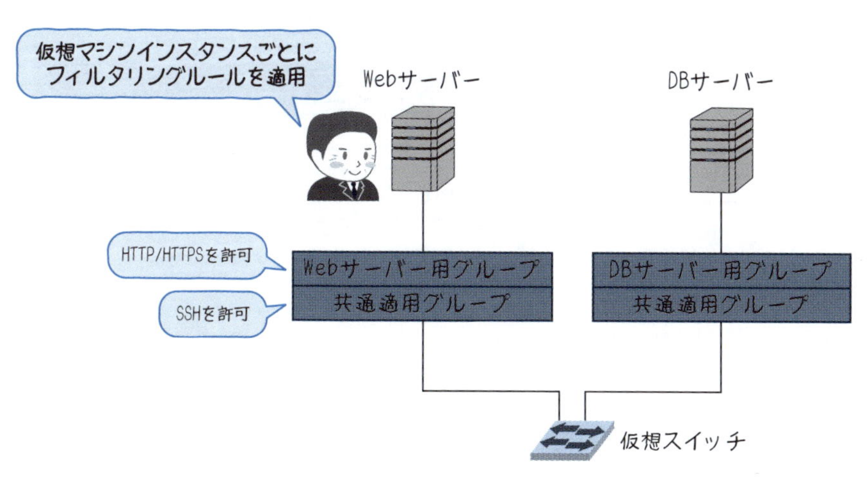

図 2.12　セキュリティグループによるパケットフィルタリング

2.3 サーバーリソース

サーバーリソースである仮想マシンインスタンスを起動する際は、いくつかの設定項目を指定する必要があります。これらの項目を順に説明します。

2.3.1 テンプレートイメージ

仮想マシンインスタンスを起動するには、ゲスト OS がインストールされた起動ディスクイメージが必要です。事前に用意されたテンプレートイメージを指定すると、これを複製したものが起動ディスクとして仮想マシンインスタンスに接続されます(図 2.13)。

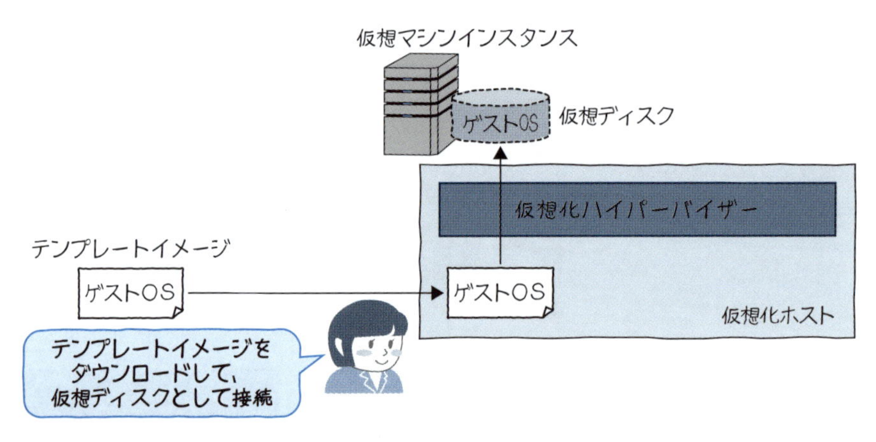

図 2.13　テンプレートイメージからの起動

テンプレートイメージは、クラウドサービスの提供者が事前に用意したもののほかに、利用者が自分で作成したものを登録することも可能です。また、代表的な Linux ディストリビューションについては、ディストリビューションを提供する企業やコミュニティがクラウドで利用できるイメージを公開しています。このような公開イメージを自分が利用するクラウド環境にアップロードして登録してもかまいません。

クラウドの利用者がテンプレートイメージを登録する際は、自身のテナントのみで使用できる「プライベートイメージ」として登録するほかに、他のテナントのユーザーも利用できる「パブリックイメージ」として登録することもできます。

2.3.2 インスタンスタイプ

インスタンスタイプは、仮想マシンの「サイズ」を指定するものです。それぞれのタイプごとに、仮想CPUの個数、仮想メモリーの容量、仮想ディスクのサイズなどが決められています。仮想マシンインスタンスを起動する際は、インスタンスタイプとして事前に用意されたメニューから選択することで、仮想マシンインスタンスの構成を決定します。AWSでは、利用者自身が新たなインスタンスタイプを定義することはできません。

OpenStackの場合は、テナントの管理者権限を持ったユーザーであれば、自身が管理するテナントで利用するインスタンスタイプを追加／変更することができます。設定可能な項目は、表2.1のとおりです。「ルートディスク」は、テンプレートイメージを複製して用意される起動ディスクのことです。テンプレートイメージを複製した後に、ここで指定されたサイズまで容量の拡張が行なわれます。「一時ディスク」は、未使用のディスクデバイスです。通常は空のファイルシステムが作成されて、「/mnt」にマウントされた状態にセットアップされます。

表2.1　インスタンスタイプの設定項目

設定項目	説明
仮想CPU	仮想CPUの個数
メモリー	仮想メモリーの容量
ルートディスク	起動ディスクのサイズ
一時ディスク	一時ディスクのサイズ
スワップディスク	スワップ領域のサイズ

「ルートディスク」と「一時ディスク」は、別名でエフェメラルディスクとも呼ばれます。エフェメラル（Ephemeral）は「一過性の」という意味で、ここでは、仮想マシンインスタンスを停止／破棄すると、これらのディスク領域も一緒に破棄されることを表わします。これらのディスク領域に保存したデータは、仮想マシンインスタンスとともに失われるので注意が必要です。永続保存が必要なデータは、この後で説明する「仮想ストレージ」、もしくは、「オブジェクトストレージ」に保存する必要が

あります。

また、仮想マシンインスタンスを起動した後、ルートディスク領域にアプリケーションを追加でインストールしたり、設定をカスタマイズすることがあります。カスタマイズしたルートディスクの内容を保存するには、仮想マシンインスタンスのスナップショットを取得します。これは、ルートディスクを複製して、新たなテンプレートイメージとして利用可能にする機能です（図 2.14）。

一方、この後で説明するように、仮想ストレージからゲスト OS を起動する機能を使用した場合は、仮想マシンインスタンスを停止／破棄した後でも、仮想ストレージの内容はそのまま残ります。

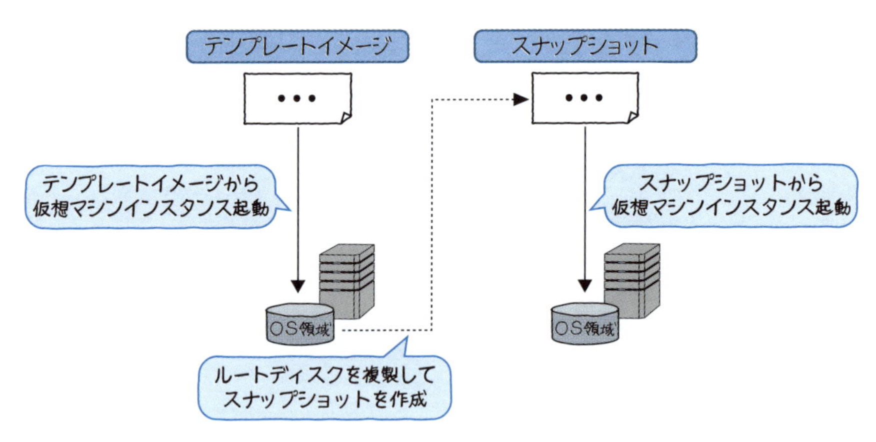

図 2.14　仮想マシンインスタンスのスナップショット

2.3.3 接続ネットワークとセキュリティグループ

ネットワーク接続については、接続先の仮想スイッチ、および、適用するセキュリティグループを指定する必要があります。複数の仮想スイッチを指定した場合は、接続先の仮想スイッチごとに仮想 NIC が用意されます（図 2.15）。

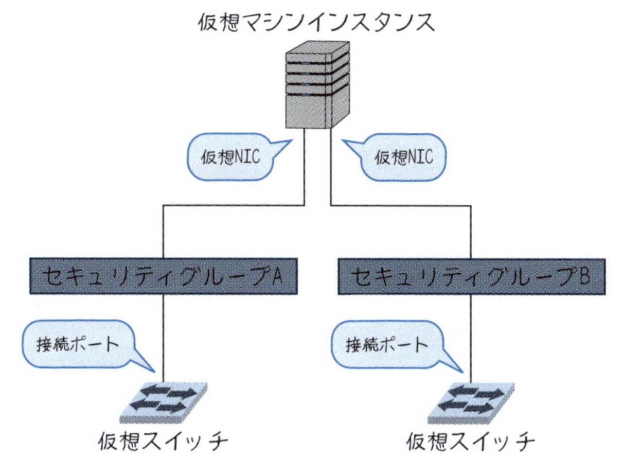

図 2.15　仮想マシンインスタンスと仮想スイッチの接続

2.2.2 項（P.29）で説明したように、仮想 NIC に特定の IP アドレスを割り当てる際は、接続先の仮想スイッチに対して、IP アドレスを指定した接続ポートを事前に作成しておきます。この接続ポートを指定して接続することで、仮想 NIC に対して指定の IP アドレスが割り当てられます。接続ポートを指定しない場合は、新たな接続ポートが自動作成されて、該当の仮想スイッチに割り当てられたサブネットから、未使用の IP アドレスの 1 つが割り当てられます。

セキュリティグループについては、2.2.4 項（P.33）で説明したとおりです。複数の仮想 NIC を持つ構成の場合、仮想 NIC ごとに異なるセキュリティグループを適用することも可能です。操作としては、接続先の仮想ポートに対して、適用するセキュリティグループを指定する形になります。

2.3.4 ログイン認証用の鍵ペアー

仮想マシンインスタンスのゲスト OS にログインする際のユーザー認証は、SSH の公開鍵認証が標準的に使用されます。各テナントの利用者は専用の鍵ペアー（公開鍵と秘密鍵のペアー）を作成して、公開鍵のほうをクラウド環境に事前登録しておきます。仮想マシンインスタンスを起動する際に、登録済みの公開鍵の 1 つを指定すると、対応する秘密鍵で SSH ログインできるように、ゲスト OS に対して、公開鍵を用いた認証設定がなされます（図 2.16）。

この認証設定の処理は、ゲスト OS 内部で稼働する「Cloud-init」というツールによって行なわれるので、テンプレートイメージとして用意するゲスト OS には、事前にCloud-initをインストールしておく必要があります。Cloud-initは、ゲストOSの初回起動時に、指定された公開鍵を受け取って、SSHの認証設定を行ないます[※4]。

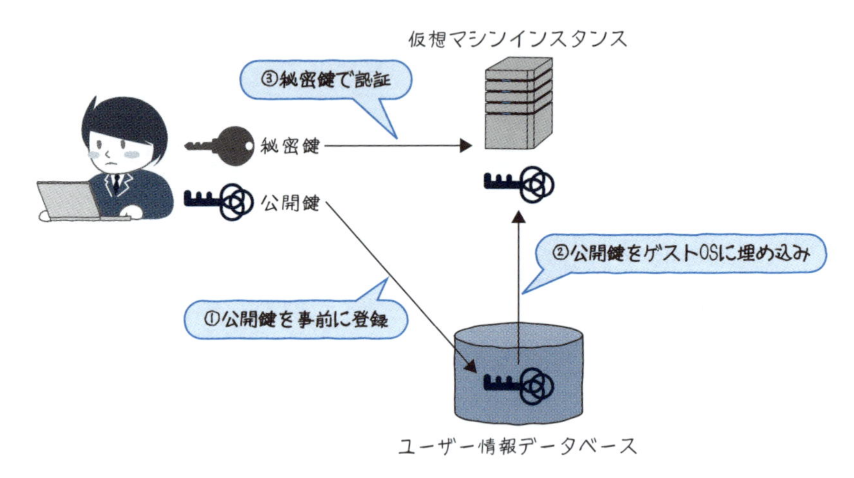

図2.16　公開鍵認証の設定処理

2.4 ブロックストレージリソース

ブロックストレージリソースである仮想ストレージは、仮想マシンインスタンスを停止／破棄しても内容が失われない、永続的なディスク領域を提供します。AWSでは「EBS（Elastic Block Store）」、OpenStackでは「ブロックストレージ」と呼ばれます[※5]。本章では、仮想ストレージのことを簡単に「ボリューム」と呼ぶことにします。ボリューム作成後の容量拡張やスナップショットコピーなど、一般的なストレージ装置が提供するディスク領域と同等の管理機能が提供されます。

2.4.1 仮想ストレージの基本機能

仮想ストレージの基本的な使い方は、図2.17のようにまとめられます。新規のボリュームは、容量を指定して作成します。作成したボリュームを起動中の仮想マシンインスタンスに接続すると、ゲストOSからは、追加のディスクデバイス（「/dev/vdb」など）として認識されます。ファイルシステムを作成してマウントするなど、通常のディスクデバイスと同様に利用できます。

※4　Windowsの場合は、RDPで接続するためにパスワード認証が必要となります。AWSでは、鍵ペアーからAdministrator権限のパスワードを生成する仕組みが用意されています。
※5　OpenStackにおける正式名称は「OpenStack Block Storage」ですが、一般には、ブロックストレージ、あるいは、ブロックボリュームと呼ばれています。

2.3.2 項（P.35）で説明したように、仮想マシンインスタンスを停止／破棄すると、ゲスト OS が導入されたルートディスクは削除されますが、ボリュームのほうはそのまま残ります。他の仮想マシンインスタンスに再接続すれば、ボリュームに保存したデータを再利用することができます。たとえば、仮想マシンインスタンスが障害で停止した際は、同じ構成の仮想マシンインスタンスを追加起動して、ボリュームを再接続します。これにより、障害停止前のデータを引き継いで、すぐにアプリケーションを再開することができます。

また、仮想マシンインスタンスから取り外した状態のボリュームは、スナップショットコピーを作成することができます。ただし、スナップショットは、そのまま仮想マシンインスタンスに接続することはできません。スナップショットをクローン（複製）して、新しいボリュームを作成した後に、そちらを仮想マシンインスタンスに接続します。

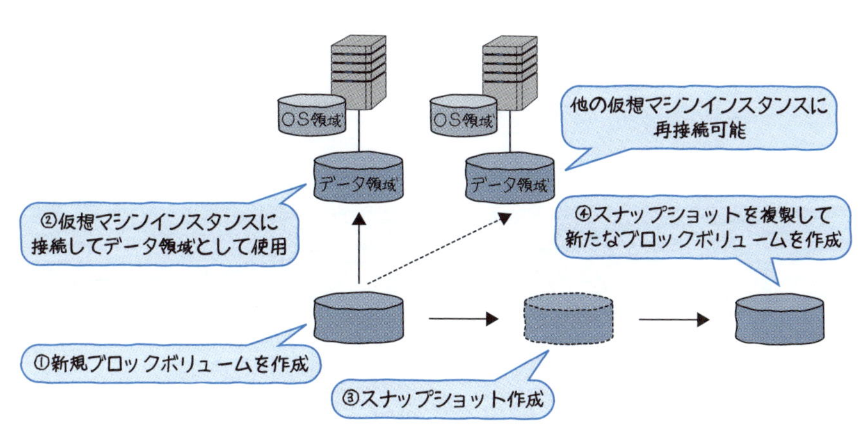

図 2.17　仮想ストレージの基本的な使い方

2.4.2 仮想ストレージからの起動

仮想マシンインスタンスを起動する際に、テンプレートイメージを複製したルートディスクを使用する代わりに、仮想ストレージのボリュームからゲスト OS を起動することもできます。AWS では「EBS Boot」、OpenStack では「Boot from Volume」と呼ばれる機能になります（図 2.18）。

この機能を利用する場合は、事前にテンプレートイメージの内容をコピーしたボリュームを作成しておきます。仮想マシンインスタンスを起動する際に、テンプレートイメージの代わりに、起動用のボリュームを指定します。この場合、仮想マシンインスタンスを停止／破棄しても、OS 領域のボリュームはそのまま残ります。このボリュームから新しい仮想マシンインスタンスを起動することで、停止直前と同じ構成でゲスト OS の利用を再開することができます[※6]。

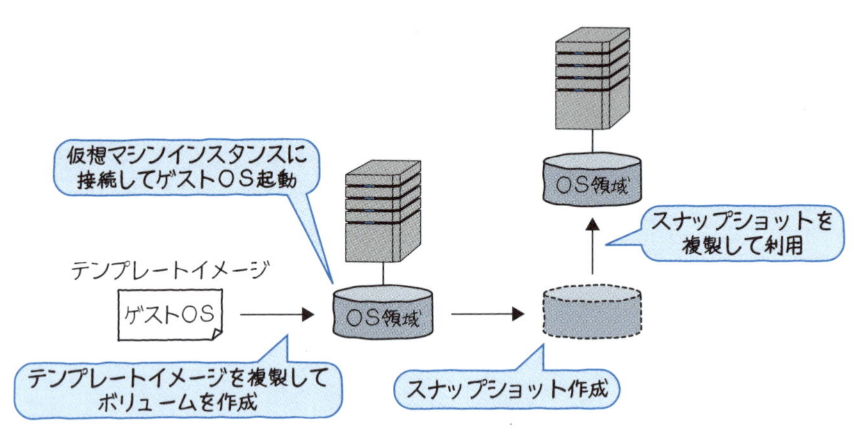

図 2.18　ボリュームから仮想マシンインスタンスを起動

2.5 オブジェクトストレージ

オブジェクトストレージは、ファイル単位でデータを格納するデータストアです。HTTP/HTTPS のプロトコルを用いてファイルを出し入れするファイルサーバー的な機能を提供します。仮想マシンインスタンスのゲスト OS からファイルを出し入れするほかに、外部ネットワークから直接にファイルを出し入れすることも可能です。

2.5.1 オブジェクトストレージの基本機能

オブジェクトストレージは、ファイル単位でデータを格納する機能を提供します。格納したファイルの一部を上書きで変更することはできないので、ファイルの内容を書き換える場合は、一度、ファイルを取り出した後、変更したファイルを再格納する必要があります。このように、提供する機能はとてもシンプルですが、高い可用性と高速なスループットを持つので、動画ファイルや画像ファイルなど、大量のファイルを保存するのに適しています。オブジェクトストレージに格納するファイルのことを「オブジェクト」と呼ぶこともあります。

※6　ゲスト OS に Windows を使用する場合、このような使い方はサポート対象外となります。

また、これまでに説明したコンポーネントは、リージョンやアベイラビリティゾーンによって特定の場所や地域にひも付けられていましたが、オブジェクトストレージは、複数の場所や地域から共通に利用することができます。たとえば、AWSが提供するオブジェクトストレージのサービスである「Amazon S3」では、オブジェクトの保存領域となる「S3バケット」はリージョンごとに用意されますが、他のリージョンの仮想マシンインスタンスからでも、インターネットを介してアクセスすることが可能です。あるリージョンの仮想マシンインスタンスからファイルを保存した後、それを他のリージョンの仮想マシンインスタンスから取り出すような使い方が可能になります（図2.19）。

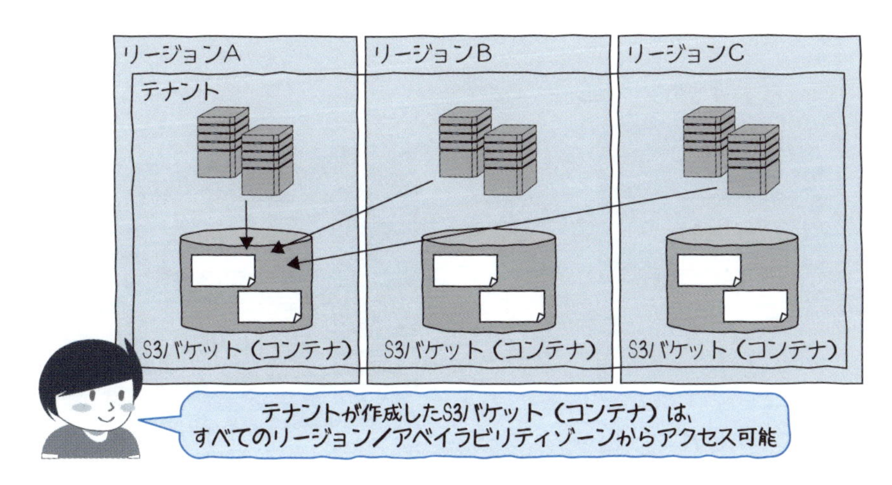

図2.19　リージョンを越えて利用できるオブジェクトストレージ

オブジェクトストレージにファイルを保存する際は、オブジェクトの入れ物となる「コンテナ」を作成します。AWSでは、先ほどの「S3バケット」がコンテナに相当します[※7]。Linuxのディレクトリに似ていますが、コンテナの中にコンテナを作成することはできません。ただし、ディレクトリ名付きでファイルを出し入れすることは可能です。たとえば、ディレクトリ名を付けて「dir01/file01」というファイルを保存すると、内部的には、「dir01/file01」という名称のオブジェクトがコンテナに保存される形になります（図2.20）。格納したファイルに対するアクセス権の設定は、コンテナの単位で行ないます。

また、それぞれのオブジェクトには、（Key, Value）形式のメタデータを付与することが可能です。アプリケーションと連携して利用する際は、メタデータによって、アプリケーションが取り出すファイルを選択するなどの使い方ができます。

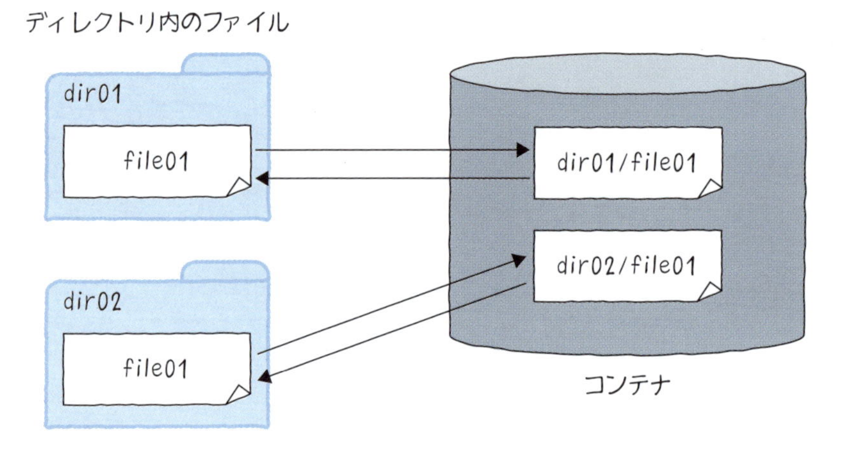

図2.20　擬似的なディレクトリの利用

2.5.2 バージョニングと静的Webホスティング

バージョニングは、コンテナに保存するオブジェクトにバージョン番号を付与する機能です。同じ名前のファイルを上書き保存した際は、新しいバージョン番号で保存されて、過去のファイルもそのまま残ります。必要な際は、過去のバージョンにファイルの内容を戻すことが可能になります。

また、静的Webホスティングは、オブジェクトストレージを簡易的なWebサーバーとして利用する機能です。コンテナのアクセス権をパブリック（だれでも読み出

※7　AWSの用語に合わせて、コンテナのことを「バケット」と呼ぶこともあります。

し可能）にセットして、その中に静的HTMLファイルを保存しておきます。外部のWebブラウザから、この保存オブジェクトに割り当てられたURLにアクセスすると、HTMLのコンテンツがブラウザに表示されます。HTMLファイルの他にも、画像ファイルを保存して、ブラウザから閲覧することもできます。

2.5.3 仮想ストレージのバックアップ

仮想ストレージのボリュームは、オブジェクトストレージにバックアップすることができます。内部的には、ボリューム全体を一定サイズのブロックに分割して、それぞれのブロックを1つのファイルとしてオブジェクトストレージに保存する形になります。オブジェクトストレージは複数のリージョン／アベイラビリティゾーンから共通に利用できるので、リージョン／アベイラビリティゾーン間でボリュームの内容をコピーする際にも使えます[※8]。コピー元のボリュームの内容をオブジェクトストレージにバックアップしておき、それをコピー先のボリュームにリストアします（図2.21）。

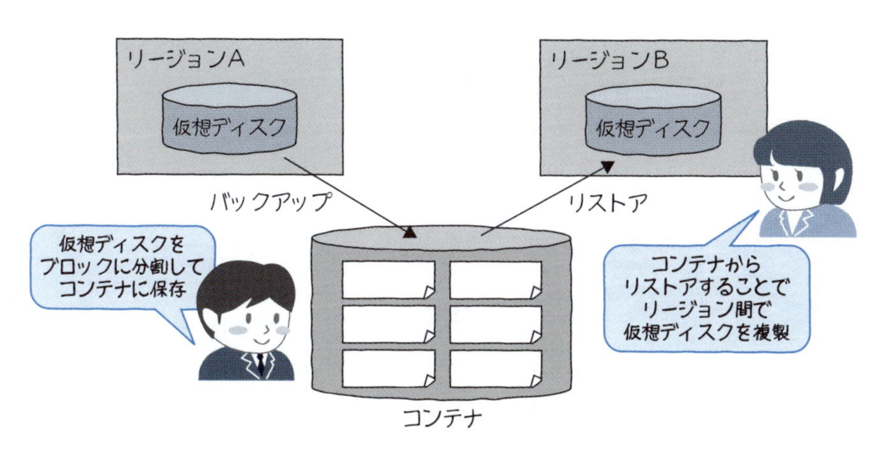

図2.21　オブジェクトストレージを利用したボリュームの複製

※8　AWSでは、仮想ストレージのスナップショットや仮想マシンイメージ（テンプレートイメージ）をリージョン間でコピーする機能も提供されています。

2.6 Webアプリケーションシステムの構築例

ここでは、Web/AppサーバーとDBサーバーの2台から成る簡易的なWebアプリケーションシステムをクラウド上に構築する例を考えます。複数のアベイラビリティゾーンを用いたアクティブ－スタンバイ型の構成により、障害対策についても考慮した設計を行ないます。

2.6.1 複数アベイラビリティゾーンによる冗長構成

複数のアベイラビリティゾーンを利用する際は、仮想ネットワークとの関係を正しく理解する必要があります。この部分は、AWSとOpenStackで考え方が異なるので注意が必要です。

まず、AWSの場合は、リージョン内に複数のVPCを用意すると、VPCごとに独立した仮想ネットワークが構成されます。この際、仮想ネットワークの内部では、アベイラビリティゾーンごとに仮想スイッチ（サブネット）を用意する必要があります。たとえば、「AZ-1」と「AZ-2」の2つのアベイラビリティゾーンを利用する場合、図2.22のような構成になります。各アベイラビリティゾーンには、用途ごとにネットワークを分離するため、「DMZ」「Web-DB」「Admin」の3種類の仮想スイッチ（サブネット）が用意されています。

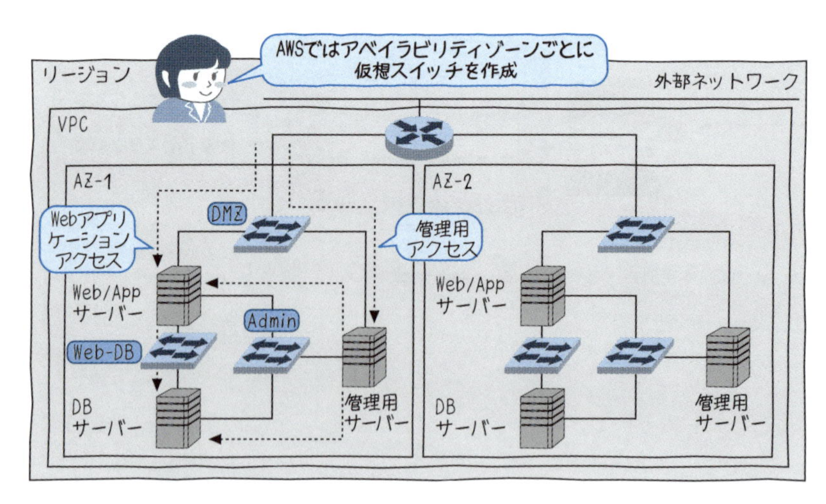

図2.22　複数アベイラビリティゾーンによる冗長構成（AWSの場合）

Web アプリケーションの利用者は、「DMZ」を経由して Web/App サーバーにアクセスし、Web/App サーバーは、「Web-DB」を経由して DB サーバーにアクセスします。また、システム管理者がそれぞれのサーバーにログインする際は、いったん管理用サーバーにログインした後、「Admin」を経由して各サーバーにログインします。それぞれの仮想マシンインスタンスには、上記のアクセスのみが許可されるようにセキュリティグループを適用します。

「AZ-1」と「AZ-2」には同じ構成のシステムが用意されており、普段は「AZ-1」のシステムを利用します。「AZ-1」全体が停止するような障害が発生した場合、利用者には、アクセス先を「AZ-2」のシステムに切り替えてもらいます。DNS の登録を変更して、これまでと同じ URL で「AZ-2」のシステムを利用することも可能です。また、このような機能をロードバランサーを使って実装することも可能です。

一方、OpenStack の場合、仮想ネットワークは、複数のアベイラビリティゾーンにまたがって用意されるので、図 2.23 のような構成になります。「AZ-1」と「AZ-2」で同じ仮想スイッチを共有しています。

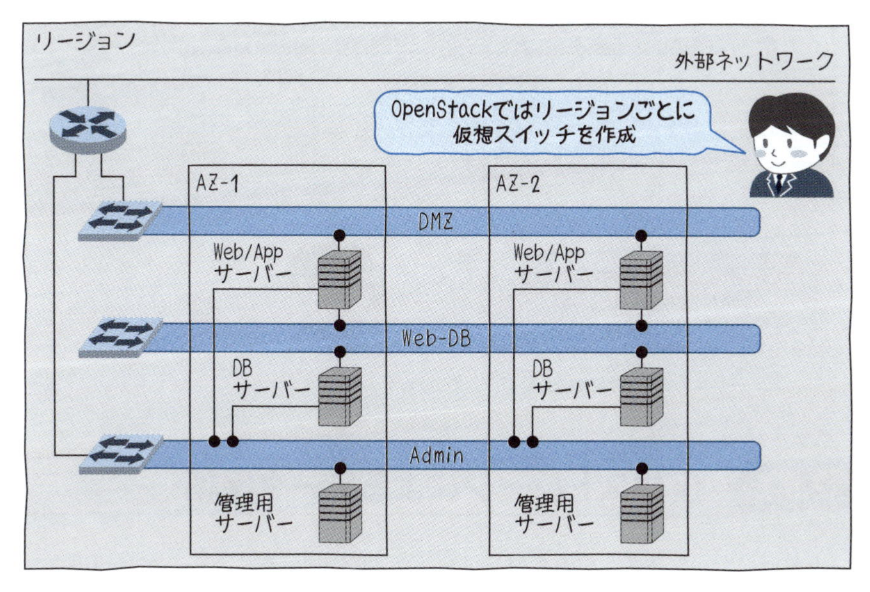

図 2.23　複数アベイラビリティゾーンによる冗長構成（OpenStack の場合）

この場合も、それぞれのアベイラビリティゾーンで同じ構成のシステムが用意されている点は変わりませんが、「AZ-1」から「AZ-2」に利用システムを切り替える際は、フローティングIPの付け替えで対応することができます。外部から接続する必要のあるWeb/Appサーバーには、フローティングIPが付与されていますが、普段は、「AZ-1」のWeb/AppサーバーのみにフローティングIPを付与しておきます。そして、利用システムを「AZ-2」に切り替える際は、「AZ-1」のWeb/Appサーバーに付与していたフローティングIPを「AZ-2」のWeb/Appサーバーに付け替えます（図2.24）。これにより、外部からは同じIPアドレスのままで、利用するシステムが「AZ-1」から「AZ-2」に切り替わることになります。

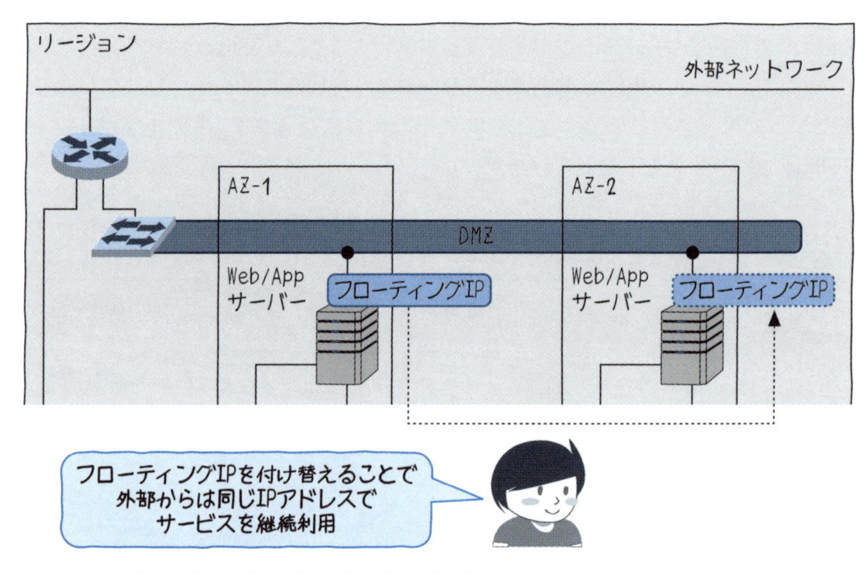

図2.24　フローティングIPの付け替えによるシステムの切り替え

2.6.2 仮想ストレージによるデータ保護

DBサーバーが保存するデータのバックアップについて考えます。まず、DBサーバーの仮想マシンインスタンスが障害停止した場合でもデータが消失しないよう、仮想ストレージのボリュームを接続して、ここにデータベースの内容を保存するようにします。また、ボリュームそのものが破損した場合、あるいは、データベースの操作ミスでデータを破壊した場合に備えて、ボリュームの内容をオブジェクトストレージに定期的にバックアップします。

ただし、ボリュームのバックアップは、オブジェクトストレージに対して物理的にデータを転送するため、ボリュームの容量によっては長時間かかることがあります。バックアップ中は、ボリュームを仮想マシンインスタンスから取り外しておく必要があるため、この間、データベースは利用できなくなってしまいます。データベースの利用をすぐに再開したい場合は、一度、スナップショットを作成して、スナップショットから複製したボリュームに対してバックアップを実施すると良いでしょう（図2.25）。スナップショットを作成する際はボリュームを仮想マシンインスタンスから取り外す必要がありますが、スナップショットの取得は短時間で完了するので、すぐにボリュームの利用を再開することができます。

この他には、仮想マシンインスタンスにバックアップ保存用のボリュームを追加で接続しておき、データベースソフトウェアの機能でバックアップファイルをそちらに出力するという運用方法もあります。そのうえでさらに、バックアップ保存用のボリュームをオブジェクトストレージにバックアップしておきます。

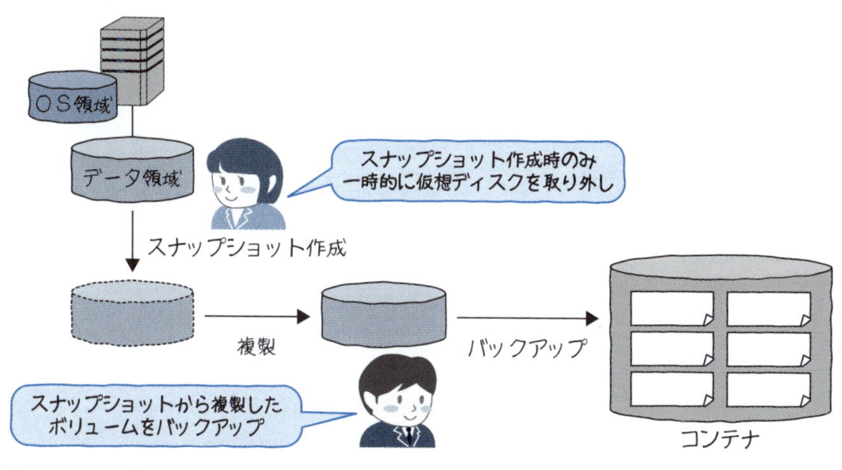

図 2.25　スナップショットを利用したボリュームのバックアップ

また、使用するシステムを「AZ-1」から「AZ-2」に切り替える際は、「AZ-2」のデータベースに最新のデータをリストアする必要があります。仮想マシンインスタンスと同様に、仮想ストレージのボリュームもアベイラビリティゾーンごとに分かれて存在するので、「AZ-1」で使用していたボリュームを「AZ-2」の仮想マシンインスタンスに接続することはできません[※9]。オブジェクトストレージに保存した最新のバックアップを「AZ-2」に用意したボリュームにリストアして、「AZ-2」のDBサーバーに接続して利用します。最近のデータベースは、複数のDBサーバー間でネットワー

※9　2.1.3項（P.25）で説明したように、OpenStackの場合は、異なるアベイラビリティゾーンのボリュームと仮想マシンインスタンスの接続が許可される構成を取りえます。ただし、すべての環境で利用できるわけではありません。

ク経由でデータを同期する仕組みを持っているので、このような機能を利用して、各アベイラビリティゾーンでデータベースの内容を常に同一に保つという方法もあります（図 2.26）。

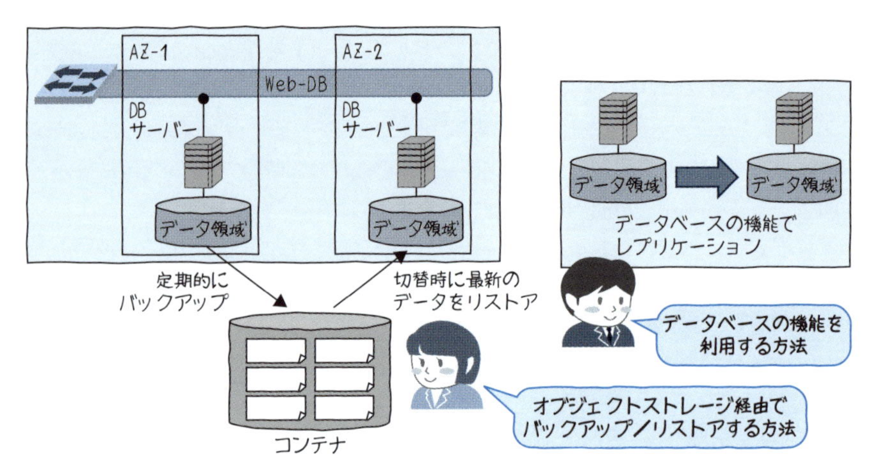

図 2.26　アベイラビリティゾーンを切り替える際のデータ移行

第3章

クラウドを制御する API の仕組み

ここまで、クラウドの分類や主要コンポーネントなど、クラウドの全体像を中心に解説し、APIの重要性について触れてきました。この章では、クラウドを操作するAPIとは何かを、Web技術の基本とあわせて説明します。

非クラウド環境のインフラエンジニアはWeb技術をあまり把握していないケースもあるため、Webの基本動作原理から説明します。クラウド技術は仮想化技術の延長として捉えられることも多いですが、最近は仮想化技術を意識しないサービスも増えており、ユーザー視点では「APIによってクラウドのコンポーネントを自在に制御できる」、これこそがクラウドの本質と著者は考えています。

API制御は、「認証」「対象」「操作」の3つの要素で構成されます。「対象」はDNSとURI、「操作」はHTTPと密接に関係するため、それらインターネットの基礎技術もあわせて説明していきます。なお、コンポーネントと関係する「認証」については、第9章「認証とセキュリティ」であらためて説明します。

3.1 クラウドとAPIの関係

3.1.1 APIとは？

APIというと、「言葉は聞いたことがある」「なんとなく使っている」という人は多いかもしれませんが、その詳細を理解している人は意外と少ないのではないでしょうか。

APIとは、アプリケーションプログラムインターフェース（Application Program Interface）の略で、「あるソフトウェアから他のソフトウェアを制御するインターフェース（規約）」を意味します。これにより、重複した記述の防止によるソフトウェアの開発生産性の向上や標準化を促進できます。APIを利用すると、ソフトウェアの内部構造を知らなくても、APIを介してソフトウェアに接続して制御できます。これがAPIの目的です。

共通のロジックをAPIとして用意しておき、各種プログラミング言語でプログラムを書く際に、そのAPIの機能をインターフェースから呼び出す宣言をプログラム内に書けば、共通のロジックの記述を省略できます。

例として、クラウドでもよく利用されるJava言語のケースで見てみましょう（図3.1）。Javaはオブジェクト指向という特徴があります。実態としてはクラスとインターフェースで構成されており、これをオブジェクト化して処理を実行できるようになります。

Javaで実装するアプリケーションには、どのケースでも利用したい共通処理があります。たとえば、データ入出力、言語設定、SQL呼び出し設定、アプレット呼び出し設定といった処理です。これらは毎回、最初から同じコードを書くのは効率的ではありません。したがって、オブジェクト指向の特性を活かして、これらを処理するクラスをまとめて共通のパッケージから呼び出すほうが明らかに効率的です。このようなことから、以前から拡張性や再利用性が求められる環境でAPIは活用されていました。

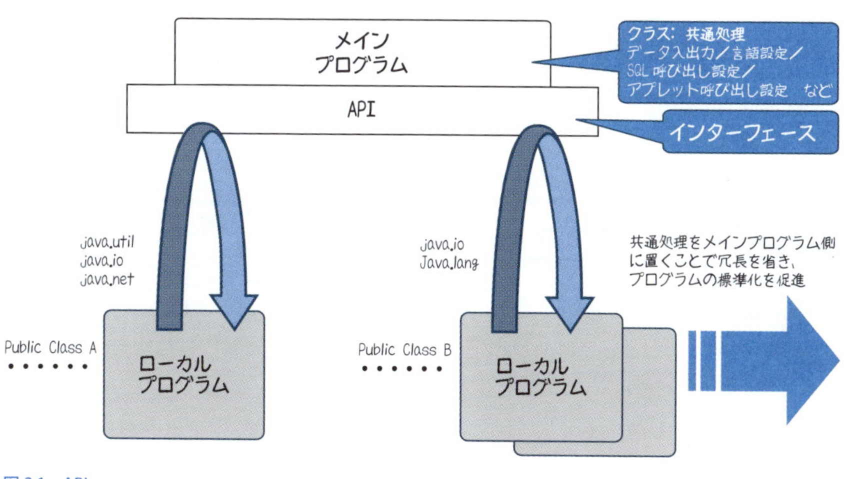

図3.1 API

3.1.2 Web API

クラウドでは、Web APIを利用するのが一般的です。Web APIとは、「HTTP（HTTPS）プロトコルを利用してネットワークを介して呼び出すAPI」のことです。

Web上でユニークなURIに対して、HTTPリクエストを投げて、レスポンスとして情報を取得するのが、Web APIの基本的な処理です（図3.2）。このやりとりに関する規約は、APIリファレンスとして各サービスによって定められており、ユーザーは基本的にサービス提供側の規定に従う形になります。

Web APIを詳細に理解するには、HTTP、URI、RESTの基礎知識が必要になってくるため、この後に順番に説明していきます。

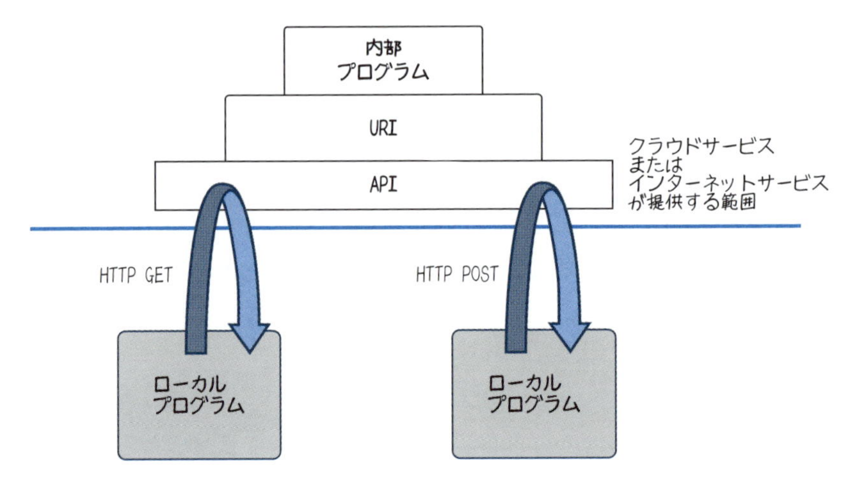

図 3.2　Web API

3.1.3 インターネットサービスから始まったWeb APIとHTTP

Web APIでは、HTTPというプロトコルを利用します。HTTPはHypertext Transfer Protocolの略で、もともとはWebブラウザとWebサーバー間でHTMLやXMLを表示するためのプロトコルとして策定されました。

1995年頃のインターネットが普及し始めた当時は、HTMLファイルをベースとした静的なサイトが主流でしたが、その後、HTML内にスクリプトを埋め込めるJavaScript、Javaや.NETのWeb対応、非同期でやりとりするXMLデータをやりとりするAjaxなどの技術の進展により、従来の単純なWebサイトからWebアプリケーションに大きく変貌を遂げました。

この進化によりWebを介して構造化データを扱えるようになったため、Amazon、Google、Yahoo、eBayといったインターネット企業は、このデータを有効活用したいと考え、保持している情報を必要に応じてWeb APIという形式でユーザーが取得できるようにし始めました（図3.3）。ちょうどWeb 2.0という言葉が流行った2006年頃から大きく普及していきます。

その代表例として、Amazon.comのProduct Advertising APIがあります[※1]。このWeb APIを使うと、Amazonの商品データベースに直接アクセスして最安値商品を検索するなどの機能を実装できます。Amazonは、このAPIにより開発者を取り込み、さまざまなアプリケーションからAmazonのECサイトに誘導し、サービスを拡大させることに成功しました。

※1　クラウドのAmazon Web Services（AWS）が登場する前は、Amazonが提供するWeb Servicesという意味で、Product Advertising APIがAmazon Web Servicesと呼ばれていた時期があります。

近年では、Facebook や Twitter も含め、API を公開することが大規模なインターネットサービスの標準となり、スタートアップ企業が急速にサービスを拡大させるにはAPI 提供が必須という状況になりつつあります。

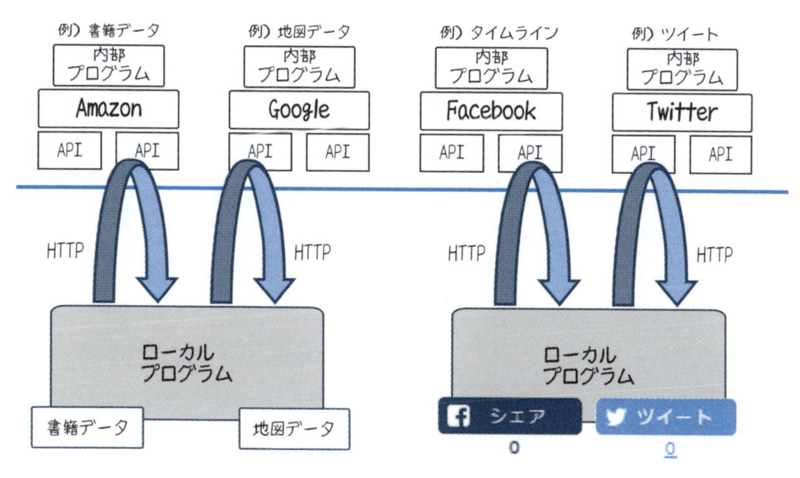

図 3.3　インターネットサービス Web API

3.1.4 Amazon から始まった Web API のクラウドコンピューティングへの適用

Product Advertising API で成功した Amazon.com は、ピーク性の激しい EC サイトを運営するためのサーバーやストレージなどのコンピュータリソースのスムーズな社内のやりとりにも API を活用していました。2006 年にその仕組みを外部に公開してスタートしたのが Amazon Web Services（AWS）の EC2 と S3 であり、これがクラウドコンピューティングの誕生と認識されています。当時、開発者から注目されたのは次の 2 つの仕組みです。

- インターネットを介して、サーバーやストレージが時間貸しで利用できる
- インターネットサービスの Web API と同様の仕組みを使って、ユーザーが自由に瞬時にコンピュータリソースを API で操作できる

本書では、主にこの後者の仕組みにフォーカスしています。

インターネットサービスにおける Web の進化、Web API の普及が元になって、Web API でユーザーが自在にコンピュータリソースを制御できるクラウドコンピュ

ーティングは成り立っていると言えます。クラウドコンピューティングの提供会社は、Amazon、Google、Salesforce、Microsoftといったインターネットサービスを提供する企業が主体です。クラウドコンピューティングもWeb APIと同様、インターネットサービス提供会社が技術面で牽引していることも、クラウドとAPIが密接に関わりあっていることを示しています。

3.1.5 仮想化技術とクラウドコンピューティング

Web APIによるコンピューティングリソースの調達が、物理環境である場合、物理的な手配が必要になるため時間がかかってしまいます。仮想環境であれば、物理的なリソースの手配を隠ぺいできるため、API操作によって即時に仮想的なリソース調達が可能になります（図3.4）。

Web 2.0が流行した直後の2006年以降に仮想化技術が普及したことも、クラウドコンピューティングの実現と躍進に大きく寄与しています。これは、仮想化技術による瞬時のリソース配分が可能になったほか、ハードウェアリソースを最大限に活用することで、クラウドコンピューティングが利益モデルとして成立できるようになったためです。

しかし、特にIaaSでは仮想化の恩恵を受けますが、リソース効率化などを意識せず性能を重視すれば仮想化である必要はなく、PaaSやSaaSでは仮想化の観点はあまり重要ではありません。つまり、仮想化技術はクラウドコンピューティングの躍進に大きく寄与しているものの、クラウドコンピューティングの本質はあくまで「API」なのです。

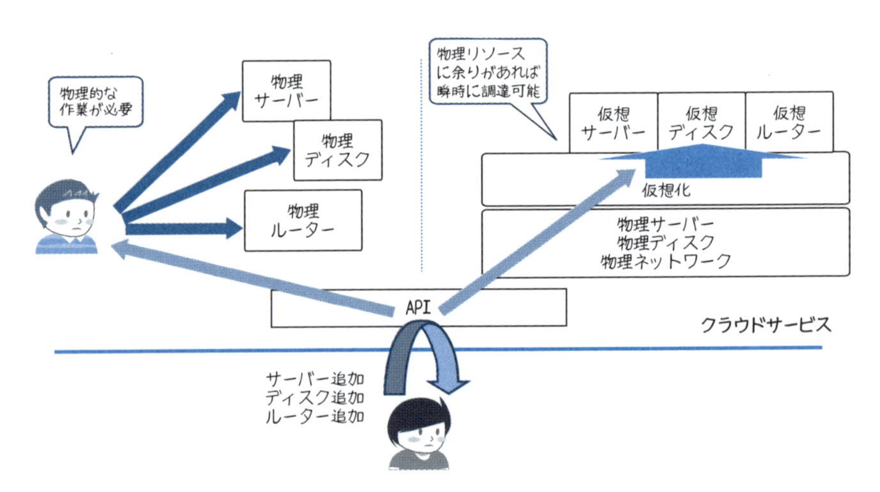

図3.4 仮想化

3.1.6 SOA技術とクラウドコンピューティング——APIエコノミーに向けて

Web APIは、HTTPをベースとしたAPIで制御して疎結合なコンポジットアプリケーションを構成する点で、2006年頃に普及が始まったSOA（Webサービス）の技術と似ています。

ただし、SOAはどちらかというと社内の情報システム間のプライベートネットワーク間での連携を対象にしていました。Web APIでは、インターネットを介してパブリックネットワーク間での連携を対象としており、だれでも共通に使えるようにするためにロジックやデータ構造がシンプルになっています。

詳細は後述しますが、Web APIの技術的な通信は、SOAPからRESTにシフトしています。そして、Web APIによる外部とのデータのやりとりが増えるにつれ、そのAPIを統合管理するようなソフトウェアやサービスも出てきました。特に、パブリックにするといってもすべてを公開するケースは少なく、Web APIの結果を返す際に認証や条件チェックをするプロテクテッドAPIが一般的であり、その制御の役割も果たしています。

従来型の社内最適にフォーカスしたSOAとの大きな違いは、Web APIは社内のデータを社外のSoE（System of Engagement）へ提供してビジネス創出を図るという点です（図3.5）。この新しいビジネスモデルは、APIエコノミーと呼ばれています。

クラウドについても、複数のクラウドサービスを併用するケース、クラウド間での連携をするケースが今後は一般的となり、強力なAPIエコノミーが形成されることが予想されます。また、一般的にクラウド環境におけるパブリックとプライベートの定義は、データセンターとネットワークの2つが、パブリックかプライベートであるかを中心に定められるケースがありますが、このAPI公開がパブリックかプライベートかという観点が重要だと著者は考えています。たとえば、AWSをサービスの形態でユーザーが利用する場合は、APIの宛て先は公開されたグローバルアドレスになるのに対し、OpenStackをソフトウェアとして利用して社内向けに実装／運用する場合は、APIの宛て先は社内のプライベートアドレスにすることも可能です。

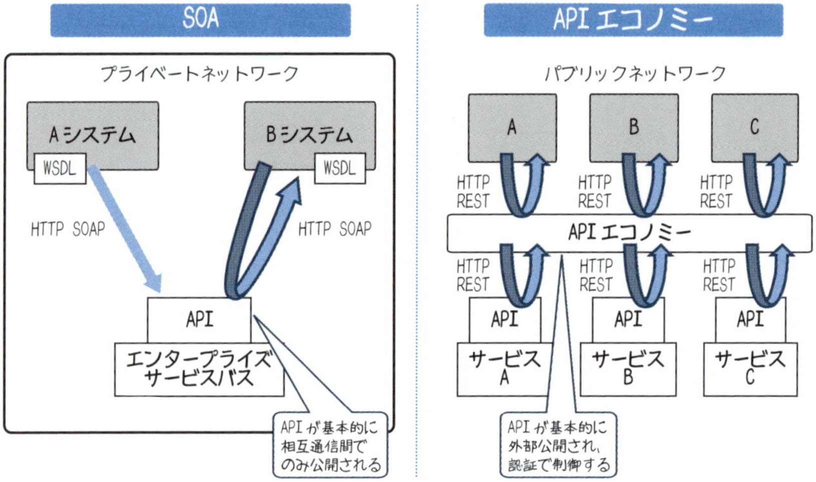

図 3.5　SOA と API エコノミー

3.1.7 Web API の構成要素

さて、少し前置きが長くなりましたが、Web API の構成要素は、大きく分類すると、「認証」「対象」「操作」の 3 つです。

認証は、クラウドが保持する独自の認証機能が担います。この認証については、第 9 章で詳しく解説します。

対象は、API の世界では「リソース」にあたり、URI で表現されます。URI の仕組みを理解するには、まず DNS やエンドポイントの考え方を理解する必要があるため、次の 3.2 節ではクラウドで利用する URI を例に説明していきます。

操作は、API の世界では「アクション」にあたり、主に HTTP メソッドで表現されます。HTTP メソッドについては、3.3 節でクラウドで利用するアクション操作を例に説明していきます。

3.1.8 Web API の考え方

Web API の 3 要素「認証」「対象」「操作」による API 操作は、英語の文法を使うとわかりやすく説明できます。英語の基本文型「S + V + O」は、図 3.6 のように 3 要素に当てはまります。

S（Subject）は主語で「だれが〜」に当てはまり、API では「アクター」と定義され、アクターを識別する処理が認証になります。

V（Verb）は述語で「〜をする」に当てはまり、APIでは「アクション」と定義され、操作に該当します。この操作がWeb APIになり、HTTPのメソッドやヘッダーなどを組み合わせて行なわれます。

O（Object）は目的語で「〜を」に当てはまり、APIでは「リソース」と定義され、対象に該当します。この対象がWeb APIの発行先になるURIとなります。URIはDNS、ドメイン、パスで構成されます。

また、オプションとして、C（Complement）が補語で「〜を条件として」に当てはまり、APIでは「コンディション」と定義され、条件に該当します。APIで定められているオプション指定や認証の条件指定でフィルタリングすることができます。

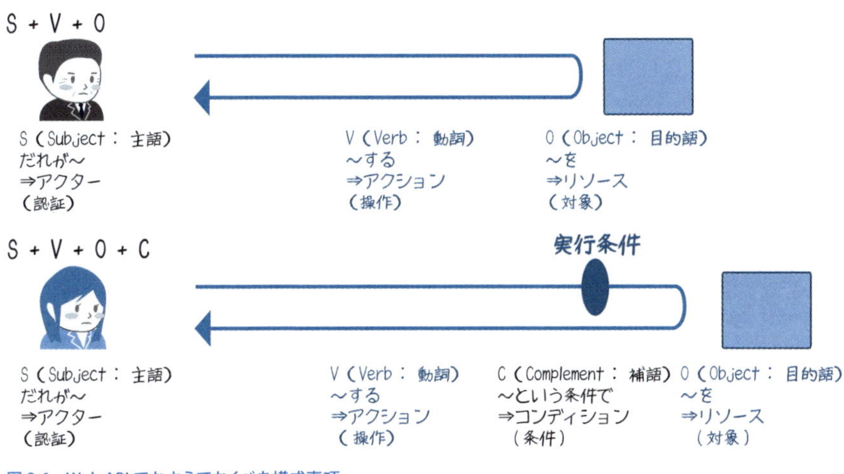

図3.6　Web APIでおさえておくべき構成事項

3.1.9 リソース

目的語の「〜を」に該当し、API操作の“対象”となる「リソース」について、簡単に定義を説明しておきましょう。

第2章でクラウドの代表的なコンポーネントとして、サーバー、ブロックストレージ、ネットワークを紹介しましたが、これらを構成する要素がリソースとなります。たとえば、サーバーであればインスタンス、イメージ、キーペアーなど、ネットワークであればルーター、サブネット、セキュリティグループなどが該当します。

これらのリソースを一意に特定するために、リソースはユニークなキーを持っています。キーのタイプは大きく 2 つあります。

1 つはランダムに振られる UUID です。たとえば、インスタンス（サーバー）やサブネットは、作成すると UUID としてインスタンス ID（サーバー ID）、サブネット ID が振られます。リソースを特定するためには、主にこの UUID が使われます。

もう 1 つは名前です。たとえば、オブジェクトストレージの箱であるバケット（コンテナ）内のオブジェクト（ファイル）を特定するには、バケット（コンテナ）名とオブジェクト名でリソースを特定します。

どちらをキーにするかは主にコンポーネント単位で決まっているので、各コンポーネントの仕様を確認することになります。

リソースの中には、ユニークなキーを持つさまざまな属性情報を保持しており、これをリソースプロパティと呼びます。たとえば、インスタンス（サーバー）では起動しているアベイラビリティゾーン、起動元のイメージ ID といった属性情報を保持しています。また、イメージもリソースなので、キーとなるイメージ ID を元にインスタンスとリソースの関係性を保持しています。

このリソースを構成する技術については 3.2 節で、リソースを中心にしたリソース指向アーキテクチャ（ROA）や設計については 3.4 節で説明します。

3.1.10 アクション

動詞の「〜する」に該当し、API の操作となる「アクション」についても、簡単に定義を説明しておきましょう。

アクションは、リソースに対して行ないますが、多くは CRUD（Create、Read、Update、Delete）で表わされる作成、参照、更新、削除になります（図 3.7）。詳細は 3.3 節で説明しますが、API における CRUD は、リソースの URI に対する HTTP メソッド、あるいは URI のクエリーパラメータのどちらかで実装されています。

アクションの参照、更新、削除は既存のリソースに対する操作なのでキーでリソースを特定して操作するのに対し、アクションの作成は条件を指定してキーを作成する、という違いがあります。

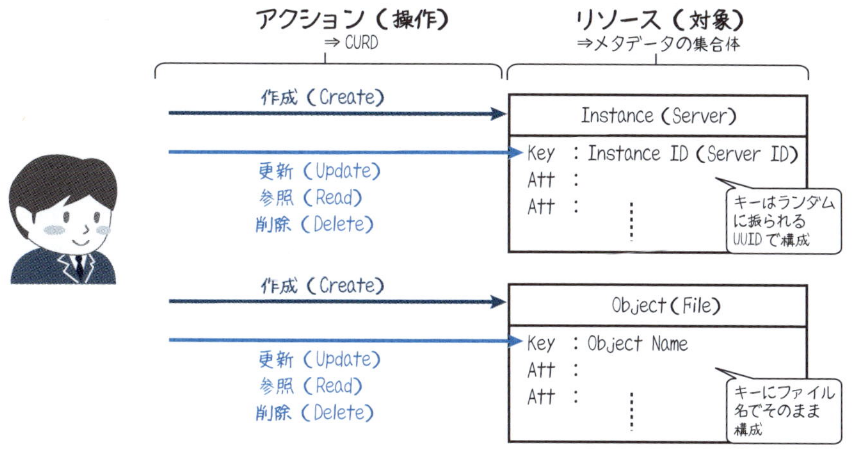

図 3.7　リソースとアクション

3.2 リソースを構成する URI

次に、API においてリソースの構成要素である URI（Uniform Resource Identifier）を説明していきます。

URI は、パスとドメインで構成されます。そして、API の宛て先をエンドポイントと呼びますが、その構成技術も URI になります。URI は、実質的には URL（Uniform Resource Locator）のことです。皆さんもインターネットと Web ブラウザを介して Web サービスを利用する際に、宛て先にグローバル IP アドレスではなく、多くは URL を指定しているはずです。その理由は、IP アドレスではどのサイトかわかりませんし、IP アドレス変更もできなくなるためです。この考え方は、クラウドにおいても同様です。この Web 基礎技術についてクラウドを例にして少し深堀りしていきます。

3.2.1 ドメイン、ドメインツリー、FQDN（完全修飾ドメイン名）

最初にドメインを説明します。ドメインとは、ネットワーク上の名前のことであり、名前を .（ドット）でつないだ連名で表わされます。ドメインは右側から逆に読んでいき、それぞれの .（ドット）で括られた名前は階層化を意味しています。

図 3.8 は、Amazon EC2 のデフォルトのパブリック DNS である「ec2-54-10-10-10.ap-northeast-1.compute.amazonaws.com.」の例です。com が TLD（Top Level Domain）、 amazonawsが2ndLD（2nd Level Domain）と続いていきますが、このようなツリー構造をドメインツリーと言います。それぞれの.（ドット）で括られた名前は名前空間（ゾーン）を表わしており、2ndLDであるamazonawsは、TLDであるcomの名前空間に含まれ、限定的な空間を保持します。この上位のドメインから見て1つ下位に位置するドメインのことをサブドメインと呼びます。

ドメインの最後には具体的なリソースであるホスト名が配置され、この例ではec2-54-10-10-10が該当します。そして、このドメイン名とホスト名が一体化されたものをFQDN（Fully Qualified Domain Name：完全修飾ドメイン名）と呼び、このFQDNでネットワーク上のホストが特定されます。

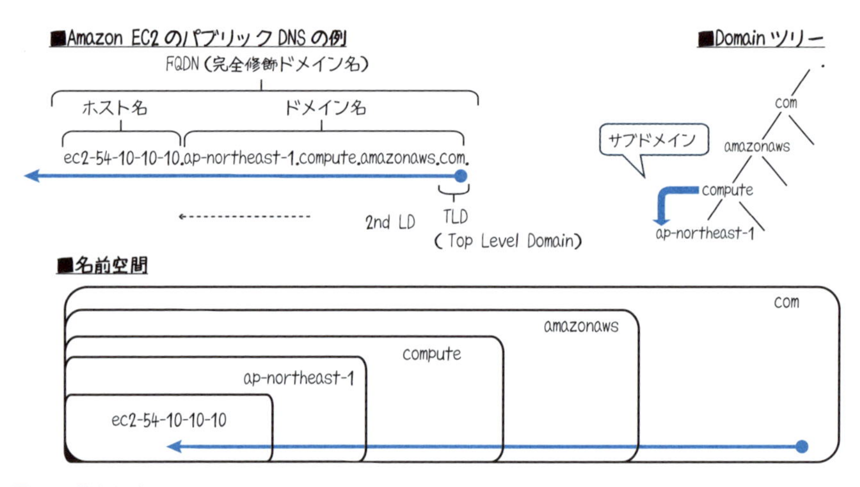

図3.8　ドメインとFQDN

◉クラウドにおけるドメイン階層の拡張

クラウドは、ネットワーク上に存在していますが、このドメイン階層化によって成立しています。したがって、わかりやすくするために、ある程度ドメイン階層をルール化することが重要です。たとえば、AWSのエンドポイントである「ec2.ap-northeast-1.amazonaws.com」では、3rdLDをリージョン（地域）、4thLDをサービス（コンポーネント）としています（図3.9）。これにより、容易にリージョンとサービスを追加することができます。

また、リージョンのサブドメインにコンポーネントを配置しているため、リージョンごとにコンポーネント（サービス）のラインナップを変えることもできますし、リージョンに所属しないサービスは3rdLDに配置することもできます。

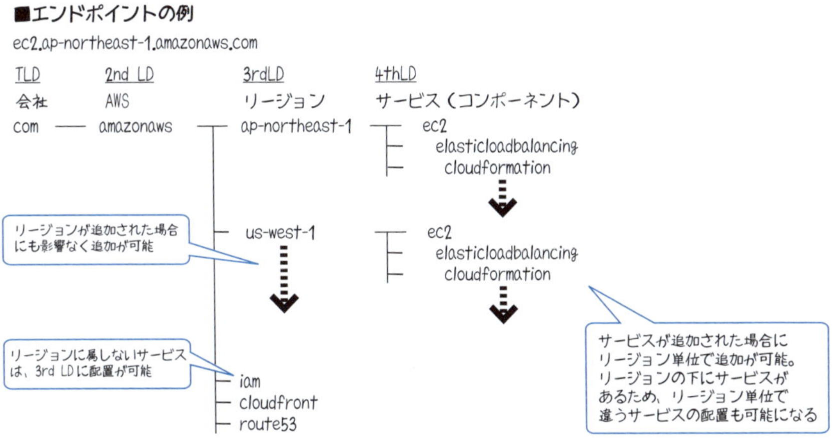

■エンドポイントの例

ec2.ap-northeast-1.amazonaws.com

TLD	2nd LD	3rdLD	4thLD
会社	AWS	リージョン	サービス(コンポーネント)
com	amazonaws	ap-northeast-1	ec2 elasticloadbalancing cloudformation
		us-west-1	ec2 elasticloadbalancing cloudformation
		iam cloudfront route53	

リージョンが追加された場合にも影響なく追加が可能

リージョンに属しないサービスは、3rd LDに配置が可能

サービスが追加された場合にリージョン単位で追加が可能。リージョンの下にサービスがあるため、リージョン単位で違うサービスの配置も可能になる

図 3.9　ドメイン階層の意味と拡張性

3.2.2 DNS、バーチャルホスト、レジストリ

ドメインは名前なので、最終的に TCP/IP 通信をするにあたって、IP アドレスに変換されます。ドメインから IP アドレスに変換することを正引き、IP アドレスからドメインに変換することを逆引きと呼び、IP アドレスが抽象化されるクラウドでは主に正引きを使います。

そして、この名前解決を担う機能が DNS（Domain Name System）です。クラウドの API はドメインベースでアクセスするのが一般的なため、この DNS は極めて重要な役割を果たします。なぜクラウドではドメインベースでアクセスするかの理由も含めて、DNS を解説していきましょう。

◉複数 IP とバーチャルホスト

まず、FQDN と IP アドレスの関係は、最終的な TCP/IP 通信では当然、1 対 1 になりますが、設定としては 1 対 N、N 対 1 の両方が可能です。実はこの複数のマッピングが、ドメインを使う便利な点でスケーラブルなクラウドを構成する重要な技術要素でもあるのです。

FQDN：IP アドレス＝ 1：N は、大規模なケースで利用されています。FQDN が大量の API リクエストを受けるため、1 つの IP アドレス（サーバーやロードバランサー）でレスポンスを返しきれない場合があるためです。このケースの実装は、DNS に対し FQDN に対応する IP アドレスを複数入力しておきます。このように入力していくとDNSが順番にIPアドレスを返していくため、1つのサーバーのみへの負荷を軽減できます。これをDNSラウンドロビンと呼びます（図3.10）。

クラウドでは、後述するCDN（Contents Delivery Network）やロードバランサー（LB：Load Ballancer）でDNSラウンドロビンの仕組みを利用して拡張性を維持しており、管理サービスなどではIP変更もうまく隠ぺいする役割を担っています。

FQDN：IPアドレス＝N：1は、逆にサーバーリソースなどをうまく活用したいケースで利用されており、バーチャルホストと呼びます。このケースの実装は、DNSにそれぞれのFQDNに同じIPアドレスを入力しておきます（図3.10）。

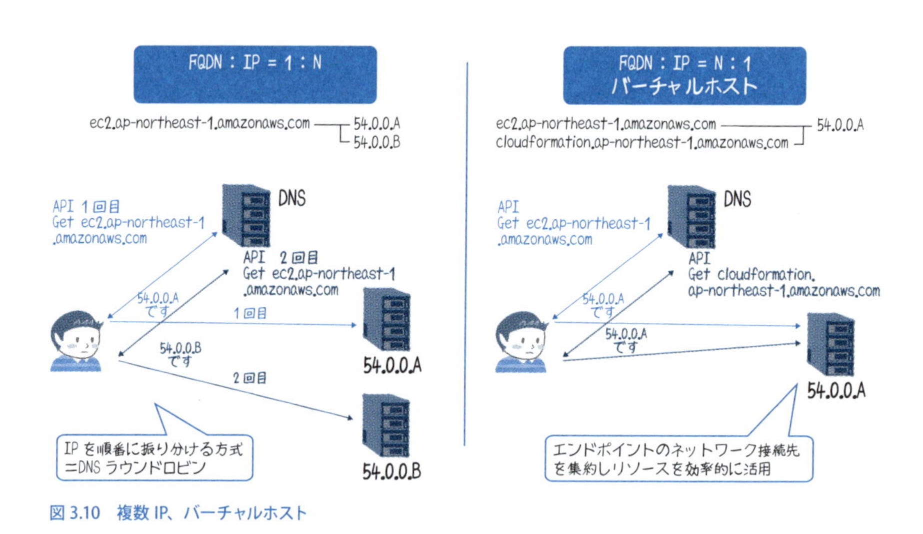

図3.10　複数IP、バーチャルホスト

◉名前解決の仕組み

では、DNSにおける基本的な名前解決の仕組みを見ていきましょう。

まず、API発行元のクライアントのスタブリゾルバ（名前解決を行なうプログラム）からキャッシュDNSサーバーに名前解決要求を行ないます。このキャッシュDNSサーバーにマッピングするIPアドレスがなければ、トップドメインから順番に権威DNSに問い合わせを図ります。ドメインツリーごとにDNSサーバーが違います。したがって、親ドメインとサブドメイン間でDNSサーバーの対応付けを行なうため、親ドメインのDNSサーバーにサブドメインのネームサーバーというIP情報を登録しておきます。ドメインごとに管理者が分かれていて、この対応付けを「サブドメインの管理を委譲（委任）する」と呼び、この委譲されたサーバーに問い合わせが行なわれ、サブドメインのDNSサーバーに処理が転送されていきます（図3.11）。これが繰り返され、最終的にはFQDNに対応するIPアドレスが格納されているDNSサーバーにたどり着き、IPアドレスの情報を得ることができます。これが基本的な名前解決処理の流れとなります。

この名前解決の問い合わせ処理のことをDNSクエリーと呼びます。この処理を考えると、共通利用者が多いトップドメインのDNSサーバーに対する処理の負荷が高くなることが想像できます。委任によるDNSクエリー発行数も増えてしまい、結果としてレスポンスにも影響してしまうため、その負荷を軽減する目的でDNSキャッシュサーバーが大きな役割を果たしています。

クライアントからDNSキャッシュサーバーの問い合わせをリカーシブ（再帰）クエリー、DNSキャッシュサーバー自身が行なう問い合わせをノンリカーシブ（非再帰）クエリーと呼びますが、いかにノンリカーシブクエリーを増やすようにドメイン設計／利用するといった点も重要になります。たとえば、AWSのエンドポイントの例では、同じリージョン、同じサービスは同じドメインになるため、ノンリカーシブクエリーを多用できます。クラウドではFQDNベースでのアクセスが主体になるため、このDNSキャッシュの考え方は重要になります。

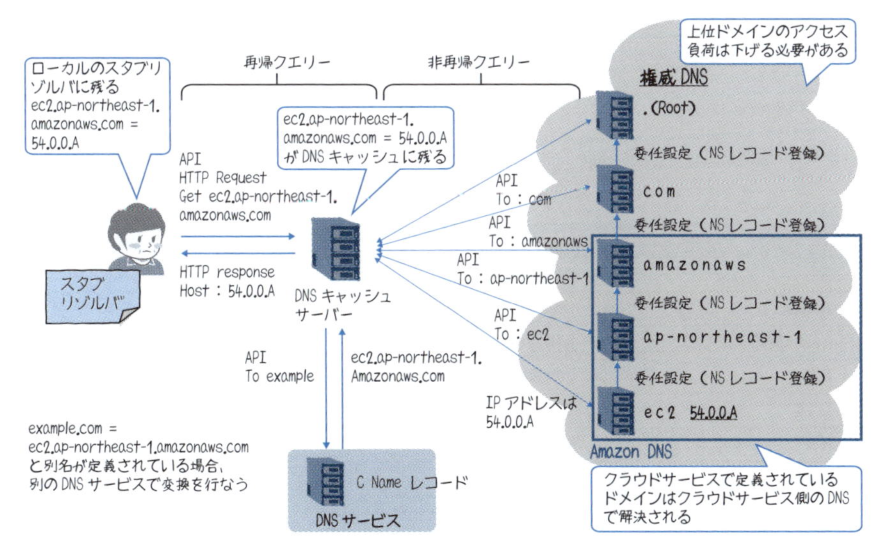

図3.11　DNS委任とキャッシュ

では、各ツリーのドメインのDNSサーバーはだれが管理しているのでしょうか。

上位のドメインに関しては、ルールが決まっています。たとえば、「.jp」は、日本を意味するドメイン名であり、日本レジストリサービスに委譲されています。そして、上位のドメインは、ほぼ間違いなく「委任」の処理が必要であることから、登録された委任情報を管理するレジストリが管理しています。AWSのエンドポイントの例では、「.com」は会社を意味するドメイン名であり、レジストリにて管理されています。そして、そのサブドメインであるamazonaws.com以降は、クラウドサービス側で提供されている範囲になるため、クラウドサービス側のDNSサーバーで処理が行なわれています。したがって、クラウドサービスで付与されるドメイン名については、利用者側からは制御できないと考えたほうがいいでしょう。

ただし、クラウドサービスが付与したドメイン名ではなく独自のドメイン名を使いたい場合があります。その場合は自分のドメインにCNAME登録をすれば対応できます。しかし、多くのクラウドサービスにはDNSサービスがあり、自分でネームサーバーを運用する必要はありません。これらはAPIで設定できます。DNSサービスの代表格としてAmazon Route 53があり、ドメイン登録、名前解決、ヘルスチェック、負荷分散などの多くの機能があります。DNSサービスと連携させることで、DNSと関連性が高いクラウドならではの発展的なアーキテクチャが構成できます。

◉ DNSレコード

DNSサーバーで、IPアドレスとドメイン名をマッピングする設定をDNSレコードと呼びます。このDNSレコード単位に、TTL（Time Till Live）と呼ばれる受信側でデータをキャッシュする期間を設定することができます。

Amazon Route 53でよく使われるDNSレコードとしては表3.1のものがあります。

表3.1　DNSレコード

DNSレコード	意味
A	IPv4との正引き
AAAA	IPv6との正引き
CNAME	別のFQDNへの置き換え
PTR	FQDNからの逆引き
SOA	名前空間（ゾーン）
NS	委任するネームサーバー
MX	メールサーバー
SPF	SPF利用時のメールサーバー
SRV	プロトコル、ポート番号などの定義
TXT	ホストの付加情報の定義

DNSサーバーでは、BINDにDNSレコードの設定ファイルを登録することで有効にします。Amazon Route 53の場合は、この定義ファイルをConsoleで読み込ませるか、<Value>で定義されたAmazon Route 53の書式に合わせてAPIを実行するかのどちらかで反映します。

インターネット技術の多くはRFCで定義されています。DNSの詳細を把握したい方は、RFC1034、RFC1035[※2]を確認すると良いでしょう。

3.2.3 URI

Web APIでは「リソースを指定する」という考え方から、対象をURI（Uniform Resource Identifier）で示します。URIには、Webサイトでお馴染みのURL（Uniform Resource Locator）とURN（Uniform Resource Name）があります。

◉ URL

URLは、その正式名が示すとおり、ネットワーク上のリソースの場所を示します。図3.12のように、大きくはネットワーク部分とパス部分の2つで構成されます。クラウドにおけるAPI操作では、ネットワークを介して操作するため、リソースの宛て先にはこのURLが中心に使われます。

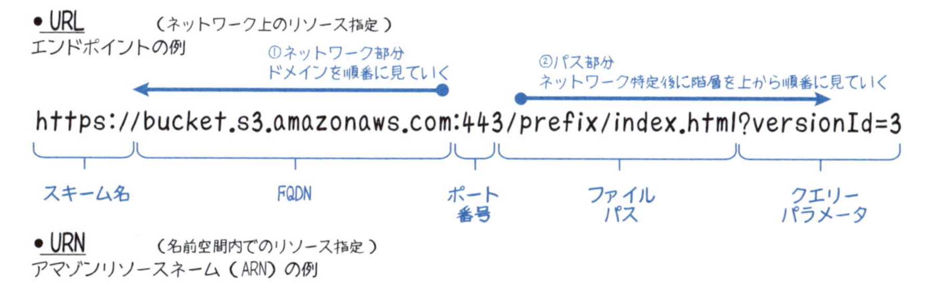

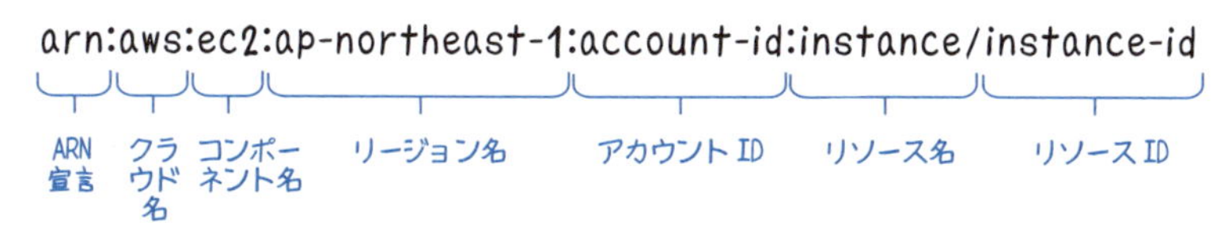

図3.12　URLとURN

ネットワーク部分は、スキーム（プロトコル）、認証、FQDN、ポート番号から構成されます。プロトコルは主にHTTP（HTTPS）となり、FQDNは3.2.1項で説明し

※2　RFC1034　https://www.ietf.org/rfc/rfc1034.txt
　　 RFC1035　https://www.ietf.org/rfc/rfc1035.txt

たとおりです（認証は第9章で説明します）。ポート番号は通信プロトコルのポート番号になり、スキーム（プロトコル）で定められたポート番号と違う番号でアクセスしたい場合に指定します。ここまでの構成要素がネットワークを表わします。

その下の階層が「/」で括られるパス部分になり、リソースの識別を示していきます。たとえば、Webサイトに代表される「……(ネットワーク)……/index.html」であれば、FQDNを名前解決後のIPアドレスのHTTPサーバー内ドキュメントルート配下にあるindex.htmlファイルがリソースとなり、これに対してHTTPの操作を行ないます（参照であれば、「GET」メソッドが発行されます）。クラウドの場合は、リソースはAPIで操作するリソースが該当します。

パスの部分は、このディレクトリ、ファイル名が中心に構成されますが、発展的な使い方としてクエリーやフラグメント識別子を任意で加えることもできます。クエリーは、条件を指定したい場合に使い、「/?q=***」で検索項目を抽出する手法が代表的な使い方です。クラウドでもパラメータとして条件指定する場合に活用されています。フラグメント識別子は、代表例で長いHTMLで利用されていますが、「#」で括ることでページ内の指定の場所に飛ぶ設定を入れることが可能です。

URLをクラウドサービスのリソースに置換すると、FQDNまではコンポーネントを表わし、パス以降が具体的なリソースを表わし、HTTPヘッダーやクエリーパラメータでリソースを操作、抽出したりします。

◉ URN

URN（Uniform Resource Name）は、ネットワークを意識せずにリソースの名前を示したもので、バッカス・ナウア技法（BNF）で表示されます。図3.12のようにBNFは、：か<>を組み合わせて表現し、URNはリソースの関係性を示します。

URNの代表例として、AWSのAmazon Resource Name（ARN）やリソースプロパティタイプがあります。URLがAPIでネットワークを介してリソースを指定するために使われるのに対し、URNは内部的な機能によるリソース定義として使われます。リソースプロパティタイプは第8章で説明するオートメーション機能、リソースネームは第9章で紹介する認証機能で、クラウド内部のポリシー制御におけるリソース定義として使われます。

URIの詳細を確認したい方は、RFC3986[※3]も合わせて参照してみてください。なお、本書ではURLも、URLを包含するURIと表記しています。

※3　RFC3986　https://www.ietf.org/rfc/rfc3986.txt

3.2.4 エンドポイント

クラウドでは、APIの命令を発行するネットワーク上の宛て先のことをエンドポイントとして定義しています。同じAPIなので、Webサービス（SOA）で定義しているエンドポイントと基本的な考え方は変わりません。

具体的には、先ほど紹介したFQDNで構成されます。エンドポイントは、APIの受け口でゲートウェイの役割を果たします。そのため、エンドポイントの裏側にはクラウドを制御するコントローラがあり、そこで実際のクラウドインフラを制御する処理が行なわれています。

従来の物理のオンプレミス環境であれば、対象機器のアドレスに対して直接操作しますが、クラウドの場合は、この共通化されたエンドポイントに対して命令を発行することでインフラの各コンポーネントをリソースとして制御できる点が大きな違いです[※4]。各クラウドサービスでは、エンドポイントは各コンポーネントやファンクションをドメインとして階層化しており、一定のルールを持っています。

ここで具体例として、ネットワーク管理者のAさん、サーバー管理者のBさん、遠隔地バックアップ管理者のCさんが、AWS、OpenStack、オンプレミス物理環境を制御するケースを見てみましょう（図3.13）。

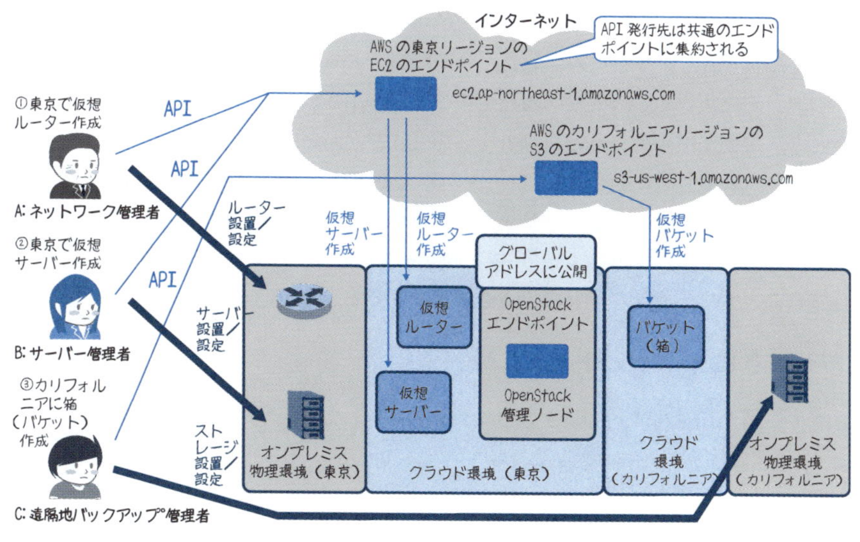

図3.13　エンドポイント

※4　仮想化ユーザーには、エンドポイントやコントローラの考え方はVMwareのvCenterのような位置づけと捉えるとイメージがわきやすいかもしれません。

サービス提供型であるAWSでは、同じ地域（リージョン）でのネットワークリソース（VPC）とサーバーリソース（EC2）は同じコンポーネントとして括られているため、エンドポイントは同一になります。つまり、同じ東京のリソースはリージョンも同じになるため、仮想ルーター作成と仮想サーバー作成を行なうAPIの発行先のエンドポイントも同一になります。

それに対して、カリフォルニアのオブジェクトストレージリソース（S3）を操作する場合は、リージョンもコンポーネントも違うため、APIの発行先は別のエンドポイントになります。しかし、インターネットを介したURLに対して、APIを発行するため、エンドポイントが違うからといって、操作の手間が増えるといったことは特にありません。

OpenStackでは、コントローラがあるアドレスがエンドポイントになります。したがって、クラウド環境のプライベートネットワーク内で制御する場合、プライベートIPをエンドポイントとすることも可能です。また、パブリックに公開し、URIでアクセスすることも可能です。OpenStackをサービスとして利用する場合は、サービスプロバイダーが定めたエンドポイントにアクセスすることになります。第9章で紹介するOpenStack Keystoneの機能にエンドポイントを作成する機能があるため、OpenStack管理者はKeystoneでリージョンやエンドポイントをFQDNのマッピングに定義することが可能です。

最後に、オンプレミス物理環境では、直接機器を設置して、その機器のアドレスに対して操作をすることになります。決定的な違いは、物理的な作業の有無はもちろん、API発行の考え方がないため、それぞれの機器に入り、それぞれの機器の仕様に応じたコマンドを実行する必要がある点です。規模が小さければ、大きな手間にはなりませんが、規模が増えてくると、制御する宛て先がどんどん増えていきます[※5]。

また、今回のケースでは、カリフォルニアへの機器設置やコマンド実行するために、現地に作業を手配する必要もあります。クラウドではシステム規模が増えても、一元化されたエンドポイントによって、統一的なインターフェースでAPI制御できるため、作業負荷が大きく増えないという点もポイントです。

◉エンドポイントとドメイン名

さて、図3.13に示したAWSでのエンドポイントの例を見て気づいた点はないでしょうか。

サービスとして利用するWeb APIでは、インターネットサービスでもクラウドでも、発行先の宛て先にIPアドレスではなく、ドメイン名にアクセスするのが一般的です。先ほどの例では、東京のサーバーやネットワークのリソースのエンドポイント

※5　この課題を補うために各種集中管理ツールが出てきています。

はec2.ap-northeast-1.amazonaws.com、カリフォルニアのオブジェクトストレージではs3-us-west-1.amazonaws.comとなっています。なんとなくわかりやすく感じませんか。

AWSのエンドポイントは「…….サービス名.リージョン.amazonaws.com」というネーミングルールになっています。他のクラウドやFacebookやTwitterなどのインターネットAPIサービス、通常のWebサイトでも、なんらかの統一的なルールがあるはずです。

IPアドレスではなく、ドメイン名にする理由の1つは、そのわかりやすさです。クラウドサービスであるAWSのドメイン名は「amazonaws.com」で始めるルールなので、APIの発行先のエンドポイントがAWSであることが一目でわかるメリットがあります。また、リージョンをその配下、サービスをその配下のサブドメインに指定することで、リージョンやサービスもサブドメインとして追加拡張できる仕組みにもしています。

そして、ドメインを使うもう1つの重要な理由は、IPアドレスの隠ぺいです。たとえば、施設の移設などで、IPアドレスを変更するケースも考えられますし、Web APIのエンドポイントは大量のAPIリクエストを受けるため、利用状況のピークに応じた拡張性も必要です。この際に、もしAPIのエンドポイントをIPアドレスで公開していたら、そのIPアドレスを変更すること自体が難しくなります。なぜなら、IPアドレスがエンドポイントであればクラウド利用者はそのIPアドレス宛てにAPIでの制御を組み込んでしまうため、変更された瞬間にAPIがネットワークエラーになり、クラウドが制御できなくなってしまうからです。

クラウド利用者すべてにIPアドレスを変えてもらうのは現実的ではないでしょう。しかし、ドメイン名で公開していれば、ドメインはそのままでマッピングするIPアドレスを内部的に変更すれば、クラウド利用者への影響を軽微にすることができます。

また、サービスの利用頻度が上がったら、大量のAPI発行を処理するためにコントローラのスペックを台数を増やす方式（スケールアウト）で拡張する必要があったり、逆に利用頻度が下がったら、コントローラのリソースを他のサービスに割り当てたい場面もあるでしょう。この際にDNSのラウンドロビンやバーチャルホストによるFQDNと、IPアドレスの1:N、およびN:1の自在なマッピングを有効に活用して、エンドポイントを変えずに対応することができます。

このように、スケーラビリティが求められるWebやAPIの世界では、FQDNに対するアクセスが一般的であり、FQDNからIPアドレスに変換するDNSが極めて重要な役割を担っています。

なお、AWSのエンドポイント一覧は、AWSのマニュアル[※6]にまとまっています。あわせて最新のFQDNのネーミングルールなどを確認してみてください。

※6　http://docs.aws.amazon.com/general/latest/gr/rande.html

3.2.5 エンドポイント内のパス設計とバージョン

◉リソースの特定方法

さて、ネットワークにおけるリソースのアドレスは、エンドポイントで定義されますが、それだけではリソースは特定できません。

ネットワーク上からリソースを特定するには、リソースを特定する情報をURLにリクエストして指定する必要があります。このリソースを指定する方法には、REST API、クエリーAPIの2種類があります。

① REST API [※7] ――パスで階層化してリソースを指定する方法

リソースの関係性を元に、リソースをURIのパスで階層化する手法です。たとえば、オブジェクトストレージのコンポーネントにおけるバケット（コンテナ）とオブジェクトの関係では、必ずバケット（コンテナ）配下にオブジェクトがあるため、その順番でパスとして階層化できます。オブジェクトストレージは、バケット（コンテナ）名とオブジェクト名がキーになります。そのため、オブジェクトをリソースとしてユニークに示すURLは、次のようになります（「……」の部分は後述します）。

```
(エンドポイント) /……/ バケット名 / オブジェクト名
```

②クエリーAPI――クエリーパラメータでリソースを指定する方法

アクションであるAPIを発行する場合にオプションを選択できますが、選択したオプションはクエリーパラメータとしてURLに送られます。そのため、このクエリーをつなげてURLがユニークになり、リソースが特定されるという仕組みです。

具体的なURLは、次のようになります。

```
(エンドポイント) /……/?Action = ******&ID = ******
```

?Action=には具体的なアクションAPIが指定され、&のクエリーパラメータでキーなどが指定されます。

◉ API設計とパス

それぞれのコンポーネントにどちらが選択されるかは、クラウドサービスのAPI

※7 RESTという設計原則に従って実装されたAPIをREST APIと呼びます。RESTについては3.4節や第10章で解説します。

設計の指針に依存しています。ただし、上記の例のように、リソースのキーを名前で定義しているコンポーネントは「パス階層化の指定」、リソースのキーをIDで定義しているコンポーネントは「クエリーパラメータの指定」を適用している傾向があります。

OpenStackのAPI設計では、多くのコンポーネントでリソースの依存関係が比較的忠実にパスとして表現されており、階層化が多く定義されています。ただし、サーバーのように多岐にわたる操作があるコンポーネントでは「/Action」というパスが定義されています。

AWSのAPI設計では、IDで示すタイプのリソースが多く、クエリーパラメータによる指定が中心となります。ただし、データをAPIで直接修正するオブジェクトストレージのAmazon S3、DNSのAmazon Route 53は、パスがリソースに相当するREST APIになります。

◉バージョン

もう1つパス設計での考慮事項としてバージョンがあります。クラウドは非常に速いスピードで進化しているため、リソースやプロパティはどんどん増えていきます。基本的には既存部分に影響しない形で追加の拡張が続けられていますが、ソフトウェアの特性上、変更に対して完全にバージョン付けなしで対応するのは難しいと言えます。このバージョンの単位とタイミングは、クラウドサービスのリリース頻度などによって指針が違います（図3.14）。

■個別のサーバー情報を出力するAPI（認証情報は省略）

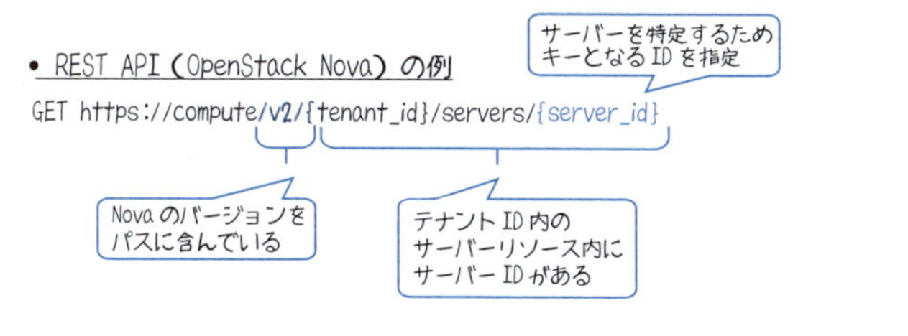

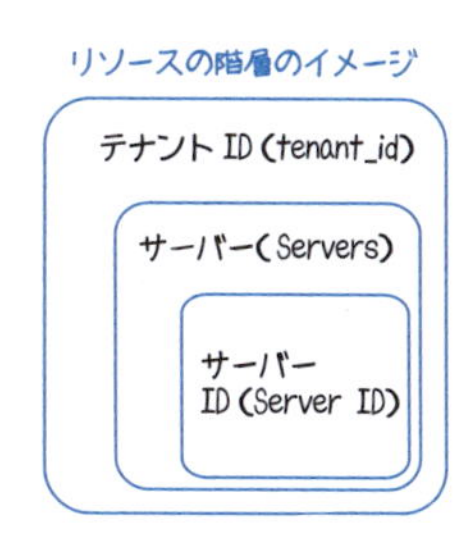

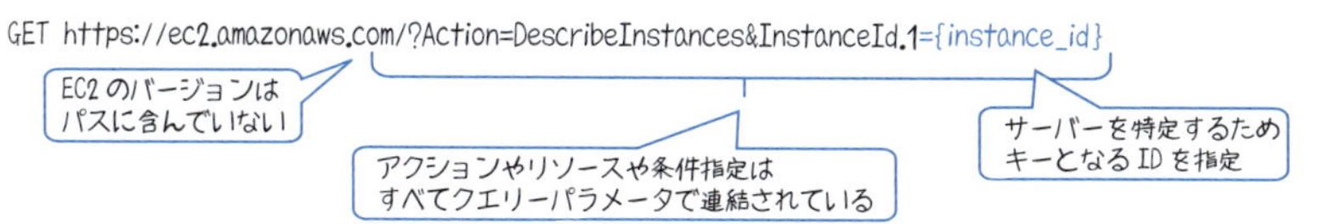

図3.14　REST APIとクエリーAPI

AWSの場合

AWSでは、基本的にコンポーネントは疎結合になっており、最新サービスを細かい単位で速いスピードでリリースしているため、ユーザー視点では常に最新バージョンが利用できる感覚となります。しかし、APIの視点ではリリース前後でリソース情報が追加変更されるので、前のバージョンのリソース定義でアクションする必要があるケースもあります。したがって、AWSのAPIでは、基本的に内部的にはクエリーパラメータやヘッダーでバージョンを指定しています[※8]。

AWSのバージョンは、yyyymmddという日付形式で管理されています。後述するSDKやCLIではクライアント側にインストールする必要があるため、バージョンがありますが、このバージョンは内部的には、この日付型のクエリーパラメータに対応しており、日付のバージョンを意識せずに利用することができます。

OpenStackの場合

オープンソースソフトウェアであるOpenStackの場合は、比較的新機能が集約されてリリースされるサイクルのため、Version Nというリビジョン番号形式でバージョンが管理されています。OpenStackでは、エンドポイント直下のトップ階層に「/v2」や「/v3」としてバージョンをパスとして埋め込むことで、明確にコンポーネントの挙動を分離しています（図3.14）。

このOpenStackのバージョン番号は、認証時に得られるURLに含まれる特徴があるため、通常はユーザーが意識する必要はありません。ただし、使用するバージョンによって、同じ操作をするAPIにも微妙な違いがあったり、利用できる機能が変わるため、APIを操作するプログラムを開発する際は利用可能なバージョンを事前に確認しておくのが良いでしょう。

OpenStackのバージョンの確認については、認証時のエンドポイントから判断する方法以外にも、各エンドポイントのトップのURLに対して「GET」を実行すると取得することができます。次の例では、「GET https://storage/」を実行して、バージョン1とバージョン2が利用できることを確認しています。

※8　ただし、第11章で説明するAmazon CloudFrontのようにURIに含んでいるAPIも一部あります。

コンソール

```
{  "versions": [
        { "id": "v1.0",
          ～省略～
          "status": "CURRENT",
            "updated": "2012-01-04T11:33:21Z"
        },
        { "id": "v2.0",
          ～省略～
            "status": "CURRENT",
            "updated": "2012-11-21T11:33:21Z"
} ] }
```

3.2.6 リソースプロパティタイプとリソースネーム

次に、URNの代表例であるリソースネームとリソースプロパティタイプを説明します。

URNはリソースの名前を示し、ネットワークを意識しない形で利用するため、その前提としてコンポーネントであるサービス名の名前空間を持ちます（図3.15）。たとえば、EC2、S3といった名前空間です。

AWSのARN（Amazon Resource Name）[※9]は、次のような構文となっており、リソースを特定できます。

```
arn:aws:サービス名：リージョン：アカウントID:リソースタイプ：リソースID
```

リソースネームは、第9章で取り上げる認証機能のリソース指定で使えます。

リソースプロパティタイプは、リソースを特定するものではなく、リソースやプロパティのカテゴリを示すものです。

```
"Type":"クラウド名（AWSなど）::コンポーネント名::リソース名::プロパティ名"
```

という構文となっており、第8章で取り上げるオーケストレーション機能のリソース指定で使えます。

※9　AWSのアマゾンリソースネーム（ARN）の一覧
http://docs.aws.amazon.com/general/latest/gr/aws-arns-and-namespaces.html

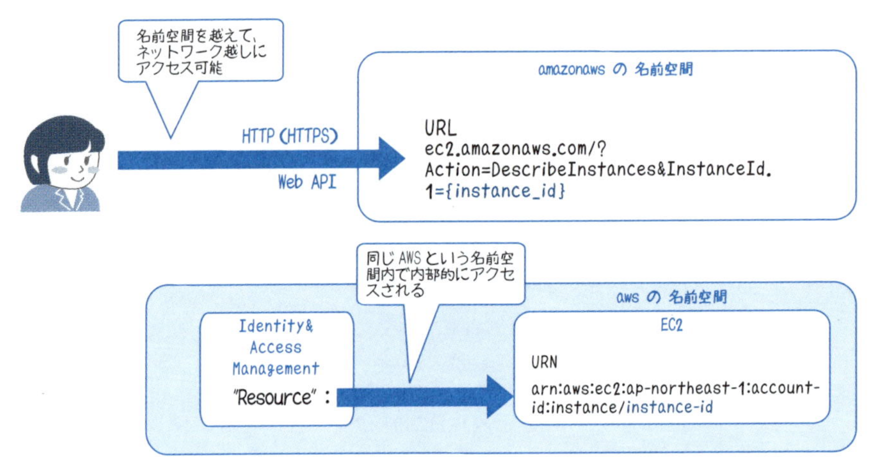

図 3.15 Amazon Resource Name

3.3 アクションを構成する HTTP

次に、APIにおけるアクションの構成要素であるHTTPメソッドを説明していきます。

URL を指定した Web アプリケーションで、HTTP プロトコルを使って、データの挿入をしたり参照をしたりします。この考え方は、クラウドでも同様です。この基礎技術を、クラウドを例にして少し深掘りしていきます。

3.3.1 HTTP、クッキー、キープアライブ

Web API では、通信プロトコルとして、HTTP を標準で使います。HTTP にはバージョンがあり、現在は 1997 年に策定された HTTP 1.1 が主流で使われています[※10]。HTTP 1.1 の仕様は最初、RFC2616[※11] で規定され、これがベースとなっていますが、2014 年に公開された RFC7230 ～ 7235 で最新の内容に更新されています。

現在の Web の世界は HTTP に強く依存しています。Web 技術の発展とともに HTTP 1.1 の仕様も、発展的な利用にあたっては制約が増えつつあり、Google が発表している SPYD や HTTP 2.0[※12] の展開も本格化しつつあります。ただし、HTTP 1.1 が長期にわたって主流で使われてきたため、HTTP 2.0 に完全に移行するまでに多少

※10 HTTP 1.1 では URL ベースでのアクセス、Keep-Alive 機能など、Web システムや Web API を使うにあたって必須の機能が網羅されているため、1.1 より前のバージョンが使われていることはありません。

※11 RFC 2616 https://www.ietf.org/rfc/rfc2616.txt
http://www.w3.org/Protocols/rfc2616/rfc2616.html

※12 SPDY http://www.chromium.org/spdy
HTTP2.0 http://http2.github.io/

の時間がかかるでしょう。HTTPの特徴として、ステートレスであることが挙げられます。

ステートレスとは、状態を保持しないことを意味します。HTTPをベースとするWeb APIも、リクエストとレスポンスから成り立つ処理ではプロトコルで状態を持てないため、必然的にシンプルな処理の実装を意識することになります。具体的には、「この状態の条件になったら、分岐に応じた後続処理を行なう」といった複雑なロジック実装ではなく、「エラーになったら、ロールバックして再処理を行なって整合性を保つ」というアプローチになります。

このように基本的な考え方は再処理になります。しかし、HTTP通信では負荷対応としてDNSラウンドロビンなどのロードバランシングが行なわれるケースも多く、直前のリクエストと同じHTTPサーバーに接続を持続する必要がある場合など、そのたびにHTTPリクエストの再処理を行なうとTCP通信のオーバーヘッドがかかってしまいます。それを解決するため、HTTPにはクッキーとキープアライブという仕組みがあります（図3.16）。

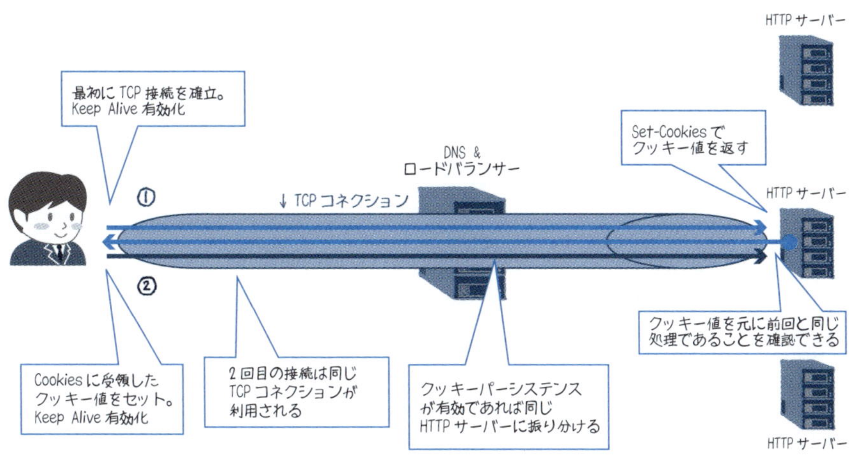

図3.16　HTTP、クッキー、キープアライブ

クッキーとは、HTTPの送信元のクライアントやブラウザの情報を伝える仕組みで、クッキー値という値を持ちます。この値を元にロードバランサーの振り分けを固定化したり（クッキーパーシステンス）、HTTPサーバー側で状態を認識したりすることができます。

また、Web APIでは、API発行のたびに、HTTP通信が行なわれます。HTTPはTCP/IPのOSI階層のLayer7であるアプリケーション層のプロトコルであるため、下位のTCP層であるLayer4ではTCP接続が行なわれており、リクエストのたびに

TCP コネクションが確立されると通信上のオーバーヘッドが避けられません。キープアライブは、この TCP 接続確立状態を明示的に切断支持しない限り、TCP コネクションを維持する仕組みで、連続的な HTTP 発行時の TCP 接続確立のオーバーヘッドを大きく軽減します。なお、HTTP1.1 ではデフォルトで有効になっています。クッキーもキープアライブも、後述する HTTP ヘッダーで設定を行ないます。

3.3.2 HTTP リクエスト

HTTP のリクエストは、リクエストライン、リクエストヘッダー、メッセージボディの 3 つで構成されます。

◉リクエストライン

リクエストラインには、メソッド、リクエスト先 URI、HTTP のバージョンが含まれます。メソッドとは、URI に対する操作を表わし、アクションに相当します。

リクエスト先 URI の指定する方法は、

- URI を絶対パスで指定
- ホスト（FQDN）とパスを分離して指定

の 2 つの方法があります。

バージョンは、HTTP 1.1 が前提となるため、「HTTP/1.1」となります。執筆時点でのクラウドの API はほぼ HTTP1.1 が前提ですが、HTTP は DNS と並ぶクラウドの根幹技術であるため、今後各クラウドサービスでも HTTP 2.0 対応が検討されていくでしょう。

◉リクエストヘッダー

リクエストヘッダーには、クッキーやキープアライブなど、HTTP 通信に関わる重要な制御情報やメタデータが格納されています。また、クラウド固有の拡張ヘッダーもあるため、詳細は後述します。

◉メッセージボディ

メッセージボディは、送信する実際のデータ領域になります。Web API では、主にクエリーパラメータが条件指定や受け渡ししたいデータになるため、それらの値がリクエストボディにセットされます。

3.3.3 HTTP レスポンス

HTTP リクエストを発行すると、HTTP レスポンスとして処理結果が返ってきます。HTTP のレスポンスは、ステータスライン、レスポンスヘッダー、メッセージボディで構成されます（図 3.17）。

◉ステータスライン

ステータスラインは、HTTP リクエストの結果が正常か異常かを 3 桁の数字で示すステータスコードを含みます。

◉レスポンスヘッダー

レスポンスヘッダーは、HTTP ヘッダーであることはリクエストヘッダーと変わりませんが、HTTP サーバーからクライアントにサーバー側の付加情報を与える際に利用します。

◉メッセージボディ

メッセージボディは、HTTP リクエスト内容に応じたデータが格納されます。

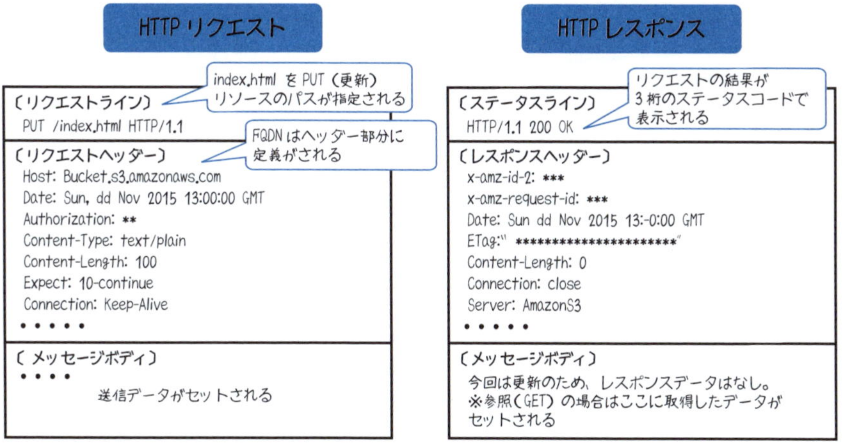

HTTP リクエスト

〔リクエストライン〕
PUT /index.html HTTP/1.1
index.html を PUT（更新）リソースのパスが指定される

〔リクエストヘッダー〕
FQDN はヘッダー部分に定義がされる
Host: Bucket.s3.amazonaws.com
Date: Sun, dd Nov 2015 13:00:00 GMT
Authorization: **
Content-Type: text/plain
Content-Length: 100
Expect: 10-continue
Connection: Keep-Alive
・・・・・

〔メッセージボディ〕
・・・・
送信データがセットされる

HTTP レスポンス

〔ステータスライン〕
HTTP/1.1 200 OK
リクエストの結果が 3 桁のステータスコードで表示される

〔レスポンスヘッダー〕
x-amz-id-2: ***
x-amz-request-id: ***
Date: Sun dd Nov 2015 13:-0:00 GMT
ETag:"**********************"
Content-Length: 0
Connection: close
Server: AmazonS3
・・・・・

〔メッセージボディ〕
今回は更新のため、レスポンスデータはなし。
※参照（GET）の場合はここに取得したデータがセットされる

図 3.17　HTTP リクエストと HTTP レスポンス

3.3.4 HTTP メソッド

HTTP リクエストのリクエストラインにある、アクションに相当する HTTP メソッドを説明してきます。

クラウドでは、リソースを操作するアクションを、内部的には HTTP メソッドを使って制御しています。HTTP 1.1 のメソッドの一覧を表 3.2 に示します。

表 3.2　HTTP メソッド一覧

HTTPメソッド	CRUD		メソッドの意味
POST	Create	作成	リソースの新規作成
GET	Read	参照	リソースの取得
PUT	Update	更新	既存リソースの更新
DELETE	Delete	削除	リソースの削除
HEAD	Read	参照	HTTPヘッダー、メタ情報取得
OPTION	Read	参照	サポートメソッドの確認
PATCH	Update	更新	リソースの一部変更
TRACE	-	-	経路の調査
CONNECT	-	-	プロキシへのトンネリング要求

このように多くのメソッドがありますが、クラウドの Web API ではまず、CRUD の作成、参照、更新、削除に対応する POST、GET、PUT、DELETE と、メタデータを取得する HEAD の計 5 つのメソッドをおさえておけば十分です。

5 つのメソッドのみで本当に良いのかと思う方もいるかもしれませんが、実際の Web アプリケーションでは、HTML 4.0 以前での Form が POST、GET しか対応していないことやその他メソッドが認証機能に未対応なことから、すべての HTTP リクエストは POST と GET の 2 つのメソッドのみで実装されているケースが多くあります。これらの Web アプリケーションでは、データ更新があるものをすべて POST メソッドに集約していることになります。HTTP サーバーのアクセスログに、リクエストごとの HTTP メソッドが記録されるので、興味がある方は確認してみてください。

それに対して、Web API の場合は、HTML の制約は関係ありませんし、認証は独自の仕組みになっています。そのため、リソースへの CRUD 操作に対応した HTTP メソッドを HTTP の仕様通り "正しく" 使っているという点が重要です。この考え方は、REST の ROA の考え方にそのまま当てはまります。

ただし、1 つ注意点があります。クエリー API は、この考え方に完全に対応しておらず、アクション名にCRUDが明記されていても、内部的なHTTPメソッドは従来型のGETとPOSTを中心に構成されています（図3.18）。つまり、厳密には、クエリーAPIはREST APIとは異なります。ただし、これは内部実装の話であり、設計の考え方としてはCRUDを使えるので、クエリーAPIに関してもCRUDをベースに説明していきます。

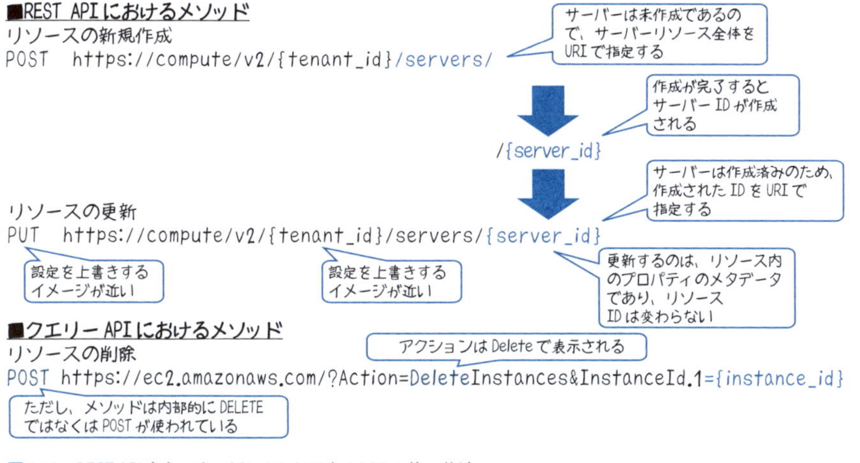

図3.18　REST APIとクエリーAPIでのPUTとPOSTの使い分け

では、主要なHTTPメソッドについて説明していきましょう。

◉ POST

POSTメソッドは、リソースの新規作成を行ないます。新しいリソースを作成することは新しいURIを作成することを意味するため、他のメソッドとはURIの指定において違いがあります。

リソースにはキーがあり、そのキーをパスに含めたURIがAPI発行先のURIになります。しかし、POSTを発行する際はリソースが作成前の段階であるため、当たり前ですが、そのキーがありません。したがって、個別リソースの上位階層のパスであるリソースタイプをURIとして指定し、実行します。POSTの発行が完了すると、そのリソースタイプの下位階層にキーが作成され、キーを含んだURIが上位階層のリソースタイプに従属した形で作成されます。

◉ GET

GETメソッドは、リソースの参照、取得を行なう、最も使用頻度の多いメソッドです。リソースを個別に指定する場合はURIにキーを指定します。

GETメソッドはデータを取得するため、HTTPレスポンスに結果データが格納されます。他のメソッドと違い、リソースデータの更新が行なわれないため、クラウド内部としては負荷分散の対応がしやすく、クラウドサービスのエンドポイントのコントローラ設計にもよるものの、他のメソッドより多くのAPI同時発行数を許容できるケースがあります。

◉ PUT

PUTメソッドは、リソースの更新を行ないますが、厳密には上書きに近いイメージになります。このPUTメソッドがクラウドのAPI管理の大きな特徴の1つです。

リソースを更新したい場合、新規作成であるPOSTメソッドで再度上書きしても良いのではないかと考える方もいるでしょう。しかし、POSTメソッドは既存のリソースのキーを条件に発行できないため、リソースのキーをURIに指定して上書きすることができません。したがって、既存リソースのキーのURIを指定して設定情報を上書きする場合は、このPUTメソッドを使います。このPOSTとPUTの使い分けをきちんと把握するのが、Webアプリケーションの考え方からWeb APIの考え方へ切り替えるポイントと言えるかもしれません。

◉ DELETE

DELETEメソッドは、リソースの削除を行ないます。削除するリソースのURIを指定して実行すると削除が行なわれ、しばらくすると指定したリソースのURIが無効になります。

◉ HEAD

クラウドのコンポーネントとリソースは、多くのメタデータ（管理情報）を保持しているため、メタデータのみを取得したいケースがあります。HEADメソッドは、リソースのメタデータのみを取得したい場合に利用します。

GETメソッドと似ている部分が多いのが特徴です。そのため、HEADとGETのどちらを使うかはクラウドサービスのAPI仕様に依存するため、APIリファレンスで確認することになります。

3.3.5 HTTP ヘッダー

HTTP ヘッダーは、HTTP 通信に付加情報を与えることによって、高度な制御を実現する役割を担っています。クッキーやキープアライブなどがその代表例です。

HTTP ヘッダーには、次の 3 区分があります。

①キープアライブなど、HTTP1.1 の基本である RFC2616 の第 14 セクション[※13]で 47 種類ほど共通的に定義されているもの
②クッキーなど、RFC4229[※14]で非標準で定義されているもの
③クラウドサービス固有で設定されているもの

②③の区分のように HTTP ヘッダーは、個別に拡張させることができ、拡張ヘッダーと呼びます。拡張ヘッダーは、ヘッダー名の接頭辞に「x-」を付与することで、明文化するケースが多くあります。これは既存のヘッダー名と重複しないようにすることと、「x-」があることで固有の拡張ヘッダーであることがわかるようにすることの 2 つが主な目的となります。ただし、RFC6648 で、この「x-」による明文化ルールは廃止されたため、「x-」以外でもかまいません。したがって、厳密にはクラウド固有のヘッダー項目は、各クラウドサービスでの仕様を確認することになります。たとえば、AWS では「x-amz-」が AWS 固有の拡張ヘッダーになります。

また、ヘッダー項目は多岐にわたるため、その特性によって、「HTTP リクエストと HTTP レスポンスの両方」「HTTP リクエストのみ」「HTTP レスポンスのみ」に付与されるものがあります。これらの HTTP ヘッダーをまとめると表 3.3 のようになります。クラウド固有の拡張ヘッダーについては、AmazonS3 の例を示しています。

※ 13　RFC2616 第 14 セクション　http://www.w3.org/Protocols/rfc2616/rfc2616-sec14.html
※ 14　RFC4229　http://www.rfc-base.org/txt/rfc-4229.txt

表 3.3　HTTP ヘッダー一覧

	カテゴリ	ヘッダーフィールド名	意味
RFC2616定義：HTTP1.1標準	共通	Cache-Control	キャッシュの制御（第11章で説明）
		Connection	コネクションの管理。キープアライブの有効化は、:keep-alive（デフォルト）と設定
		Date	メッセージ作成日時
		Pragma	メッセージディレクティブ
		Trailer	メッセージの最後のフッター
		Transfer-Encoding	転送コーディング形式
		Upgrade	プロトコルのアップグレード
		Via	プロキシサーバー情報
		Warning	エラー通知
		Allow	許可するHTTPメソッド
		Content-Encoding	ボディのエンコーディング
		Content-Language	エンティティの自然言語
		Content-Length	ボディのサイズ
		Content-Location	前述のリダイレクト時のURI
		Content-MD5	ボディのメッセージダイジェスト（MD5）
		Content-Range	ボディの範囲の位置
		Content-Type	ボディのメディアタイプ
		Expires	ボディの有効期限
		Last-Modify	リソースの最終更新日
	リクエスト	Accept	受け取りたいメディアタイプ
		Accept-Charset	文字セットの優先度
		Accept-Encoding	エンコーディングの優先度
		Accept-Language	言語の優先度
		Authorization	認証情報
		Expect	特定動作の期待
		From	送信者のメールアドレス
		Host	宛て先のホスト情報（必須項目）
		If-Match	Etagとの合致条件
		If-Modify-Since	更新日時の合致条件
		If-None-Match	Etagとの非合致条件
		If-Range	非更新時のエンティティバイト範囲の要求
		If-Unmodified-Since	非更新日時との合致条件
		Max-Forwards	最大ホップ数
		Proxy-Authorization	プロキシ認証情報
		Range	エンティティバイト範囲の要求
		TE	エンコーディングの優先度
		User-Agent	クライアントのユーザーエージェント情報
	レスポンス	Accept-Ranges	エンティティバイト範囲の許可
		Age	リソース推定経過時間
		Etag	リソース特定情報
		Location	リダイレクト先URI
		Proxy-Authenticate	プロキシ認証情報
		Retry-After	リクエスト再試行のタイミング要求
		Server	HTTPサーバー情報
		Vary	プロキシキャッシュ情報
		WWW-Authenticate	クライアント認証情報

	カテゴリ	ヘッダーフィールド名	意味
RFC4229：HTTP1.1拡張	リクエスト	Cookie	HTTPサーバーから受領したクッキーの設定 Cookie: name1=value1; name2=value2　など
	レスポンス	Set-Cookie	クッキー情報の詳細（ドメインや期限）
AWS固有：HTTP1.1拡張	リクエスト	x-amz-content-sha256	署名の設定
		x-amz-date	リクエスト日時
		x-amz-security-token	セキュリティトークン
	レスポンス	x-amz-delete-marker	削除フラグ
		x-amz-id-2	トラブルシュート時の特殊トークン
		x-amz-request-id	Amazon S3により付与される処理番号
		x-amz-version-id	Amazon S3により付与されるバージョン番号

この中で、クラウドのAPIでも重宝するヘッダーを紹介しておきます。

- Host——宛て先ホストを示す必須ヘッダーで、それはクラウドでも変わりません。
- Accept——APIで利用する場合、レスポンスのメディアタイプを定義します。たとえば、JSONで出力設定したいのであれば、JSONを指定します。すると「Content-Type」にその設定値が反映されます。
- Last-Modify——リソースに最新変更情報を確認できます。
- If-系——条件付きリクエストとして活用できます。
- Authorization——認証を表わしクラウド固有の認証である「x-amz-content-sha256」や「x-amz-security-token」と合わせてクラウドの認証で利用します。詳細は第9章の9.2.6項で解説します。
- Range——ボディ（エンティティ）のサイズを指定します。 Etagでボディの変更を確認できます。
- Etag——エンティティタグの略で、ボディ（エンティティ）のデータの変更をメタデータとして管理します。具体例は、第10章で説明します
- Cache——キャッシュを制御します。設定や場所については、第11章の11.3節で紹介します。

3.3.6 HTTPステータスコード

HTTPレスポンスのステータスラインには、HTTPリクエストの結果が正常か異常かを3桁の数字で示すステータスコードとして含まれ、HTTP固有の挙動やエラーを確認できます。

ステータスコードの一般的な定義は、HTTP1.1の基本であるRFC2616の第10セクション[※15]にありますが、表3.4に代表的なものを抜粋して意味を記載します。

※15　RFC2616 第10セクション　http://www.w3.org/Protocols/rfc2616/rfc2616-sec10.html

表 3.4　HTTP ステータスコード一覧

	ステータスコード	名前	意味
200番台（正常）	200	OK	既存のURIへのリクエストが成功。主にGET
	201	Create	新規のURIの作成リクエストが成功。主にPOST
	202	Accepted	リクエスト受理もリソース作成処理が未完了
	204	No Contents	リクエスト受理も返すボディがない
300番台（リダイレクト）	300	Multiple Choices	URIに対して複数のリソースが存在
	301	Move Permanently	恒久的にURI移動している（Locationヘッダーに移動先URIが明示）
	304	Not Modified	URIが更新されていない
400番台（クライアント側の異常）	400	Bad Request	リクエスト不正。API定義以外のリクエストの場合
	401	Unauthorized	認証不正
	403	Forbidden	アクセス拒否。認証アクセス権限の場合
	404	Not Found	URIにリソースがない
	405	Method Not Allowed	メソッド不正。API定義にないメソッドを使用した場合
	406	Not Acceptable	受理不可。Accept関連ヘッダーに受理不可の内容が記載の場合
	408	Request Timeout	タイムアウト
	409	Conflict	矛盾。リソースの変更の整合性が取れていない場合
	429	Too Many Requests	リクエストの回数上限
500番台（サーバー側の異常）	500	Internal Server Error	サーバー（クラウド）内部エラー。クラウド側のロジックの問題
	502	Bad Gateway	不正なゲートウェイ。プロキシ設定が不正な場合
	503	Service Unavailable	サービス利用不可。クラウド側が高負荷時の場合
	504	Gateway Timeout	ゲートウェイタイムアウト。プロキシ経由でタイムアウトの場合

大枠では、100 番台が通知、200 番台が正常、300 番台がリダイレクト、400 番台がクライアント側の異常、500 番台がサーバー側の異常、これだけ覚えておけば、最初の障害切り分けとしては十分です。というのも、クラウドの API が、どのステータスコードを返すかはクラウドサービスの設計と仕様に依存する部分があるからで

す。コンポーネントのドキュメントやAPIリファレンスに記載があるものは確認しておくと良いでしょう。

クラウドは大量なAPIリクエストを分散でさばくため、408（タイムアウト）、409（矛盾）、429（上限）に該当ということも考えられますが、クラウド側が正しいステータスコードを返すかは仕様によるためです。

また、500番台の500（内部異常）や503（利用不可）の場合は、クラウド側に問い合わせすることになります。オンプレミスなどからプロキシサーバー経由でAPIを発行する場合、502（ゲートウェイエラー）や504（ゲートウェイタイムアウト）のときには、間にあるプロキシ起因であるかの切り分けに役立つ場合があります。

3.3.7 SOAP、REST

Web APIは大きく分類すると、SOAP（Simple Object Access Protocol）とREST（Representational State Transfer）の2種類があります（図3.19）。

どちらもHTTPをプロトコルとして使う点では共通しているので、これまで説明してきたURI、HTTPメソッド、HTTPヘッダーなどはAPIで同様に使えます。違いはメッセージと制御の部分になります。

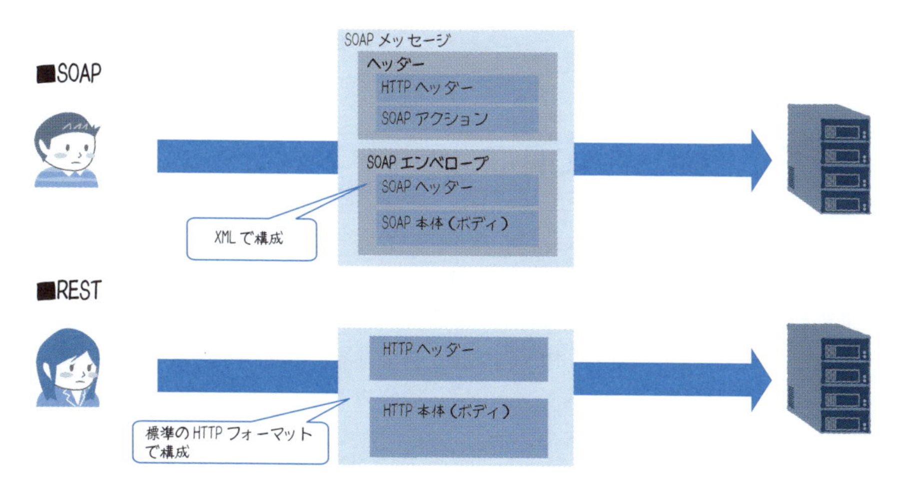

図3.19　SOAPとRESTの違い

◉ SOAP

SOAPは、主に複雑なビジネスロジックをWebサービスとして制御するSOAを構成する技術として有名です。URI に対して、構造化された型を SOAP メッセージとして送ることで、複雑な制御を可能にできる特徴があります。また、HTTP 以外のプロトコルにも対応しており、現在は SOAP 1.2 [※16] が最新版になります。

SOAP メッセージは、エンベロープという枠の中にヘッダー、ボディがあり、これらは XML を前提に構成されます。そのため、XML 名前空間をエンベロープに定義する必要があり、クラウドの場合は、クラウドで定められた XML 名前空間を指定します。

SOAP は SOA や Web 2.0 とともに 2006 年に普及した経緯から、Amazon Product Advertising API や Amazon Web Services の古くからあるコンポーネント（Amazon EC2 や Amazon S3）は SOAP に対応していますが、現在のクラウドではほとんど使われていません。

◉ REST

REST は、URI に対して、HTTP メソッドをベースに CRUD 操作を行ない、シンプルな制御であるという特徴があります。SOAP は業界団体で仕様が定められていますが、REST は考え方なので基本は HTTP に依存しています [※17]。

複雑なデータ連携や E コマースの世界では SOAP が必要な要件もありますが、Web API では基本的にリソースに対する CRUD 操作が基本になります。そのため、現時点では、この REST がクラウドにおける Web API の実質的な標準となっており、Web API のことを REST API と呼ぶケースも増えてきています。この後に紹介する API も REST をベースに説明していきます。

3.3.8 XML、JSON

HTTP レスポンスのデータはボディに格納されますが、API では構造化データとして扱える出力フォーマットとして、XML（Extensible Markup Language） [※18] と JSON（JavaScript Object Notation） [※19] が選択できます。

一般的には、SOAP は XML、REST は JSON が主流で、XML やテキストも選択できます。レスポンスデータのフォーマットは、クラウドサービスの API の仕様に完全に依存します。基本的な考え方としては、URI にリクエストを発行する際に HTTP ヘッダーの「Accept」に対しメディアタイプとして「application/json」「application/xml」「text/plain」などを指定します。

◉ XML

XML は、マークアップ言語と呼ばれ、図 3.20 のようにタグで表記されます。この

※16　SOAP1.2　http://www.w3.org/TR/soap12-part0/
※17　ただし、2015 年に発足した Open API Initiative で REST API の標準化を規定していくというアナウンスがあったため、今後は Open API Initiative で仕様が策定されていく可能性があります。

タグを定義するものとしてXMLスキーマがありますが、クラウドAPIではクラウド側で定義されています。XMLは、細かいタグの定義が実現できますが、構文がやや冗長で記述量が増えてしまう特徴があります。SOAPと同じ時期にXMLも普及したため、Amazon Product Advertising APIやAmazon Web Servicesの古くからあるコンポーネント（Amazon EC2やAmazon S3）ではXMLに対応しています。ただし、執筆時点では、XML出力するケースは減っています。

XMLをデータとして解析するには、XMLパーサーとして、DOM（Document Object Model）やSAX（Simple API for XML）を使う手法がありますが、クラウドAPIのHTTPレスポンスはシンプルなメタデータが中心なので、読み込み機能としては高度過ぎるところがあります。

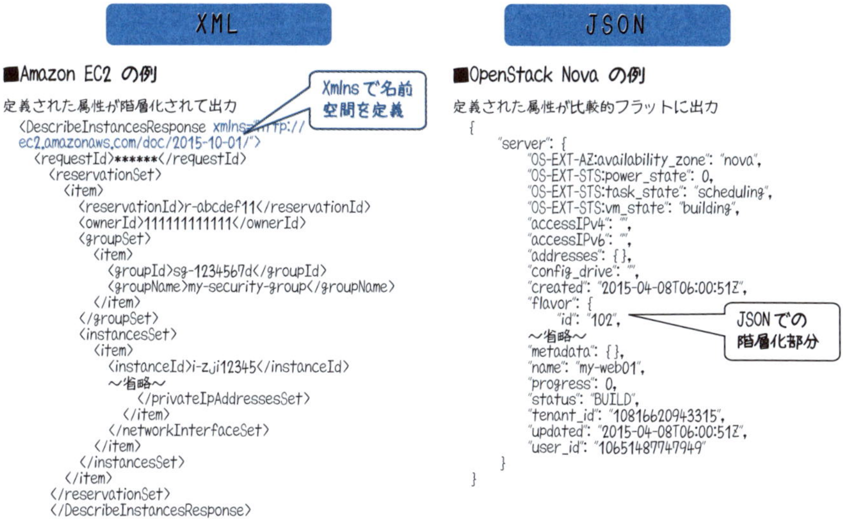

XML

■Amazon EC2 の例

定義された属性が階層化されて出力

```
<DescribeInstancesResponse xmlns="http://
ec2.amazonaws.com/doc/2015-10-01/">
  <requestId>******</requestId>
    <reservationSet>
      <item>
        <reservationId>r-abcdef11</reservationId>
        <ownerId>111111111111</ownerId>
        <groupSet>
          <item>
            <groupId>sg-1234567d</groupId>
            <groupName>my-security-group</groupName>
          </item>
        </groupSet>
        <instancesSet>
          <item>
            <instanceId>i-zji12345</instanceId>
            ～省略～
                <privateIpAddressesSet>
              </item>
            </networkInterfaceSet>
          </item>
        </instancesSet>
      </item>
    </reservationSet>
  </DescribeInstancesResponse>
```

Xmlnsで名前空間を定義

JSON

■OpenStack Nova の例

定義された属性が比較的フラットに出力

```
{
    "server": {
        "OS-EXT-AZ:availability_zone": "nova",
        "OS-EXT-STS:power_state": 0,
        "OS-EXT-STS:task_state": "scheduling",
        "OS-EXT-STS:vm_state": "building",
        "accessIPv4": "",
        "accessIPv6": "",
        "addresses": {},
        "config_drive": "",
        "created": "2015-04-08T06:00:51Z",
        "flavor": {
            "id": "102",
        ～省略～
        "metadata": {},
        "name": "my-web01",
        "progress": 0,
        "status": "BUILD",
        "tenant_id": "10816620943315",
        "updated": "2015-04-08T06:00:51Z",
        "user_id": "10651487747949"
    }
}
```

JSONでの階層化部分

図3.20　XMLとJSON

◉ JSON

JSONは、Java Scriptをベースにしたデータ定義フォーマットですが、現在では多くのプログラム言語で対応しています。図3.20のように、オブジェクトと配列でシンプルに記載できるため、シンプルなリソース指向のRESTとの相性も良くなっています。XMLと比較すると冗長性を省くことができ軽量です。

また、シンプルなJSONデータを解析するには、図3.21のようにAjaxで有名なXMLHttpRequest、JSONポインタ（JSONP）という代表的な手法や、さまざまなツ

※18　http://www.w3.org/XML
※19　http://www.json.org

ールやライブラリが出ており、簡易にメタデータの読み取り、加工処理が可能になっています。ただし、XMLHttpRequestには、同じオリジンであるという同一生成元ポリシーの制約があります。これを許可するためにCORS（Cross Origin Resource Sharing）という仕組みがあります（この仕組みは第10章で紹介します）。

したがって、現在のWebやクラウドのAPIでは、JSON出力が実質的な標準になっています。また、データフォーマットの定義として同様にJSONスキーマがありますが、こちらも同様にクラウドAPIではクラウド側に定義されています。しかし、リソースをまたがった編集を行ないたい場合は、個別にJSONスキーマを定義して、クライアント側で処理することも可能です。

また、クラウドで、URNでリソースを定義するオーケストレーション（自動化）や認証は、すべて設定がJSONベースになっています。したがって、GET APIで出力したメタデータのJSON情報をそのまま適用させることも可能です。

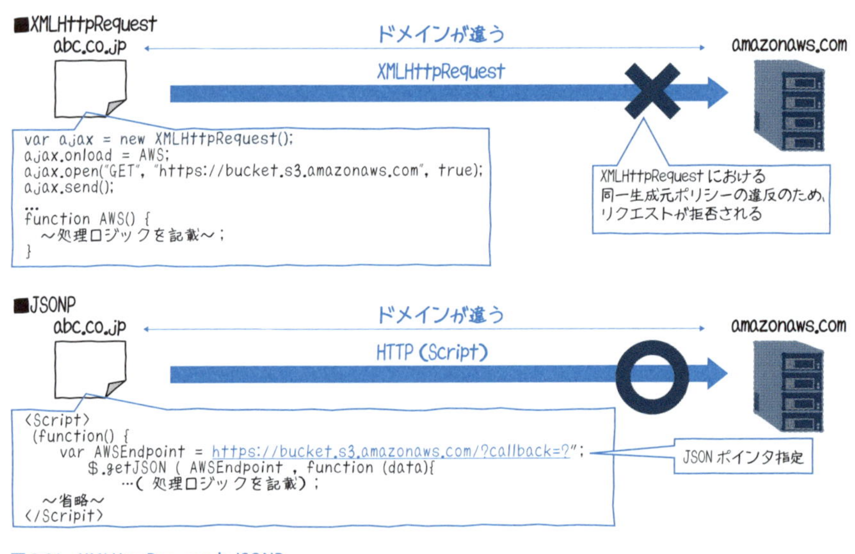

図3.21　XMLHttpRequestとJSONP

3.3.9 cURL、REST Client

OSからコマンドでHTTPリクエストを発行するには、HTTPプロトコルで会話する必要があり、このときによく使われるのはcURL[※20]というOSSのソフトウェアです。

※20　次のサイトからダウンロードできます。なお、AWSが提供するAmazon Linuxでは最初からcURLがインストールされています。
cURL　http://curl.haxx.se/

cURLコマンドを使うことで、実際のHTTPリクエストを発行できます。実際に発行した例は図3.22になります。コマンドの構文は次のとおりです（表3.5）。

```
curl -X <method> -H <header> -u <user> -cacert <cafile> -d <body> URI
```

表3.5 cURLコマンドオプション

オプション	意味
-X	HTTPメソッド
-H	HTTPヘッダー
-i	HTTPヘッダーを出力する場合に指定
-u	ユーザー（認証のために必要。詳細は第9章で解説します）
-cacert	SSL用証明書（HTTPSのために必要。詳細は第9章で解説します）
-d	ボディ

```
■OpenStack Swift への Get の例
curl -i -X GET https://objectstorage/v1/account/cont/index.txt -H "X-Auth-Token: {***}"

HTTP/1.1 200 OK
Content-Length: 14
Accept-Ranges: bytes
Last-Modified: Wed, 14 Oct 2015 16:41:49 GMT
Etag: ******************
X-Timestamp: ******.****
X-Object-Meta-Orig-Filename: index.txt
Content-Type: application/octet-stream
～省略～
Hello World.
■OpenStack Nova への Post の例
curl  -i -X POST https://compute/v2/{tenant-id}/servers/{server-id}/action ¥
 -H "Content-Type: application/json" ¥
 -H "Accept: application/json" ¥
 -H" X-Auth-Token: {*******}" ¥
 -d '{"reboot": {"type": "SOFT"}}'
```

図3.22 cURL

この他にREST Clientというツールもあります。これはブラウザに設定することで、RESTのオペレーションをGUIで行なえるツールです。ぜひAPIを手動で発行して試してみてください。

3.2.5項で、クラウドのAPIには、REST API（パスで階層化してリソースを指定する方法）、クエリーAPI（クエリーパラメータでリソース指定する方法）の2種類があることを説明しました。サーバーを例にして、API発行を比べると図3.18（P.79）のような違いになります。REST APIはURIがリソースをそのままURIで表わしているのに対し、クエリーAPIはパラメータがURIに羅列されるという違いがあります。

3.4 ROA（リソース指向アーキテクチャ）

3.4.1 REST 4 原則

ROA（Resource Oriented Architecture：リソース指向アーキテクチャ）とは、REST APIの発想に基づいて、リソース中心の考え方でAPIを使うアーキテクチャのことです。

REST（Representational State Transfer）はプロトコルではなく「考え方」であることを説明しましたが、その起源は2000年当時のRoy Fieldingの博士論文「Architectural Styles and the Design of Network-based Software Architectures」[※21]と言われています。ぜひ原文を読んでみてください。

この論文では、次のRESTの4原則が定められています。そして、これらの原則に基づいたAPIをRESTful APIやREST APIと呼びます。

RESTの4原則

①HTTPによるステートレス性
②URIによるアドレス可視性
③HTTPメソッドによる統一インターフェース
④XML、JSONによるリソース間の接続性

この4原則を具体例とともに理解したい方は、IBM developerWorksの記事「RESTful Webサービスの基本」[※22]がおすすめです。

4原則に記載されている内容は非常にシンプルなルールですが、リソース中心にAPIを考えるにあたって必須の項目ばかりです。具体的な操作の場面に置き換えると、次のようになります（図3.23）。

①のステートレス性によって、サーバーサイドで途中のデータを保持しないためにリクエストの再処理が可能になり、
②のアドレス可視性によって、リソース（URI）がユニークに特定でき、
③の統一インターフェースによって、結果整合性の制御を可能にし、
④の接続性によって、レスポンスデータを契機にしたイベント処理が可能になる

※21 http://www.ics.uci.edu/~fielding/pubs/dissertation/rest_arch_style.htm
※22 https://www.ibm.com/developerworks/jp/webservices/library/ws-restful/

このREST APIの特性から、利用者がクラウドを制御する際に意識すべき、3つのコンセプトが読み取れます。

- 非同期
- べき等性
- リトライ

これらは、クラウドのような分散環境を制御するには必須の概念になります。

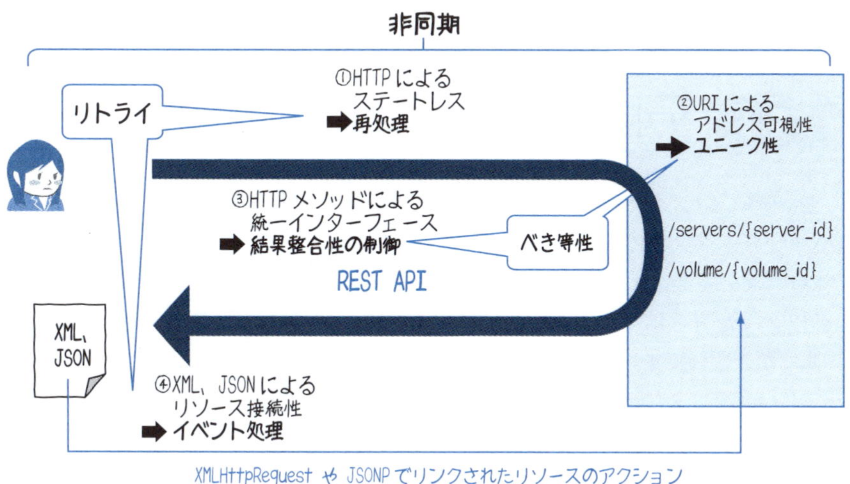

図3.23　RESTの4原則

まず、APIを実装するHTTP通信はURIに対して、ネットワークを介してエンドポイント（URI）にリクエストを投げてレスポンスを返します。AWSのようにエンドポイントがグローバルに開放されていれば、インターネット越しの通信になるため、レイテンシーの影響も受け、先のリクエストが先に届くとは限りません。また、リソースの実態が分散されているものもあります。したがって、まず処理にあたっては非同期性を意識する必要性があります。

ステートレスのため、何回実行してもリソースが変更されない限り同じ結果が返りますが、この概念をべき等性と呼びます。べき等性であるため、ネットワーク越しの不安定な処理に関しても、HTTPエラーコードなどを条件にリトライ処理を入れることで、エラーハンドリングもでき、メタデータの結果整合性も保てます。

このROAの4原則には、クラウドの分散アーキテクチャを制御するAPIの鉄則がぎっしり盛り込まれています。著者は、グローバルリージョン活用の難度の高いプロジェクトを進める場合やクラウドアーキテクトを育成する場合、クラウドネイティブに考え方にシフトする場合などに、このROAを重視しています。また、システムの処理方式が複雑になってきた場合にも、この原則に立ち戻り、シンプルな方式にするようにリードしています。

非同期、べき等性、リトライは、概念の説明だけだとわかりにくいかもしれません。この概念のわかりやすい実用例は、オブジェクトストレージです。第10章でオブジェクトストレージのアーキテクチャと実例を説明するので、そこで具体的なイメージがわくでしょう。

3.4.2 ソフトウェア指向でクラウドAPIをUMLとERモデルで可視化する

クラウドのコンポーネント、リソース、プロパティをAPIで自在に操作できることが、クラウドインフラがソフトウェアになったことを意味します。したがって、ソフトウェア設計で利用するダイアグラムを適用して、インフラを可視化させることができます。

APIアクションは、UML（Unified Modeling Language）というモデリング手法で示すのが一般的です。REST APIに対応したUMLツールも多く出ており、UMLのユースケースでアクターとアクションを整理できます。

そして、リソースはキーを軸にしてメタデータを保持するため、ER（Entity Relation）モデルとして示すことができます。リソースはエンティティ（テーブル）として内部にキーとアトリビュート（プロパティ）を保持し、リソース間の関係はリレーションとして、示すことができます。データベースの世界では、主キーと外部キーにおいて、1：1や1：Nの関係性をカージナリティ、必須か任意かの関係性をオプショナリティと呼びます。リソースを操作するうえでのリソース間の整合性を確認する意味でも大事な考え方になります。

では、このUMLとERの具体例を見ていきましょう。

◉ APIアクションをUMLで可視化

まず、次のAPIアクションをUMLで可視化してみましょう。

・指定のネットワークに対し、サーバーを起動してグローバルIPを付与して、DNS設定を行なう

これらのAPIアクションをUMLのユースケースで表わすと、UMLのユースケースとしては、合計4ステップの操作が必要になります。

①IPアドレス確保のためサブネットを作成する
②サーバーをそのサブネット内で起動する
③サーバーにグローバルIPを付与し
④DNSレコードを付与する

DNSレコードを設定するには、対象のサーバーにグローバルIPが必要です。そして、グローバルIPをサーバーに付与するには、あらかじめサーバーにグローバルIPがある必要があります。また、サーバーを起動するには、あらかじめネットワークサブネットのプライベートIPが必要になります。

これらの条件を満たすには、①→②→③→④の順番で作業を行なう必要があります。図3.24が具体的な作業イメージです。これを見ると、厳密にはリソースのプロパティに関係性があり、リソース操作の条件になっていることに気づくでしょう。

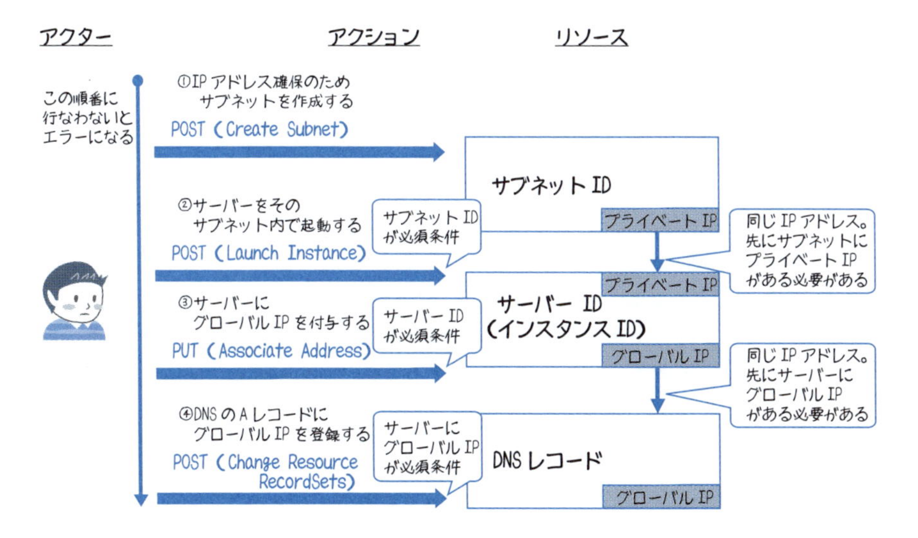

図3.24　APIの実行順序制約とリソースの関係

さらに、この作業イメージを、アクター、リソース、データストアから成るUMLで表わすと、図3.25のようになります。APIの処理と関係が見やすくなりましたね。

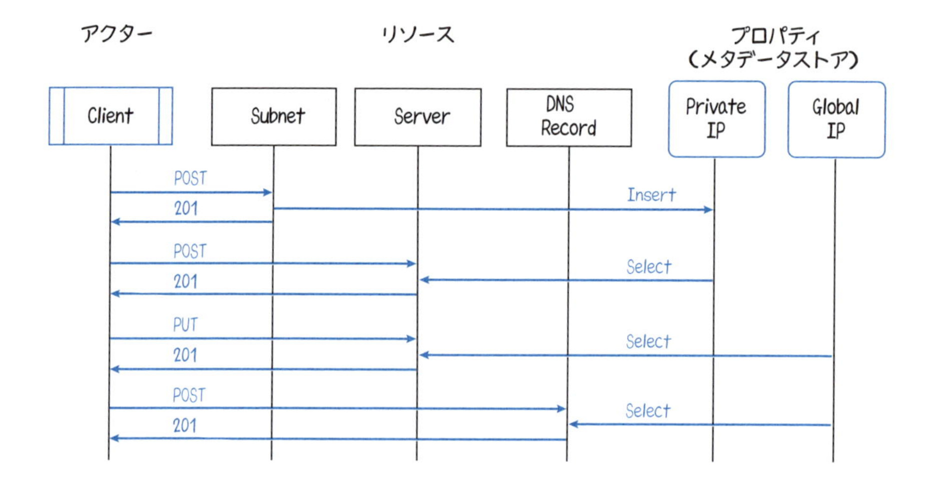

図3.25　REST APIのUML表示

◉リソースのERマッピング

次に、DNSであるAmazon Route 53を例に、リソースのERマッピングを見ていきましょう。

DNSは、ドメインとして登録されている、ホストされたゾーンのドメインに対して、サブドメインとDNSレコードをマッピングさせて作成する必要があります。つまり、ドメインがなければ、DNSレコードは作成できません。

逆に、ドメインには、サブドメインと対応するDNSレコードはなくてもかまいませんし、1つのドメインがあれば、複数のサブドメインと対応するDNSレコードを作成できます。

結論としては、ドメインとDNSレコードをエンティティとして関連付けするキーはドメインになり、それぞれのエンティティの関係を示すカージナリティ（多重度）が1対Nで、オプショナリティ（必須度）が任意になります。これをERにまとめると、図3.26のようになります。

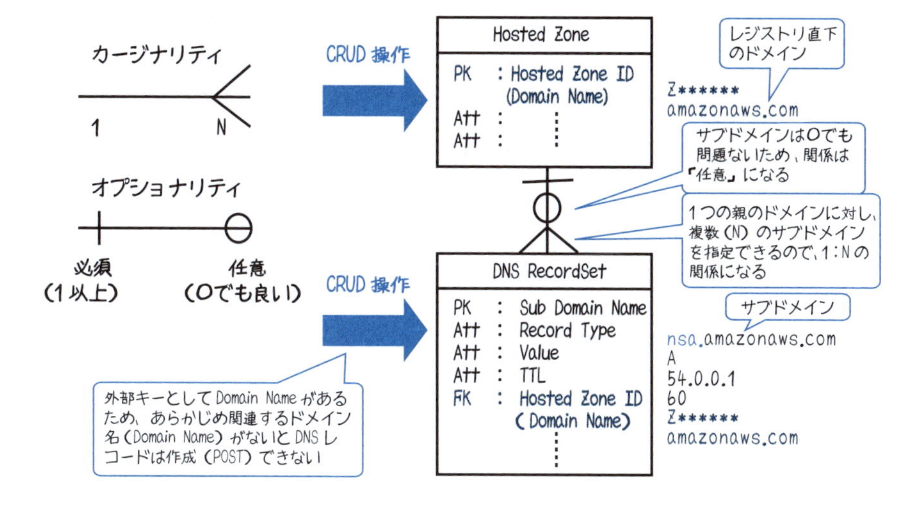

図3.26 Amazon Route 53のERリレーションマッピング

このようにUMLとERで、処理フローとリソースの関係性が可視化できます。

3.4.3 API履歴の取得

クラウドのオペレーションがAPIですべて制御されるとなると、API発行の履歴を取って管理したくなります。これを実現するには、発行元からログを出力する機能を実装するのも良いですが、クラウドが提供する履歴管理機能を活用するのが良いのでしょう（図3.27）。

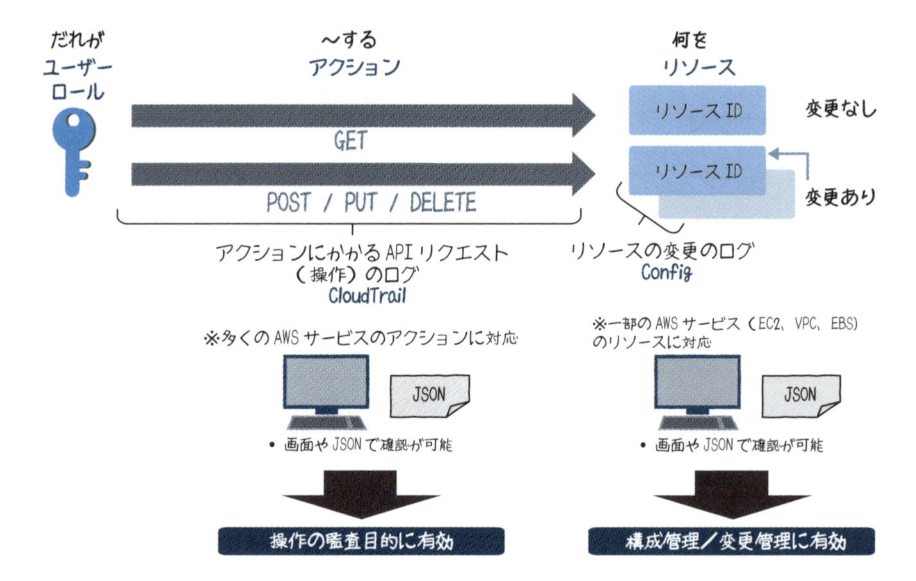

図 3.27　API 履歴の取得

AWS では、API 履歴管理を行なう AWS CloudTrail、リソース変更の履歴管理を行なう AWS Config という機能があります。先ほど説明したリソースの ER マッピングを表示する機能もあります。

3.4.4 独自 API の構成

API には、ゲートウェイのような役割もあります。クラウドが用意するエンドポイントや API を直接そのまま使っても良いですが、独自に隠ぺいすることも可能です(図 3.28)。この方法は、独自のサービスの IaaS 上で展開したいケースや独自アプリケーションとクラウドをシームレスに使いたいケース、マルチクラウドなどで活用できます。

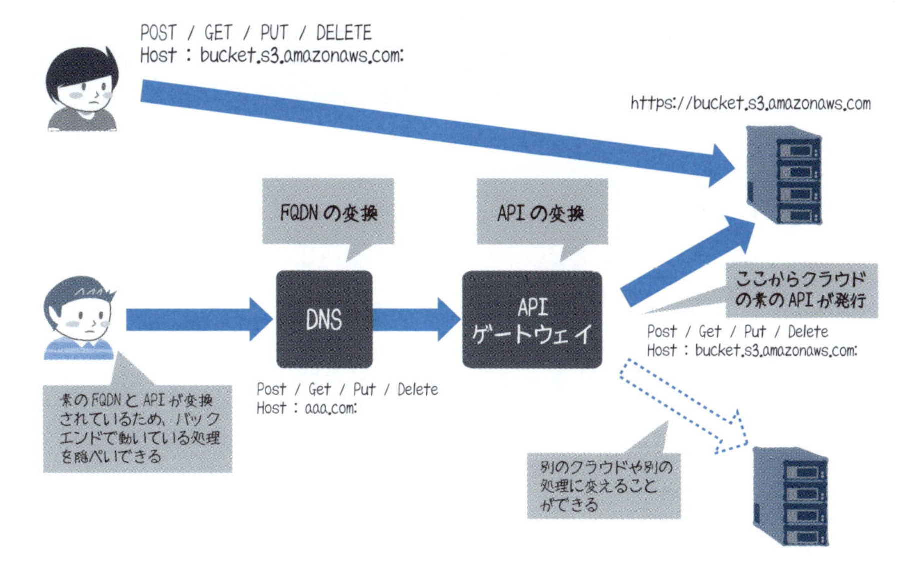

図 3.28　独自 API の構成

ドメインについては、AWS では Amazon Route 53 で独自ドメインを CNAME で別名に変更できます。リソースの部分も Amazon API Gateway という独自 API を構成するサービスがあるので、バックエンドにオリジナルの API をファンクションとして定義して連動させることもできます。

3.5 CLI、SDK、Console

第 1 章で、クラウドでは API、CLI、SDK、Console という 4 つのユーザーインターフェースがあることを紹介しました。本書では API を中心に説明していますが、実務では CLI、SDK、Console を使った操作が多くなります。CLI、SDK、Console も内部的には API で制御しており、ユーザー向けに隠ぺいしているのに過ぎないので、その内容と仕組みを簡単に説明しましょう。

3.5.1 CLI（Command Line Interface）

CLI（Command Line Interface）とは、コマンドラインを提供するインターフェースです。従来の OS 環境では、コマンドラインを中心としたオペレーションが主流です。クラウドでも、コマンドを使って制御したり、OS のシェルやバッチで自動化したい場合があるでしょう。

各クラウドサービスでは、CLI を提供しています。コマンド名の多くは API 名に対応してわかりやすくなっていますが、詳細は CLI リファレンスで確認できます。執筆年時点では、OpenStack では Python ベース CLI、AWS でも Python ベース CLI と Windows 向けに PowerShell CLI も用意されています[※23]。CLI は OSS として提供されているので、内部で API に変換している箇所や実装もソースコードで確認できます。

3.5.2 SDK（Software Development Kit）

SDK（Software Development Kit）とは、各種プログラム言語で制御する開発キットで、主にクラウドを制御するアプリケーションを作成する際に利用します。多くのクラウドでは、Python、Ruby、Node.js（JavaScript）、PHP、Java、C# など、その対応言語の拡張を進めています[※24]。

クラス名やメソッド名の多くは API 名に対応してわかりやすくなっていますが、その詳細は SDK リファレンスで確認できます。多くの SDK は OSS としてソースコードが公開されています。参考として AWS の Java SDK で API を発行している箇所を図 3.29 に示します。

※ 23	OpenStack CLI	http://docs.openstack.org/cli-reference/content/
	AWS CLI	https://aws.amazon.com/cli/
	AWS PowerShell	https://aws.amazon.com/powershell/
※ 24	OpenStack SDK	https://wiki.openstack.org/wiki/SDKs
	AWS SDK	https://aws.amazon.com/tools/

```
package com.amazonaws.http.protocol;
import java.io.IOException;
import org.apache.http.HttpClientConnection;
import org.apache.http.HttpException;
import org.apache.http.HttpRequest;
import org.apache.http.HttpResponse;
import org.apache.http.protocol.HttpContext;
import org.apache.http.protocol.HttpRequestExecutor;
import com.amazonaws.util.AWSRequestMetrics;
import com.amazonaws.util.AWSRequestMetrics.Field;

public class SdkHttpRequestExecutor extends HttpRequestExecutor {
    @Override
    protected HttpResponse doSendRequest(
            final HttpRequest request,
            final HttpClientConnection conn,
            final HttpContext context)
                throws IOException, HttpException {
        AWSRequestMetrics awsRequestMetrics = (AWSRequestMetrics) context
                .getAttribute(AWSRequestMetrics.class.getSimpleName());
        if (awsRequestMetrics == null) {
            return super.doSendRequest(request, conn, context);
        }
        awsRequestMetrics.startEvent(Field.HttpClientSendRequestTime);
        try {
            return super.doSendRequest(request, conn, context);
        } finally {
            awsRequestMetrics.endEvent(Field.HttpClientSendRequestTime);
        }
    }
    @Override
    protected HttpResponse doReceiveResponse(
            final HttpRequest          request,
            final HttpClientConnection conn,
            final HttpContext          context)
                throws HttpException, IOException {
        AWSRequestMetrics awsRequestMetrics = (AWSRequestMetrics) context
                .getAttribute(AWSRequestMetrics.class.getSimpleName());
        if (awsRequestMetrics == null) {
            return super.doReceiveResponse(request, conn, context);
        }
        awsRequestMetrics.startEvent(Field.HttpClientReceiveResponseTime);
        try {
            return super.doReceiveResponse(request, conn, context);
        } finally {
            awsRequestMetrics.endEvent(Field.HttpClientReceiveResponseTime);
        }
    }
}
```

Apache や AWS の HTTP 関連 API を設定

← Java のクラスを定義

HTTP リクエストに変換している部分

HTTP レスポンスのデータを受領し、プログラムに受け渡しをしている部分

図 3.29　Java SDK から API の発行箇所のソース

HttpRequestExecutor などの標準的な機能で、非常にシンプルに変換されていることがわかります。コンポーネントの意味をきちんと理解し、アルゴリズムのコツをつかめば、該当ソースコードを見つけて解析するのは、（ソースコードの規模にも依存しますが）難しいことではありません。ぜひ他のツールのソースコードも見て内部構造を把握してみてください。

3.5.3 Console

Consoleでは、GUI（Graphical User Interface）でクラウドを制御できます。OpenStackではHorizon、AWSではManagement Consoleが該当するコンポーネントです。いずれもWebアプリケーションとして提供されており、ボタンを押すと対応するAPIが内部的に発行されます。

CLIやSDKには細かいバージョンがあり、「各クライアント側にダウンロードして使う」という特性から、クラウド側の機能拡張に合わせてAPI追加や変更を反映させるバージョンアップ作業が必要になってきます。Consoleの便利なところは、Webアプリケーションなのでサーバー側の変更のみで十分という点です。OpenStackであればHorizonを最新化するだけですし、AWSのManagement Consoleでは最新機能に対応したAPIの多くが自動で画面に反映されていきます。

3.6 まとめ

クラウドを構成するAPIの仕組みを、DNSやHTTPなどのインターネット技術をベースに説明してきました。それらの特性が理解できたところで、クラウドサービスのリファレンス[※25]を見てみましょう。巻末（P.349）に代表的なAPIをまとめているので、あわせて参照してください。

それぞれのクラウドにおいて、どんなコンポーネントがあり、どのようなリソースで成り立っていて、どのような属性情報がクエリーパラメータで指定できるか、横断的にわかるようになったはずです。各リソースの意味、特性、アーキテクチャは、リソースの単語の意味から、ある程度想像はつくでしょう。しかし、実際の利用にあたっては、リソースの考え方も含め理解しておく必要があるため、次章以降で代表的なリソースを解説していきます。

※25 OpenStackリファレンス　http://developer.openstack.org/api-ref.html
AWS APIリファレンス（各サービスのドキュメント配下にサービスごとに記載）
http://aws.amazon.com/documentation/

第4章

IT インフラの進化と API の考え方

ここまで、前提となる各種Webの基礎技術と、クラウドの分類や主要コンポーネントなど、クラウドの全体像を中心に解説してきました。ここからは、いよいよ、本書のメインテーマであるクラウドインフラのAPIについて解説していきます。本章では、クラウド以前のインフラにおける環境構築と、クラウドの世界での環境構築を対比しながら、クラウドにおけるAPIの役割、すなわち、「APIを利用するとはどういうことなのか」という考え方を説明します。そして本章での理解をもとにして、次章以降でコンポーネントごとのAPIを掘り下げていきます。

4.1 サーバー構築に必要な作業

まずは、クラウド以前のインフラ構築作業を振り返ります。図4.1のようなシチュエーションを想像してください。

インフラ管理者であるあなたは、アプリケーション開発チームの要望で、Webサーバーを増設することになりました。3種類のネットワークが存在する環境で、Webサーバーは、「DMZネットワーク」と「APP通信用ネットワーク」に接続する必要があります。このようなWebサーバーの追加には、どのような作業が必要になるでしょうか？　比較のために物理環境とサーバー仮想化環境、それぞれの場合を想像してみましょう。

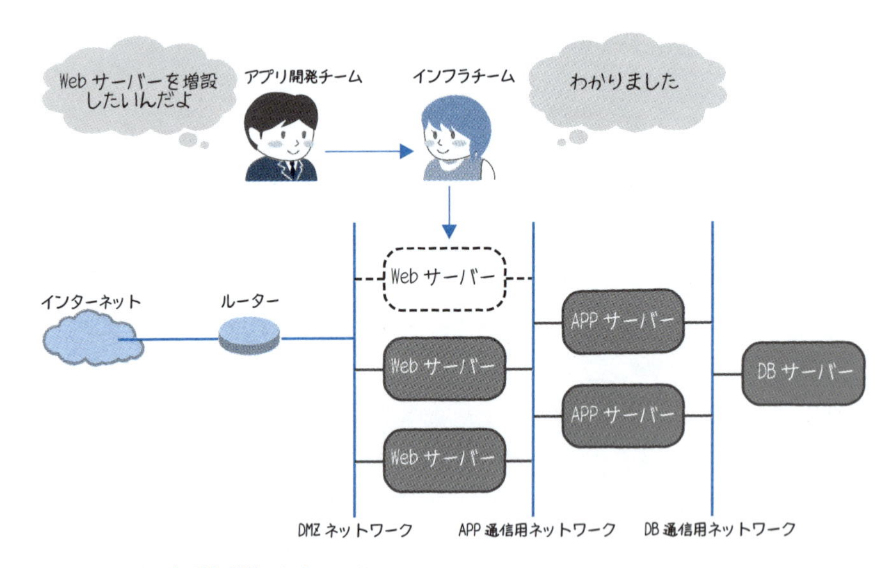

図4.1　Webサーバー追加構築のシチュエーション

4.1.1 物理環境の場合

まず、物理環境での作業を考えてみます。物理サーバーを準備するには、サーバーの発注作業から開始する必要があります。

Webサーバーとして求められる性能、価格、将来の拡張性などの要件をもとに機器を選択します。サーバーが届いたら、データセンターに搬入して、ラックに搭載します。この際、ラックの空き状況、ネットワークスイッチのポートの空き状況、ネットワークスイッチまでのケーブル配線、電源容量などを事前に確認しておく必要があります。ネットワークチームと相談して、サーバーで使用するIPアドレスを決めておくことも必要です。

ラックにサーバーを搭載して、電源を投入する準備ができたら、次は、OSとアプリケーションのインストール／設定が始まります。この際、OSの設定内容やインストールするアプリケーションの種類は、インフラ管理者が勝手に決めるわけにはいきません。アプリケーション開発チームからの要望に応じて、設定内容を決めていきながら、具体的な設定手順を作業手順書にまとめます。手順書のレビューが終わって、実際のインストール／設定が終わったら、設計通りに構築できているか、確認テストを実施します。

これでようやく、インフラ管理者としての作業が終わりました。構築したWebサーバーをアプリケーション開発チームに引き渡すことができます。おっと、資産管理台帳に新しいサーバーの情報を追加しておくことも忘れないように！

実際には、もっと細かな作業もありますが、これが物理サーバーを利用した世界でのサーバー構築作業の概要です。サーバー仮想化やクラウドの活用が当たり前になった現在、IT業界の経験が短い若いエンジニアの方には、想像が難しい部分もあるかもしれません。とりあえずは、「OSやソフトウェアを触る以外にも、やることがたくさんあるんだな」という程度に感じてもらえれば大丈夫です。

4.1.2 サーバー仮想化環境の場合

続いて、サーバー仮想化環境での作業を考えます。サーバー仮想化基盤がすでに構築済みであれば、物理作業はほとんど必要ありません。

Webサーバーに必要な要件をもとに仮想サーバーに割り当てるリソースを決定した後、実際に仮想サーバーを配置する物理ホストを選択します。また、仮想ネットワークの構成情報を見ながら、利用可能なIPアドレスを割り当てます。続いて、アプリケーション開発チームの要望に応じた設計にもとづいて、作業手順書を作成します。その後、テンプレートから仮想サーバーを複製（クローン）して、手順書に応じてインストール／設定作業と最後の確認テストを行ないます。これで、インフラ管理者としての作業は完了です。

物理環境に比べて、作業内容がシンプルになっているようにも感じられます。物理環境とサーバー仮想化環境での構築作業の違いを図 4.2 にまとめてあります。これを見ながら、物理環境からサーバー仮想化環境へと移ることで生じた変化を確認してみましょう。

まず、最も大きな違いは、サーバーの搬入やラックへの搭載、ケーブル配線といった物理作業が不要になる点です。また、作業時の考え方が変わった部分として、サーバー機器の選択があります。物理環境では、具体的な製品、搭載するパーツなどを製品カタログから選定していたものが、仮想化環境では、仮想サーバーに割り当てるリソース（仮想 CPU の個数や仮想メモリーの容量）の決定へと変わります。あるいは、サーバーを搭載するラックの選択は、仮想サーバーを作成する物理ホストの選択へと変わります。物理ホストの選択では、仮想サーバーが必要なリソースと、現在の物理ホストのリソース使用状況を比較して決定します。物理的な要因を考慮した作業が、ソフトウェア的な要件を考慮した作業に変化したと考えても良いでしょう。

あるいは作業手順そのものが変わる部分もあります。物理サーバーに OS をインストールする際は、まずはインストーラー CD 等を用いて初期設定状態の環境を用意します。一方、サーバー仮想化環境では、事前構成済みのテンプレートを複製（クローン）することで、インストール作業を簡略化することが可能になります。

4.1.3 サーバー仮想化のメリットと限界

物理環境とサーバー仮想化環境を比較してすぐにわかるのは、「物理的な “ 物 ” の移動や操作」という作業が、サーバー仮想化によって不要になるということです。もちろん、サーバー仮想化基盤そのものの構築には、物理作業が必要となります。しかし、図 4.2 の例のように、突発的な要求に伴う物理作業をなくすことができます。サーバー仮想化基盤を事前にまとめて構築することにより、全体的な物理作業の量は、大幅に削減されるはずです。

ただし、物理的な作業がソフトウェア的な操作に置き換わる部分では、操作の前提となる準備作業は変わらず必要です。「仮想サーバーのリソース構成を決める」「仮想サーバーの配置先を決める」「IP アドレスを割り当てる」「設計を行なって手順書を作成する」などは、仮想化の有無にかかわらずに、時間と手間がかかる作業といえます。

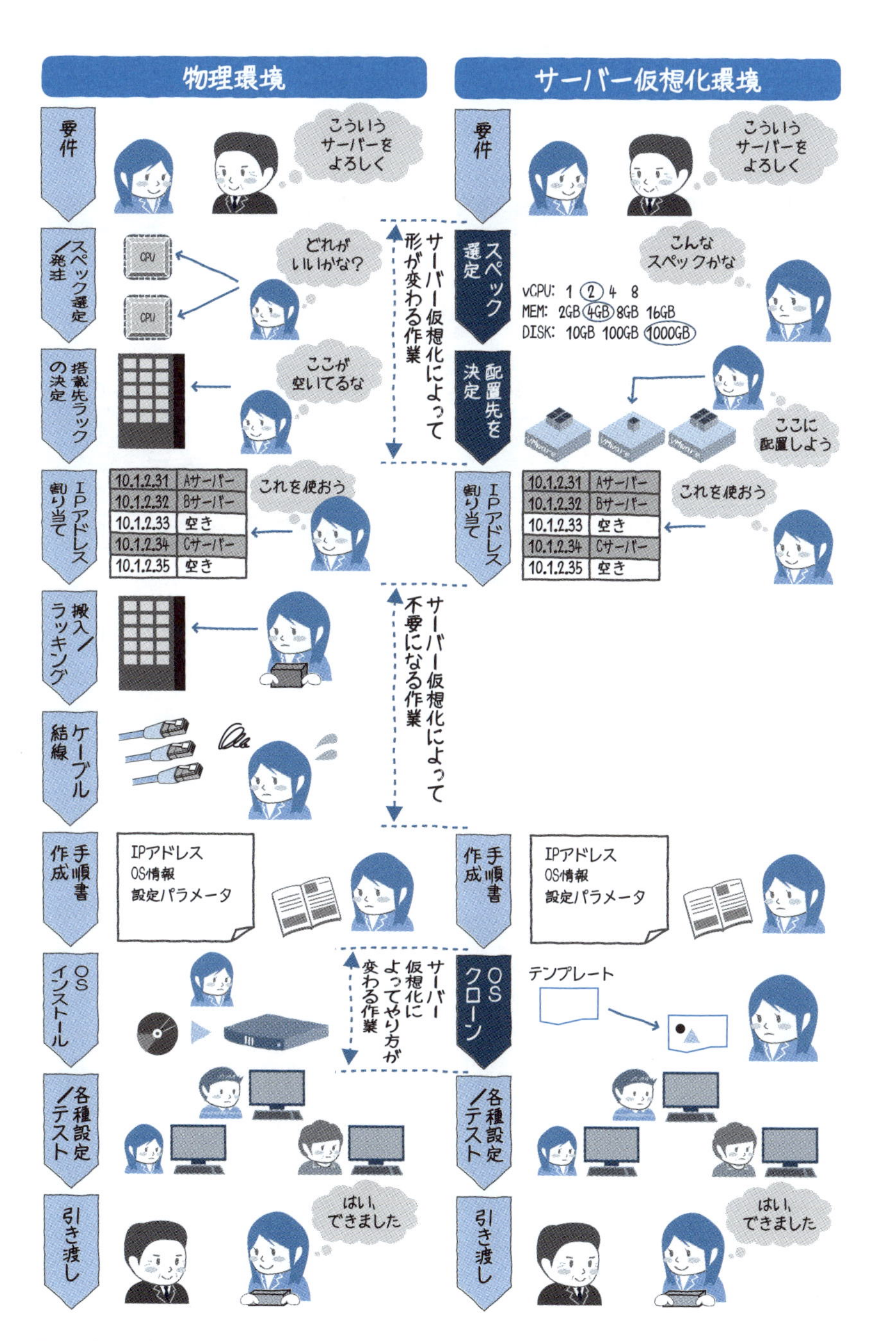

図 4.2　物理環境とサーバー仮想化環境での構築作業の比較

これらに共通するのは、「人の判断」を必要とするということです。図 4.3 に示したように、物理作業が減少しても、人の判断を伴う作業は変わらないため、仮想化による作業の効率化には、どうしても限界があることがわかります。

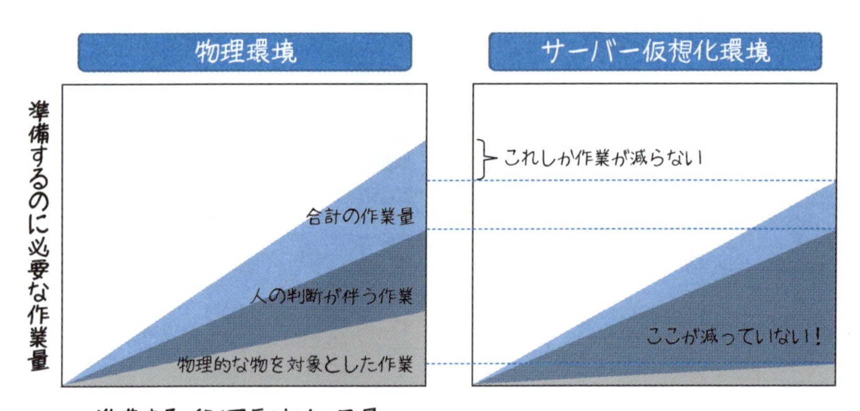

図 4.3　サーバー仮想化による作業内容の変化

本格的な業務システムでのサーバー構築を経験したエンジニアであれば、サーバーの設定や配線を行なっている時間よりも、資料を作成して「決めごと」を行なっている時間のほうが長くかかることは、もしかしたら常識かもしれません。IT の活用領域が広がり、IT リソースの使用量が年々増え続ける中、限られた人員で構築／運用するシステムにおいては、「人の判断」が必要な作業をいかにして減らすかが課題となります。

IT システムにおけるインフラリソースは、自動車に例えるならば、原動力の基礎となるガソリンのようなものです。どれほど良いエンジンを搭載して、どれほど快適な車内スペースを作り上げても、必要なときに、必要な量のガソリンが供給できなければ、何の役にも立ちません。運用する人員が増えるわけでもなく、要求されるインフラリソースだけが増え続けていく中、どのような解決策があるのでしょうか？

その答えの 1 つが「クラウド」であり、物理作業の削減にとどまらない効率化の鍵が「クラウド API」の活用となります。次節では、クラウドにおける環境構築の流れを見ていきます。ここで説明した課題を念頭において、インフラ構築作業がどのように効率化されるのかを考えながら、読み進めてください。

4.2 クラウド時代の構築作業

ここからは、クラウド環境におけるサーバー構築作業を説明します。説明をより具体的にイメージできるように、クラウド環境にはOpenStackとAWSを題材として取り上げます。

4.2.1 クラウド環境で実施する作業

はじめに、サーバー仮想化環境とクラウド環境における、サーバー構築作業の違いを図4.4にまとめておきます。サーバー仮想化基盤とクラウド基盤はすでに利用可能になっているという前提です。この図を見ながら仮想環境における「人の判断」という課題を、クラウド基盤がどのように解決しているのかを見ていきましょう。

◉ OpenStackの例

図4.4を見ると、OpenStack環境での作業は、サーバー仮想化環境よりもさらにシンプルになっていることがわかります。OpenStackにおける作業は、大きくは3つになります。タイプ（フレーバー）を選択して、設定スクリプトを作成した後に、仮想サーバーの作成コマンドを実行します。これで作業は完了です。それぞれの具体的な内容は、次のとおりです。

最初のフレーバー選択では、作成する仮想サーバーのスペックを決定しています。フレーバーとは、仮想CPUの個数やメモリー容量、仮想ディスクのサイズなどをセットにして名前をつけたもので、「スペックのテンプレート」のようなものです。サーバー仮想化環境では、それぞれの項目を個別に決める必要がありましたが、クラウド環境では、あらかじめ用意されたフレーバーから選択する形になります。

次は、設定スクリプトの作成です。これは、仮想サーバーが起動した直後に行なう設定作業をスクリプトにまとめておき、初回の起動時に一括して実行するためのものです。設定スクリプトでは、追加パッケージのインストールや設定ファイルの編集、各種サービスの自動起動などを行なうのが一般的です。すべてをシェルスクリプトで実施するというわけではなく、スクリプトから、他の構成管理ツールを呼び出して実施する場合もあります。また、設定した内容をテストするためのツールを呼び出すことも可能です。

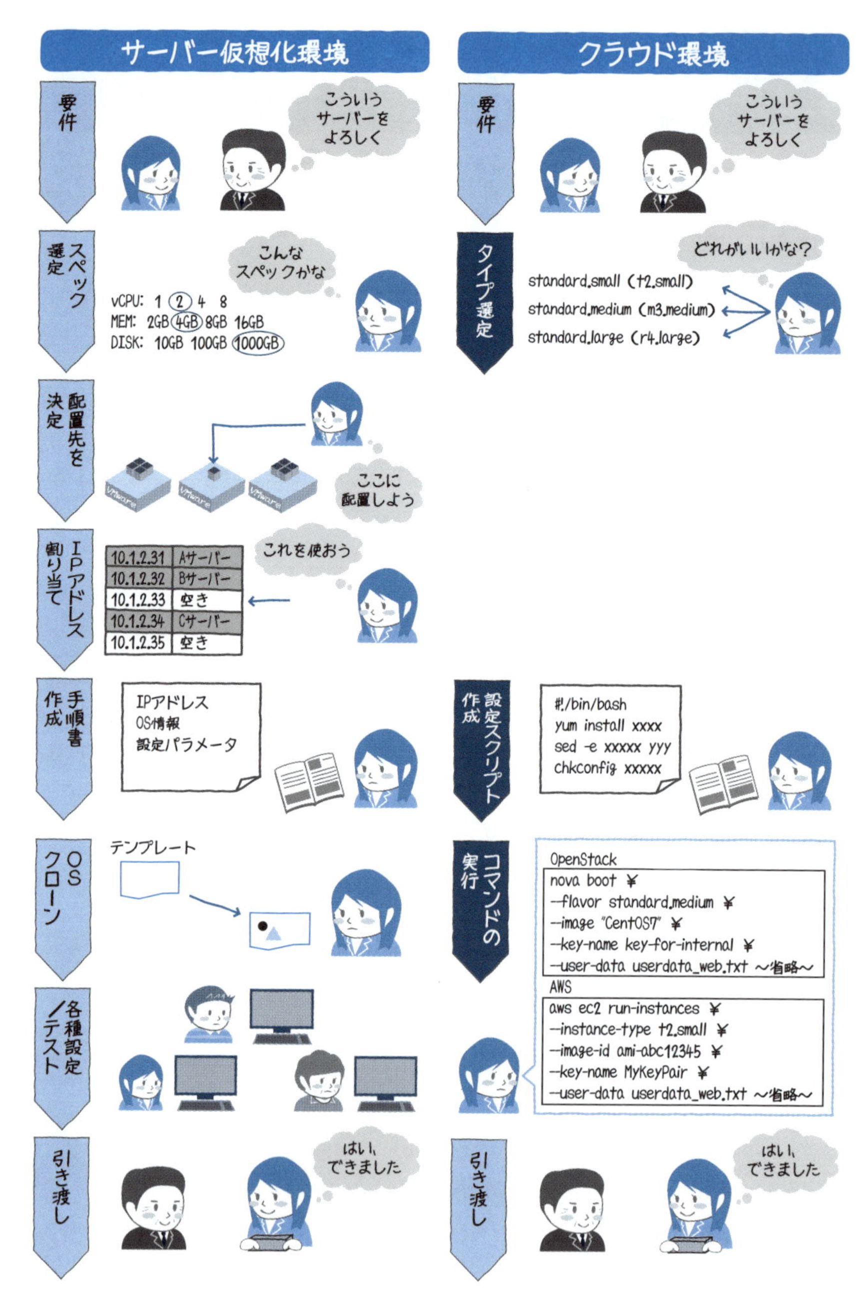

図 4.4　サーバー仮想化とクラウドにおける構築作業の違い

最後に、選択したフレーバーと設定スクリプトをオプションに指定して、仮想サーバーの作成コマンドを実行します。図4.4の例では、OpenStackの「nova」コマンドを実行しています。これは、仮想サーバーリソースを制御するコマンドで、これによって、新たな仮想サーバーが作成されます。その他にも多数のオプションが指定されていますが、これらは、起動するOSのテンプレートイメージや接続する仮想ネットワークなどを指示しています。

このように、OpenStackのクラウド環境であれば、この3つのステップで新たな仮想サーバーを構築することが可能です。Webサーバーを追加する例のように、同じ構成のサーバーであれば、novaコマンドを繰り返し実行するだけです。フレーバーの指定を変更すれば、スペックの異なる仮想サーバーになりますし、一度作成した設定スクリプトは、必要な修正を加えながら、新たな環境構築に再利用することも可能です。

◉ AWSの例

AWS環境においても、必要な作業はOpenStackとほぼ同様に3つの作業に集約されます。OpenStackでフレーバーに該当するものをAWSではインスタンスタイプと呼びます。スペックのテンプレートであるという意味は同様になりますが、AWSが各リージョンに用意しているテンプレートしか選択ができません。次の設定スクリプトもOS上での実行するものであるため、基本的には変わらず、AWSではユーザーデータとして、起動時に読み込み設定を行ないます。作業後に、選択したインスタンスタイプとメタデータをオプションに指定して、AWSの仮想サーバーの作成コマンドである「aws ec2 run-instances」コマンドを実行しています。

4.2.2 クラウドによって何が変わったのか

クラウド環境を利用することで、手順が簡略化されて、環境構築が効率化されることはわかりました。実際のところ、何によって、このような効率化が実現されているのでしょうか？　ポイントは、サーバー仮想化環境の課題として挙げた「人の判断」の削減です。クラウド環境では、人の判断を自動化してプログラムに肩代わりさせたり、そもそも判断が必要な要素を減らすなどして、効率化を実現しています。

このような観点で、サーバー仮想化環境との作業の違いを改めて整理してみましょう。

◉仮想サーバーのスペック選定

仮想サーバーのスペックを決定する部分では、従来は仮想CPUの個数やメモリー容量を個別に決めていたのに対して、フレーバーという「スペックのテンプレート」を用いることで、選択の幅を限定しています。OpenStackの利用者は、限られた選択肢の中から選ぶので、細かな指定ができない反面、意思決定の速度は上がります。つまり、スペック選定作業が効率化されます（図4.5）。

AWSではインスタンスタイプを選択します。用語は違いますが、インスタンスタイプは仮想サーバーのスペックをテンプレート化したものです。

最近では、サーバーのリソース単価が劇的に下がったため、貴重な時間を割いて、細かな数値を個別に判断していく価値はなくなりました。たしかに、要件に応じてリソースの割当量を細かく調整すれば、対応する物理リソースを効率的に利用することができます。しかし、その効果を物理リソースの価格に換算するとどうなるでしょうか？　スペックの検討に時間をかけている管理者の人件費を考慮すると、むしろ、無駄なコストが発生しているのかもしれません。

さらに、クラウド環境では、「構築のやり直し」も簡単です。先ほど説明したように、コマンドを実行するだけで仮想サーバーが自動構築されます。最初に選択したフレーバーやインスタンスタイプが要件にあわなかった場合、フレーバーやインスタンスタイプの指定を変更してコマンドを再実行すれば、異なるスペックの環境をすぐに用意することができます。

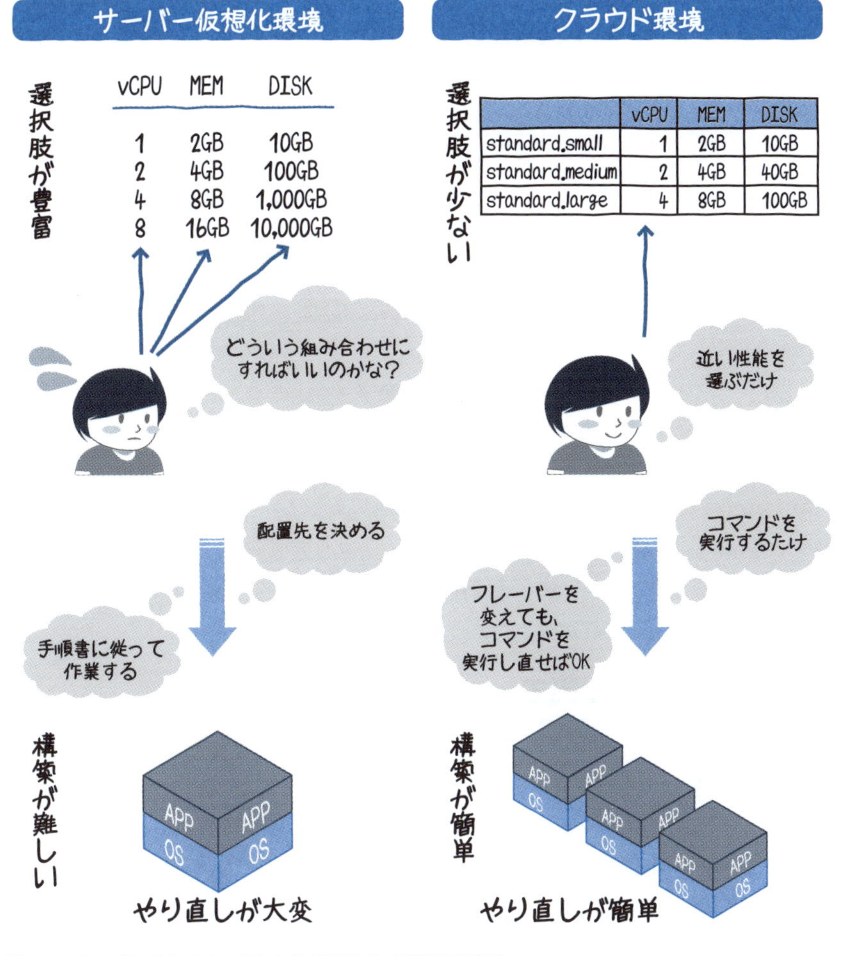

図 4.5　フレーバー／インスタンスタイプによるスペック選定の効率化

◉仮想サーバーを配置するホストの決定

サーバー仮想化環境では、インフラ管理者が仮想サーバーを配置するホストを決定しました。一方、クラウド環境では、仮想サーバーの配置は自動で行なわれるため、このような判断は必要ありません。

OpenStackの場合は、novaコマンドで仮想サーバーの作成を要求すると、指定されたフレーバーの仮想サーバーを割り当て可能なホストが自動的に選択されます。アベイラビリティゾーンを指定することで、データセンター単位やラック単位など、可用性を考慮した配置の指示はできますが、個別のホストを指定するような考え方はありません。そもそも、個別のホストの構成やリソース使用量などの情報は、一般ユーザーにはわからないようになっています。

先ほどのフレーバーの考え方と似ていますが、サーバーのリソース単価が下がった現在において、物理ホスト1台ごとの状態をインフラ管理者が把握して、個別に判断することにコスト面での価値はありません。プログラムに自動判断させたほうが、より効率的な管理が可能になります。

しかも、OpenStackの自動判断は、管理方針に応じた条件設定が可能です。リソースの使用状況をモニタリングして、配置可能なホストを適切に選択するのは当然のこととして、オーバーコミットの設定や配置の順序（特定のホストから詰めて配置するのか、全体で分散配置するのか）、特定の利用者専用のホストの確保など、運用要件に応じた配置を実現することができます。

AWSの場合も、個別のホストを指定するような考え方がないという点は同様です。AWSでは個別のホストはサービス提供者であるAWS側で管理されているため、ユーザー側で意識する必要性がなく、自動判断の仕組みもAWSの内部仕様に依存しています。

◉ IPアドレスの割り当て

クラウド環境では、IPアドレスの割り当て作業も不要になります。仮想サーバーを接続するネットワークを指定すると、利用可能なIPアドレスが自動的に確保されて、起動した仮想サーバーに割り当てられます。また、仮想サーバーを削除すると、割り当てられていたIPアドレスが返却されて再利用が可能になります。このように、IPアドレスを自動管理することで、管理の手間を削減すると当時に、割り当てミスによるトラブルを無くすことが可能になります。

これまでは、一度、IPアドレスを手動で割り当てたら、該当のサーバーを撤去するまでは、そのサーバー専用のアドレスとして、恒久的に使用を続けるという発想がありました。しかし、大量の仮想サーバーを使用する環境では、仮想サーバーの追加／削除が頻繁に行なわれて、IPアドレスの払い出しと回収も頻繁に発生するようになります。手動での管理には、限界を感じている管理者も多いでしょう。

ちなみに、IPアドレスが自動で決定されるようになると、事前の設計が困難になるのでは、という疑問を持つ方もいるかもしれません。この点については、動的DNSなどの名前解決の仕組みを利用してIPアドレスを抽象化することで対応が可能です[※1]。

※1　もちろんOpenStackやAWSでは、従来通りにIPアドレスを手動で割り当てて利用することも可能です。

◉設定スクリプトの作成

クラウド環境を利用する際は、人間の作業者を前提とした手順書を用意するのではなく、設定スクリプトを作成しておくのが一般的です。クラウド環境には、仮想サーバーの起動時にスクリプトを自動実行する機能があるため、それぞれの仮想サーバーに、個別にログインして作業を行なう必要がありません。

このような仕組みのメリットには、再現性と確実性が挙げられます。設定作業をスクリプトで自動化することにより、複数サーバーで同じ作業を行なった際に、1台だけ設定を忘れるようなミスが発生しません。フレーバーを変更して再構築するような場合でも、同じ環境を確実に再現できるようになります。

さらに、正しく構築できているかの確認もツールで自動化しておきます。スクリプトの問題で設定ミスが発生したような場合は、スクリプトを修正すると同時に、自動テスト項目の追加などの再発防止策を行ないます。手作業による構築で設定ミスが発生した場合、「2人で一緒に作業してダブルチェックする」などの再発防止策が取られることもありますが、これでは、作業効率の向上はとても望めません。自動化の仕組みを適切に活用することが大切です。

◉仮想サーバー作成の自動化

サーバー仮想化環境では、テンプレートのクローンによる仮想サーバーの作成と、その後の設定作業は別々に行ないます。一方、クラウド環境では、novaコマンドやAWSコマンドを実行すると、これらは一連の作業として、まとめて自動実行されます。テンプレートのクローンで仮想サーバーが起動したら、先ほどの設定スクリプトが即座に実行されるようになっているためです。あるいは、仮想サーバーを配置するホストの選択やIPアドレスの割り当ても、このタイミングで同時に行なわれます。図4.6のように、これら一連の作業は、コマンドがクラウドのさまざまなAPIを呼び出すことで行なわれます。

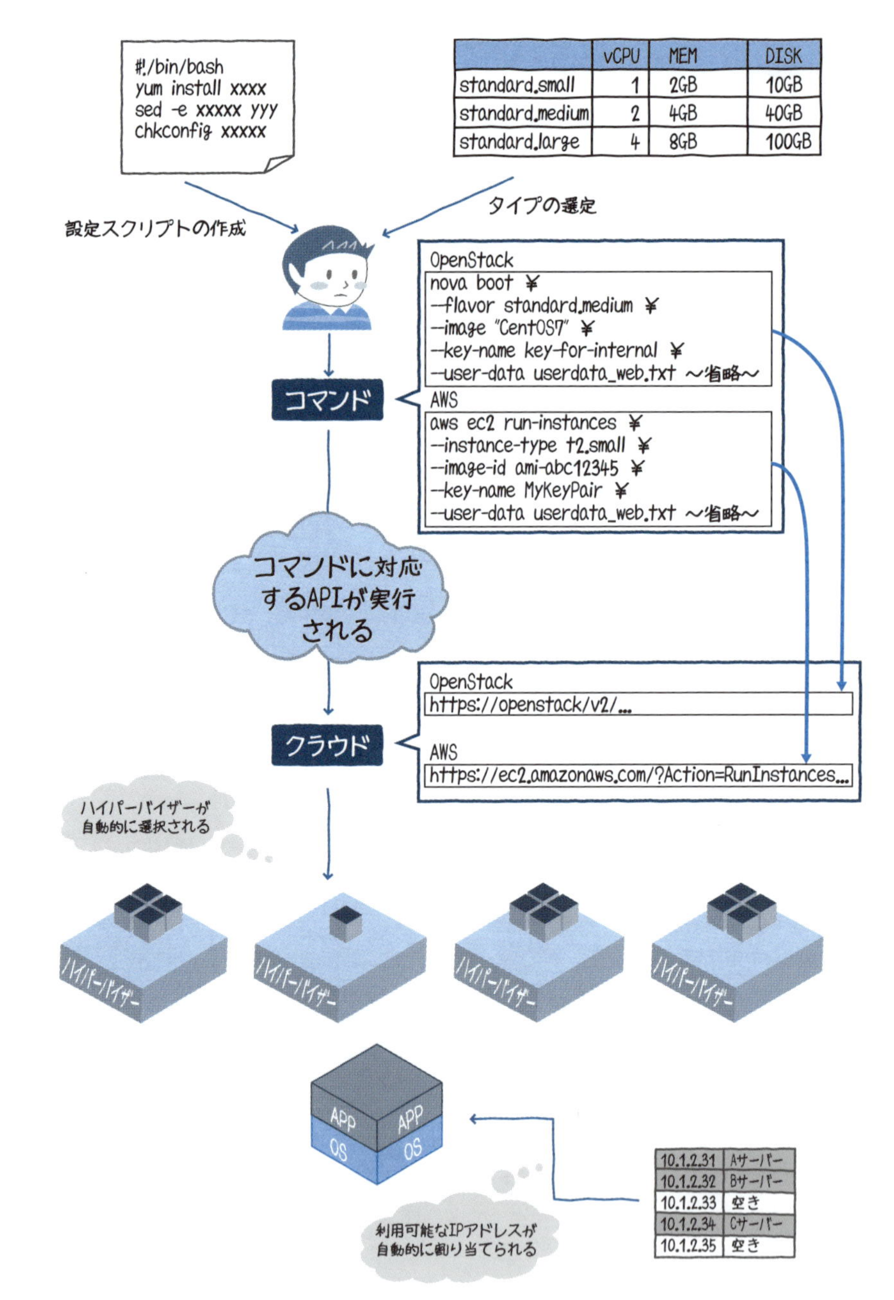

図 4.6　コマンドによる API の実行

それぞれのAPIの呼び出しに対応して、仮想サーバーの配置や、IPアドレスの割り当てなどの自動処理が行なわれます。つまり、クラウドのAPIとは、従来は人間が行なっていた判断をプログラムに肩代わりさせる機能、言い換えると、「判断の効率化を支援する仕組み」と捉えることができるでしょう。

なお､クラウドのAPIの多くは、REST APIと呼ばれる形式で提供されます。これは、HTTP（HTTPS）のプロトコルでリクエストを受け付けて、実行に必要な情報のやりとりは、JSON形式のデータで行ないます。HTTP（HTTPS）やJSONは、プログラムから扱うことが前提の仕組みなので、プログラムコードからAPIを制御するには便利ですが、人間にとっては、少し扱いづらい側面もあります。

そのため、OpenStackでは、novaコマンドのように、人間が使いやすいコマンドを用意して、その裏側で、コマンドからAPIを呼び出すようになっています。仮想サーバーを扱う「novaコマンド」、仮想ネットワークを操作する「neutronコマンド」、仮想ストレージを利用する「cinderコマンド」など、操作対象のリソースごとにコマンドで用意されており、それぞれが異なるAPIを呼び出すように作られています。

AWSの場合は、コマンドとAPIが比較的似た形で提供されているというAPI上の特徴があります。図4.6で利用している「aws ec2 run-instances」コマンドは、EC2サービスでのRunInstances APIに対応しており、コマンド実行後にはこのAPIが内部的に発行されます。APIは公開されているものの、APIの裏側で行なわれている処理の仕組みを利用者が知ることはできません。しかし、APIを実行し、その結果としてすぐに利用可能な仮想サーバーが手に入る、という流れはOpenStackと変わりません。

4.2.3 クラウド化によってもたらされる効率化

このように、クラウド環境では、「人の判断」を自動化／効率化することにより、従来のサーバー仮想化環境よりも、さらに効率を上げることが可能になります。先ほどの図4.3は、図4.7のようにさらに改善されることになります。

さらに、パブリックなクラウドサービスを利用すれば、図4.6の「物理的な“物”を対象とした作業」は、完全になくなります。少数のエンジニアで大量のリソースを管理して、効率的なIT活用を実現するには、このようなクラウドの特性を活かすことが大切になります。

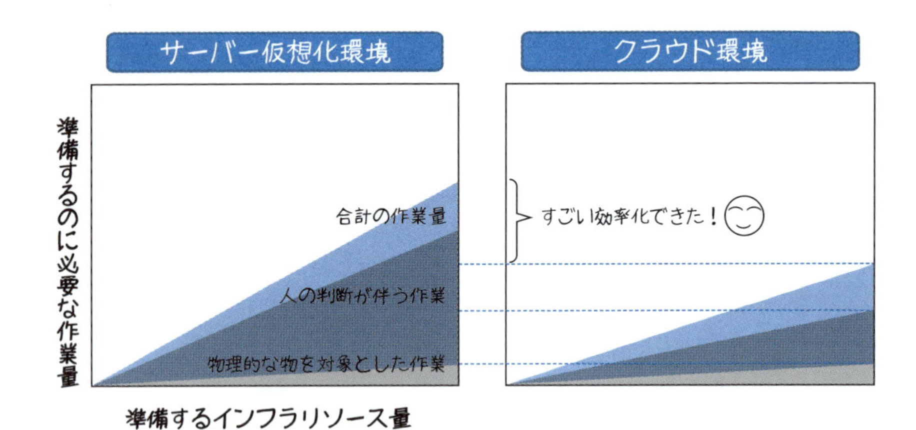

図 4.7　クラウド化による作業内容の変化

ここまで、本章では、サーバー構築を題材に話を進めて来ましたが、クラウドでは、ストレージやネットワークについても同様の考え方でデザインされています。たとえば、ストレージの場合、従来の物理ストレージの設計では、LUN（ディスク領域）を確保するRAIDグループの構成やサーバーとLUNを接続するためのマッピングの設定など、ストレージ装置に固有の設定を行なうために、さまざまな判断が必要でした。一方、クラウドを利用する場合は、「ボリュームの容量」と「接続する仮想サーバー」を指定するだけです。ボリュームを用意するストレージ装置の選択から、ボリュームの作成、仮想サーバーへの接続など、一連の処理がすべて自動で行なわれます。

ネットワークについても同様です。従来のサーバー仮想化環境であれば、仮想サーバーが通信するネットワークごとにVLANを割り当てて、それぞれの物理ホストのネットワーク設定と、ネットワーク機器の設定を合わせていく必要がありました。しかし、クラウドの場合には、使用するネットワークセグメントや仮想ルーターを指定すると、これらの設定はすべて自動で行なわれます。

4.3 クラウドのAPIを活用するために

本章では、物理環境、サーバー仮想化環境、そして、クラウドというインフラ環境の変化に合わせて、システム構築の手順や考え方どのように変化したかを捉えながら、クラウドにおけるAPIの機能や役割を紹介しました。

とりわけ、「判断の効率化を支援する仕組み」としてのAPIの役割は、大切なポイントとなります。このようなクラウドAPIの本質を理解しないまま、従来と変わらない運用を行なった場合、たとえクラウドを利用していても、本当の意味での効率化は実現できなくなります（図4.8）。クラウド環境であるにもかかわらず、台帳を用いてIPアドレスを手動管理したり、自動で実行できる設定作業をわざわざ手順書に書き下すなど、「判断の自動化／効率化」に逆行する運用を行なっていないでしょうか？

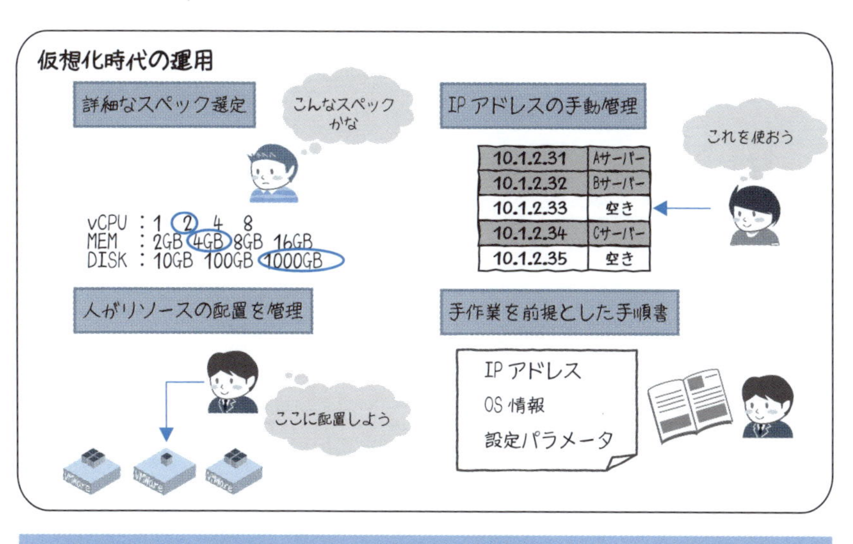

図4.8　ありがちな「クラウド活用」の例

クラウドのAPIを活用するには、従来とは異なる考え方が必要になります。物理環境、あるいは、サーバー仮想化環境での経験が長いエンジニアほど、これまでのやり方にこだわってしまう傾向があるかもしれません。まずは、それぞれのAPIについて、何ができて、何が自動化／効率化されるのか、従来のやり方とはどこが違うのか、という点を丁寧に押さえていくと良いでしょう。あるいは、すでにAPIを使いこなしている若手エンジニアの方は、普段から利用しているAPIの理解をもう1歩深めて、APIの裏側で何が起きているかを理解するのも良いでしょう。それぞれのAPIの特性を理解して、より効果的にクラウドの活用を進めることができるはずです。

このような目的を持って、次章からは、仮想サーバー、ストレージ、ネットワークといった代表的なリソースを操作するAPIを具体的に説明していきます。それぞれのAPIの役割に加えて、APIからリソースを操作した際に、その裏側でどのような処理が行なわれているかをあわせて解説します。

第5章

サーバーリソース制御の仕組み

前章では、サーバー構築に伴う作業を題材にして、クラウドAPIが果たす役割を説明しました。本章では、サーバーリソースを操作するAPIについて、その具体的な仕組みを解説していきます。OpenStackではNovaとGlance、AWSではEC2（Elastic Compute Cloud）が該当するコンポーネントになります。クラウドのAPIにはさまざまな種類があり、限られた紙面ですべてを紹介することはできません。そこで本章以降では、おさえておきたい代表的なAPIをピックアップし、その動作と背後の仕組みについて紹介します。

5.1 サーバーリソースの基本操作とAPI

5.1.1 サーバーリソース

サーバーリソースは、タイプ、イメージの2つが大きな構成要素になります。

サーバーリソースとは、名前の通り、起動または停止しているサーバー（仮想サーバー）のことで、インスタンスと呼ばれることもあります。

タイプとは、リソースの大きさやリソースの属性を保持するカタログのようなものであり、OpenStack Novaではフレーバー、Amazon EC2ではインスタンスタイプが該当します。

イメージとは、サーバーの起動イメージであり、OpenStackでいうところのGlanceのイメージ、AWSではAmazon Machine Imageの略であるAMIが該当します。これらのリソース間の関係としては、サーバーは必ず1つのタイプとイメージから生成されます。逆に、1つのタイプとイメージからは複数のサーバーを生成することが可能です。

5.1.2 サーバーリソースのAPIによる動作

前章の図4.6（P.114）で、OpenStack NovaのCLIで用意されている「nova」コマンドを用いて、仮想サーバーの作成からゲストOSの設定作業までを自動的に実行しました。このコマンドが、内部的にAPIを呼び出していく流れを解説します。novaコマンドのバージョンによって、多少の差異はありますが、おおまかな流れは図5.1のようになります。

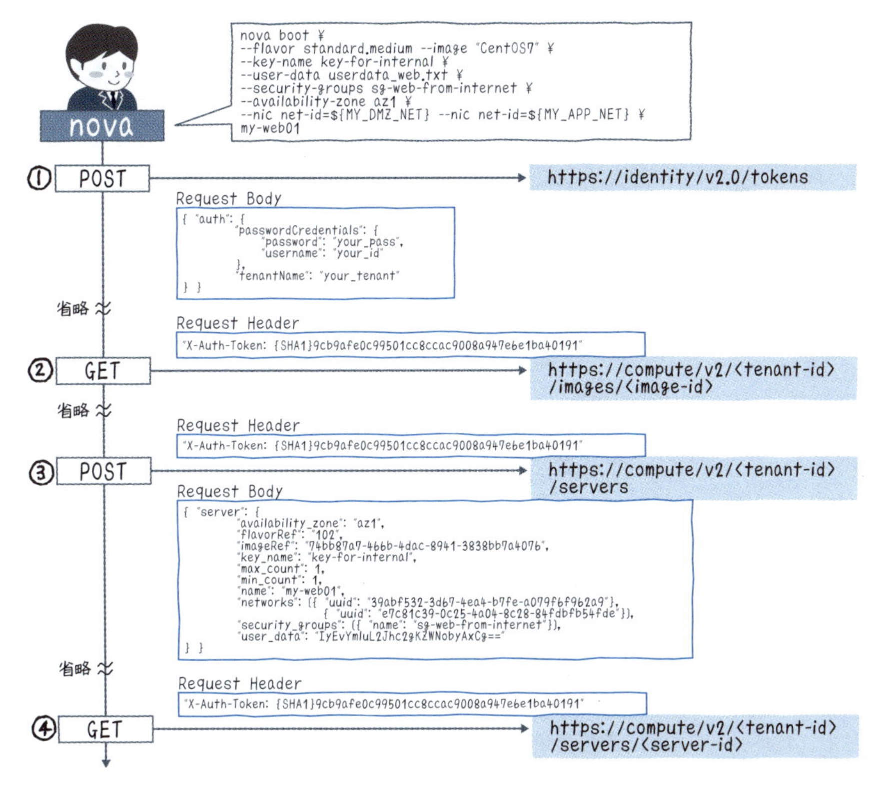

図 5.1　仮想サーバーを作成する際の API 呼び出し

図中の URL に含まれる「identity」と「compute」は、それぞれ、Keystone と Nova の API を提供する「エンドポイント」のホスト名（もしくは、IP アドレス）が入ります。Keystone は OpenStack の認証機能を提供するコンポーネントで、Nova はサーバーリソースを制御するコンポーネントです。また、「{tenant-id}」と「{server-id}」には、コマンドを実行したユーザーが所属するテナントと、作成した仮想マシンに割り当てられたユニークな ID（UUID）を示す文字列が格納されます。

OpenStack では、仮想サーバーやネットワークをはじめ、ユーザーやテナントなど、すべての管理対象のオブジェクトに対して、一意の UUID が割り当てられます。API から操作する場合は、これらの UUID を用いて、操作対象のオブジェクトを指定します。

Amazon EC2 においても、この考え方は同様で、一意の ID がリソースに対して振られ、各 API を実行する際にこの ID を条件として指定することでリソースの選択を行ないます。

5.1.3 仮想サーバーを作成するための API フロー

それでは、図 5.1 に示した、nova コマンドのフローを追いながら、API の動きを見ていきましょう。nova コマンドをはじめとする、OpenStack 標準のコマンド群（nova、cinder、neutron など）は、「典型的な API の利用フロー」を 1 つのコマンドで実行できるようにまとめたものです。これらコマンドの内部的な処理の流れを見ることで、API の利用順序など、API の使い方を学習することができます。

◉認証

はじめに、「https://identity/v2.0/tokens」という URL を「POST」で呼び出します（図 5.1 ①）。これはユーザー認証を実施するもので、OpenStack を操作する際は必ず最初にこの処理を行ないます。POST で送信しているデータを見ると、認証に必要な「username」と「password」の値が含まれています。この API リクエストで認証に成功すると、ユーザーには、「トークン」と「エンドポイント」の情報が返ってきます（図 5.2）。認証に関しては第 9 章でより詳しい解説を行ないます。

トークンは、その後の操作を行なうために必要となる認証用の文字列です。なんらかの API の実行を行なう際は、このトークンをリクエストに付与します。図 5.1 を見ると、認証以降のすべての操作において、リクエストのヘッダーにトークンが付与されていることがわかります。また、エンドポイントは、API を提供するサーバーのアクセス先となる URL を示します。たとえば OpenStack では、サーバーリソースを操作する API、ストレージリソースを操作する API など、機能別に API が分かれており、それぞれに API を提供するサーバーが異なります。

Keystone は、これらの API サーバーのアクセス先情報を「エンドポイント」として管理しており、ユーザー認証の際に、必要なエンドポイントの情報を返送します。認証以降の操作では、アクセス先の URL が、「identity」から「compute」に変わっているのはこのためです。この操作では、仮想サーバーを作成するために、サーバーリソースを操作する API のエンドポイントとして「compute」を選択しています。

なお、Keystone 自身のアクセス先となるエンドポイントについては、コマンドを実行するユーザーは事前に知っている必要があります。一般には、環境変数などを用いて、nova コマンドに対して Keystone のエンドポイントを指定します。

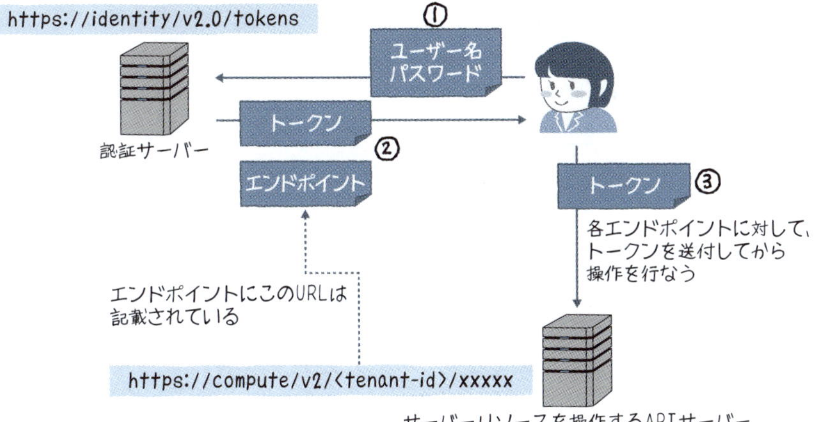

図 5.2　認証によるトークンとエンドポイントの取得

◉テンプレートイメージのバリデーション

この次は、「https://compute/v2/<tenant-id>/images/<image-id>」という URL を「GET」で呼び出しています（図 5.1 ②）。URL の最後にある「<image-id>」は、コマンド実行時に指定した、テンプレートイメージの UUID です。この API は指定したテンプレートイメージの詳細情報を取得するものですが、存在しないイメージやアクセス権のないイメージを指定した場合はエラーが返ります。ここでは、この機能を利用することで、指定のテンプレートイメージが利用可能であることを事前にチェックしています。

実際には、この手順は省略することも可能です。その場合、利用できないテンプレートイメージを指定してしまうと、実際に仮想サーバーを作成するタイミングでエラーが発生することになります。仮想サーバーを作成する段階では、ネットワークの問題や物理ホストの容量不足など、他にもさまざまな原因でエラーが発生する可能性があるため、エラー要因が多いと原因を調査するのが困難になることもあります。そのため、事前にチェックできるものは、早めにチェックをして、エラーを返しておくほうが安全です。

特に、API を呼び出すだけで確認できるものについては、この手順のように事前のバリデーションを行なっておくことが有効です。この例では、仮想サーバーを起動する際のテンプレートイメージを確認していますが、その他にも、指定したフレーバーが存在しているか、仮想ネットワークが存在しているかなども API で機械的に確認が可能です（図 5.3）。API を使って環境を操作する際は、このようなバリデーションを実施する習慣をつけておくとよいでしょう。

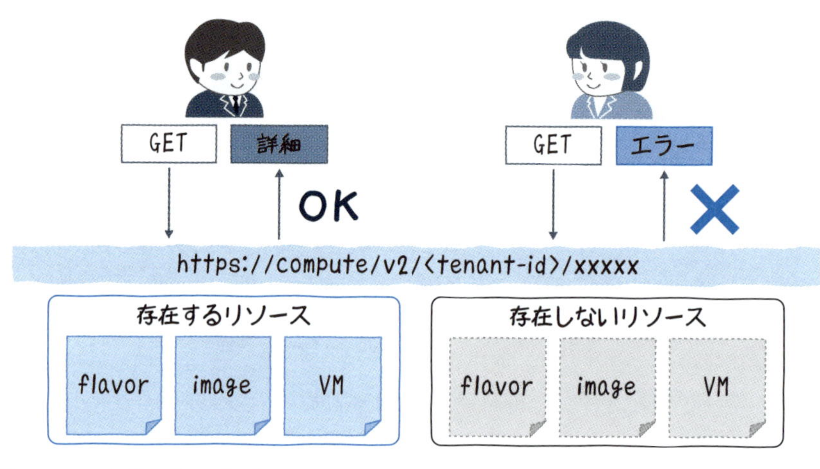

図 5.3　API による指定項目のバリデーション

◉仮想サーバーの作成

指定項目のバリデーションを終えたら、実際に仮想サーバーを作成します（図 5.1 ③）。OpenStack で仮想サーバーを作成するには、「https://compute/v2/<tenant-id>/servers」に対して「POST」を実行します。このとき、リクエストボディに、作成する仮想サーバーの条件を与えます。仮想サーバーの名前、フレーバー、テンプレートイメージ、接続する仮想ネットワーク、所属するセキュリティグループなど、多岐にわたる情報を受け渡します。仮想サーバーを作成する手順はこれで完了です。受け渡した情報に問題がなければ、OpenStack はリクエストを受け付けて、作成した仮想サーバーを示す UUID を返送します。

ただし、この時点では、まだ、仮想サーバーの実体は作成されていません。あくまで、「仮想サーバーを作成する」というリクエストが受け付けられた段階になります。この後、OpenStack は、受け付けたリクエストに従って、ユーザーからは見えない場所で、さまざまな「判断」を行なって、仮想サーバーを作成します（図 5.4）。その判断については、この後で改めて紹介します。

実際に OpenStack や AWS の環境を操作したことのある方は気づいているかもしれませんが、仮想サーバーの作成を API からリクエストした場合、仮想マシンのスペック（フレーバー）やテンプレートイメージの種類、あるいは、作成する仮想マシンの数によらず、ほぼ一定の時間（一般的には、数秒～ 60 秒程度）で、API は応答を返します。これは、「API でリクエストを受け付ける」という処理と、実際にリクエストを処理する作業が分離されていることによるものです。

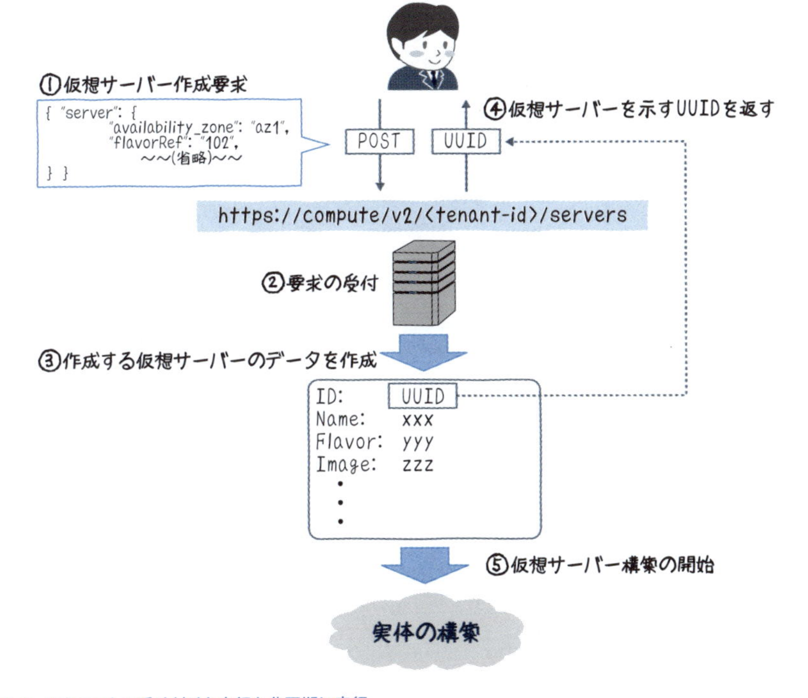

図 5.4　リクエストの受け付けと実行を非同期に実行

◉作成した仮想サーバーの状態を取得

最後に、作成した仮想サーバーの状態を取得します（図 5.1 ④）。このときに指定するURLは、「https://compute/v2/<tenant-id>/servers/<server-id>」で、「<server-id>」には、1つ前の手順で受け取った、仮想サーバーのUUIDが入ります。このURLに「GET」を行なうことで、仮想サーバーの詳細情報が取得できます。novaコマンドの中では、仮想サーバーの作成リクエストが受け入れられた直後に、このAPIから仮想サーバーの状態を確認して、下記のような情報を画面に出力します。APIから受け取る情報は、JSON形式ですが、novaコマンドが整形して表示しています。

出力結果（コンソール）

```
+---------------+-------------------------------------+
| Property      | Value                               |
+---------------+-------------------------------------+
  ～省略～
| accessIPv4    |                                     |
| created       | 2015-04-08T06:00:51Z                |
| flavor        | standard.medium (102)               |
| id            | 6826f3b9-92a4-468f-aa7c-85f799aa3d74 |
| status        | BUILD                               |

   ～省略～
```

先ほど説明したように、仮想サーバーを作成するAPIを実行しても、すぐに仮想サーバーが作成されるわけではありません。この実行結果を見ると、状態を示すフィールドである「status」は、「BUILD」（仮想サーバーを作成中）で、仮想サーバーに割り当てられたIPアドレスを示す「accessIPv4」も空の状態です。一般的には、この後30秒～1分程度待つと、仮想サーバーの作成が行なわれて、IPアドレスも割り当てられます。この状態で、再度、仮想サーバーの状態を取得するAPI「GET https://compute/v2/<tenant-id>/servers/<server-id>」を実行すると、次のような出力が得られます。

出力結果（コンソール）

```
+---------------+-------------------------------------+
| Property      | Value                               |
+---------------+-------------------------------------+
  ～省略～
| accessIPv4    | dmz-net=10.0.0.3, app-net=172.0.0.4 |
| created       | 2015-04-08T06:00:51Z                |
| flavor        | standard.medium (102)               |
| id            | 6826f3b9-92a4-468f-aa7c-85f799aa3d74 |
| status        | ACTIVE                              |

   ～省略～
```

クラウドでは、なんらかのリソースに対して操作を行なう「POST」を使った処理は、基本的に非同期で行なわれることに注意してください。仮想マシンの作成に代表されるように、実際にリソースを操作する作業では、さまざまな判断が必要となります。そのため、たとえばOpenStackは、リクエストを受け付けた段階で、いったん応答を返しておき、その後、ユーザーには見えないところで必要な判断を行なうという仕組みになっています。

その一方で、リソースの情報を取得する「GET」を使った処理は、該当のリソースが存在していれば、即座に結果を得ることができます。APIを使って操作する際は、「POST」でリソースを操作するリクエストを投入した後、実際の操作が完了するまで、「GET」でリソースの状態を確認する処理をループで繰り返すという方法が一般的です（図5.5）。

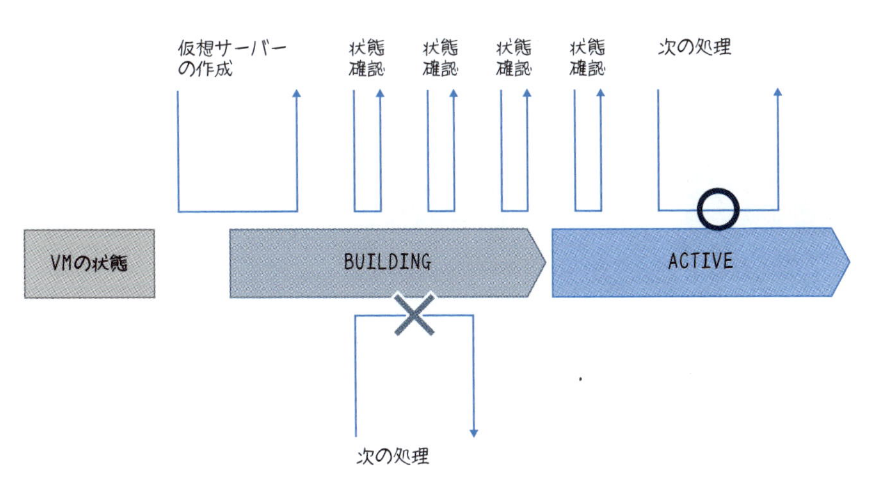

図5.5　APIの非同期性

5.1.4 仮想サーバーのライフサイクル

イメージから仮想サーバーを起動すると、クラウド上のどこかの物理サーバーで仮想サーバーが起動します。起動状態になった仮想サーバーはAPIによって停止、再起動などの状態に変化し、最終的に不要になればAPIを使って削除されます。サーバーの状態のライフサイクルを概略で表わすと図5.6のようになります。状態遷移の詳細については、サーバーのバックエンドにブロックストレージを割り当てた場合や、それぞれのクラウドサービスによって違いがあるため、各クラウドサービスのマニュアルを参照ください。

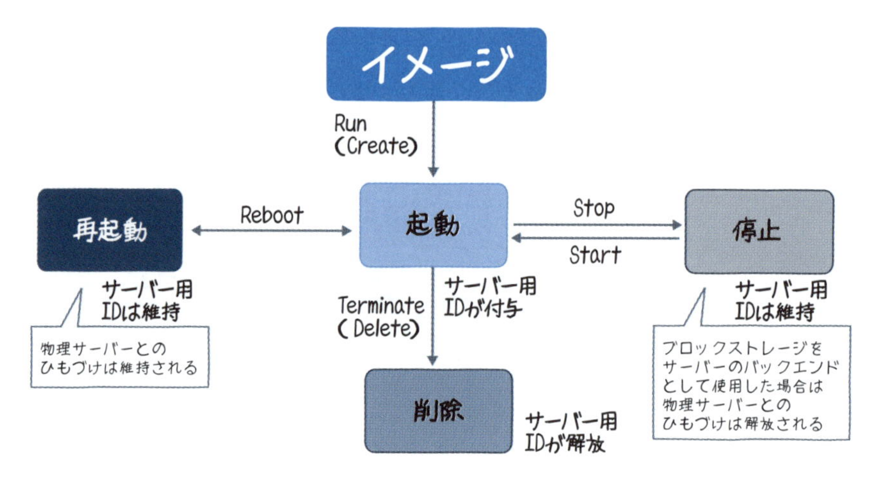

図5.6　仮想サーバーライフサイクル

5.1.5 メタデータとユーザーデータ

メタデータとユーザーデータは、クラウド環境における特徴的な機能で、作成した仮想サーバーの環境設定に利用されます。

メタデータとは作成したサーバーの管理情報や利用者が任意に与えるデータになり、作成したサーバー内部からメタデータ用のAPIにアクセスする特殊なIPアドレスである169.254.169.254に対してAPIを発行することでメタデータを取得することができます。

第3章で紹介したcurlコマンドを利用すると、AWSでは「curl http://169.254.169.254/latest/meta-data/*** 」とサーバー内部からコマンドを実行するとメタデータが取得できます。最初のプレフィックスである /latest の部分はメタデータのバージョンを日付で指定します。latest とした場合は、最新のバージョンが利用されることになります。次の /*** の部分に Instance-ID 等のリソースを指定することで、必要な情報を取得します。

OpenStack では、OpenStack 固有のメタデータと Amazon EC2 互換のメタデータの２つが選択できます。Amazon EC2 互換の場合は、コマンドは変わりません。OpenStack 固有の場合は、最初のプレフィックスに /openstack を挟み「curl http://169.254.169.254/openstack/2009-04-04/meta-data/*** 」と実行します。

メタデータはサーバーごとに用意され、複数サーバーでの共有されません。このメタデータを各種プログラムの引数として利用し、主に自動化スクリプトや構成管理に活用されます。

メタデータが作成したサーバーに対して情報を与えるのに対して、ユーザーデータはサーバーにアクションを発生させるために利用します。代表的なユースケースとしては、シェルスクリプトがあります。図 5.7 の例では、「yum update -y httpd」で Apache HTTPD をインストールして「service httpd start」で HTTPD をサービス起動させる内容が定義されています。この作成したシェルスクリプトをサーバーに渡すには、起動時の API にスクリプトファイルを指定します。

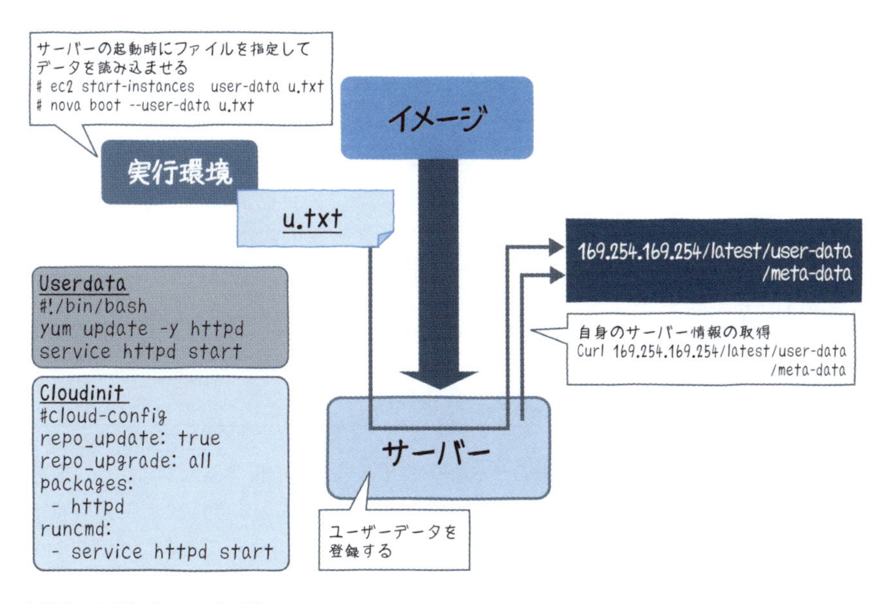

図 5.7　メタデータとユーザーデータ

また、このようにユーザーデータに直接実行命令を記載する方法もありますが、処理量が多くなると管理や制御が複雑になってきます。OpenStackやAWSの環境ではCloud-init[※1]というツールの機能を使って、設定をルール化することが可能です。図5.7のように、「#cloud-config」で更新方法を定義し、「packages:」でパッケージを指定し（例ではhttpd）、「runcmd:」で実行コマンドを指定する（例ではservice httpd start）ことができます。このルールに沿うとメンテナンス性にも優れていますし、一目でパッケージ一覧や初期起動コマンド一覧を確認することができます。

5.1.6 イメージの作成と共有

イメージとは、マシンのテンプレートイメージのことで、すでに起動しているサーバーからも作成することが可能です。

OpenStackの場合は、サーバーからイメージを作成するAPIはNovaに属しており、URI「https://Compute/v2/{tenant_id}/servers/{server_id}/action」のリクエストボディに「Create Image」を指定し、パラメータ部分に該当するテナントIDとサーバーIDを指定します。すると、指定したサーバーIDのイメージが作成され、イメージIDが付与されます。この作成されたイメージはOpenStackではGlanceに属しており、URI「https://ImageServices/v2/images/{image_id}」に「GET」を実行することで、イメージの情報を取得できます。ディスクフォーマットやデバイスマッピング等のイメージ構成情報を取得できますが、その中でも特徴的なのは「公開」の属性になります。これは、イメージを別テナントの利用者に公開するか否かを指定する項目になり、公開を指定することでイメージの共有やテナントをまたいだ受け渡しが可能になります。

AWSでも、「CreateImage」のAPIにて、インスタンスIDを指定することで同様に、起動中のサーバーのイメージを取得でき、「DescribeImages」のAPIでイメージ情報の取得も可能です。

5.1.7 VMイメージのインポート

これまでは、クラウドで起動中のサーバーのイメージを取得する例でしたが、仮想環境の仮想マシンや別のクラウド環境のイメージを移行したいケースも考えられます。クラウドではイメージを移行するAPIが用意されています。

OpenStackでは、起動中のサーバーからの場合はNovaのAPIを活用しましたが、Glance標準の「Create Image」ではファイルから新規のイメージの作成が可能にな

※1 http://cloudinit.readthedocs.org

っており、「https://ImageServices/v2/images」に「POST」を実行し、パラメータ部分のContainer_formatにAMIやOVF、Disk_formatにVMDKやVHDが指定できます。このAPIを使えば、仮想環境やAWS環境のイメージをOpenStackのイメージに登録することができます。

AWSでは「Import Image」「Import Instance」「Import Volume」がVMインポート用のAPIとして用意されています。「Import Image」は仮想マシンテンプレートをAMIとして登録するAPIになります。それに対し、「Import Instance」はAMI登録後にサーバーの起動まで一気通貫で行なうAPIとなります。「Import Volume」はVolumeが分割されているときにVolume単位でSnapshotとして移行したいときに利用するAPIになり、詳細は第6章でSnapshotと合わせて解説します。

OpenStackでもAWSでも、イメージに登録された後は、サーバーとして起動することが可能です。処理概要をまとめると図5.8のようになります。

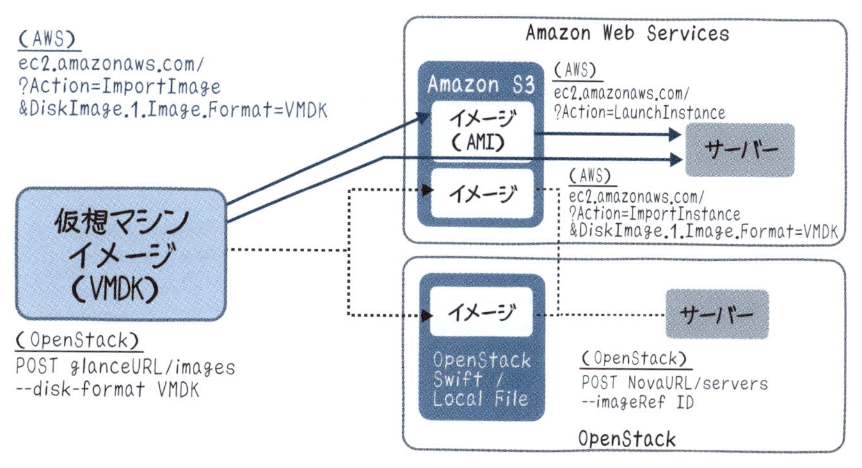

図5.8　VMのインポート

5.2 サーバーリソースの内部構成

前節では、APIを用いて、仮想サーバーの作成をリクエストする所までを説明しました。この後にクラウド上ではユーザーから見えないところで、実際の仮想サーバーの作成処理が行なわれます。ここでは、このようなユーザーからは見えない仮想サーバー作成処理の流れをOpenStack Novaを題材に解説します。図5.4の⑤以降の処理内容になります。

5.2.1 仮想サーバー構築までのフロー

図5.9は、APIでリクエストを受け付けた後に、OpenStackのクラウド基盤内部で行なわれる処理を図解しています。実際にはもっと細かな処理が行なわれますが、概要を理解するために簡略化してあります。

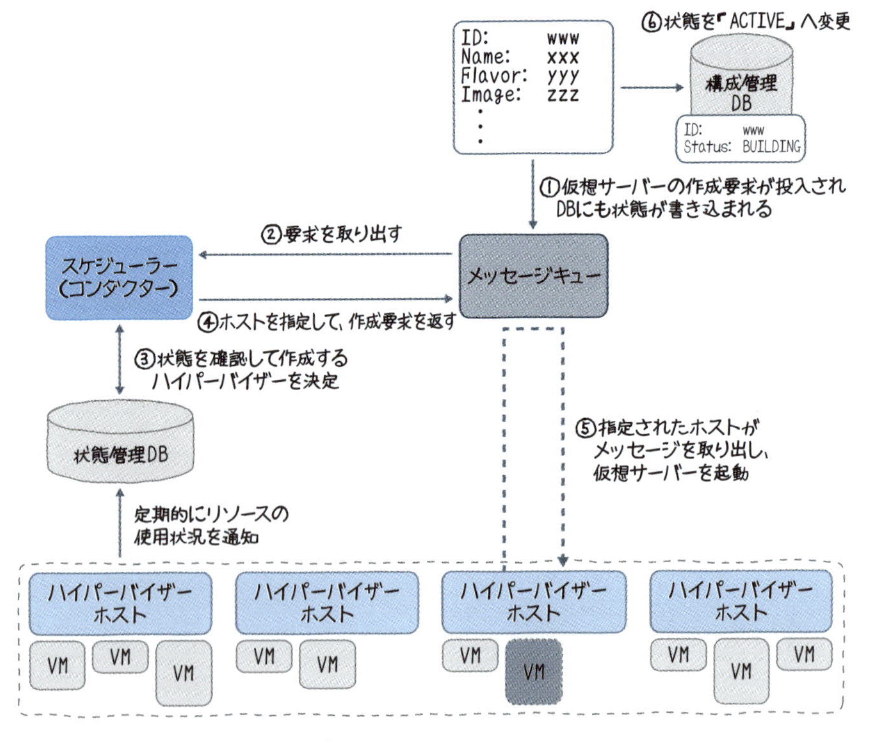

図5.9 仮想サーバーが作成されるまでの流れ

◉①仮想サーバー作成要求をメッセージキューに格納

APIで受け取った仮想サーバー作成のリクエストは、メッセージキューに格納されます。OpenStackの裏側では、すべての処理が、このメッセージキューを介して行なわれます。AMQP[※2]という規格に対応したメッセージキューが使用されており、多数のサーバーが効率的にメッセージを交換するための機能を提供します。OpenStackの中核を担うミドルウェアとなります。

また、メッセージキューにリクエストを格納すると同時に、これから作成する仮想マシンの構成とステータス情報を構成管理データベースに保存します。「GET https://compute/v2/<tenant-id>/servers/<server-id>」で取得される仮想サーバーのステータスは、この構成管理データベースの情報が元になります。この時点では、仮想サーバーのステータスは、「Status: BUILDING」（作成中）となっています。

◉②スケジューラーへのリクエストの受け渡し

メッセージキューに格納されたリクエストメッセージは、スケジューラー（もしくは、コンダクター）と呼ばれるプロセスが取り出して、仮想サーバーの作成に必要な処理を開始します。この仕組みのメリットは、スケジューラープロセスを簡単に冗長化できることです。複数のスケジューラーが並列に稼働しており、1つのメッセージキューに同時接続している場合でも、メッセージキューの配送制御機能により、1つのリクエストは1つのスケジューラーだけに受け渡すことが可能です。

これにより、複数のスケジューラーを別々のサーバーで稼働しておき、メッセージを取得したスケジューラーが処理を行なうという仕組みが実現できます。さらに、多数のリクエストを処理する際に、複数のスケジューラーで負荷分散するための仕組みにもなります。OpenStackは、大規模環境での運用を想定した設計がなされており、このような、堅牢性と性能向上を意識した仕組みが随所に組み込まれています。

◉③起動ホストの決定

OpenStackでは、複数のホスト（仮想化ハイパーバイザー）を束ねて、それらの上に、仮想サーバーなどのリソースを配置していきます。ここで問題となるのが、「どのホストに仮想サーバーを配置するか」を決定するためのルールです。従来は、人間の管理者が判断して仮想サーバーの配置を決めていましたが、OpenStackでは、この部分が自動化されています。

OpenStackでは、内部の「状態管理データベース」に、それぞれのホストのリソース使用状況が記録されており、この情報は定期的にアップデートされます。メッセー

※2　Advanced Message Queuing Protocol。異なるプラットフォーム間でのメッセージ交換を行なうことを目的とした、オープンスタンダードなアプリケーション層プロトコル。

ジキューから、仮想サーバー作成のリクエストを受け取ったスケジューラーは、状態管理データベースの情報を基にして、仮想サーバーを起動できるリソースを持ったホストを選定します。仮想サーバーを起動できるホストがない場合は、この時点で起動処理が失敗となり、構成管理データベースの仮想サーバーの状態が「ERROR」になります。

ホストを選択する際は、基本項目として、CPUコア数とメモリー容量が勘案されます。OpenStackの環境を自分で構築している場合は、このような判断基準は管理者が自由に設定することができ、より複雑な条件を与えることも可能です。ホストの選択を行なうスケジューリング機能の設定については、使用要件に応じた、さまざまな設定方法があります。興味のある方は、OpenStackの公式ドキュメント「Configuration Guides」の中にある、スケジューラーに関する項目を参照すると良いでしょう[※3]。

◉④ハイパーバイザーホストへの指示

仮想サーバーを起動するホストを決定したスケジューラーは、該当のホストに対して、仮想サーバー起動の指示を送信します。この際も、メッセージキューを介して指示が送られます。メッセージキューを介してメッセージを送信する際は、「任意の1台がメッセージを受け取る」という配送方法のほかに、「特定の1台に向けてメッセージを送信する」ということもできるようになっています。

◉⑤メッセージの受信と仮想サーバーの作成

メッセージキューを介して、仮想サーバー起動を指示するメッセージを受信したホストは、いよいよ仮想サーバーの作成を開始します。ここでは、仮想サーバーの作成以外にも、起動するテンプレートイメージの取得、仮想サーバーに割り当てるIPアドレスの取得、指定の仮想ネットワークに接続するための準備など、さまざまな処理が行なわれます。状況によっては、この段階で仮想サーバーの作成に失敗することもあります。テンプレートイメージが取得できない、仮想ネットワークの設定がうまくいかないなどの理由が考えられます。仮想サーバーの作成に失敗した場合は、構成管理データベースに記録されたステータスが「ERROR」になります。

◉⑥仮想サーバーの状態を変更

仮想サーバーの起動に成功したら、構成管理データベース内のステータスを「ACTIVE」へと書き換えます。これにより、仮想サーバーの状態をAPIから取得したユーザーは、仮想サーバーの作成に成功したということがわかります。

※3　http://docs.openstack.org/

5.2.2 その他のAPIの動作

ここでは仮想マシンの作成を例にしましたが、OpenStackには他にもさまざまなAPIがありますが、その利用方法には共通性があります。GETを用いたAPIは、基本的には構成管理データベースの情報をユーザーに返答します。一方、POST/PUT/DELETEを使ったAPIでは、リクエスト内容がメッセージキューに格納された段階で、ユーザーに応答が返ります。その後、実際の処理が行なわれていき、最後に、構成管理データベースの情報が更新されます。GETを使い、ユーザーからも処理の完了が確認できるようになります。

5.2.3 サーバーリソースを操作する際の注意点

本章では、仮想サーバーを作成する例を用いて、サーバーリソースを操作するAPIの使い方と、その背後で行なわれる処理について解説しました。このとき、さまざまな処理が非同期に行なわれるため、APIの実行そのものが成功した場合でも、その後の処理においてエラーが発生する可能性があることに注意が必要です。これを理解せずに、APIを用いた自動化処理を行なうと、思わぬ失敗を招くことがあります。

たとえば、仮想サーバーを作成してすぐに次の処理を実行すると、ほとんどの場合、実際には仮想サーバーの作成が完了しておらず、図5.5のようなエラーが発生します。仮想サーバーの作成以外にも、状態を変更するすべてのAPIについて同様のことが言えます。このようなエラーを発生させないためには、APIで処理を記述する際は事前と事後に、意図通りの状態になっていることを確認する必要があります。

APIを実行するごとに確認するのは、面倒に感じるかもしれませんが、状態を確認するAPIを実行する関数やメソッドを用意しておけば、後は必要なタイミングで呼び出すだけです。確認処理を含めてプログラムで自動化しておけば、人間のような操作ミスを起こすことなく、何度でも安全に実行できるようになります。

この後の章では、ストレージ、および、ネットワークを操作するAPIの説明へと進んでいきます。これらのAPIの使い方だけではなく、その特性や裏側の仕組みまで含めて理解して、一歩進んだシステム構築に挑戦してください。

5.3 サーバーリソースのコンポーネントとまとめ

最後に、サーバーのリソースの関係性をコンポーネント図でまとめます（図5.10・図5.11）。いずれも執筆時点のものですが、冒頭でも説明した通り、サーバー、タイプ、イメージの関係が根幹になります。サーバーは1つのタイプ、1つのイメージに関連付けされる点がポイントになります。

サーバーリソースは、仮想化技術を理解している人には理解がしやすい内容ですが、インフラの根幹になるので、ぜひこの基本をおさえておいてください。

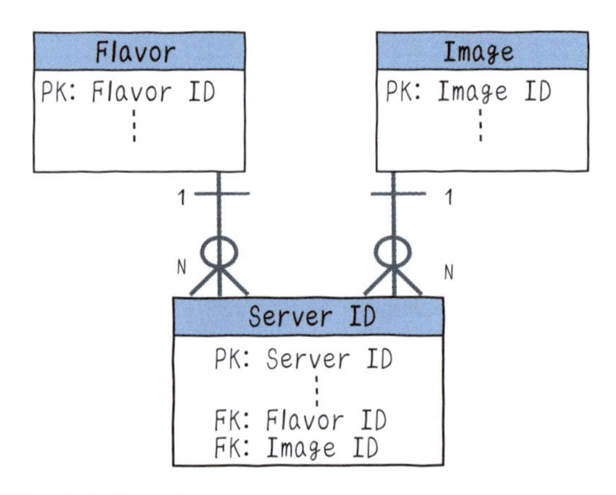

図5.10　OpenStack Nova リソースマップ

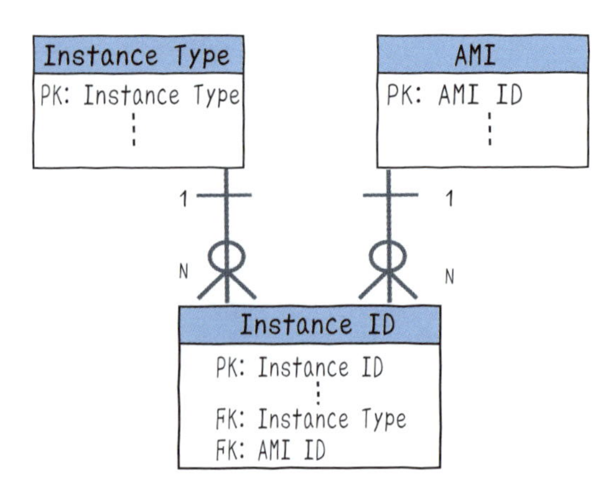

図5.11　Amazon EC2 リソースマップ

第6章

ブロックストレージリソース制御の仕組み

本章では、クラウドのブロックストレージリソースを制御するAPIについて、その使い方、そして、その背後にある動作原理を説明します。OpenStackではCinder、AWSではEBS（Elastic Block Store）が該当するコンポーネントになります。ブロックストレージは、それ自体はただの入れ物ですから、有効活用するにはサーバーとの連携がかかせません。ここでは、クラウドにおける仮想サーバーとブロックストレージの連携を中心に説明します。前章の仮想サーバーの操作と重複する部分は説明を省略しているため、前章を読み終えてから、こちらに進むようにしてください。また、クラウドではNFSサービスもあり、OpenStackではManila、AWSではEFS（Elastic File Services）が該当するコンポーネントです。今後の利用促進が予想されることから、最後に概要を紹介します。

6.1 ブロックストレージリソースの基本操作とAPI

6.1.1 ブロックストレージリソース

ブロックストレージリソースは、大きな区分としては、ボリューム、スナップショットの２つから構成されます。

ボリュームとは、実際にサーバーに接続するディスクのことで、非揮発性の特長があります。非揮発性とは、ディスクが物理的に削除されたり、故障しない限りデータが消えないことを意味します。つまり、サーバーが停止してもデータが消えません。また、第２章でも触れていますが、エフェメラルディスクという揮発性のディスクもあり、こちらはサーバーのタイプにひもづいて存在しており、位置付けもサーバーリソースのサービスに属しています。

スナップショットとは、ボリュームのブロックレベルでのデータコピーのようなもので、直接サーバーからアクセスして使うことはできず、サーバーから利用するにはボリュームに複元する必要があります。スナップショットは、主にバックアップや移行の用途に利用されますが、スナップショットの保存先は理解しておく必要があります。詳細については、この後で解説していきます。

6.1.2 ブロックストレージのAPIによる動作

稼働中のサーバーがあり、ディスク容量を増やすために外部ディスクを接続したいという状況を考えてみます（図6.1）。これまでの環境では、ストレージの設定はなかなか厄介なものでした。ストレージ装置上にディスク領域（ボリューム）を作成するには、そのストレージ専用のコマンドやソフトウェアが必要で、仮想マシンとの接続にも、LUN[※1]とWWN[※2]のマッピングなど、ストレージの世界に特有の設定項目がありました。このような操作が、クラウドではどのように変わるのか見てみましょう。

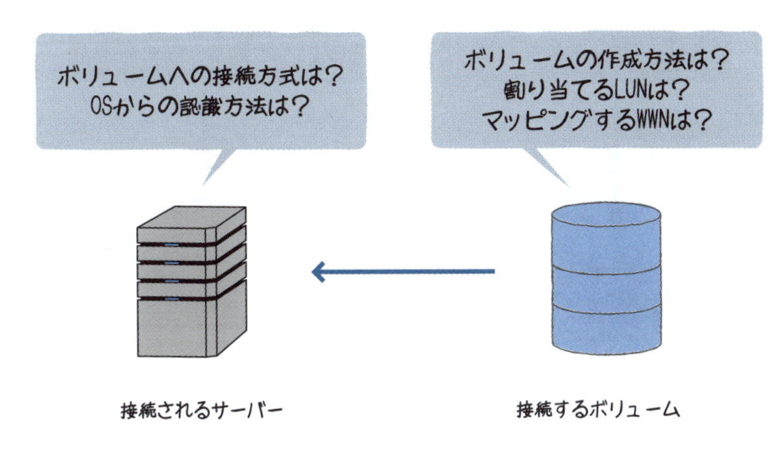

図6.1　サーバーとストレージの接続

OpenStackでブロックストレージの操作を行なう際は、ボリュームを操作する「cinder」コマンドと仮想サーバーを操作する「nova」コマンドを使用します。これらのコマンドを実行すると、その裏側ではOpenStackの各種APIが実行されます。

図6.2は、実際にボリュームの作成を実行するコマンドの例です。cinderコマンドで10GBのボリュームを作成した後、novaコマンドで作成したボリュームを仮想サーバーに接続しています。従来であれば、図6.1のようにいろいろと考えることがあったのが、たった2つのコマンドに簡略化されています。

※1　LUN（Logical Unit Number）はストレージ内の領域を識別するための番号。
※2　WWN（World Wide Name）はストレージエリアネットワーク（SAN）内のデバイスを識別する一意の識別子。

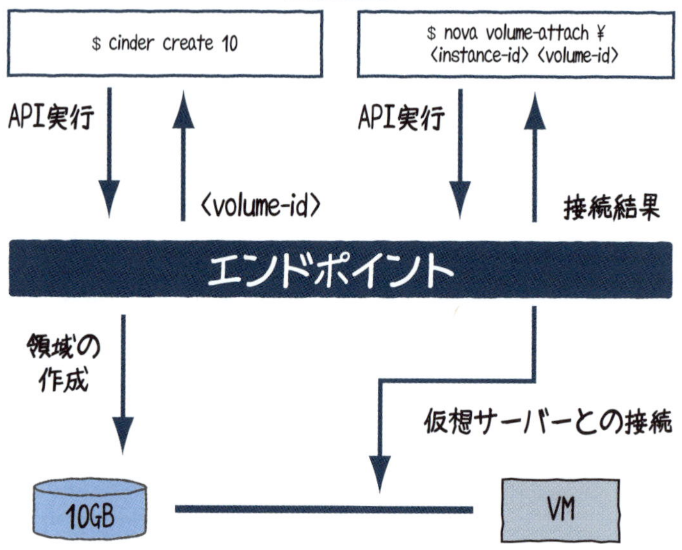

図 6.2　OpenStack のストレージ操作方法

AWS でブロックストレージを操作する際は、Elastic Block Store サービスは「ec2」コマンド内に包含されています。同様に、コマンドを実行すると AWS の各種 API が実行されます。このような効率化を実現する API について、詳しく見ていきましょう。

6.1.3 ブロックストレージを操作するための API フロー

API の実行フローは、図 6.3 のようになります。これを見ながら、全体の流れと API の役割について説明していきます。認証やバリデーションについては前章で説明したため、ここでは説明を省きます。「ストレージ操作」の API に注目して解説していきましょう。

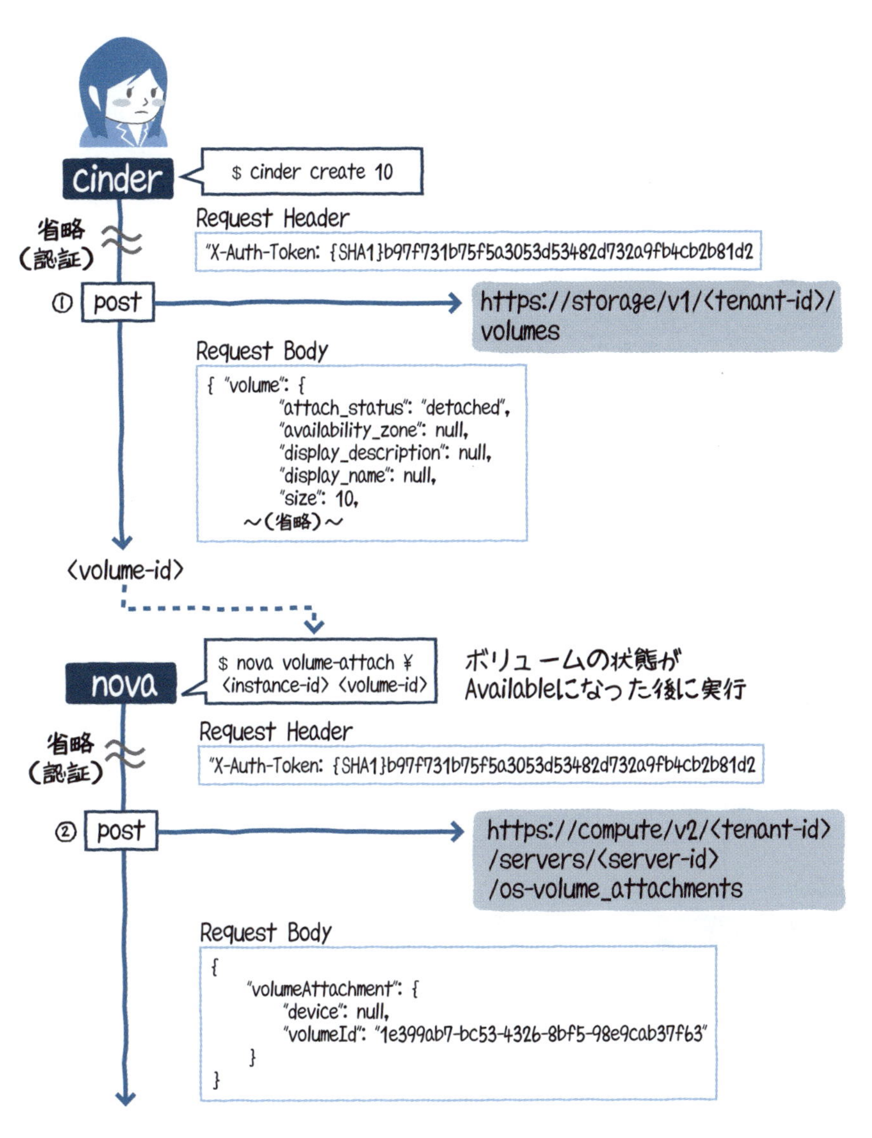

図 6.3　ボリュームの操作で実行される API

◉ボリュームの作成

OpenStack Cinder では、Keystone の API で認証を行なった後に、「https://storage/v2/<tenant-id>/volumes」に対して「POST」を実行することで、10GB のボ

リュームを作成しています（図 6.3 ①）。POST で受け渡すデータとしてさまざまなオプションを指定できますが、最もシンプルなパターンとしては、「容量」のみを渡してボリュームを作成することができます。ここでの URL は、ストレージの API を提供しているホスト（ここでは「storage」と表記）になります。前章では、このホストは「compute」になっていた点に注意してください。OpenStack では、サーバーとブロックストレージのリソースが、それぞれ Nova と Cinder と、別サービスになっているため、API 発行先が異なります。

このとき、ユーザーは、OpenStack の裏で稼働している、実際のストレージ装置については何も知る必要がありません（図 6.4）。ストレージにはさまざまな種類がありますが、それらの種類に関係なく、API 実行時に渡されたオプション（容量など）にしたがって、適切な場所でボリュームが作成されます。ユーザーには、作成したボリュームの UUID が返ります。この考え方は、ほぼすべての API に共通しています。実体であるバックエンドの機能が抽象化されるため、ユーザーは、API の使い方を理解するだけで、インフラを構成することができるようになります。

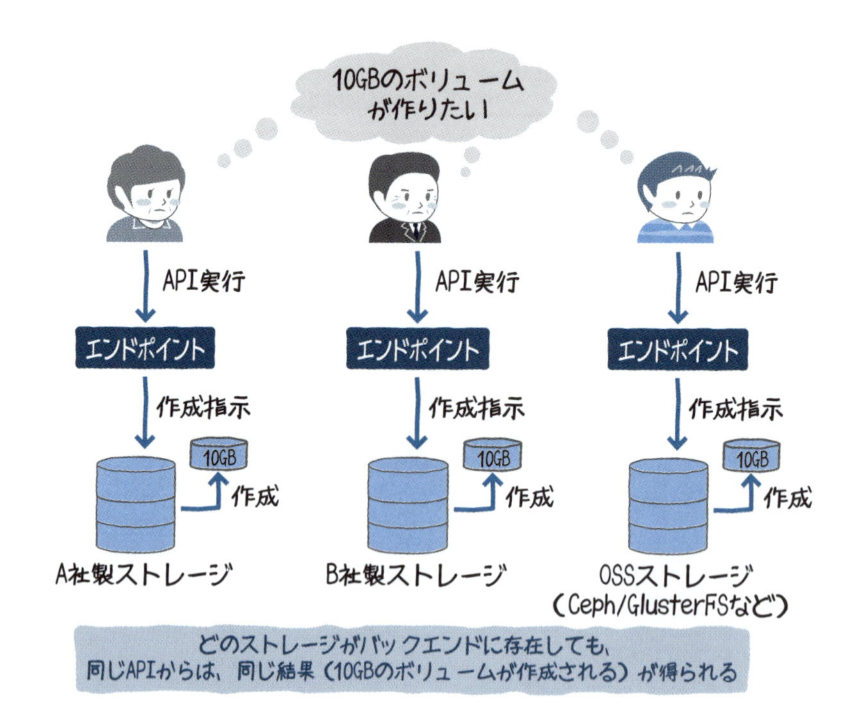

図 6.4　API によるストレージ差異の吸収

ここで実行したAPIは、POSTを用いた「リソース操作」の処理になるので、仮想サーバーの操作と同様に非同期で処理が行なわれます（ただし、すべてのPOSTが非同期というわけではありません）。ユーザーにはすぐにUUIDが返りますが、この時点では、対応するボリュームはまだ作成されていません。図6.3のように、ボリュームの状態が「Available」になるのを待ってから、次の操作に移る必要があります。ボリュームの状態は仮想サーバーのときと同様に、GETを用いた「https://storage/v2/<tenant-id>/volumes/<volume-id>」に「GET」を実行すると取得できます。

Amazon EBSの場合は、サーバーとブロックストレージは同じEC2サービスに包含されるため、APIの発行先は同じになります。ボリュームの作成は「Create Volume」のAPIを発行します。すると、同様に一意なボリュームIDが生成されレスポンスとして返ります。また、ボリュームの状態はボリュームIDをパラメータに指定し「Describe Volumes」を発行することで取得することができます。

◉ボリュームと仮想サーバーの接続

ボリュームを作成したら、仮想サーバーと接続します。この操作はアタッチと呼びます。OpenStackの場合は、「https://compute/v2/<tenant-id>/servers/<server-id>/os-volume_attachments」に対して、「POST」を実行します（図6.3②）。この際、「接続するボリュームのUUID」をデータとして受け渡します。

ボリュームの接続は、このAPIを実行するだけで完了します。この後は、OpenStackによって、指定された仮想サーバーとボリュームの接続が自動で行なわれ、仮想サーバーからディスクが参照できるようになります。注意点としては、この操作も「非同期のPOST」で行なわれる点です。APIから応答が返った時点では、まだ接続は完了していません。次の操作に移る前に「https://storage/v2/<tenant-id>/volumes/<volume-id>」に「GET」を実行して、接続処理が完了したことを確認する必要があります。

ここで接続に失敗した場合は、エラーが返ります。エラーとなる原因はさまざまですが、よく発生するエラーの例として「アベイラビリティゾーンの不一致」があります。これは、仮想サーバーとボリュームで、所属しているアベイラビリティゾーンが異なっていると発生します。OpenStackでもAWSでも、サーバーリソースは別のアベイラビリティゾーンに存在するブロックストレージをアタッチできません。この場合、OpenStackの例では次のようなエラーが返ります。

```
ERROR (BadRequest): Invalid volume: Instance and volume not in same
availability_zone (HTTP 400) (Request-ID: req-383ebb0a-c50b-484e-ba98-
0b014fcd9fc0)
```

AWSの場合も、同様にアタッチはサーバーに対して行ない、「Attach Volume」のAPIを発行します。そのパラメータに、サーバーを識別するインスタンスIDとボリュームを識別するボリュームID、デバイス名を指定して、アタッチ処理の関連付けを行ないます。

6.1.4 ボリュームタイプ

ブロックストレージのバックエンドは物理的なディスクになるため、その選定によってI/Oの特性が変わります。クラウド環境では、ボリュームタイプというカテゴリを選択することで明確にします（図6.5）。

OpenStack Cinderの場合は、その物理的なマッピングを「cinder.conf」という設定ファイルで制御することが可能です。たとえば、バックエンドストレージがLinux LVMとGlusterFSで構成されている場合は、それぞれのバックエンドを有効化するために、「enabled_backends=lvm,gluster」と定義し、ドライバの設定をあわせて行ないます。次に、論理的なマッピングとして、ボリュームタイプを定義します。「https://storage/v2/{tenant_id}/types」に対して「POST」を発行するとボリュームタイプが

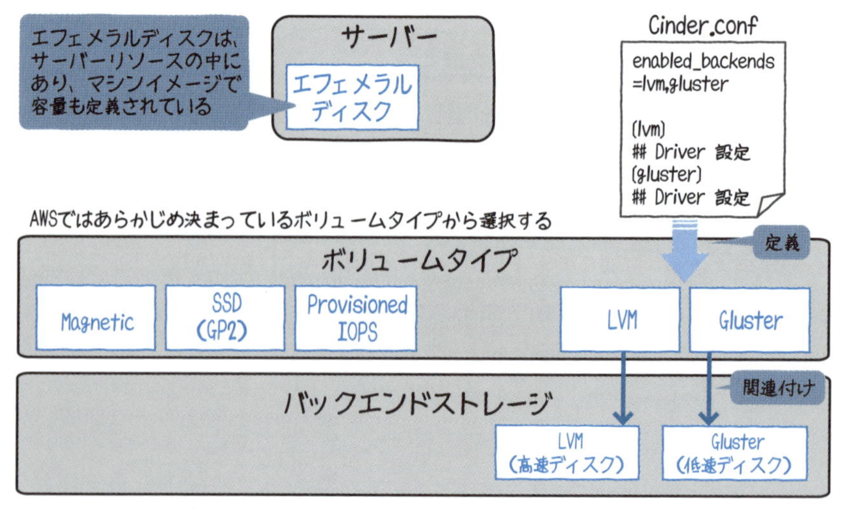

図6.5 ボリュームタイプ

作成されます。次に、「https://storage/v2/{tenant_id}/types/{volume_type_id}」に対して「PUT」を発行して、volume_typeのパラメータにボリュームタイプ、extra_specsのパラメータにバックエンドを定義してマッピングを行ないます。そして、利用者がボリューム作成のAPIを実行する際に、このボリュームタイプを指定することで特定のタイプのボリュームを任意に作成できるようになります。

Amazon EBSの場合は、物理的なディスクの仕様が開示されていないため、あらかじめAWSが用意しているディスクタイプから選択する形になります。以前から提供されている「Magnetics」タイプに加え、汎用型である「SSD（GP2）」、IOPSを指定できる「Provisioned IOPS」の3つが選択できます[※3]。

6.1.5 ボリュームサイズ

ボリュームのサイズは、ボリュームの作成時に容量を指定します（図6.6）。OpenStack Cinderでは先ほど紹介した「Create Volume」のAPIのSizeパラメータ、AWSでも同じく「Create Volume」のAPIのSizeパラメータで、どちらもGB単位で指定します。ただし、あくまでブロックデバイスであるため、サーバーOSからファイルシステムとして、その容量を見えるようにしないと有効には使えません。たとえば、1TBのディスクをアタッチしても、ファイルシステムから500GBしか割り当てられなければ、500GBしかOSからは利用できません。Linuxのext4のファイルシステムであれば、resize2fsコマンドで拡張、縮小を行ないます。

OpenStackでは、ボリュームに対してアクションのリソースがあり、URI「https://storage/v2/{tenant_id}/volumes/{volume_id}/action」のパラメータnew_sizeに値をセットして「POST」を発行することで、サイズを変更することも可能です。また、ボリュームはデバイスごとに接続しますが、OSから複数のデバイスを束ねてソフトウェアRAIDを構成することも可能です。たとえば、Linuxであれば、複数のボリュームをサーバーにアタッチした状態でmdadmコマンドなどでソフトウェアRAIDを構成できます。

さて、ボリュームのサイズは無限ではありません。まず、OpenStack Cinderの場合は、バックエンドストレージの空き容量に依存します。1つのボリュームは必ず1つのバックエンドストレージに関連付けされるので、ある程度の細かい容量単位で区切ったほうが容量は有効活用できます。OpenStack Cinderでは内部的にはCinder Schedulerが、「フィルタ」と「バックエンドストレージの空き容量をもとにして算出される重み」の2つを条件にして、割り当てるバックエンドストレージを決定します。フィルタは、これまで説明してきたボリュームタイプやサイズ上限になります。

※3　2015年後半時点の仕様。

重みは、空き容量が大きいほど大きな値を返す「コスト関数」と管理者が指定できる「重み乗数」を掛けて算出され、デフォルトでは「重み乗数」が 1 であるため、空き容量が多いバックエンドストレージが優先的に割当されるようになります。

Amazon EBS の場合は、サービスによって上限が指定されています。「Magnetic」以外のボリュームタイプについては、1 つの EBS ボリュームあたり 16TB までに容量上限が設定されています[※4]。

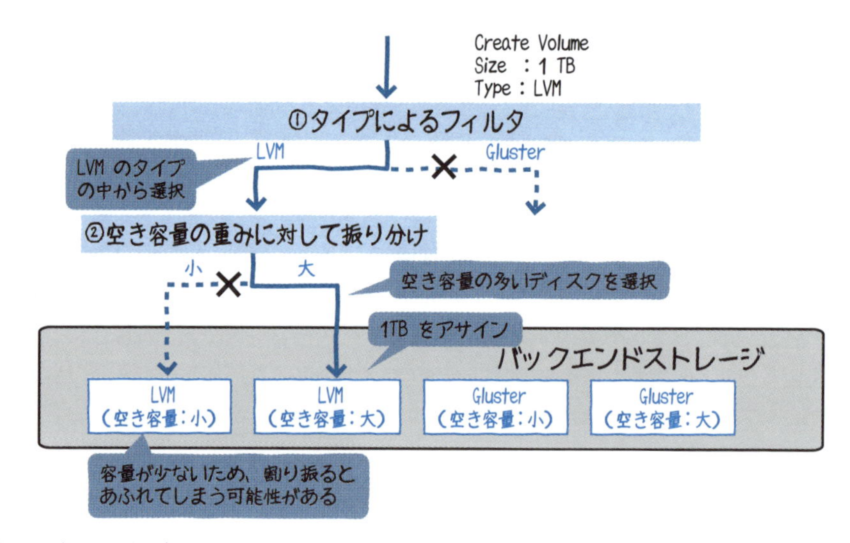

図 6.6 ボリュームサイズ

6.1.6 スループット、IOPS、SR-IOV

クラウドのブロックストレージは、サーバーリソースからはネットワーク越しでアクセスします[※5]。したがって、バックエンドストレージの単体性能以外の要素として、サーバーからブロックストレージのネットワーク制御も影響を受けます。具体的な指標としては、スループット（1 秒あたりの転送帯域）、IOPS（1 秒あたりの Input と Output の回数）になります[※6]（図 6.7）。

OpenStack Cinder では、QOS（Quality of Services）設定のリソースがあり、「https://storage/v2/{tenant_id}/qos-specs」に対して「POST」を発行することで QOS が作成され UUID が振られます。QOS の設定項目である Qos specs には、total_iops_sec という IOPS を指定するパラメータと、total_bytes_sec というスループットを指定する

※4 2015 年後半時点の仕様。
※5 2015 年後半時点の仕様。
※6 これに対し、第 2 章で紹介したエフェメラルストレージはサーバーリソースに直接付けされているイメージに近くなります。

パラメータがあります。total_ ～のパラメータには read（読み込み）と write（書き込み）を合算した値を設定しますが、total の部分を read や write に変えることで、読み込みや書き込みに特化した制御も可能になります。最後に、設定した QOS の UUID を含めた URI「https://storage/v2/{tenant_id}/qos-specs/{qos_id}/associate」に対してパラメータにボリュームタイプを示す vol_type_id を指定して、「GET」を発行することで、QOS とボリュームタイプを関連付けできます。重要な点は、QOS は個別のボリュームではなくボリュームタイプに関連付けされる点です。詳細に QOS をそれぞれ個別に定義したい場合は、ボリュームタイプを個別に定義する必要があります。また、当たり前ではありますが、設定した IOPS やスループットが反映されるには、バックエンドストレージの性能やネットワークが物理的に満たせることが条件となります。

Amazon EBS では、まず IOPS については、前述したボリュームタイプによって違いがあります。「Magnetics」では平均 100 程度、「SSD」では G 単位の容量の 3 倍が基本となり最大 10000IOPS まで可能で、最初の一定期間（クレジットとして定義され容量に関連して期間が長くなります）は 3000IOPS を保証する特長があります[※7]。「SSD」タイプで IOPS を上げたい場合は、容量を多く割当するのが基本となりますが、3TB を超えるあたりから IOPS の上限に抵触するため、それ以上の容量の場合はボリュームを分割するほうが総容量あたりの IOPS は上げることが可能になります。「Provisioned IOPS」では、直接 IOPS 値を「Create Volume」の API の IOPS パラメータとして定義して設定することが可能です。指定した値の± 10%の範囲を 99.9%保障する仕様になっています。こちらも容量の 10 倍まで指定できない制約がありますが、容量が 2TB 以上であれば最大 20000IOPS まで指定まで可能になります。スループットの上限については、2015 年後半時点の仕様としては、ボリューム側では変更ができません。こちらも前述のボリュームタイプに依存しており、「Magnetics」では 40 ～ 90 MB/ 秒、「SSD」では 160 MB/ 秒、「Provisioned IOPS」では 320 MB/秒、の最大スループットがマニュアル上での指標となります。したがって、ボリュームを大量にアタッチすることで総合的なスループットを向上させることは可能になりますが、逆にサーバー側のネットワークがボトルネックになる可能性もあります。Amazon EC2 では、インスタンスタイプによって最大スループットが決まっています。Amazon EC2 がスループットの合計値においてボトルネックになっている場合は、インスタンスタイプを大きいサイズに変える対処を行ないます。

※7　ブロックストレージの性能分析の基本的な考え方をしっかり理解したい方は、『絵で見てわかるシステムパフォーマンス』（翔泳社、ISBN 978-4-7981-3460-4）を参考にしてください。

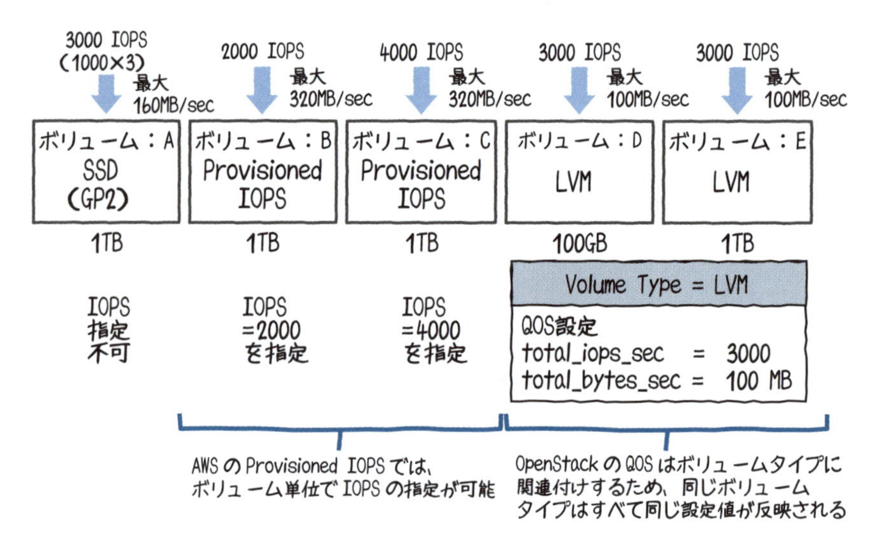

図 6.7　スループット、IOPS

また、ブロックストレージはネットワーク越しでアクセスすることから、クラウド環境では、構成の特性からI/Oがボトルネックになることもあります。多くは先ほど紹介したIOPSやスループットのチューニングで対処をしますが、別の性能向上の手法としてサーバー側でSR-IOV（Single Root I/O Virtualization）を活用する選択肢もあります。SR-IOVは、PCIパススルー、拡張ネットワーキングとも呼ぶこともあります。

SR-IOVは仮想化された場合、複数の仮想マシンからの処理制御をハイパーバイザーで行なっていたものを図 6.8のようにPCIデバイスで行なうように改良し、ハイパーバイザーによるボトルネックを解消する技術です。ただし、SR-IOV対応ネットワークカード、Intel VT-d、またはAMD IOMMU拡張をサポートするホストハードウェア（または、対応しているインスタンスタイプ）、割り当てられる仮想機能のPCIアドレスなどが必要になるため、条件が限定されます。詳細な条件と設定については、以下のマニュアルを参考にしてください。

● OpenStackでのSR-IOV有効化条件と手順
http://docs.openstack.org/networking-guide/adv_config_sriov.html

● AWSでのSR-IOV有効化条件と手順
http://docs.aws.amazon.com/AWSEC2/latest/UserGuide/enhanced-networking.html

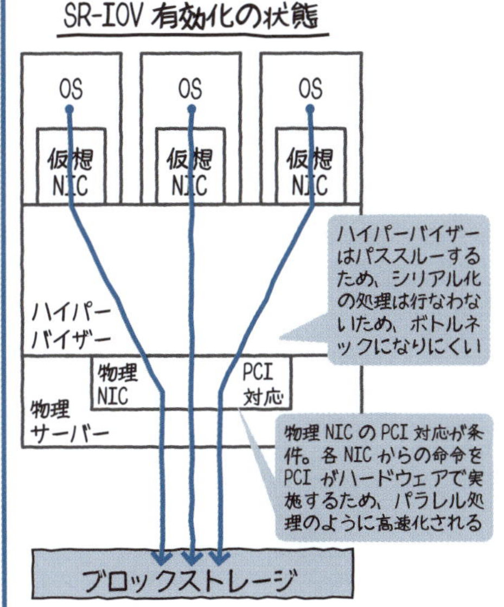

図 6.8　SR-IOV

6.1.7 スナップショット、バックアップ、クローン

スナップショットとは、ある時点におけるボリュームに記録されているブロックレベルのデータを保存することであり、高速に処理がされます。バックアップとは、ボリュームに保存されたデータを耐久性の高いオブジェクトストレージ（第10章で解説）に格納する処理です。クローンとは、ボリュームを直接複製する処理になります。

OpenStack Cinder での例を見ていきましょう（図 6.9）。スナップショットは、既存のボリュームから作成するので、URI「https://storage/v2/{tenant_id}/snapshots」に対して「POST」を発行する際に、パラメータの volume_id でボリュームの UUID を指定して作成します。バックアップも同様に、既存のボリュームから作成するので、URI「https://storage/v2/{tenant_id}/backup」に対して「POST」を発行する際に、同じくパラメータの volume_id でボリュームの UUID を指定して作成します。クローンは、前述の「Create Volume」の API のパラメータの source_volid に複製元のボリュームの UUID を指定することで作成できます。

Amazon EBS では、スナップショットを取得するには「Create Snapshot」の API を実行しますが、内部的に実体としては Amazon S3 に格納されるため、同時にバックアップの意味合いも兼ねます[※8]。また、少しややこしいのですが、Amazon EBSのスナップショットはブロックレベルで取得するため、同じボリュームに対する2回目以降のスナップショット処理は、前回取得分のブロック差分でのS3への連携となります。そのため、差分が少なければバックアップ処理が高速に行なわれ、最終的なS3への格納は前回取得分の全分とマージされ格納される特長があります。また、クローンに相当する機能は2015年時点ではなく、スナップショットからの作成が基本になります。逆に、スナップショットをコピーする機能があり、リージョンをまたいだスナップショットコピーも可能になっています。Amazon EBSの場合は、すべてがスナップショットが起点となっています。AWSでは、第5章で紹介したAMI（Amazon Machine Image）と同様にスナップショットを公開することも可能です。また、AWSではだれもが無料でアクセスできるさまざまなパブリックデータセットをスナップショットの形式で公開しています。公式なパブリックデータセットの一覧は、以下のURLを参照してください。

https://aws.amazon.com/datasets

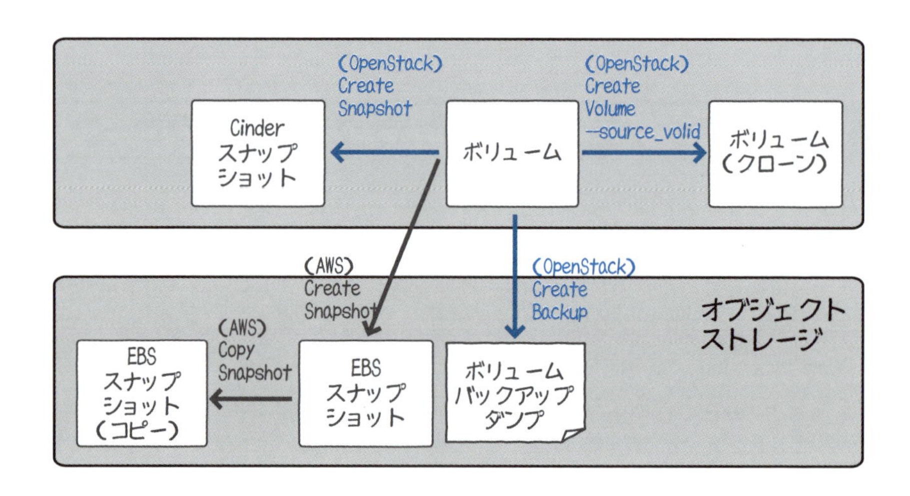

図6.9　スナップショット

※8　第10章で紹介しますが、Amazon S3にはBucketという箱の中にファイルが格納されるのが通常の動作ですが、このスナップショットはファイルとしてBucketの中に格納されず、内部的にS3に格納されるため、Bucketの中からスナップショットのファイルは確認できません。確認の際は、「Describe Snapshot」のAPIを利用します。

6.1.8 スナップショットとイメージの関係

ブロックストレージの耐久性や高機能性のメリットから、ルート（Root）ボリュームをエフェメラルストレージではなく、ブロックストレージで構成する場合も多くあります。第2章2.4.2項（P.39）で紹介した「仮想ストレージからの起動」となると、第5章で紹介した「イメージ」との違いは何でしょうか？　実体は似ていますが大きな違いは、スナップショットがボリューム起点であるのに対して、イメージはサーバー起点である点です（図6.10）。単純にLinux環境をルートボリュームだけを起動したい場合ではスナップショットからの起動でも可能ですが、イメージからの起動では複数のスナップショットをまとめてブロックデバイスマッピングとして保存することができ、起動するとマッピングされたスナップショットがボリュームとしてアタッチして起動することができます。

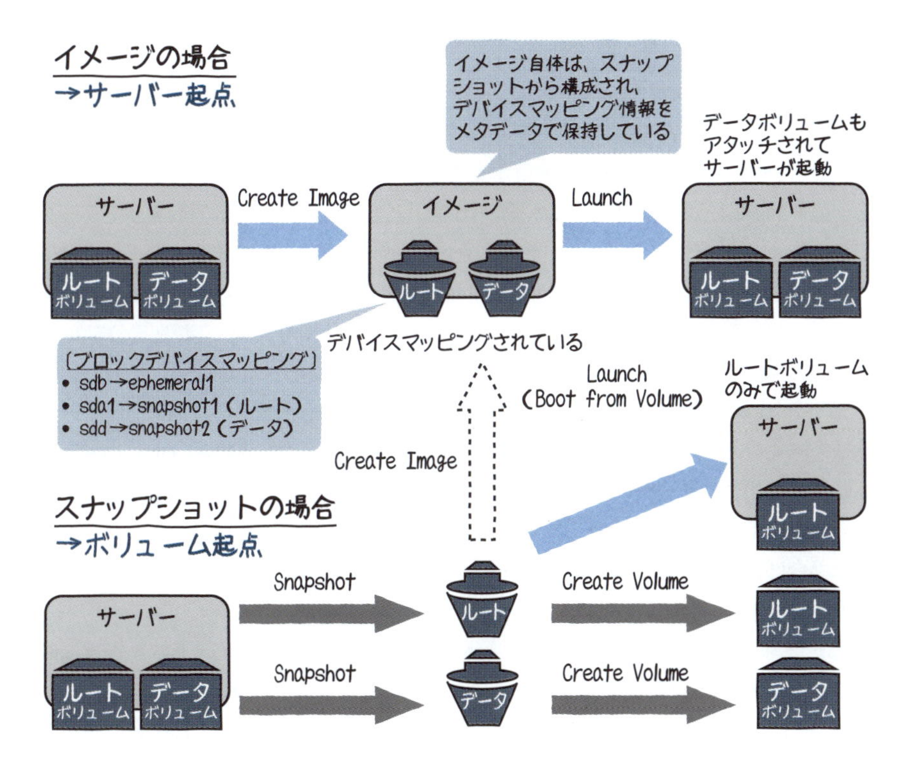

図6.10　スナップショットとイメージの関係

6.2 ブロックストレージの内部構成

ボリュームを作成する際に、実施する操作は、前章の図 5.9（P.132）の内容とほぼ同じです。API から要求が投入されると、まずメッセージキューに登録されます。その後、スケジューラーが要求を取り出して、どのストレージにボリュームを作成するのかを指定して、再度、メッセージをキューへ戻します。そして、指定されたストレージを操作するエージェントがメッセージを取り出して、実際にボリュームを作成します。作成するものが仮想サーバーなのか、ボリュームなのかというだけの違いになります。

一方で、仮想サーバーとボリュームを接続する API は、少し動作が異なります。これらを接続するには、仮想サーバーとストレージの双方の連携が必要となります。ここでは、異なるリソースを連携する場合における、OpenStack の動作の仕組みを例に見てみます。

6.2.1 仮想サーバーとストレージの接続

仮想サーバーとボリュームを接続する API が呼び出された際の OpenStack の動きは、図 6.11 のようになります。ユーザーが実行した「接続 API」は、仮想サーバーを操作する API のエンドポイント「https://compute/」が受け取ります。API が受け取った要求は、メッセージキューに格納された後、スケジューラーによって処理対象のハイパーバイザーホストが特定されて、該当のホストへとメッセージが到達します。

実際には、それぞれのホスト上で OpenStack のエージェントが稼働しており、エージェントのプロセスがメッセージを受け取ります。このとき、ハイパーバイザー単体で完結できる操作であれば、エージェントは、自分が管理するホスト上のハイパーバイザーを操作して処理を完了します。一方、今回のように、ストレージを接続するという操作の場合は、外部のストレージと連携して動作する必要があります。このような場合は、ホスト上のエージェントが、他のリソースを操作するエンドポイントの API にリクエストを送信して、接続に必要な調整を行います。

図 6.11 の②では、ストレージの接続要求を受け取ったエージェントは、接続に必要な調整を行なうため、ストレージを操作するエンドポイント「https://storage/」に対して、API リクエストを発行しています。リクエストを受け取ったエンドポイントは、指定されたボリュームの接続準備を行ない、仮想サーバーとボリュームのそれぞれの準備が整った後に、実際の接続処理を行ないます。このように、OpenStack の

APIは、ユーザーが使用するだけではなく、リソース間の自動調整にも利用されています。

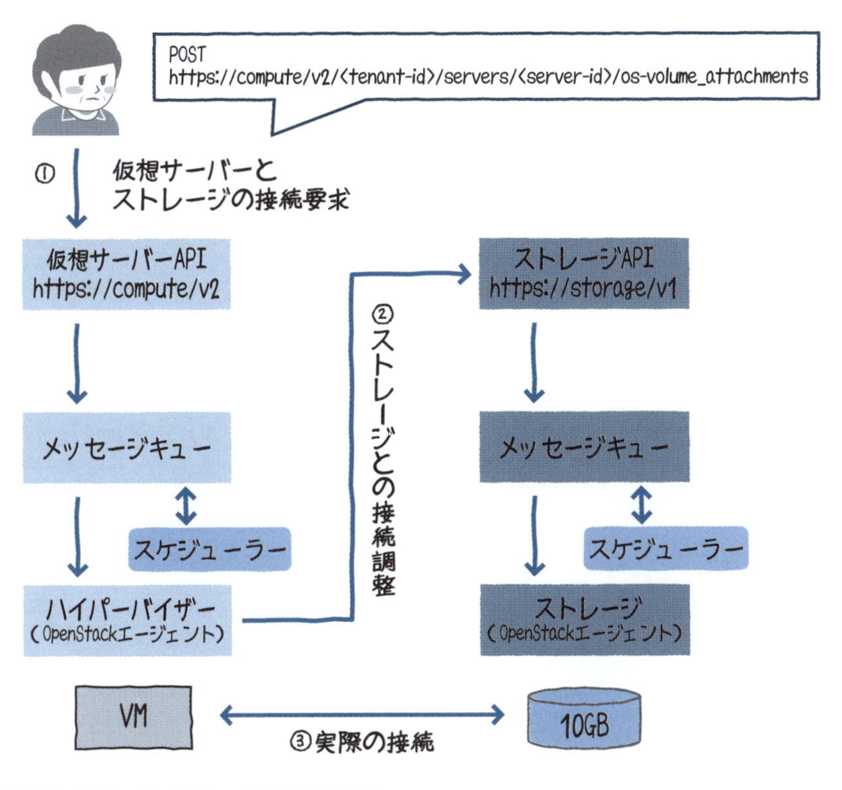

図 6.11　仮想サーバーとボリュームの接続時の動作

6.2.2 異なるインフラリソース間の自動調整

前述の自動調整のために実行される、APIの中身を詳しく見てみます。図 6.12は、このときに実行されるAPIのフローになります。この図では、仮想サーバーとストレージの接続APIが実行されて、その要求をハイパーバイザーホストのエージェントが受け取ったところから始まっています。この後に実行されるAPIは、すべて同じ「POST http://storage/v1/{tenant-id}/volumes/{volume-id}/action」になっていますが、それぞれに異なるデータが渡されている点に注意してください。ストレージ側のAPIは、渡されたデータに対応した処理をストレージに対して行ないます。

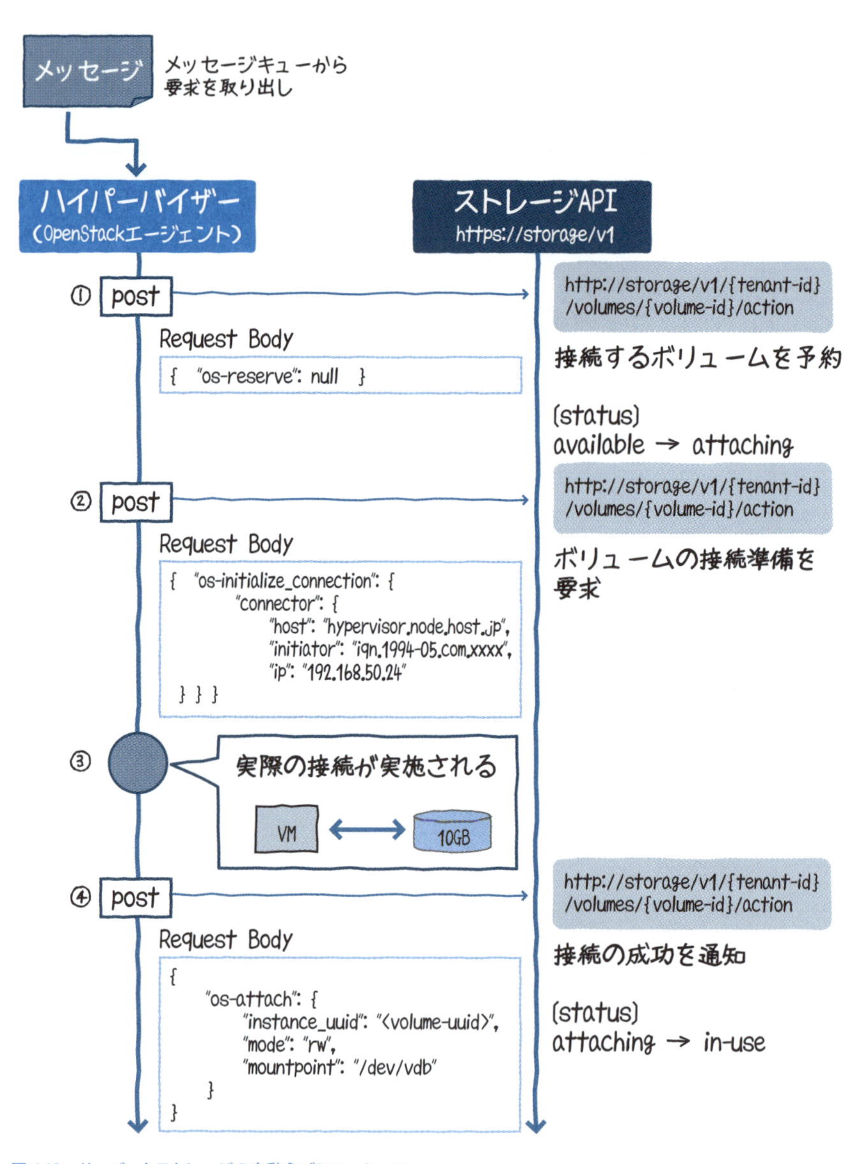

図 6.12　サーバーとストレージの自動ネゴシエーション

◉①ボリュームの予約

接続要求を受け取ったハイパーバイザーは、まず、ストレージのAPIに対して、使用するボリュームの予約を行ないます。これはいわゆるロック処理で、他のリクエストによって二重に接続が実行されないようにしています。すでにボリュームが使用状態になっている場合や、他のリクエストによってロックされている場合は、この時点で処理がエラーになります。

予約に成功すると、ボリュームの状態が「available」から「attaching」へと変更されます。このときのボリューム状態は、API「GET https://storage/v1/<tenant-id>/volumes/<volume-id>」を実行することで取得できます。

◉②接続の準備

予約に成功したら、ハイパーバイザー側の情報をストレージに渡して、接続の準備を要求します。この例では、iSCSIを使っているので、ハイパーバイザー側のiSCSIイニシエーター情報をストレージに渡します[※9]。この情報を受け取ったストレージは、このiSCSIイニシエーターからボリュームに接続できるように、ストレージ側の設定を行ないます。

◉③実際の接続

ストレージ側の準備が完了すると、仮想マシンとボリュームの接続が行なわれます。この例では、ハイパーバイザーホストが「iscsiadm」コマンドを発行して接続を行なっています。他のストレージ機構が使われている場合には、それぞれに適合した接続方法が、自動で実行されます。

◉④接続の成功を通知

ボリュームの接続に成功したら、ハイパーバイザーは、接続の成功をストレージに通知します。このAPIが実行されることで、ボリュームの状態が「attaching」から「in-use」に変更され、接続の処理が完了します。

6.2.3 クラウド内部でも利用されるAPI

この例からわかるように、インフラの各リソースを抽象化して、機能ごとにAPIを用意することで、プログラム同士の連携も容易に行なえるようになります。

ここで説明したようなリソース間の調整機能は、仮にOpenStackがなかったとし

※9 iSCSIイニシエーターは、iSCSIプロトコルでディスク装置に接続する際のサーバー側の機能コンポーネント。SCSIプロトコルをIPパケットにカプセリングする処理を行なう。

ても、個別にプログラムを作り込むことで実現できるかもしれません。使用しているハイパーバイザー（たとえば、Linux KVM）を操作するプログラムと、ストレージ（たとえば、GlusterFS）を操作するプログラムを用意すれば、ワンクリックで仮想サーバーとボリュームを作成して、その２つを接続するという操作が実現できるようになるでしょう。

しかし、このプログラムは、Linux KVMとGlusterFSに特化して作成されているため、他のハイパーバイザーやストレージを使用したくなった場合は、プログラムを改修する必要が出てきます。また、独自に作り込んだ機能は、周辺との連携が困難になります。自前の自動構築プログラムを他のソフトウェアと連携して動かすには、さらに、その連携を取り持つプログラムの開発が必要となり、工数が際限なく膨れ上がります。

OpenStackを活用することで、このような問題をなくすことができます。そして、OSSのエコシステムによって生み出される、OpenStackと連携可能なツールを活用することで、車輪の再発明を回避して、さらなる効率化が可能になります［※10］。

6.3 ストレージリソースを操作する際の注意点

本章では、ストレージを操作するAPIの概要と使い方、そして、APIがストレージの抽象化を実現することで、プログラム同士の連携も容易になったという話をしました。ただし、ここで1つ注意点があります。APIでストレージの機能を抽象化することで、ストレージのハードウェア／ソフトウェアの差異を意識しない操作が可能になる反面、それぞれのストレージが備える独自の機能は切り捨てられてしまいます（図6.13）。

たとえば、ストレージAは、ボリュームがオンラインで、アクセスが発生している途中でもバックアップが可能だとします。一方、他の大多数のストレージにその機能がなかった場合、APIとしては、オンラインのバックアップを禁止するように設計されます。そのため、ストレージの独自機能に頼った運用をしている場合には、それができなくなる場合もあり得ます［※11］。

とはいえ、実際には、それほど心配する必要はありません。これまでストレージが単体で備えていた高度な機能は、現在では、OSが持つファイルシステムや論理ボリュームの機能で代替することが可能です。このようなゲストOSとしての機能と、クラウドのストレージAPIを連携させることで、従来のストレージ機能による運用と同等、あるいは、それ以上のことが実現できるようになっています［※12］。

※10　たとえば、ポピュラーな自動構成ツールである、ansibleやChefといったソフトウェアは、標準でOpenStackと連携する機能を備えています。
※11　例外もあります。大多数のストレージが持っているのに、一部のストレージだけはその機能を持っていないというケースでは、持っているほうに機能が合わせられます。

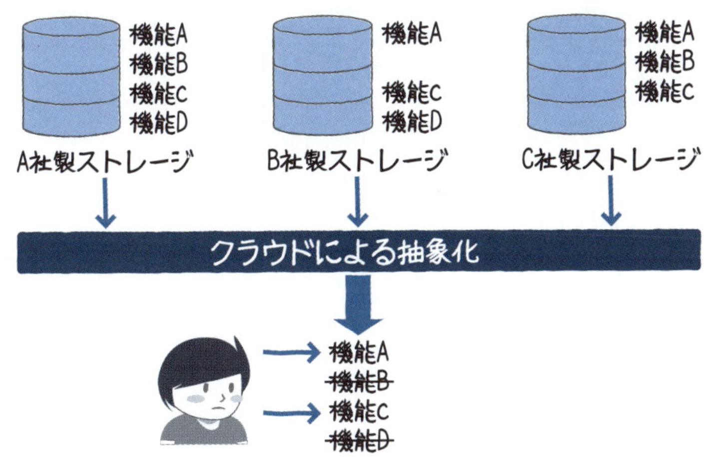

図 6.13　抽象化によって失われる機能

従来のシステム構築では、それぞれのストレージ製品が持つ、便利な独自機能を覚えることでシステムが構築できました。しかし、クラウドを活用する場合、それだけでは不十分です。ストレージのAPIをどのような機能と連携させて、安全で効率的なシステムを実現するのか、そして、それらの連携操作をどのように自動化していくのかといった知識が必要となります。

このような変化を歓迎するかどうかは、それぞれの立場によって受け取り方が違うかもしれませんが、新しい知識を得るチャンスであることは間違いありません。クラウド時代の新しいスキルを習得して、より良いシステム作りに活かすことを目指してください。

その一方で、クラウドのAPIを当たり前に使う、新しい世代のエンジニアの方は、APIの裏側には、切り捨てられたさまざまな機能があるということも知っておくとよいでしょう。特定の用途においては、クラウドを活用するよりも、従来のストレージが持つ特別な機能を使ったほうが、効率的でシステムの付加価値が高まる場合もあります。

何事においても、「すべての場合において絶対的に優れた方法」というものは存在しません。幅広い知識とスキルを持ち、適材適所で活用することが大切です。そのための1つの手段として、クラウドの裏側にある、隠された部分をのぞいてみることも有益です。

※12　OSの機能や周辺ツールをOpenStackのAPIと組み合わせた実践的な活用例については、『OpenStackクラウドインテグレーション』（翔泳社、ISBN 978-4-7981-3978-4）が参考になります。

6.4 ブロックストレージリソースのコンポーネントとまとめ

ここでブロックストレージのリソースの関係性をコンポーネント図でまとめます（図6.14）。すでに説明したとおり、ボリュームとスナップショットの関係がブロックストレージの根幹になります。

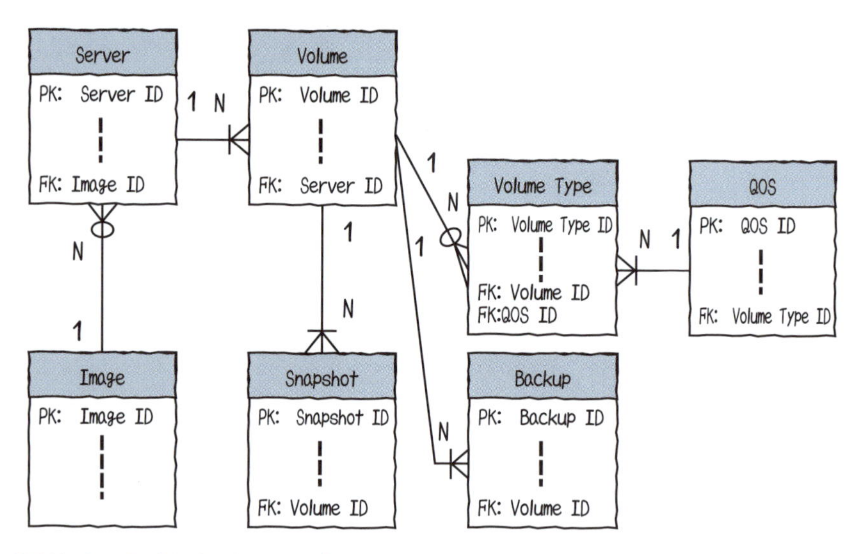

図 6.14　OpenStack Cinder リソースマップ

この関係を見て、ボリュームとスナップショットの関係は、サーバーとイメージの関係の逆になっている点に気付いた方もいるでしょう。スナップショットをバックアップと捉えると、1つのボリュームから複数回のスナップショットを取得するのが一般的な使い方なので、この2つのリソース関係がしっくり来る方もいると思いますが、この考え方だけではサーバーからのイメージの取得でも同じになってしまいます。決定的な理由は、サーバーはイメージから作成が必須ですが、ボリュームはスナップショットからの作成が必須ではないことです。したがって、サーバーには必ずイメージIDを属性に持ちますが、ボリュームは持たず、逆にスナップショットに作成元のボリュームIDを保持して関係を保っています。イメージ→サーバー→ボリューム→スナップショットのツリー構造となります。これをしっかり覚えておくとクラウドの環境管理に応用が効くようになるはずです。

OpenStackでは、ボリュームとは別のリソースで、ボリュームタイプ、QOS、アクションを定義されている特長があるのに対して、Amazon EBSでは、ボリュームとスナップショットのリソースの中に属性がある違いがあります。

ここで、Amazon EBSを例に、イメージとスナップショットの関係を考えてみましょう。階層になっているので、イメージ→スナップショットになりますが、直接的に関連を付けられる項目はないので、ERモデリングでよく使われる中間テーブルの考え方を使って関係を作ってみます。AWSのイメージであるAMIにはブロックデバイスマッピングというデバイスとスナップショットIDを関連付けしている属性があります。属性はありますが、リソースのように定義してみると、図6.15のように関連付けすることもできます。直接関連がないリソース間をなんらか関連付けしたい場合は、このような属性を探してみるのも1つの方法です。

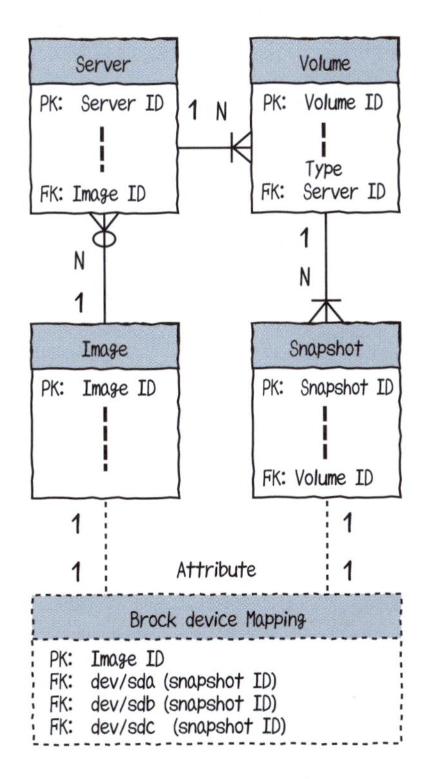

図6.15 Amazon EBS（Amazon Elastic Block Store）リソースマップ

6.5 その他のストレージ機能に関する補足

ブロックストレージのコンポーネントの関係性を見て、気になった点はありませんか。

サーバー：ボリューム＝1：N である関係性から、逆に複数のサーバーから1つのボリュームを関連付けできない制約であり、共有ディスクが構成できません。特に、NFS などでは、共有ディスクを前提に利用されることが多くあり、サーバーリソースに NFS サービスを有効化して構成することもできますが、サーバーリソースが単一障害点（SPOF）になったり、大規模な用途ではアクセス性能面でボトルネックになっていました。この課題とニーズの対応したのが、NFS サービスです。

OpenStack でこの NFS サービスに該当するコンポーネントは Manila です。この開発には NFS の代表格である Netapp 社も貢献しています。コンピュートサービスである Nova から NFS などのプロトコルで Manila をマウントして利用する形になり、Manila が接続インターフェースとシェアードストレージをマネージドに提供します。

AWS で NFS サービスに該当するコンポーネントは EFS（Elastic File Services）です。こちらも、同じくコンピュートサービスである EC2 から NFS プロトコルで EFS をマウントし利用する形になります。EFS は接続インターフェースを各アベイラビリティゾーンに保持しますが、ストレージはアベイラビリティゾーンをまたがって分散配置されるため、高い耐久性が維持できます。

NFS サービスのイメージは、図 6.16 のようになります。

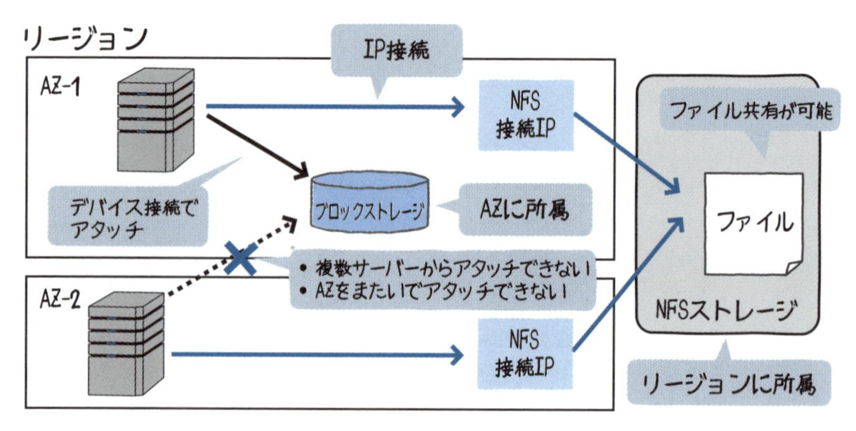

図 6.16　NFS サービスのイメージ

第7章

ネットワークリソース制御の仕組み

本章では、サーバーリソース、ストレージリソースに引き続いて、クラウド上の各種リソースを接続するためのネットワークリソースに関して解説を進めていきます。

ネットワーク制御は、OpenStackではNeutron、AWSではVirtual Private Cloud（VPC）が対応するコンポーネントとなります。クラウド環境でも、TCP/IPをベースにしているため、従来とほぼ同等のネットワーク環境が実現されていますが、その考え方や実現方法にはクラウドごとに微妙な差があります。まずは、クラウドにおけるネットワークの考え方とAPIを紹介し、その後にNeutronを例としてその裏側の仕組みを紹介していきます。

クラウド環境においてネットワークリソースの操作は基本であると同時に、とても重要な操作になります。しっかりと考え方を理解することで、効率的かつセキュアなデザインと操作が可能となります。クラウド間を接続するWANのネットワークについては、第11章のマルチクラウドで説明します。

7.1 ネットワークリソースの基本操作とAPI

まずはクラウド上のネットワークリソースの種類や、そのリソースを操作するAPI、そして一般的なネットワーク操作をする際のAPIフローを見てみましょう。

7.1.1 クラウドのネットワークの特徴と基本的な考え方

第2章で解説したネットワークの内容をもう少し掘り下げてみましょう。

クラウドでもネットワークの基本はTCP/IPです。そして、ネットワークの機能は、同じネットワークに所属する機器同士で通信を行なうOSI階層のデータリンク層にあたるL2ネットワーク機能と、異なるL2ネットワーク同士を接続するOSI階層のネットワーク層にあたるL3ネットワーク機能に大別できます（図7.1）。

クラウド上のネットワークには、物理的なネットワークに比べていくつかの便利な機能を備えています。たとえば、L3ネットワークは、クラウドの内部のL2ネットワーク同士を接続するだけでなく、クラウドの内部と外部を接続する機能を持ちます。また、セキュリティグループやアクセスコントロール、ロードバランサー機能、VPN機能など多くの便利な機能があります。しかし、基本となるのはL2、L3ネットワークなので、まずはこの部分を中心にネットワーク機能について見ていきましょう。

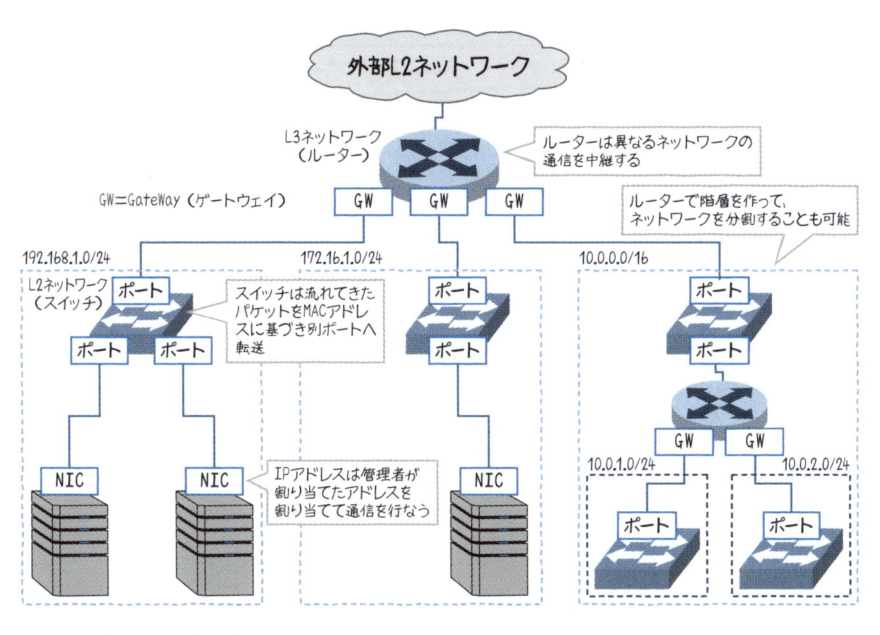

図 7.1　L2 ネットワークと L3 ネットワーク

重要なポイントとして IP アドレスの扱いがあります。クラウド上のネットワークは IP アドレスを管理する機能を持っています。物理ネットワークの IP アドレスの割り当ては、ネットワーク管理者にとって頭の痛い問題でしょう。これまで管理表をしっかり作って、重複がないように細心の注意を払い、勝手に空きのアドレスが使われないように見張っておく必要がありました。OpenStack や AWS などのクラウド環境上のネットワークでは、このような作業を軽減するために、IP アドレスはシステム側で自動的に割り当てられ、そのアドレスを DHCP で取得して利用する方法が採用されています。

API を利用して仮想サーバーや仮想ネットワークを自動構成する環境においては、事前に IP アドレスを人が決めて管理する運用では、アドレス台帳の管理という「システムの本質とはまったく関係がない作業」がボトルネックになってしまいます。第 3 章でも触れた DNS を活用したスケーラビリティの実現や、後で説明するオートスケールやオートヒーリングといった、クラウドのメリットを活かすためには、システムの構成が IP アドレスに依存しないようにデザインすることが重要なのです。

本書でも、IP アドレスは DHCP で取得してサーバーに割り当てられることを前提に話を進めていきます。もちろん従来通り個別のアドレスを固定的に割り当てることも可能です。

7.1.2 ネットワークリソースの全体像

まずはクラウド上のネットワークにはどのようなリソースがあり、どのようにAPIで操作するのかを見ていきます。

サーバーリソースやストレージリソースはOpenStackとAWSで大きな差はありませんでしたが、ネットワークリソースに関しては両者のモデルに差異があるため、2つを混同しないように注意してください。これは従来は機器や人の管理によって構成されていたネットワーク機能をプログラム側に移行した際に、機能のマッピング単位がそれぞれ異なっているためです。ただしモデルの違いはありますが、基本的な考え方は共通しているので、安心してください。

◉機能のマッピング

まず、機能のマッピングを整理すると、図7.2のようになります。ネットワークの基本機能は、L2ネットワーク上に定義されるサブネットと、そのサブネット間を接続するためのルーティング、サーバーのネットワークへの接続点となる論理ポートから構成されますが、OpenStackとAWSではその表現方法に差があります。

OpenStack Neutron

Neutronでは物理環境に近いモデルをとっており、テナント内に仮想スイッチ（仮想ネットワーク）、仮想ルーター、論理ポートを作成するモデルになっています。

AWS VPC

AWSではテナント内にVPCという仮想ネットワーク全体を表わすリソースを作成し、そのVPC内に機能要素であるサブネット、ルーティングテーブル、ENI（Elastic Network Interface）を構成するモデルとなっています。OpenStackが現実のネットワーク機器を模擬するモデルなのに対して、AWSではネットワーク機能の再現を行なっています。

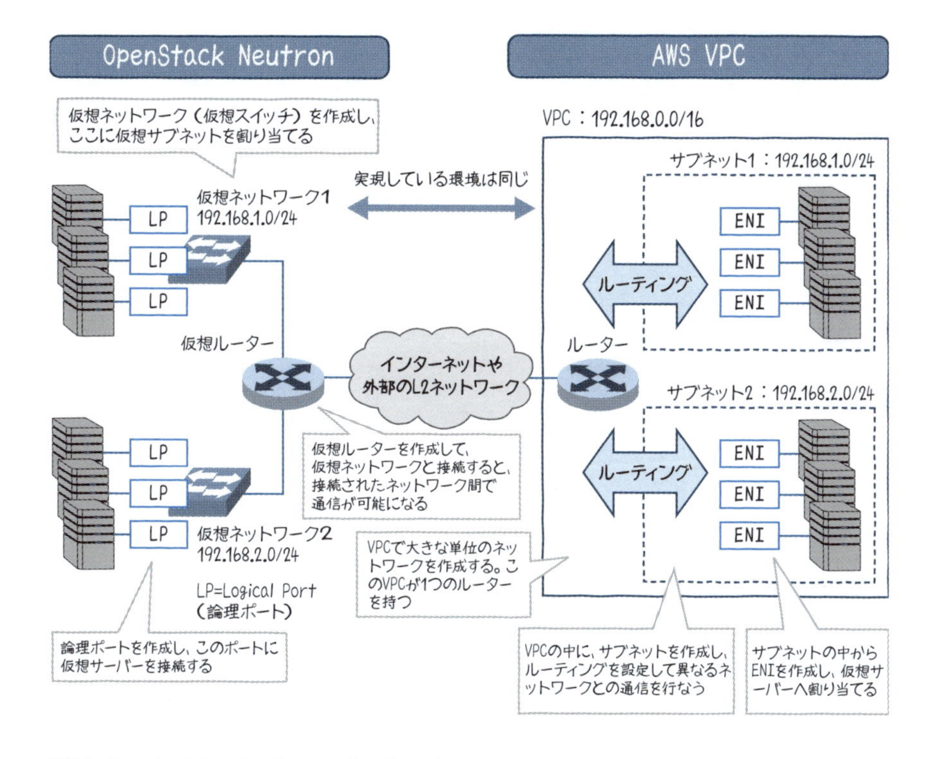

図 7.2　OpenStack と AWS のネットワークモデルの違い

◉ネットワークリソースの対応

表 7.1 に OpenStack と AWS のネットワークリソースの対応関係を整理します。この表には、後述するセキュリティに関する機能も含めて記載しています。

なお、「ネットワーク全体」とは、スイッチ、ルーター、ポートなどのネットワークリソースを作成する対象となるリソースのことです。ここで第 2 章の図 2.7 を再掲しましょう（図 7.3）。この図のように、OpenStack Neutron ではテナントにスイッチ、ルーターなどのリソースを直接作成していくのに対して、AWS VPC では VPC（Virtual Private Cloud）という互いに独立なプライベートネットワークを作成し、その中にサブネットやルーターといったリソースを作成します。VPC はテナント内に複数作成できます。

表 7.1　OpenStack と AWS のネットワークリソースの対応

ネットワークリソース	OpenStack Neutron	AWS VPC
ネットワーク全体	対応するリソースなし [注1]	VPC（Virtual Private Cloud）
スイッチ	ネットワーク	対応するリソースなし [注2]
サブネット	サブネット	サブネット
ルーター	ルーター	ゲートウェイ、ルートテーブル
ポート	ポート	ENI（Elastic Network Interface）
セキュリティグループ	セキュリティグループ	セキュリティグループ
ネットワークアクセス制御	（FWaaS開発中）	ネットワークアクセスコントロールリスト（NACL）

注 1　テナントにリソースを直接作成します。
注 2　スイッチに対応するリソースはなく、サブネットに包含されています。

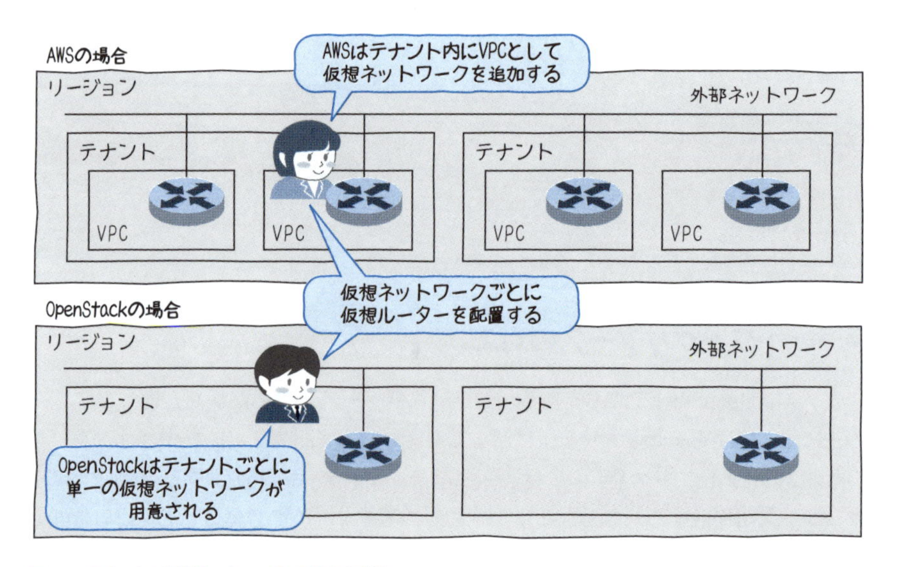

図 7.3　テナントと仮想ネットワークの関係（再掲）

また、クラウドのネットワークの特徴として、これらのリソースをテナント内のユーザーが自由に作成し削除できるという点があります。従来であればネットワークの管理は専任のネットワーク管理者に任されることが一般的でしたが、クラウド環境では一般ユーザーにその権限が与えられています。

以降では、個々のネットワークリソースについて見ていきます。

7.1.3 スイッチとサブネット

◉スイッチ

仮想スイッチは、いわゆるネットワークスイッチに該当し、L2 ネットワーク機能を担当しています（図 7.4）。同じ仮想スイッチに接続したクラウド上のサーバー同士は、ルーティングの設定なしで通信が可能です。

また、仮想スイッチには、L3 ネットワークで使用する IP アドレス範囲（CIDR とも呼ばれます。たとえば、172.16.1.0/24）が「サブネット」として関連付けられます。IP アドレス範囲はユーザーが自由に指定できます。クラウドのネットワークは完全に分離されているため、ネットワーク同士を直接接続する必要がない場合は、IP アドレス範囲が重複しても問題ありませんが、通常は、グローバル IP アドレスとの重複を避けるため、プライベート IP アドレスの IP アドレス範囲で構成するのが一般的です。

OpenStack Neutron

Neutron では、仮想スイッチは「ネットワーク」、サブネットは「サブネット」と呼ばれます[※1]。サブネットの IP アドレス範囲は、ユーザーが任意の IP アドレス範囲を指定できます。1 つのネットワークには複数のサブネット（たとえば IPv4 サブネットと IPv6 サブネット）を関連付けることができますが、これは Neutron のネットワークモデルが物理ネットワークを模したものであることの 1 つの現われです。

AWS VPC

一方、AWS VPC では、仮想スイッチに対応するリソースはなく、「サブネット」だけが定義されています。これは、多くの場合、仮想スイッチとサブネットは 1 対 1 に対応しており、TCP/IP での利用を前提とすれば「サブネット」を定義するだけで十分に通信できることを反映したものと言えます。

IP アドレス範囲はユーザーが自由に指定できますが、AWS VPC の場合は IP アドレス範囲の指定は 2 段階になっており、VPC を作成する際にその VPC で使用する IP アドレス範囲をあらかじめ指定し、サブネット作成時には、VPC を作成する際に指定した IP アドレス範囲の中から使用する IP アドレス範囲を選択します。VPC 内には複数のサブネットを作成できますが、VPC の IP アドレス範囲は後から変更できないため、利用する IP アドレス範囲を想定して IP アドレス範囲を構成する必要があります。

※1　Neutron では、L2 ネットワークに相当する「仮想スイッチ」を「ネットワーク」と呼びますが、「ネットワーク」や「仮想ネットワーク」という呼び方は「仮想ネットワーク全体」を表わす場合もあるため、文脈を意識して使う必要があり、注意が必要です。筆者は少しまぎらわしいと思っています。

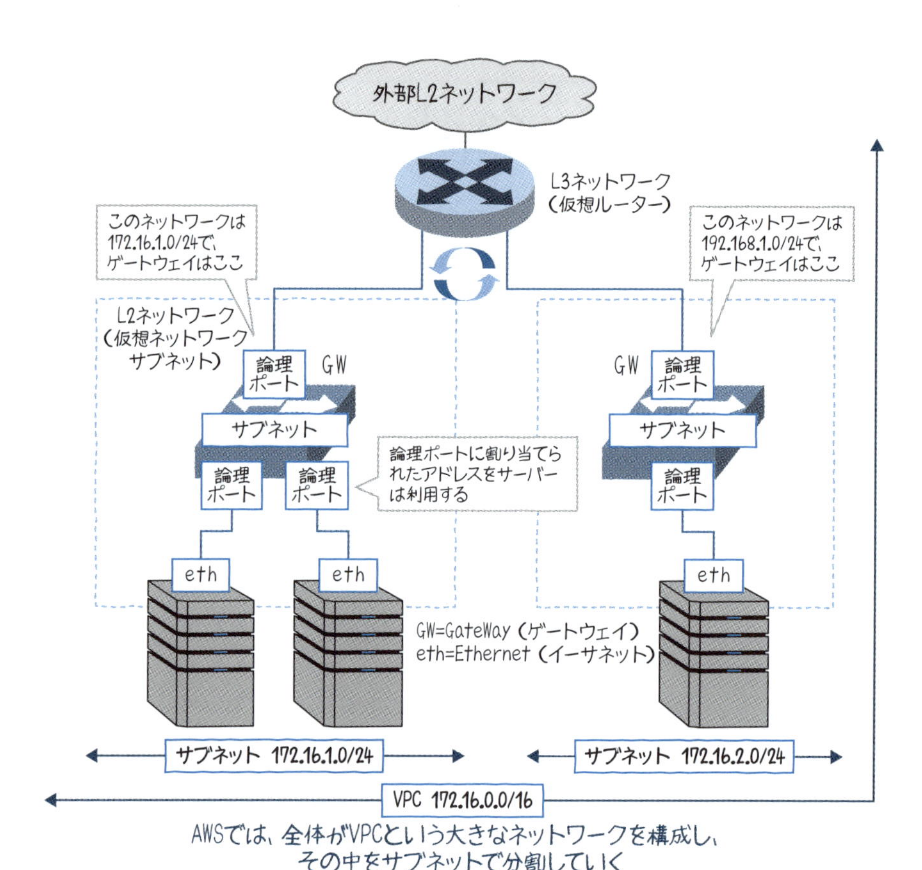

図 7.4　仮想スイッチとサブネット

◉サブネット

サブネットに接続されたサーバーには、このサブネット内から IP アドレスが割り当てられ、その IP アドレスをサーバー起動時に DHCP で取得しすることで通信が可能となります。

ここで注目すべきなのは、起動するたびに毎回違う IP アドレスが DHCP でサーバーに割り当てられるわけではなく、クラウド側で割り当てる IP アドレスが事前に決定されて、その IP アドレスが DHCP でサーバーに渡されている点です。この仕組みでは、一度起動したサーバーは何度再起動しても同じアドレスが割り当てられます。サーバーが存在している間は、同じ IP アドレスが固定で使用されることから、サーバーに割り当てられるこの IP アドレスは「Fixed IP（固定 IP)」と呼ばれることもあります。

また、この仮想ネットワーク、サブネットは「割り当てられたIPアドレスの通信しか許可しない」という動作をするため、利用者が勝手にサーバー上でアドレスを変更しても、そのサーバーは通信できません。

さらに、作成されたサブネットが持つネットワークは、割り当てられたネットワーク上で閉じて通信が行なわれるため、クラウド上の他のテナントで利用しているサブネットやIPアドレスを意識する必要がありません。つまり、1つのクラウド環境上で、サブネットやIPアドレスの重複が可能となります。

クラウドでは、このようにアドレスの自動割り当てや通信分離の仕組みがあるため、従来はネットワーク管理者によって厳密に管理されていたネットワークを一般ユーザーに操作させることが可能となっています。

◉ IPアドレス範囲（CIDR）

実際にAPIを操作してみるとわかりますが、OpenStackでもAWS VPCでも、サブネットを作成する際に指定する「IPアドレス範囲」のことを「CIDR」（サイダー）と呼んでいます。CIDRはClassless Inter Domain Routingの略で、日本語でいうと「クラス不要のドメイン間ルーティング」という意味になります。なぜ、ルーティングを表わす言葉がIPアドレス範囲を表わす言葉として使われているのでしょうか。

この理由はIPアドレスの構成とルーティングの成り立ちに隠されています。IPアドレスは、サブネットを識別するネットワークアドレスと、サブネット内の個別のマシンを識別するホストアドレスで構成され、ネットワークアドレスの長さ（ビット数）をサブネットマスクと呼びます。

インターネット黎明期には、IPアドレスの上位ビットの値によってサブネットマスクが決まる方式が使われていました（図7.5）。たとえば、最上位ビットが0のIPアドレス（0.0.0.0～127.255.255.255）はクラスAと呼ばれ、サブネットマスクが8ビットでサブネットサイズは約1600万アドレス、最上位3ビットが110のIPアドレス（192.0.0.0～223.255.255.255）はクラスCと呼ばれ、サブネットマスクが24ビットでサブネットサイズは256アドレスといった感じです。

しかし、1組織で1600万アドレスも使う大規模ユーザーはほとんど存在せず、使われないIPアドレスがたくさんありました。インターネットユーザーが増えてきて、IPアドレスの有効利用を考えると、IPアドレスによってネットワークサイズを決める方式には限界が出てきました。

そこで、クラスA/B/Cといったアドレスクラスに基づいてサブネットマスクを決める方式に代わり、可変長のサブネットマスクを使ってルーティングを行なう方式が導入されました。クラスA/B/Cといったアドレスクラスを使わないルーティング方

式なので “Classless Inter Domain Routing” と呼ばれ、略して CIDR と言います。CIDR は元々はルーティング技術を指す言葉なのです。

CIDR が使われるようになると、もうアドレスクラスでサブネットマスク長がわからないので、サブネットマスク長も指定する必要が出てきました。そこで、xxx.yyy.zzz.sss/N という形の記法が導入されました。皆さんがよく目にする 172.16.1.0/24 という記法です。これを「CIDR 記法」と呼びます。もっと略して、CIDR 記法のサブネットアドレスを「CIDR」と呼ぶこともよくありますし、この記法を使うことで一目瞭然です。

これが IP アドレス範囲が「CIDR」と呼ばれる経緯です。こうしたところにもインターネットの歴史が垣間見られます。

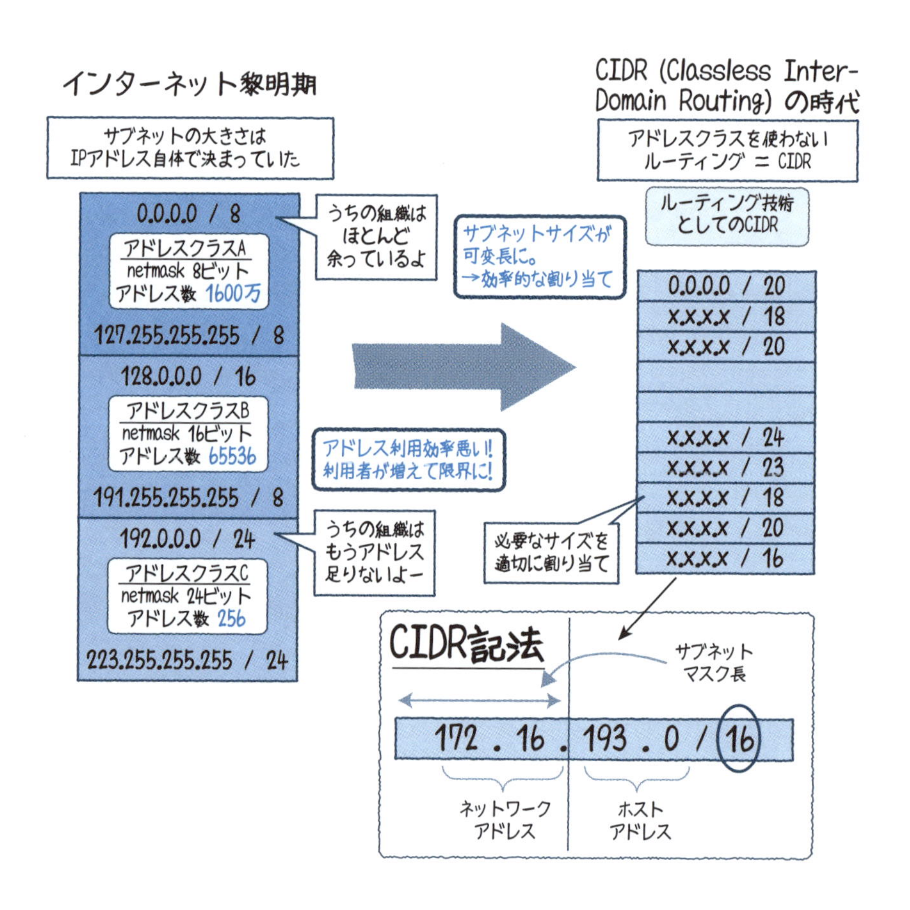

図 7.5　CIDR の名前の由来

7.1.4 ルーター

ルーターは、物理的なルーター機器と同じように、異なるネットワークを接続する機能を持ちます。「①内部→内部」「②内部→外部」「③外部→内部」の３つのネットワーク間接続の機能を提供します。ここで「内部」はクラウドネットワークのことを指します。これらの機能を図7.6にまとめます。

「①クラウド内部間」は、具体的には複数のネットワークを接続して、異なるネットワークに属するサーバー間での通信を可能とします。基本的には、テナント内やVPC内のネットワーク同士を接続します。異なるテナント間のネットワーク間をまたぐルーティングを行なう手段も提供されていることが多く、AWSではVPC Peeringという機能を使うとテナントをまたいだVPCにルーティングができ、OpenStack Neutronではネットワーク共有機能を使うと異なるテナント間での通信ができます。

さらに、ルーターの重要な役割として、クラウド環境のプライベートネットワークとインターネットなどの外部ネットワークとをつなぐという役割があります。「②内部→外部」は、仮想ネットワークに接続されたサーバーがインターネットや社内のネットワークへアクセスできるようになります。内部→外部の通信では、ルーター上で、内部ネットワークで使用されるプライベートIPアドレスから、共通のグローバルIPアドレスへのNAT変換（IPマスカレード）を行ないます。

３つ目の「③外部→内部」は、外部からクラウド環境内部のサーバーにアクセスさせるための機能です。フローティングIP（OpenStackの場合）[※2]やElastic IP（EIP：AWSの場合）と呼ばれるグローバルIPアドレスをアドレスプールから確保し、サーバーの論理ポートにこのアドレスを対応付けます。そして、グローバルIPアドレスからサーバーのプライベートIPアドレスにNATすることで、外部からクラウドネットワークのサーバーへのアクセスを実現します。グローバルIPアドレスのプールは、リージョン単位に確保されており、AWSではグローバルIPレンジ[※3]で最新のグローバルIPアドレスの範囲がJSON形式で確認できます。

※2 フローティングIPはサーバーに割り当てられるIPアドレス（Fixed IP）とは独立しており、自由に付け外し可能なことから、Fixed IPとの対比で流動的（Floating）なIPと呼ばれます。

※3 AWSのグローバルIPレンジの一覧は次のサイトにあります。
https://ip-ranges.amazonaws.com/ip-ranges.json

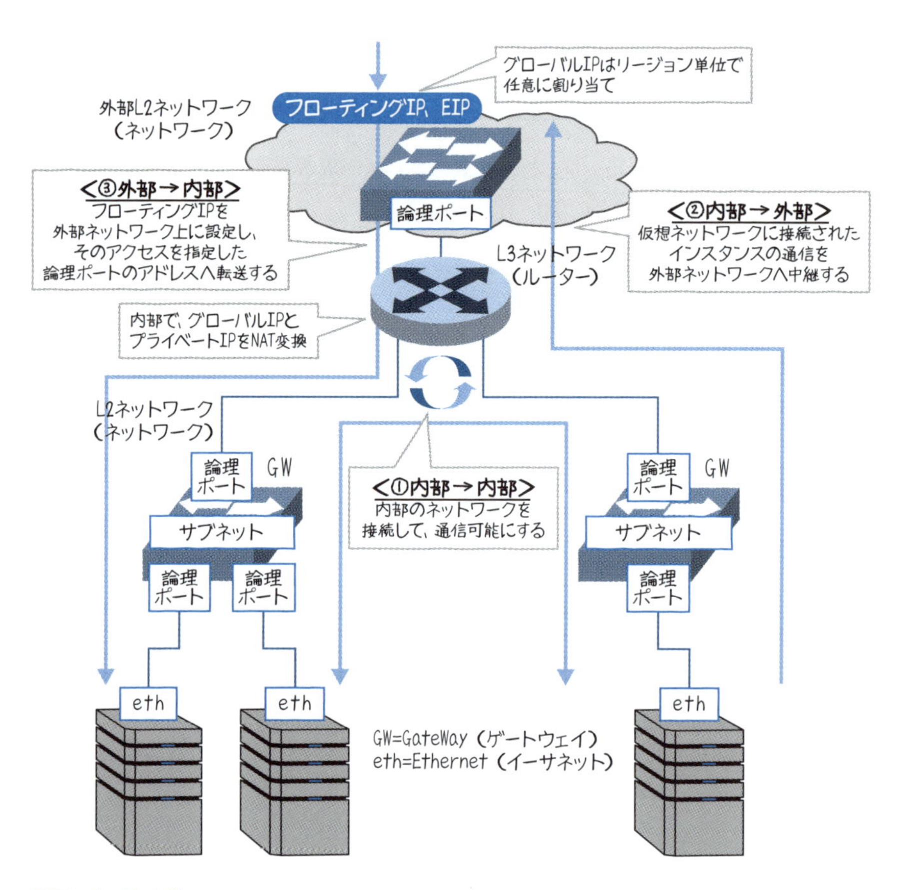

図 7.6　ルーティング

◉実際のリソース

ここまで仮想ルーターが持つ機能について説明してきましたが、実際のリソースにはOpenStack NeutronとAWS VPCでは違いがあるため、2つを分けて説明していきます。

OpenStack Neutron

Neutronのリソースモデルは、「仮想ルーター」と「ルーターとサブネットの接続」で構成されています。これは、物理ネットワークのルーターのインターフェースにネットワークケーブルを刺すイメージに近いモデルになっており、これまでの説明に出てきた「仮想ルーター」に対応する「ルーター」を作成したうえで、作成したルーターのインターフェースをサブネットに接続します。

サブネットへの接続は、Neutron内部では、後述の論理ポートをサブネットが関連付けられたネットワーク上に作成し、対象のルーターに関連付けます。外部との接続も、内部との接続と同様に、外部ネットワークに対応する仮想ネットワークにルーターを接続することで可能となります。

仮想ルーターのサブネットの接続状況に応じて、仮想ルーターのルーティングテーブルが更新され、適切な送信先にトラフィックが転送されます。このように物理ネットワークの射影になっている点が特徴です。具体例は、7.2.1項の図7.14で説明します。

なお、図7.6では、2つのサブネットはルーターを介して通信可能ですが、両者を直接通信させたくないケースもあります。その場合は、仮想ルーターを2つ作成して外部ネットワークに接続したうえで、それぞれのサブネットを別の仮想ルーターに接続します。こうすれば、両サブネットは互いに通信できませんが、外部には接続できることになります。

AWS VPC

AWS VPCでは、仮想ルーターはNeutronと異なるモデルになっており、「ゲートウェイ」と「ルートテーブル」により構成されます。

AWSでは外部に接続するために、あらかじめ代表的な「ゲートウェイ」が用意されています。このゲートウェイをVPCにアタッチしたうえで、サブネットの「ルートテーブル」でルーティングの宛て先に適切なゲートウェイを指定することで、ルーターを介した外部通信が可能になります。

ゲートウェイとしては、インターネット通信するためのインターネットゲートウェイ（IGW）、拠点とプライベート通信するためのバーチャルプライベートゲートウェイ（VGW）、リージョン内のVPC間を接続するピアリングコネクション（PCX）、インターネットに面したマネージドサービス（代表例としてAmazon S3）にVPC内からインターネットに接続しないでアクセスを可能にするVPCエンドポイントなどがあります。

図7.7のように、宛て先がAnyを示す「0.0.0.0 → IGW」というルーティングをパブリックセグメント（172.168.1.0/24）のみに適用すれば、パブリックセグメントのみをインターネット接続可能に制御できますし、オンプレミス拠点のCIDRである「10.0.0.0/8 → VGW」というルーティングをプライベートセグメント（172.168.2.0/24）のみに適用すれば、プライベートセグメントのみを拠点と接続可能に制御できます。

AWSでは、ルーターは概念的にはVPCに所属していますが、その存在はリソースとして意識しません。ルーターに設定する「ルートテーブル」をリソースとして意識しますが、これはVPC全体と個別のサブネットのみへの適用に選択ができます。「VPC」全体に適用するものを「メインルートテーブル」、特定の「サブネット」のみに関連させて適用するものを「サブルートテーブル」と呼び、こちらは個別のサブネットのみにルーティングを適用したい場合に使用します。

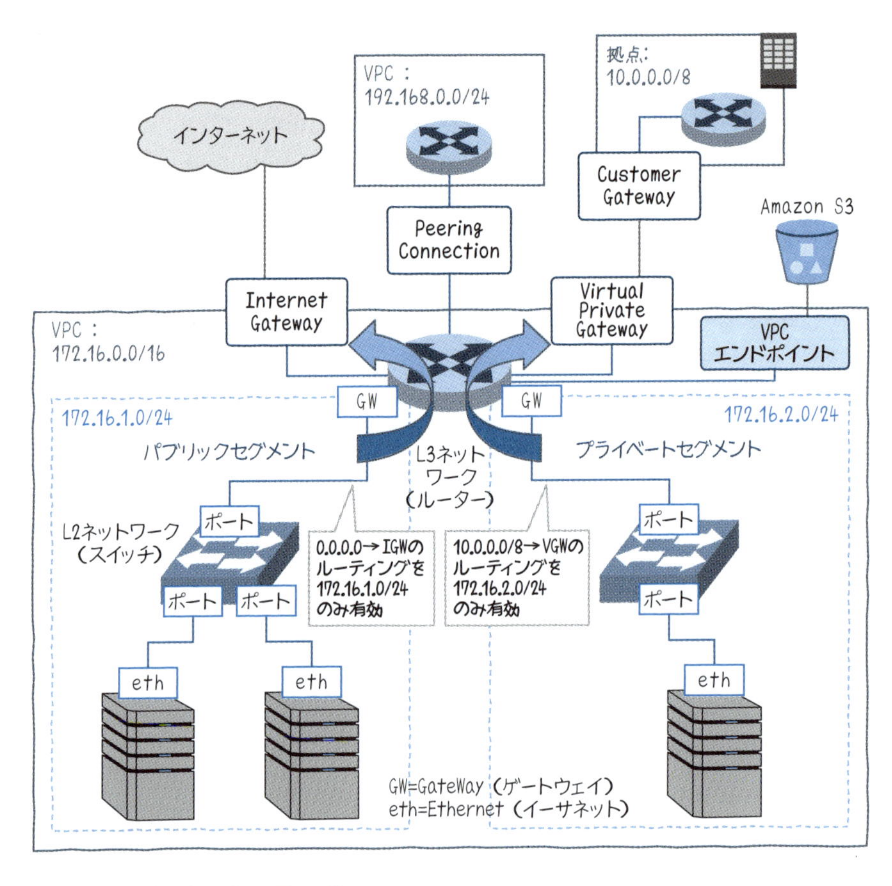

図 7.7　VPC のゲートウェイとルーティング

7.1.5 ポート

論理ポートは、仮想ネットワーク上に作成されるスイッチポートのような概念です。OpenStack NeutronとAWSに共通の概念で、Neutronでは仮想スイッチに接続されることから「(論理)ポート」、AWSではサーバーのネットワークへの接続口であることから「Elastic Network Interface(ENI)」と呼ばれます。

この論理ポートにサーバーや仮想ルーターを接続して使用します。物理スイッチではポートは単なるネットワークケーブルを挿して電気的な通信を行なうためのコネクタですが、論理ポートも基本的には同じ理解でかまいません。ただし、論理ポートはもう少し便利な機能を備えています。

この論理ポートが作成される際に、クラウドはこの論理ポートに所属する仮想サブネットからIPアドレスを取得して割り当てます(図7.8)。そして、クラウドはこの論理ポートに割り当てられたIPアドレス以外の通信を禁止するように動作します。論理ポートは複数のIPアドレスを割り当てることも可能なので、仮想サーバー上のNICに複数IPを持たせたい場合にはこの機能を利用します。また、1つのサーバーに複数の論理ポートを付与することも可能です。

サーバーに付与された論理ポートは、サーバーから自由に付け外しできます。サーバーからすべての論理ポートを外してしまうと、通信ができなくなるので、付け外しできる論理ポートには制限がかかっている場合もあります。たとえば、AWSでは、デフォルトでサーバーに付与されるENIはEthernet0となり、サーバーに対して固定されますが、2つ目以降のEthernet1以降は、サーバーから自由に付け外しが可能です。IPアドレスは論理ポート単位で割り当てられるため、この論理ポートを別のサーバーに付け替えれば、同じIPアドレスで別のサーバーに通信ができるようになります[※4]。

※4 AWSでは、ルーティング切り替えとENI付け替えを使って、サーバーのフェイルオーバー(障害時切り替え)を実装するケースもあります。

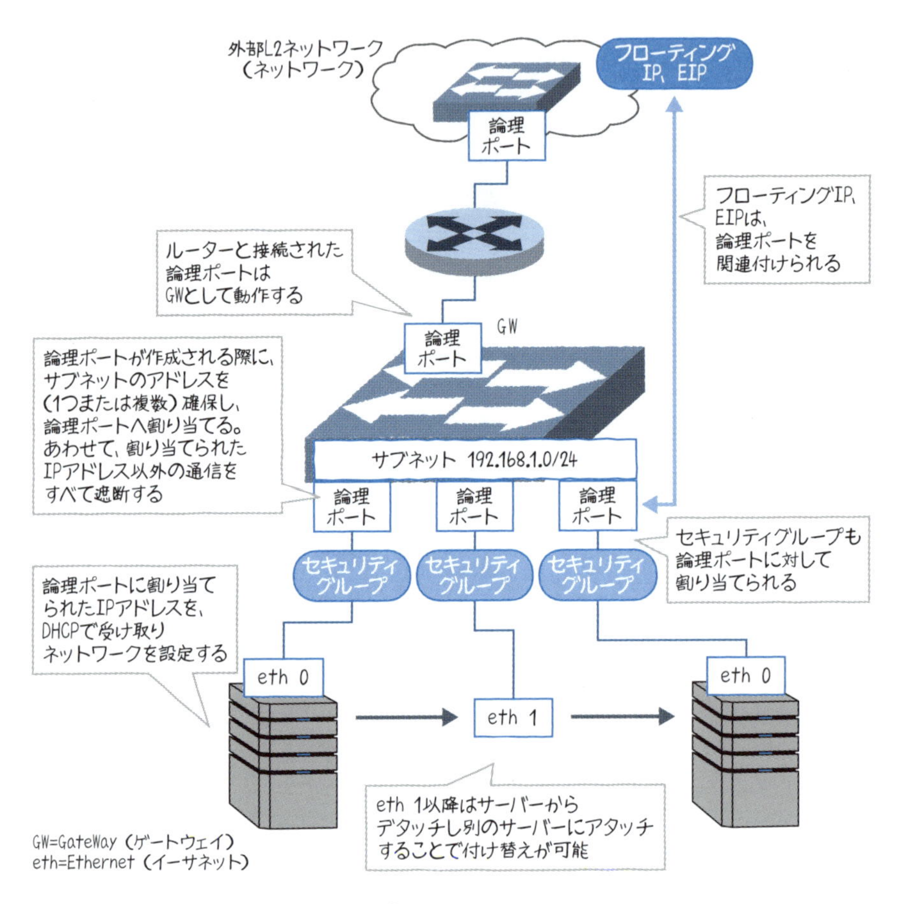

図 7.8　論理ポート(ネットワークインターフェース)

　また、この論理ポートはサーバーを仮想ネットワークに接続する場合だけでなく、仮想ネットワークと仮想ルーターとの接続にも利用されます。物理ネットワークでも物理ルーターを物理スイッチのポートに接続するのとまったく同じ考え方です。その際に、仮想ルーターと接続されるポートに割り当てられる IP アドレスが、その仮想サブネットのゲートウェイとして動作するようになります。このゲートウェイを通じて、サーバーはクラウド内の異なるネットワークと通信したり、外部のネットワークと通信したりします。

　同じく、外部から内部にアクセスするためのフローティング IP(AWS VPC では Elastic IP)も、この論理ポートに対して割り当てられます。割り当てられたフローティングIPへのアクセスは仮想ルーターによってNATされ、論理ポートのIPアドレスへと到達することになります。

この論理ポートは、MACアドレスも保持しています。IPアドレスが論理的なL3のネットワーク情報であるのに対して、MACアドレスは物理的なL2のネットワーク情報です。論理ポートのMACアドレスは、通常、論理ポートが接続されたサーバーの対応するNICのMACアドレスとして使用されます。

7.1.6 セキュリティグループ

クラウドのネットワークを理解するうえでもう1つ大事な概念として、セキュリティグループがあります。セキュリティグループは、仮想サーバーから出入りするネットワークトラフィックに対するフィルタリング機能を提供します。

通常、サーバーを運用する場合には、不要な通信が行なわれないようにパケットフィルタリングを行ないます。物理ネットワークの場合は、ファイアウォールでL2ネットワーク間のトラフィックを制御することがほとんどでしょう（図7.9）。サーバー単位に細かな制御をしようとする場合には、サーバー上のOSの機能（iptablesなど）を用いて、サーバー側の責任で行なうのが主流です。この場合は、サーバー側の設定ミスでルールが適用されない、サーバーの設定前からルールを適用しておきたい、パケットフィルタリングのルールの管理はネットワーク側で管理したい、という要求には応えることができません。物理スイッチが持つACL（アクセス制御リスト）にルールを設定すれば可能ですが、実際には、サーバーの増減に応じて変更を行なうとメンテナンスに手間がかかるといった理由で使われていないことが多いのではないでしょうか。

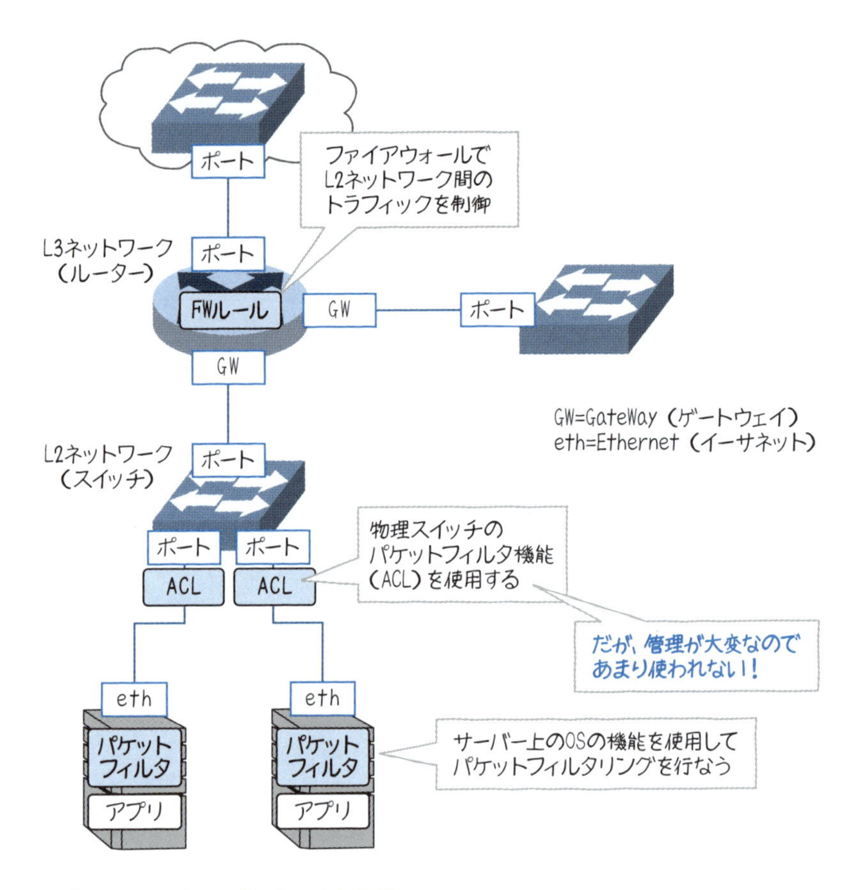

図 7.9　物理ネットワークでのパケットフィルタリング

クラウドの場合は、セキュリティグループというパケットフィルタ機能が標準で用意されており、サーバーのインターフェース単位に細かなパケットフィルタリングの制御が可能です（図 7.10）。セキュリティグループは論理ポート単位に適用され、仮想サーバーの起動時に使用するセキュリティグループを指定します。セキュリティグループでは、何もルールを指定しない場合はすべてのトラフィックが破棄（Drop）となっており、通信を許可したいトラフィックを順次ルールに追加していくという、安全側に倒したモデルになっています。

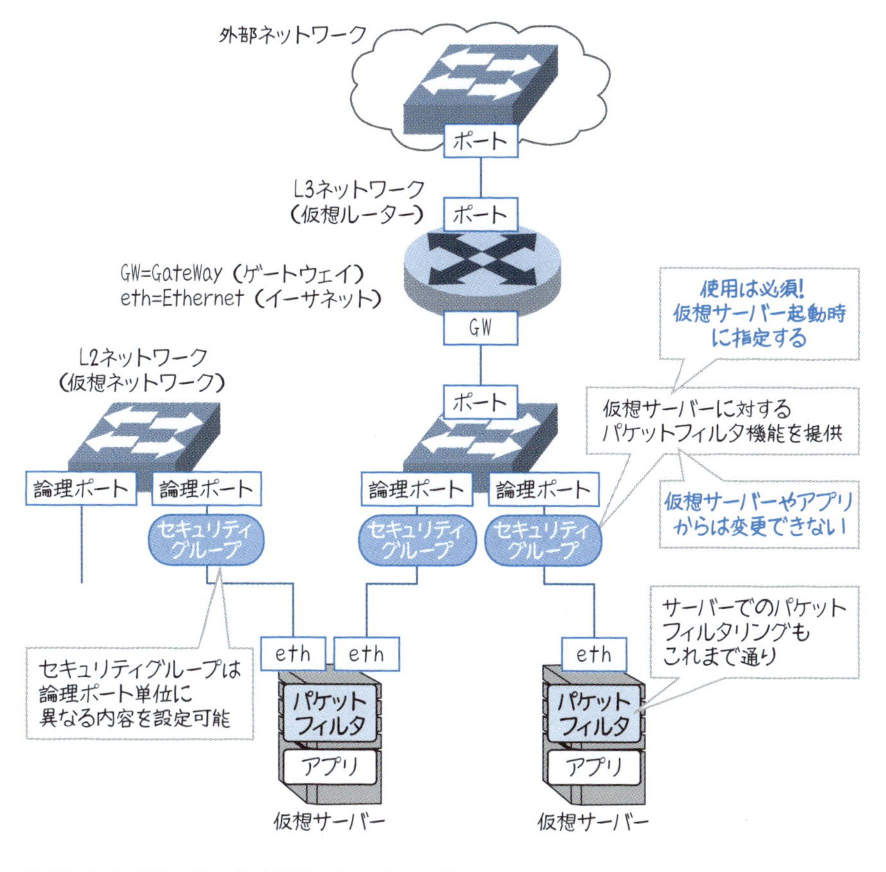

図 7.10 セキュリティグループによるパケットフィルタリング

クラウドのテナントネットワーク管理の面で見ると、セキュリティグループの適用はネットワークレベルで行なわれるという点は重要です。セキュリティグループは、仮想サーバー内のOSやアプリケーションとは独立して管理、制御が行なわれるため、セキュリティポリシーの適用が比較的わかりやすく行なえます。

たとえば、サーバーやネットワークの構成を決めた時点で、サーバーが行なうべき通信はある程度決まるので、セキュリティグループで不要な外部への通信を行なわないように設定しておくと、サーバー内でおかしな状況が発生しても、外部への通信はネットワークレベルで遮断できます。

◉セキュリティグループのルール

セキュリティグループでどのようにルールの指定を行なうのか見てみましょう。

ルールでは、トラフィックの方向（入力、出力）、プロトコル種別（TCP、UDP、ICMP など）、ポート番号（TCP、UDP の場合に指定可）、通信相手を指定できます。トラフィックの方向で、入力は外部から仮想サーバーに向かう方向、出力は仮想サーバーから外部に向かう方向を意味します。

通信相手は、入力方向のルールの場合は送信元、出力方向のルールの場合は宛て先を意味します。通信相手の指定の仕方は、10.56.20.0/24 といった IP アドレスレンジでの指定と、セキュリティグループでの指定があります。セキュリティグループを通信相手として指定すると、指定したセキュリティグループに所属する仮想サーバーすべてを通信相手として許可できます。この指定方法は使いこなすと便利ですが、聞き慣れない方も少なくないと思いますので、後で詳しく説明します。各セキュリティグループには複数のルールを定義でき、セキュリティグループも複数定義できます。

ここで定義したセキュリティグループを論理ポートに関連付けると、セキュリティグループのルールが論理ポートに実際に適用されます（図 7.11）。1 つの論理ポートには複数のセキュリティグループを適用できます。ルールの適用は、論理ポートに適用されたセキュリティグループのルールのいずれかにマッチするものがあれば通信を許可（ACCEPT）、どれにもマッチしなかった場合は廃棄（DROP）という動作になります（暗黙の Deny）。論理ポートに複数のセキュリティグループが適用されている場合は、すべてのグループのルールにマッチするかを確認して、どれにもマッチしなかったら廃棄となります。

逆に、1 つのセキュリティグループを複数の論理ポートに適用することもできます。これによって、セキュリティグループを共通的に作成し、それを同様の役割を持つ論理ポートにまとめて適用し、ルール管理を効率的に行なえます。

また、セキュリティグループのルールを更新すると、関連付けられている論理ポートすべてに変更内容が反映されます。1 つの論理ポートに複数のセキュリティグループを関連付けられるので、実際の場面では、Web サーバー用グループ、DB サーバー用グループ、管理アクセス用グループなど役割ごとにセキュリティグループを作成し、Web サーバーには Web サーバー用と管理アクセス用のセキュリティグループを適用するといった運用にすると良いでしょう。

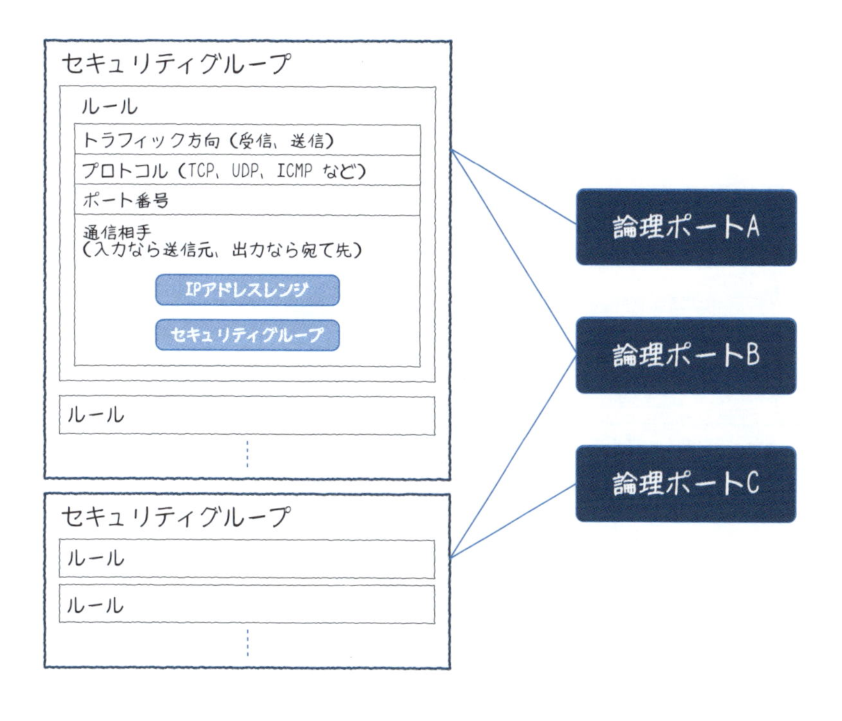

図 7.11　セキュリティグループのルールと論理ポートの関係

◉セキュリティグループのグループ指定

最後に、セキュリティグループによる通信相手の指定の活用方法を説明します。クラウドでは、ある役割のサーバー台数が増減するケースがよくありますが、セキュリティグループによる通信相手の指定を活用すると、効率的にセキュリティグループを管理できます。

直感的に考えると、パケットフィルタリングのルールを定義するセキュリティグループを、なぜ通信相手に指定するのかと思った方もいるでしょう。

図 7.12 のように Web サーバー と DB サーバーがそれぞれ複数台あるケースを考えます。DB サーバーに適用するセキュリティグループルールでは、Web サーバーからのアクセスのみを許可するものとします。この場合、直感的に考えると、サーバー台数が増減することを考えると、『Web サーバー群を表わす、なんらかのグループ』を定義して、ルールでの通信相手指定に使うことになるでしょう。

一方で、Web サーバーのほうには「Web サーバー用のセキュリティグループ」を適用しています。「Web サーバー用のセキュリティグループ」にはすべての Web サーバーが適用されているので、結果的に『Webサーバー群を表わす、なんらかのグループ』と同じ内容になります。これを通信相手の指定に使用することで、余計なグループ管理が不要になり、セキュリティグループの適用対象の管理を行なうだけで、サーバー台数の増減に対応できます。よく考えられた指定方法ということがわかるでしょう。

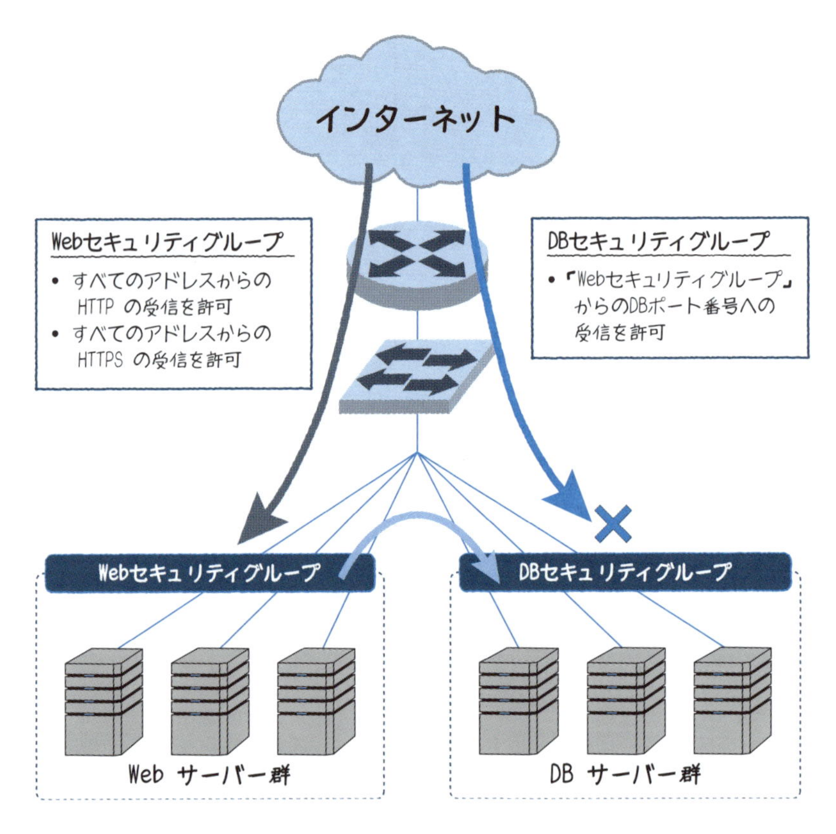

図 7.12　セキュリティグループのグループ指定の適用例

7.1.7 ネットワークアクセスコントロールリスト（NACL）

もう1つ、AWSでは、サブネットに対してフィルタリングを行なうネットワークアクセスコントロールリスト（NACL）という機能もよく使われます。サブネットに役割を持たせて、ネットワーク設計を行ない、明示化しフィルタリングしたい場合や権限分離をしたい場合に使用します。

基本的なフィルタリング要素は同じですが、セキュリティグループはデフォルトが拒否であるのに対して、NACLはデフォルトが許可であるため、明示的に破棄したい場合に効果的に利用できます（図7.13）。

また、NACLのルール設定はステートレスです。つまり、許可されている受信方向の通信（IN）に対する応答は、送信方向の通信（OUT）のルールに従うことを意味します。それに対して、セキュリティグループのルール設定はステートフルで、受信方向の通信（IN）を許可すると、許可した受信方向の通信（IN）とその逆方向の応答の通信（OUT）の両方が許可されます。

OpenStack Neutronの場合も同様の機能がFirewall-as-a-Service（FWaaS）として開発されていますが、本書執筆時点では実験的機能の扱いになっています。

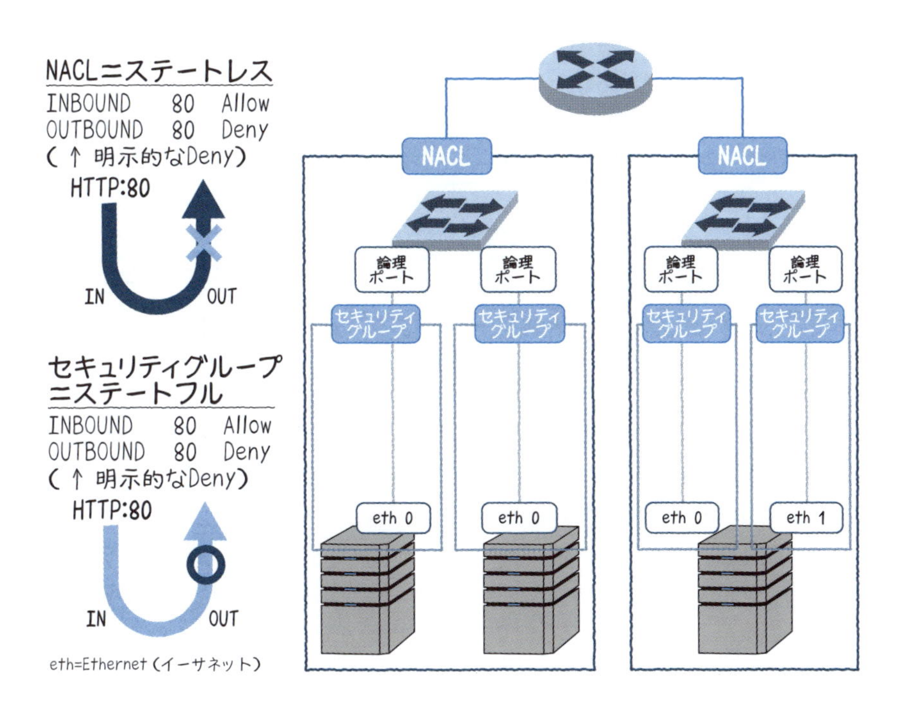

図7.13　NACLとセキュリティグループの違い

7.2 ネットワークリソースの API 操作

7.2.1 ネットワークを構成するための API フロー

では具体的に、API を利用したネットワークの操作例を見ていきましょう。

最初は、ネットワークを構成するための API フローです。図 7.14 を見てください。ここでは OpenStack Neutron に対して仮想ネットワークを作成し、この仮想ネットワークにサブネットを割り当てて、そして最後に論理ポートを作成する流れを記載しています。実際には、論理ポートを直接作成する場面は少なく、次の 7.3 節で説明するように Nova などの Neutron を利用するモジュールが内部で行なうことがほとんどですが、論理ポートの作成はその基本となるものです。

Neutron の API 実行方法はシンプルです。それぞれのリソースに対応する URL、https://network/v2.0/{networks ｜ subnets ｜ ports}.json に対して JSON のデータを渡します。ポイントは、このネットワークの CIDR などの定義情報を、第 3 章で説明した JSON で定義できることです。物理環境でもネットワーク設定情報（Config）の一元管理は重要ですが、クラウドではこの JSON に一元化される形になります。

仮想ネットワークを作成する際はネットワークの名前のみを渡すことでネットワークが作成できます。サブネットでは CIDR とゲートウェイの IP アドレス、関連付ける仮想ネットワークの UUID を渡します。論理ポートは仮想ネットワークの UUID を指定するだけでポートが作成され、IP アドレスが取得できます。論理ポート作成の POST 要求に対する応答には、Neutron により自動的に割り当てられた IP アドレスや MAC アドレスといった情報が格納されています。

さらに図 7.15 では仮想ルーターを作成し、その仮想ルーターと、図 7.14 で作成したサブネットを接続しています。仮想ルーターの作成には名前のみを与えており、接続には仮想ルーターのリソースに対してサブネットを指定して PUT することで 2 つのリソースを接続できます。

最後に、仮想ルーターを外部 L2 ネットワークと接続しています。外部 L2 ネットワークも一般の仮想ネットワークと同じく UUID を持っており、仮想ルーターに外部 L2 ネットワークを接続することで、仮想ルーターの外向きの接続を作成しています。これにより、上記で作成した仮想ネットワーク上の論理ポートからインターネットなどの外部への通信が可能になります。

AWS の場合は、仮想ネットワーク全体を表わす VPC を作成する「Create VPC」の

図 7.14　ネットワークを操作する際の API 呼び出し 1（仮想ネットワーク、仮想サブネット、論理ポート）

APIを呼び出し、作成したVPCに対して「Create Subnet」や「Create NetworkInterface」のAPIを実行します。CIDRなどの定義情報はクエリーパラメータで指定しますが、設定後の情報はJSON形式で出力でき、第8章で説明するオーケストレーション機能と組み合わせて使うこともできます。

物理環境に比べて大幅に作業が簡略化されていることが見て取れるでしょう。

この手順の後に、論理ポートを指定して仮想サーバーを指定すると、すぐに仮想サーバーは通信可能な状態になります。従来であれば、ルーターのルーティング設定はどうするのか、サーバーに割り当てるアドレスは何を使うのかといったさまざまな検討が必要であり、さらに各種ネットワーク機器の設定を行なうには、ネットワーク機器ごとの設定方法を覚えなければならず、たった1つのネットワークセグメントを構築するにも大きな労力が必要でした。しかし、クラウドのネットワーク機能は、従来の煩雑な作業はすべて隠ぺいし、各種判断も大部分をクラウドが肩代わりしてくれるため、大幅に作業を効率化してくれます。

7.2.2 ネットワーク内にサーバーを割り当てるためのAPIフロー

さて、ここまでは単体のAPIをそれぞれ実行して、ネットワーク環境を構築する例を挙げました。実際にはネットワークのAPIは仮想サーバーの作成と連携して呼び出されるケースが多いため、この場合にサーバーとどのような連携がなされているのかをOpenStackを例に解説していきます。

図7.16に、仮想サーバーの作成がNovaに投入された後のフローを示します。

まずユーザーから「仮想サーバーを作成せよ」とNovaのAPIがコールされます。Novaは、指定されたデータが利用可能を判断するためにデータのバリデーションを行ないます。このとき、ネットワークやセキュリティグループに関する問い合わせをNeutronへ行ないます。その後、指定されたフレーバーが起動できるサーバーを見つけたら、論理ポートの作成をNeutronへ依頼します。

論理ポートの作成依頼を受けたNeutronは、論理ポートにIPアドレス、MACアドレスなどの割り当てを行ない、Novaに返します。IPアドレスは図7.14で作成したサブネットに指定したアドレス範囲から割り当てられ、仮想サーバーが起動するとこのIPアドレスがDHCPで仮想サーバーに払い出されます。

NovaがNeutronから論理ポート作成の応答を受け取ることで、仮想サーバーの起動に必要な情報が揃ったことになります。ここまでの段階では、論理的にデータが準備されただけで、仮想サーバーなどの実体はまだありません。

いよいよ仮想サーバーの起動準備を行ないます。具体的には、Novaは、仮想サー

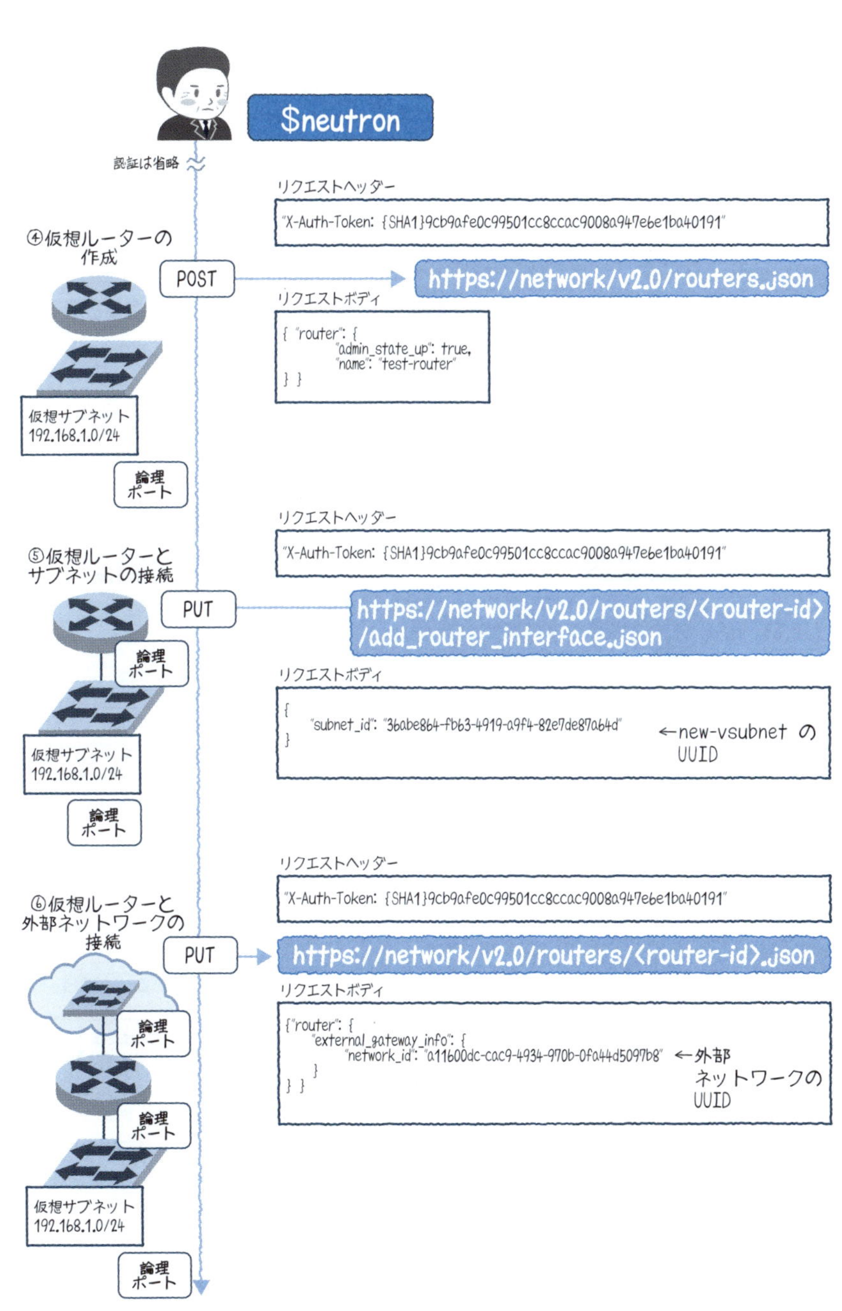

図 7.15　ネットワークを操作する際の API 呼び出し 2（仮想ルーター、サブネットとの接続、外部ネットワークとの接続）

バーのインターフェースを作成し、ハイパーバイザー上のブリッジに接続します（詳細は後ほど説明します）。接続しただけではまだネットワーク側の用意が終わっていないので、Novaはこのまま待ち状態に移行します。

Neutronは、仮想サーバーのインターフェースがブリッジに接続されたのを検出し、Neutron API経由で指定された情報を元にして、そのインターフェースを適切な仮想ネットワークへ参加させます。さらに、論理ポートに対してIPスプーフィング（IP詐称）対策を設定し、セキュリティグループも適用します。このようなNeutron側での必要な作業が完了したら、Novaへ論理ポートが準備完了を通知します。

そして、待ち状態にあったNovaはこの通知を受け取り、実際の仮想サーバー作成へと進んでいきます。

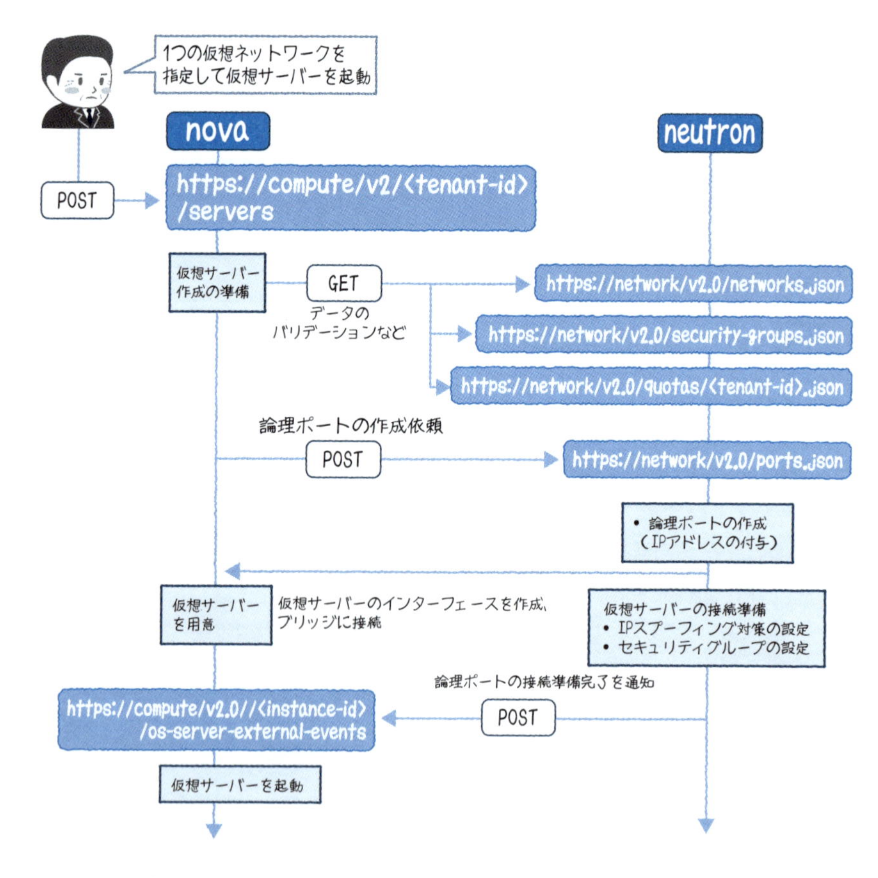

図7.16　仮想サーバー作成におけるNovaとNeutronの連携フロー

このようにクラウドのAPIはただ機能を呼び出すだけでなく、状態を通知するなどの連携も行なうことで、より確実な環境の構築を行なっています。

7.3 ネットワークリソースの内部構成

次に、クラウドがどのようにネットワークを操作して仮想ネットワーク環境を実現しているかを、内部構成が公開されているOpenStack Neutronを元に解説します。

7.3.1 クラウドのネットワーク分離

ここまで、クラウドを利用することで、簡単にクラウド上のネットワークを操作できることを説明しました。しかし、マルチテナント環境でそれぞれのユーザーが同じサブネットアドレスを利用しているようなケースで、クラウドがどのようにネットワーク分離を実現しているか気になる方も多いでしょう。

Neutronは使用するドライバによってCiscoやJuniperなどのさまざまなネットワーク機器を操作できますが、ここではNeutronのオープンソースによる実装であるLinuxのOpen vSwitch（OVS）を用いた場合に、Neutronの裏側でどのような操作が行なわれているのか見ていきます。

◉仮想ネットワーク操作のプロセス

まず、Neutronの裏側を知るためにはどのような登場人物がいるのか、図7.17で確認しましょう。

OpenStackでは、ユーザーからのAPIを受け取るnova-apiやneutron-serverといったらプロセスが起動しているホストを「コントローラノード」と呼びます。

そして、実際にKVMによって仮想サーバーを起動し、Open vSwitchが仮想ネットワークを構成されるするホストを「コンピュートノード」と呼びます。コンピュートノードでは、KVMを操作するnova-computeプロセスやOpen vSwitchを制御する（Neutronの）L2-agentが起動しています。

ユーザーは、コントローラノードに仮想サーバーの作成や仮想ネットワーク操作のリクエストを送信し、コントローラノードでは受け取ったリクエストをnova-apiとneutron-server、そしてその他のOpenStackプロセスと連携を行ないながら、コンピュートノードを操作して環境を構築していきます。

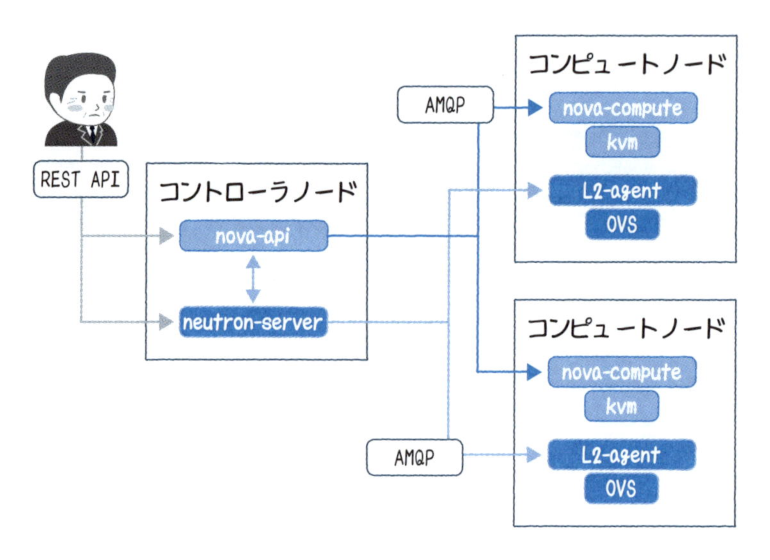

図 7.17　仮想ネットワーク操作に登場する OpenStack のプロセス

◉複数ノードにまたがったテナントの仮想ネットワーク

では、図 7.17 の環境上に、図 7.18 のような仮想ネットワークと、そこに接続される仮想サーバーが構成された場合に、実際のコンピュートノード上ではどのような環境が作られているのか見てみましょう。

図 7.18 では、2 つのテナントが存在し、それぞれのテナントが同じ IP アドレスのサブネットを持つ仮想ネットワークを構成しています。それぞれのテナントは 2 台の仮想サーバーを起動し、その 2 台は別のコンピュートノードへ配置されています。それぞれのテナントに配置された仮想サーバーは同じ IP アドレスが割り当てられています。

Neutron ではこのような使い方が可能ですが、通常の物理環境や仮想環境であればこのような使い方はできません。1 台のホスト上に同じ IP アドレスを設定した仮想サーバーを 2 台作成してしまうと、それぞれの仮想サーバーを単体で利用するだけならば問題ないかもしれませんが、別のホスト上の仮想サーバーと通信しようとした場合に、どちらの仮想サーバーが通信を行なっているのかが判別できず、正常に通信できません。

従来であれば、ネットワーク管理者や仮想化基盤の管理者が、このような競合を発生させないように、どのホストにどんな仮想サーバーを配置して、その仮想サーバーがどの IP アドレスを利用するかということは厳しく管理していました。しかし、Neutron ではこの競合を回避するのではなく、アドレスの重複が発生しても問題が発生しないように技術的に解決しています。

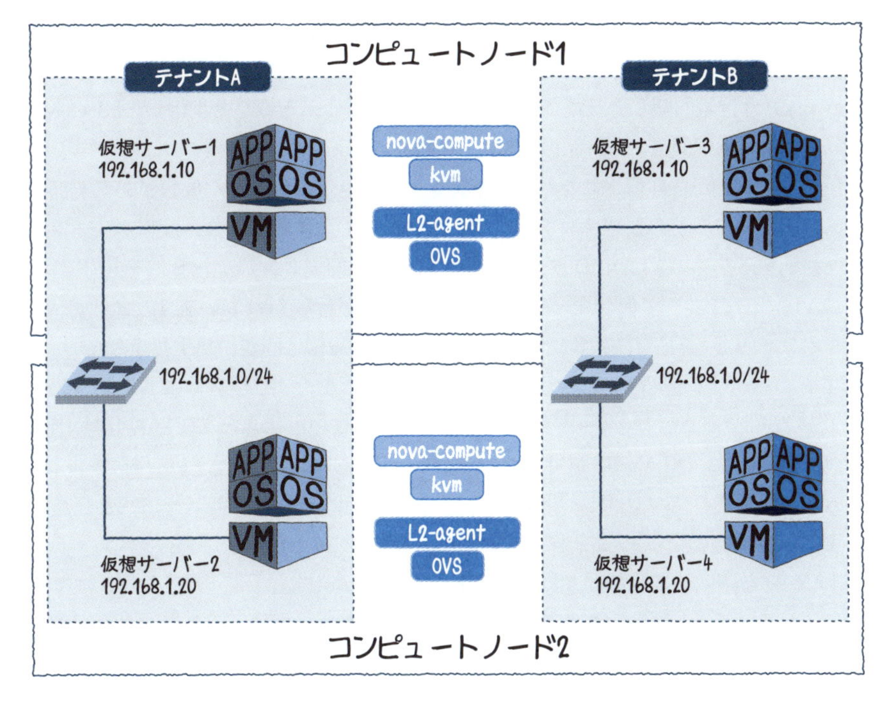

図 7.18　複数ノードにまたがったテナントの仮想ネットワーク

◉ネットワークの識別

次に、Neutronがどのようにこの問題を解決しているのかを見ていきます。

図 7.19は、Neutronが実際にコンピュートノード上で構成するネットワーク環境を図解したものです。それぞれのコンピュートノード上では、IPアドレスが重複する仮想サーバーが配置されていることが確認できます。

コンピュートノードには、br-intとbr-tunというOpen vSwitchのブリッジ（OVSブリッジ）が作成されています。仮想サーバーとOVSブリッジbr-intは、Linuxの仮想インターフェース（Virtual Interface）で接続されています。論理ポートの実体は、この仮想インターフェースになります。図 7.16で論理ポート作成のリクエスト受けたNeutronは、この仮想インターフェースを作成してからセキュリティグループに基づいたパケットフィルタの設定やIPスプーフィング対策の設定を行ない、これらの設定がすべて終わった段階でNovaへ通知を返しています。

OVSブリッジbr-intはbr-tunと接続されており、このbr-tunはコンピュートノード間でのパケット転送を行ないます。このパケット転送にはVXLANが用いられており、

VXLANのIDが付加されたパケットをbr-tunに接続されたVXLANインターフェースを通じて別コンピュートノードへ転送します。VXLAN（Virtual eXtensible Local Area Network）は比較的新しい技術で、イーサネットフレームをカプセル化し、L3のネットワーク上に論理的なL2のネットワークを構成するトンネリングプロトコルです。

仮想サーバーから発信されたパケットには、パケットが到着した仮想インターフェースに基づいて、どの仮想ネットワークに所属するのかが識別され、仮想ネットワークを識別するためのVLAN IDが割り当てられます。同一コンピュートノード内では、このVLANIDによって仮想ネットワーク間の隔離が行なわれています。そのため、同一ホスト内でも同じIPアドレスを持ったマシンの通信に問題が発生しません。

図7.19のテナントAの仮想サーバー1と2が通信を行なう場合のように、コンピュートノードから外にパケットが出ていく場合は、br-tunによってVLAN IDが削除され、代わりにVXLAN IDが付加されます。VXLAN IDが付与されたパケットは、br-tunに接続されたVXLANインターフェースから別コンピュートノードへと転送されます。受信側のコンピュートノードでは、br-tunで外から入ってきたパケットのVXLAN IDを削除して、代わりにVLAN IDを付与し直します。このVLAN IDはコンピュートノードごとに独立した値が使用され、そのため、仮想ネットワークの総数には影響しません。

このように、仮想ネットワークの識別子をコンピュートノード間で持ちまわることで、異なるコンピュートノード上で起動しているテナント内の仮想サーバー同士が通信を行なっても、仮想ネットワークの分離が保たれるようになっています。

上記の例では、VXLANを用いて仮想ネットワークの識別を行ないましたが、なんらかのIDを用いて仮想ネットワークの識別を行なうのは、基本的にはどのネットワーク仮想化技術でも同じです。一般には、どのネットワーク仮想化技術を用いるかは、識別できる仮想ネットワーク数と、性能／運用性のバランスを考慮して選択します。

たとえば、VLANでは4094の仮想ネットワークを区別できます。VLANは古くから使われて来た技術で実績も豊富なため、クラウドで収容する仮想ネットワーク数が少ない場合にはVLANが使用される場面も多いです。

一方、VXLANでは、IDに24ビットの数値が使用されており、1600万個の仮想ネットワーク数を識別できるため、多数のユーザーを収容する必要があるクラウドなどで利用されています。近年の大規模な案件では、このVLANの4094の上限数に抵触するケースもあるので、VXLANはその課題を解決するソリューションになっています。

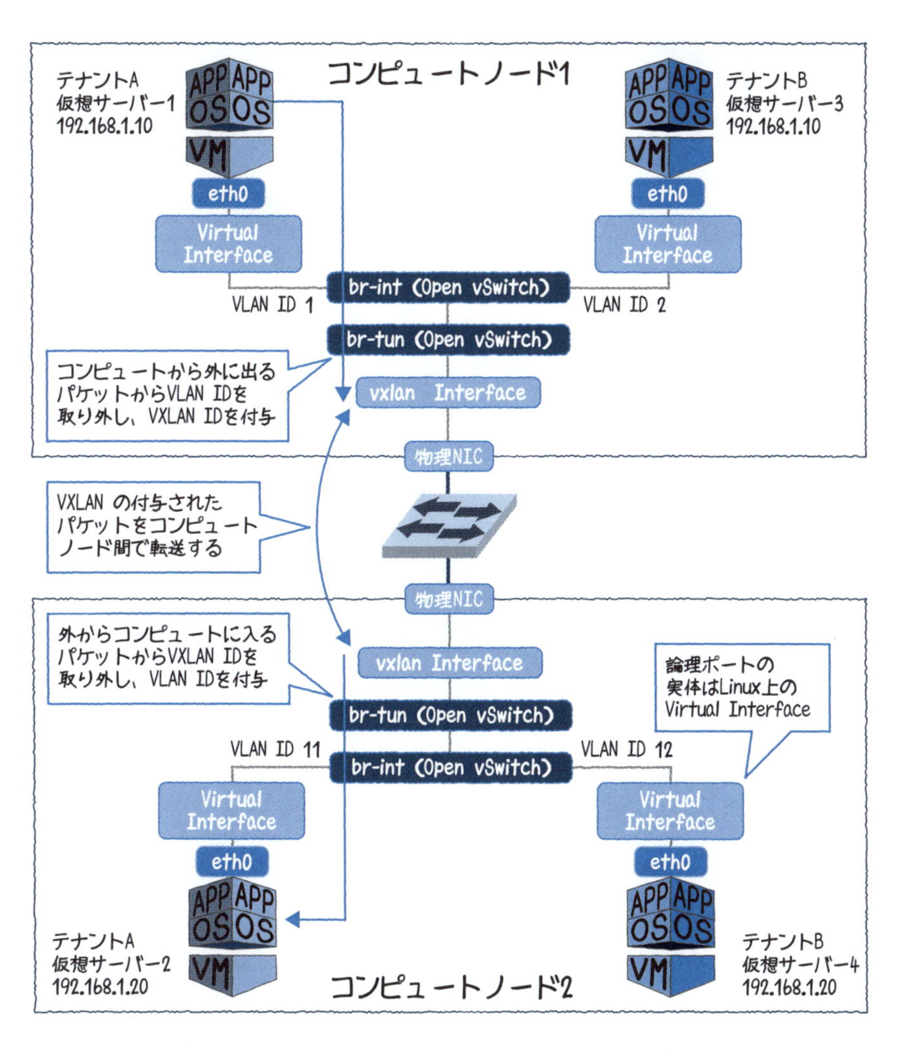

図 7.19　Neutron が作る実体ネットワークの構造

7.4 ネットワークリソースのコンポーネントとまとめ

7.4.1 ネットワークリソースのコンポーネント

ネットワークリソースは、基本的に、スイッチ、サブネット、ルーター、ポート、セキュリティグループ、NACLで構成されます。これらのリソースの関係性をコンポーネント図でまとめておきましょう。図7.20がOpenStack Neutron、図7.21がAWS VPCのリソースマップです。OpenStackとAWSでリソースの関係性に多少差はありますが、ネットワーク、サブネット、ポートが基本で、サブネットにNACL、ポートにセキュリティグループがN対Nで対応します。ルーターは両者のリソース表現方法の違いが反映され、OpenStackではルーターはポートと関連付けられ、AWSではルートテーブルがVPCとサブネットに関連付けされています。

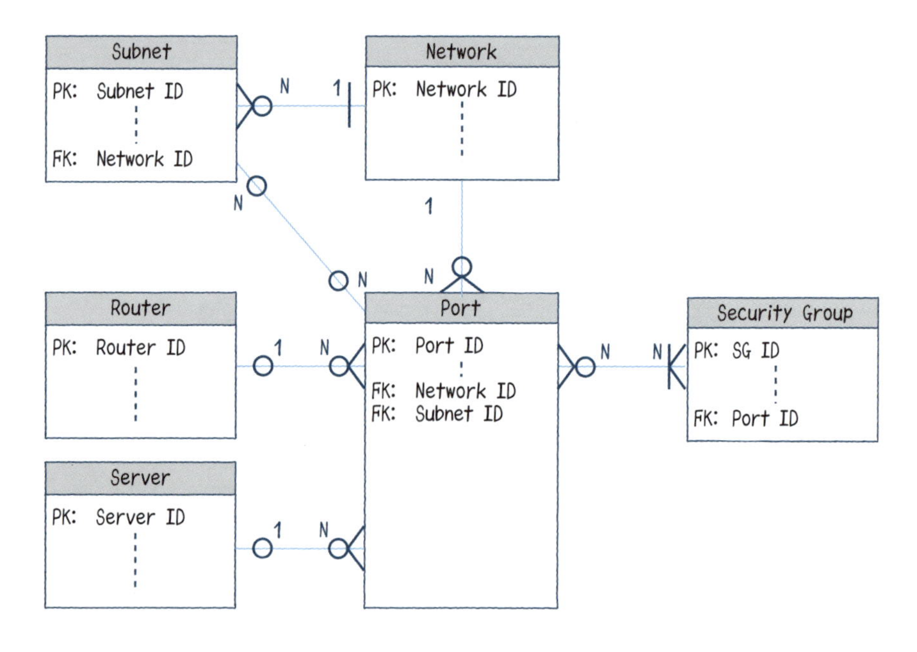

図7.20 OpenStack Neutron リソースマップ

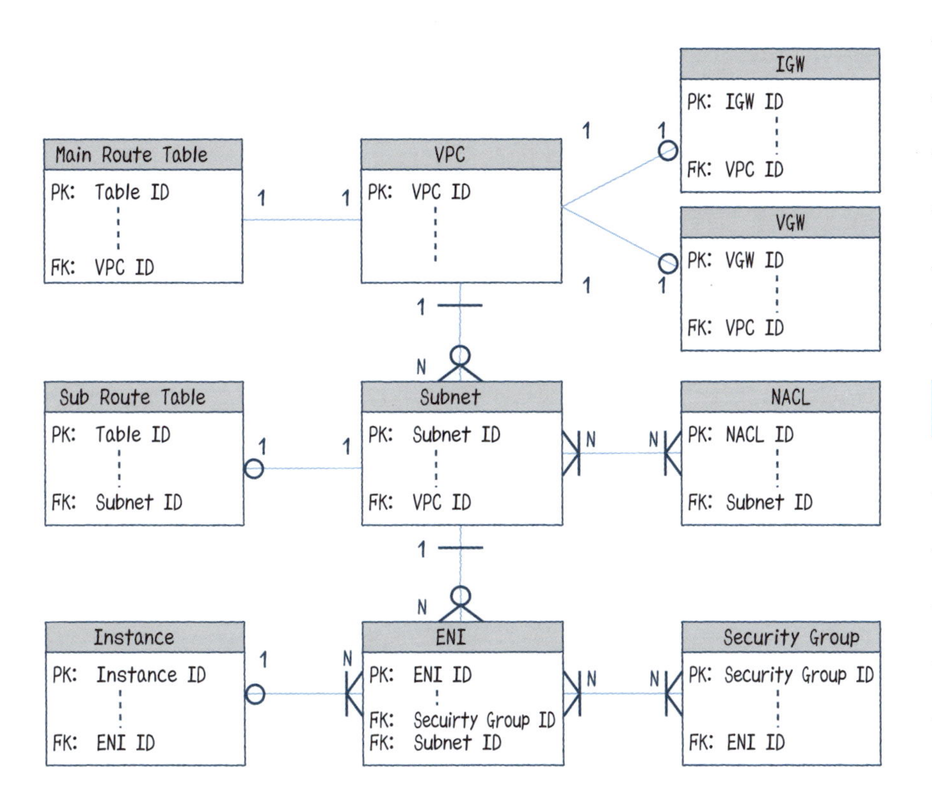

図 7.21　AWS VPC リソースマップ

この章では、クラウドネットワークを構成する基本的なリソースの概念である、ネットワーク、サブネット、ルーター、ポート、セキュリティグループ、NACL などの考え方や API 経由での利用方法などを説明してきました。これらを組み合わせることで、ユーザーは自由なネットワークトポロジーを API 経由で自分で作成できることを理解いただけたでしょう。

今回は取り上げませんでしたが、OpenStack や AWS などのクラウドでは、ロードバランサー機能、VPN 機能、ファイアウォール機能などの高度なネットワーク機能も、仮想ネットワークや仮想ルーターと同様に API で操作可能なリソースとして提供されており、高度なネットワークをさらに自由に手軽に構築することもできます（図 7.22）。

クラウド上のシステム構築において、ネットワークセキュリティは極めて重要で、このネットワーク設計とフィルタリングのポリシー策定はどの大規模案件でも必須の検討項目になっています。セキュリティグループとNACLは、自由度が高く、N対Nの関係が作れることから、どのようなルールでわかりやすい設計にするか、ルール変更をどう反映させるかがポイントになります。これ以外にも、VPCピアリングやVPCエンドポイントの最適化といったサービス間連携、第11章で説明するマルチクラウドのネットワーク構成検討も頻出項目です。

また、クラウドにおいては、前章で説明したサーバー、ブロックストレージと比較して、従来の環境と大きく変わるのが、このネットワークです。帯域やMTU（パケットサイズ）などを考慮した設計やトラブルシュートも必要になります。ここで学んだリソースの考え方と内部構成をイメージしながら、実務を担当すると一歩踏み込んだ対応が可能になるでしょう。そして、そのコンセプトはSDNの考え方になるため、最後にSDNとの関係を説明します。

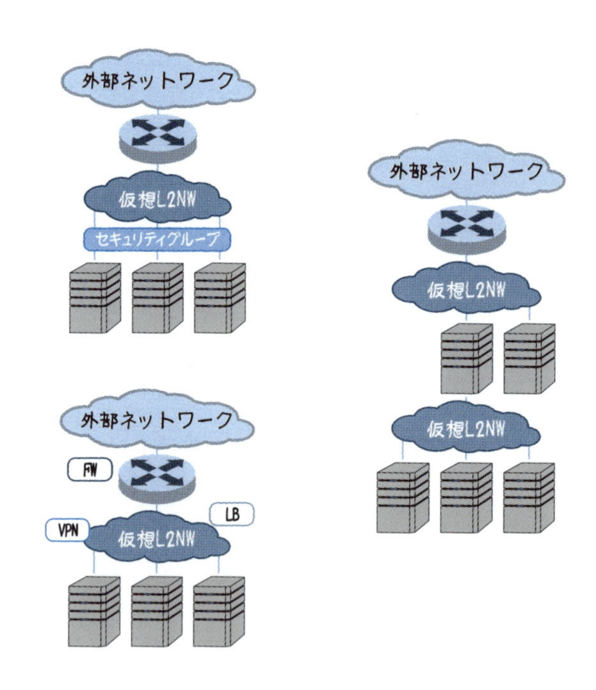

図7.22　さまざまなネットワークトポロジーを自由に構成

7.4.2 クラウドネットワークとSDN

クラウドのネットワークを語るうえで、SDN（Software-Defined Networking）の話は欠かせません。最後に、SDNとOpenStack、AWSとの関係をまとめておきます。

まず、SDNとは、従来の機器では一体となっていた制御を行なうコントローラと、転送を行なうデータプレーンを分離し、APIでネットワークを制御するという考え方です。この考え方は、これまで説明したクラウドの考え方に近いと思いませんか。

SDNにおける登場人物の関係を整理すると、図7.23のようになります。クラウドネットワークコントローラ、ネットワークオーケストレーター、ネットワーク装置が登場します。

ネットワーク装置は、実際にパケットを扱う機器で、ネットワーク装置は外部から機器を制御できるようにAPIを公開します。

ネットワークオーケストレーターは、さまざまなネットワーク機器を制御して、仮想ネットワークなどのさまざまなネットワーク機能を実現します。ネットワークオーケストレーターの例としては、オープンソースで開発が進められているものとしてOpen Daylight、MidoNet、Ryu、OpenContrailなどがあります[※5]。

クラウドネットワークコントローラは、クラウドにおいて仮想ネットワークを機能させるために必要なタスクを行ないます。たとえば、コンピュートなど他のクラウドリソース（OpenStack Novaなど）との連携、テナントを意識したリソースの権限管理などです。わかりやすい例えとしては、コンピュートリソースの制御と対比してみると、ネットワークオーケストレーターが仮想サーバーを実現するハイパーバイザーで、クラウドネットワークコントローラはOpenStack Novaなどに相当します。

クラウドネットワークコントローラのもう1つの大きな仕事は、ユーザーに一貫したAPIモデルを提供することです。本章で説明したNeutronやAWS VPCのAPIは、まさにこの部分を担当しています。このAPIはユーザーが直接操作する部分なので、クラウドネットワークが使いやすいかどうかは、この部分におけるクラウドのユースケースに合わせた適切な抽象化とAPIにかかる部分が大きいと言えます。

※5 OpenDaylight https://www.opendaylight.org/
MidoNet https://www.midonet.org/
Ryu http://osrg.github.io/ryu/
OpenContrail http://www.opencontrail.org/

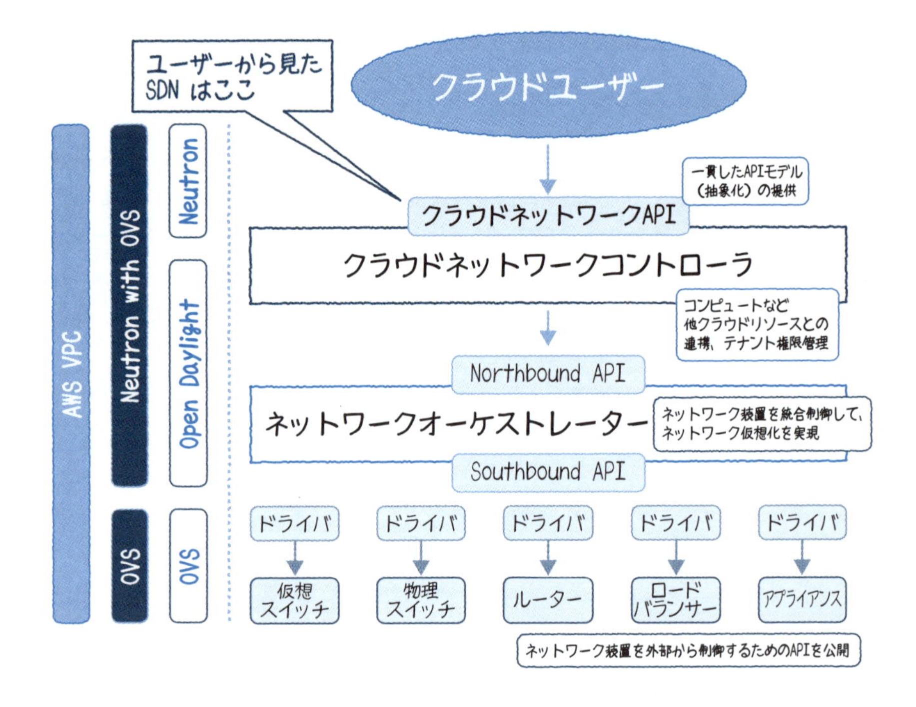

図 7.23　SDN とクラウドネットワーク

図 7.23 の左側に、本書で扱っている OpenStack Neutron と AWS VPC が、SDN の構成要素のどの部分をカバーしているかを示します。Neutron の場合は、7.2 節で取り上げた Open vSwitch を使った構成では Neutron がクラウドネットワークコントローラとネットワークオーケストレーターの両方をカバーしていますが、OpenDaylight などを使う場合などは Neutron はクラウドネットワークコントローラの役割のみを果たします。

この図を見るとわかりますが、SDN を利用するうえで、ユーザーの入り口となるクラウドネットワーク API は非常に重要な部分であり、OpenStack Neutron や AWS VPC はまさにクラウドにおける SDN を実現していると言えます。これらの API を利用するだけでなく、なぜこのようなデザインになっているかなども考えていただけると、クラウドネットワークや SDN への理解が深まり、活用の幅が広がっていくことでしょう。

第8章

オーケストレーション（Infrastructure as Code）

第3章から第7章まで、APIの基本的な仕組み、サーバー、ストレージ、ネットワークに関して、それぞれのリソースを制御するAPIについて説明してきました。OpenStack、AWSといったクラウド環境で用意されたAPIがどのような機能を提供し、そのAPIを実行した際に裏側でどのような動きをしているかを知ることができたでしょう。

このリソースの関係の定義をもっと簡単（もしくは自動的）に行ない定義化することで人の判断を減らせないかという発想を経て登場したのが「オーケストレーション」という機能で、OpenStackではHeat、AWSではCloudformationが該当するコンポーネントになります。

本章では、まず前半で、クラウド上のリソースの関係を定義し、人間の判断をコンピュータに委ね、自動的なシステム配置を可能とするオーケストレーションの基礎、構文、ツール群について説明します。そして後半では、リソース指向のREST APIとの関連性を整理しながら解説し、実践的なメリットと導入方法にも触れていきます。

8.1 オーケストレーションの基礎とテンプレートの構文

オーケストレーションとオートメーションという概念は、「サーバー」や「ネットワーク」「ストレージ」といったこれまでの説明と比べて、馴染みの薄い方もいるでしょう。そこでまずは、オーケストレーションとオートメーションの概要について解説していきます。それらがなぜ必要なのかとその考え方を示したうえで、その仕組みについて解説します。

8.1.1 オーケストレーションとオートメーションの概要

皆さんの中にはソフトウェア開発をメインにやっている方もいるかもしれません。中には、DevOpsという言葉に馴染みの深い方もいるでしょう。DevOpsとは、開発チームと運用チームが連携して協力することでシステムライフサイクルを高速化する手法のことで、主にインターネットサービス企業を中心に適用されています。

実は、DevOpsのオーケストレーション、DevOpsのオートメーション、クラウドのオーケストレーション、クラウドのオートメーションには、少し違いがあります。本書ではクラウドのAPIについて説明していきますが、DevOpsとの認識の差異がある可能性もあるため、軽く触れておきます[※1]。

DevOpsとクラウドを縦軸に、オーケストレーションとオートメーションを横軸に

※1 本書はDevOpsの解説書ではないため詳細は割愛しますが、DevOpsやCIの考え方を学びたい方は『継続的デリバリー』（アスキー・メディアワークス、ISBN：9784048707879）の一読をおすすめします。

関係性を表わすと、（若干かぶる部分もありますが）図 8.1 のような分類になります。

	オーケストレーション（自動化タスク）	オートメーション（自動化）
DevOps	組織によって定義されたDevOpsのプロセスを使い、自動化ツールのタスクへ落とし込みを実施する AWS や OpenStack などの API で構成されるクラウド管理プラットフォーム上で実現する。4 つの機能レイヤーが存在する	継続的インテグレーションを実施するための CI ツールを使い、ソフトウェアのビルドを実施する ミドルウェアなどのソフトウェアの設定投入の自動化（設定管理） 設定管理は同様のツールを利用可
クラウドインフラ	①API のポータルアクセスレイヤー ②サービス管理レイヤー ③オーケストレーションレイヤー ④リソース管理レイヤー	下記の流れをクラウド自動化ツールで自動化する ①ベアメタルサーバー仮想サーバーのデプロイ ②オペレーティングシステムのインストール ③ネットワーク機器および機能設定 ④アプリケーションのデプロイおよび設定投入

Reference:http://www.networkcomputing.com/cloud-infrastructure/cloud-orchestration-vs-devops-automation/a/d-id/1319531

図 8.1　DevOps、クラウド、オーケストレーション、オートメーションの関係性

DevOps の視点から見ると、オーケストレーションは「ソフトウェア開発の自動化のためにタスクを書いていく作業」、オートメーションは「CI（継続的インテグレーション）ツールを用いて、ビルドやバグチェックを自動化する作業」です。これら DevOps のオーケストレーション、オートメーションから学ぶべきところはいろいろありますが、本書はクラウドのオーケストレーション、オートメーションに焦点を絞って説明します。

クラウドのオーケストレーションは、クラウド管理プラットフォームに用意されているリソースの API を使うことで人間の判断の削減を目指しています。クラウドインフラとオートメーションの枠の中にある①〜③に関しては、クラウド管理プラットフォームのオーケストレーション機能を利用することで自動化できます。④のアプリケーションのデプロイおよび設定に関しては、クラウド管理プラットフォームのオーケストレーション機能の範囲外になるため、本書では割愛します（AWS や各種 PaaS では④の機能があります）。

◉ Infrastructure as Code

さて、昨今、Infrastructure as Code という言葉がよく用いられます。オーケストレーションやオートメーションは、クラウドインフラおよびシステムの状態を人間にとって可読性の高いテキスト形式のファイル（YAML や JSON など）で定義し、オーケストレーションツール、API、各種スクリプト言語、オートメーションツールを組

み合わせることで、人間の判断が入っていた部分を自動化します。このように、クラウドインフラをプログラミングでいうところの「コード」のように扱えるため、それらを総じてInfrastructure as Codeと呼びます。

これらの機能およびツールは、システム設定と状態の不整合を防ぐために、定義した状態を維持し、何度実行しても同じような環境を保ちます。このように何度実行しても同じような環境を再現できることを「べき等性」と呼びます。べき等性は、オーケストレーションやオートメーションに求められる要素の1つなので、言葉だけでも覚えておくと良いでしょう。

一般的にオーケストレーションおよびオートメーションは、次の2種類の方法に分けられます。

- プログラミング言語のようにアプリケーション配備のための手続きを並べ、それらを自動化する手続き型ツール
- アプリケーションにとって最適なインフラの状態をあらかじめテンプレートとして定義し、その状態を維持する宣言型機能

代表的な手続き型の例としては、Chef、Puppet、Ansibleがあります[※2]。これらは、構成情報、設定情報を管理するサーバーとその設定を投入するクライアントで構成され、サーバー側は、クライアントの構成情報、設定情報を参照し、システムのあるべき状態を確認します。もし、システムのあるべき状態から外れている場合は、その状態を維持させるように、クライアントへ状態維持のためのコマンドを発行させたり、設定変更を施します。具体的には、Chefでは設定情報をレシピと呼びますが、実装言語としてはRubyをベースとしていますので、Rubyが保持する文法がそのまま使えるため、条件分岐等もRubyの構文にしたがって実装できます。

一方、代表的な宣言型の例としては、AWS CloudFormationやOpenStack Heatがあります。これは、手続き型のようにコマンドや設定を直接書くのではなく、システム全体の個々のリソースを1つのテンプレートとして定義することで、インフラのプロビジョニングを達成します。AWS CloudFormationやOpenStack Heatのようなクラウド管理プラットフォームにコンポーネントとして実装されているため、ツールではなく「機能」と表現しています。

具体的には、AWS Cloudformationでは JSON、OpenStack Heatでは YAMLかJSONをベースとしています。これらの言語は、テキスト形式でリソースを表現するのに適していますが、条件分岐などのロジックを入れるのにはあまり適していません。ただし、実務上はChefユーザーなどがAWS Cloudformationを使いやすいように、

※2 Chef Solo、Puppet（スタンドアロンモード）、Ansibleはサーバーを持たずにスタンドアロンで動作します。
Chef https://www.chef.io/
Puppet https://puppetlabs.com/
Ansible http://www.ansible.com/

JSON ではなく Ruby で制御する Kumogata[※3] のような変換ツールもあります。

AWS Cloudformation、OpenStack Heat ともに cfn-init 機能などを使って手続き型で記述することもできるため、実務面ではこの型の違いはあまり気にする必要はなく、概念として理解しておくことが大事です。

◉宣言型と手続き型の適用範囲

さて、第 4 章でも触れましたが、一般的なシステムのデプロイの流れを、技術レイヤーを意識して下位レイヤーから順番に示すと以下のようになります。

①ネットワークおよびブロックストレージの準備
②サーバーのイメージからの起動
③オペレーティングシステムのインストール
④アプリケーションのデプロイ

宣言型と手続き型の 2 つのタイプのツール、機能は、そもそもの適用範囲（技術レイヤー）が違います（図 8.2）。その対象を考えると、上記の①と②はインフラ、③は OS、④はミドルウェア、アプリケーションの領域であることに気がつくでしょう。

IaaS の場合は、①と②はクラウドの提供範囲となるため、宣言型の AWS CloudFormation、OpenStack Heat が該当し、③と④はクラウドの提供範囲外となるため、Chef、Puppet、Ansible などが該当します。しかしながら重複する部分も一部あるため、各ツールの適用範囲を意識した選択が重要になってきます。

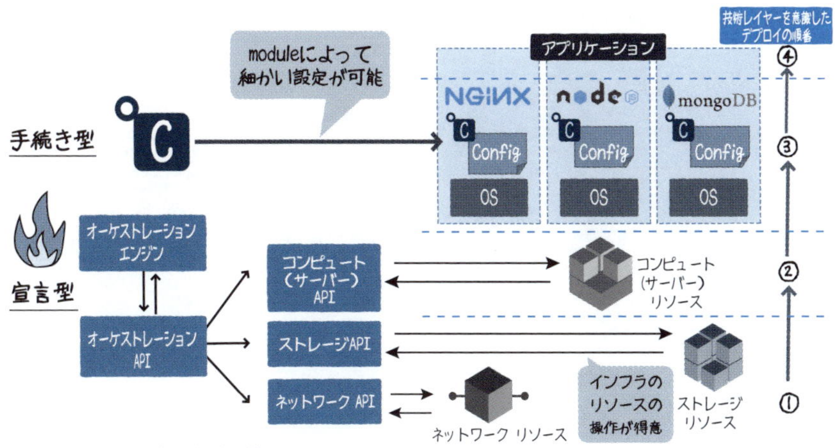

図 8.2　宣言型と手続き型の適用範囲

※3　Kumogata　http://kumogata.codenize.tools/

手続き型ツールの場合

たとえば、代表的な手続き型ツールのChefでは、OSやミドルウェアの種類に応じたモジュールが用意されており、用意に設定管理の自動化が実現できます。ただし、サーバー、ネットワーク、ストレージなどのクラウドにおけるリソースを統合的に管理する機能の拡張は2015年末時点では完全ではありません。

AWS OpsWorksでは、ChefとOpsWorksが保持する機能を組み合わせてOSやミドルウェア設定をサポートするようなものも提供されているため、AWS OpsWorksと組み合わせれば、AWS環境において、①～④のすべてのレイヤーをChefのレシピに対応したソフトウェアであれば適用できると考えて良いでしょう。Ansibleに関してもクラウドを操作するプラグインが提供されているため、①～④のすべてのレイヤーをカバーできますが、対応しているクラウドのコンポーネントやリソースが限定的です。

宣言型機能の場合

一方、宣言型機能では、クラウドのリソースを統合的に管理するAWSやOpenStackの一機能として実装されているので、リソース同士が密接に呼応しつつ、より最適化された状態でクラウドリソースのプロビジョニングが可能です。その半面、OSやミドルウェアの設定は得意ではありません。ただし、AWS Cloudformationでは、cfn-init、cfn-signal、cfn-get-metadata、cfn-hubなどのヘルパースクリプトや第5章で紹介したUserdata機能を使って設定することもできます。

- cfn-init —— AWS::CloudFormation::Initキーからテンプレートメタデータを読み取り実行する機能。以下が設定例。

```
"Type": "AWS::EC2::Instance",
"Metadata" : {
  "AWS::CloudFormation::Init" : {
    "config" : {
      "sources" : { : },
      "packages" : { : }
      "files" : { : }
      "services" : { : } }
    }
},
```

- cfn-signal —— Amazon EC2 インスタンスが正常に作成または更新されたかどうかを示すシグナルを AWS CloudFormation に送信する機能
- cfn-get-metadata —— CloudFormation からメタデータブロックを取得する機能
- cfn-hub —— リソースメタデータの変更を検出し、変更が検出された場合は、ユーザーが指定した操作を実行するデーモン機能

構文やオプションの詳細については AWS のリファレンス[※4] を参照してください。また、以下のように Chef や Puppet を Cloudformation に組み込むガイドとサンプルテンプレート[※5] も提供されているので、必要に応じて参照してください。

広義な意味での Infrastructure as code は、①〜④の範囲のすべてを網羅します。しかし、③と④の範囲はプラットフォーム色が強いため、本書のテーマであるクラウドインフラと密接に関連する①と②の範囲を中心に解説していくことにします。

8.1.2 オーケストレーション機能でのリソース集合体の考え方

第 5 章から第 7 章では、サーバー、ブロックストレージ、ネットワークの個別のリソースに対し、アクションの役割を担う REST API を発行して、作成、参照、変更、削除のオペレーションを行ない、リソースを制御してきました。

この方法でもリソースの制御はできますが、リソースの数が増えていくにつれて、API の発行数が増えていってしまいます。また、リソースが膨大になるとリソースの依存性（リソースマッピング図での関係性）の制約にひっかからないように API 発行順序を考慮する必要も出てきます。そして、なによりリソースの数が膨大になるとリソースをグループ化していかないと、人間がすべてのリソースを管理していくのには限界に達してしまいます。

オーケストレーションとは、究極的にはリソースの集合体を定義する機能です。後述しますが、個別のアクション API を中心に考えていた構築手法から、リソースのグループを中心に考える構築手法への切り替えとなり、完全に ROA（リソース指向アーキテクチャ）の視点で、設計やオペレーションを考えることを意味します。

図 8.3 を見てください。個別作成の場合は個別の API を発行しますが、オーケストレーションを使うとリソースの集合体を後述する環境テンプレートから呼び出し、「スタック」というリソースの集合体全体に対して API を発行するように変わります。

※4 CloudFormation ヘルパースクリプトリファレンス（cfn-init）
http://docs.aws.amazon.com/ja_jp/AWSCloudFormation/latest/UserGuide/cfn-init.html

※5 AWS Cloudformation に Chef を組み込むガイドとサンプルテンプレート
https://s3.amazonaws.com/cloudformation-examples/IntegratingAWSCloudFormationWithOpscodeChef.pdf
AWS Cloudformation に Puppet を組み込むガイドとサンプルテンプレート
https://s3.amazonaws.com/cloudformation-examples/IntegratingAWSCloudFormationWithPuppet.pdf

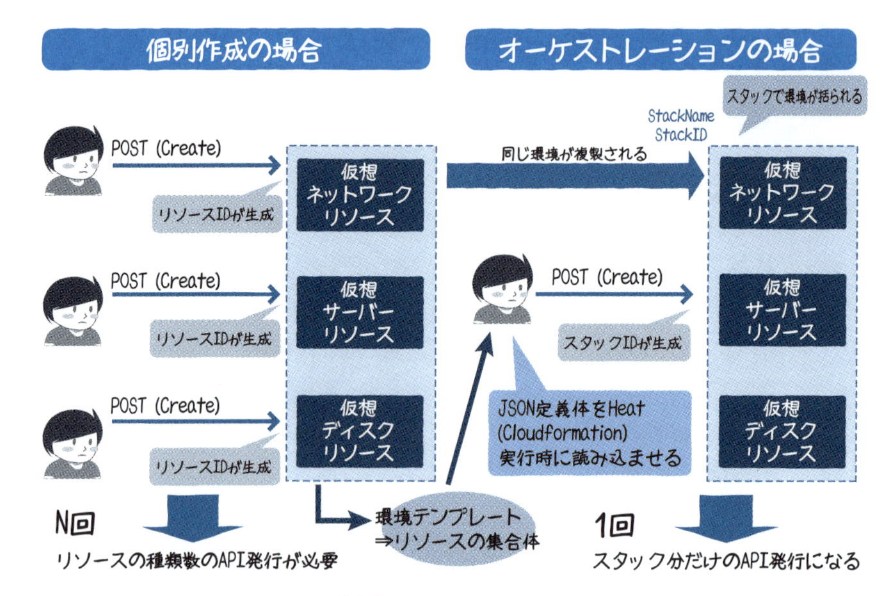

図 8.3　オーケストレーションでの ROA の考え方

このように見ていくと、API 発行回数が減り、初期の環境作成が簡素化されるのに加え、作成後は「スタック」という単位でリソースが括られるので、更新や削除も容易になるというメリットがあります。

8.1.3 オーケストレーションの API 操作

では、具体的にオーケストレーションを API で操作する方法を見ていきましょう。

オーケストレーションの基本的な単位は「スタック」になります。ここでは OpenStack Heat の API をベースに、スタックに対する基本操作を確認します。

OpenStack Heat でスタックを作成するには、「CreateStack」という API を実行します。URI「https://orchestration/v1/{tenant_id}/stacks」に対して「POST」を発行することで作成処理を実行しますが、リソース設定自体は YAML か JSON に記述されているため、クエリーパラメータにそれらファイルを指定して設定を反映します。API 発行元と同じファイルシステムに定義ファイルがある場合は「--template」で、オブジェクトストレージ[※6]などに格納されている場合は「--template_url」で URL を指定します。スタック作成が完了すると、スタックのリソースに指定したスタック名とユニークなスタック ID が付与されます。

作成したスタックを削除するには、「DeleteStack」という API を実行します。付与

※6　ファイル単位でデータを管理するストレージのこと。詳細は第 10 章で解説します。

された ID がある URI「https://orchestration/v1/{tenant_id}/stacks/{stack_name}/{stack_id}」に対して「DELETE」を発行することで削除処理を実現します。

作成したスタックの更新には、「UpdateStack」という API が用意されています。スタック作成後の変更の際に利用するため、利用頻度が高い API ですが、この更新はオーケストレーションの特徴的な機能を持っています（図 8.4）。URI「https://orchestration/v1/{tenant_id}/stacks/{stack_name}/{stack_id}」に対して「PUT」を発行することで更新処理を実現しますが、具体的な変更内容は「--template」や「--template_url」で指定された定義ファイルの差分を見て反映しています。差分を見て反映しますが、リソースの種類によっては、内部的にリソースの再作成が行なわれるものも多くあります。

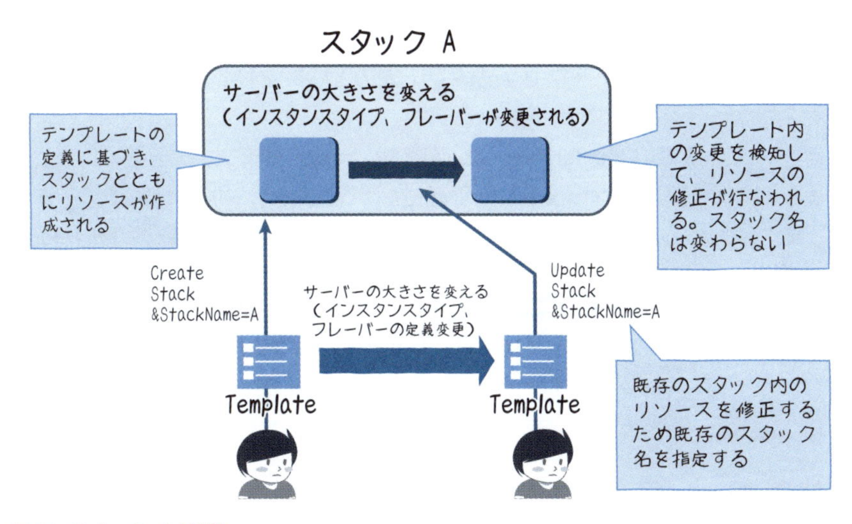

図 8.4　Update Stack の挙動

このスタック操作は、AWS Cloudformation でも同じです。OpenStack Heat と同様、URI「https://cloudformation.region.amazonaws.com/」に対して「CreateStack」「DeleteStack」「UpdateStack」の API が用意されています。ただし、OpenStack Heat では「--template」と指定していたパラメータが、AWS Cloudformation では「--templateBody」に変わります。

8.1.4 テンプレートの全体定義

次に、オーケストレーションにおける根幹となるリソース定義を担う環境テンプレートの定義を説明します。

オーケストレーションのテンプレートは、クラウドベンダーによって定義されています。詳細はAWS CloudformationとOpenStack Heatのテンプレートガイド[※7]を参照してください。

このオーケストレーションのテンプレートは、AWS Cloudformationが発祥であることもあり、多くのクラウドベンダーの記述ルールは、AWS Cloudformationをベースにしています。つまり、AWS Cloudformationのテンプレートを理解しておけば、他のクラウドへも応用が利きます。そのためここでは、AWS CloudformationのJSON定義をベースにしつつ、OpenStack HeatのYAML定義で異なる点を見ていきます。

図8.5では、AWS CloudformationとOpenStack Heatのテンプレートを比較しています。複数の要素（セクション）から構成されていますが、非常に似ているのがわかります。複数の要素がありますが、必須項目は、オーケストレーション機能の根幹

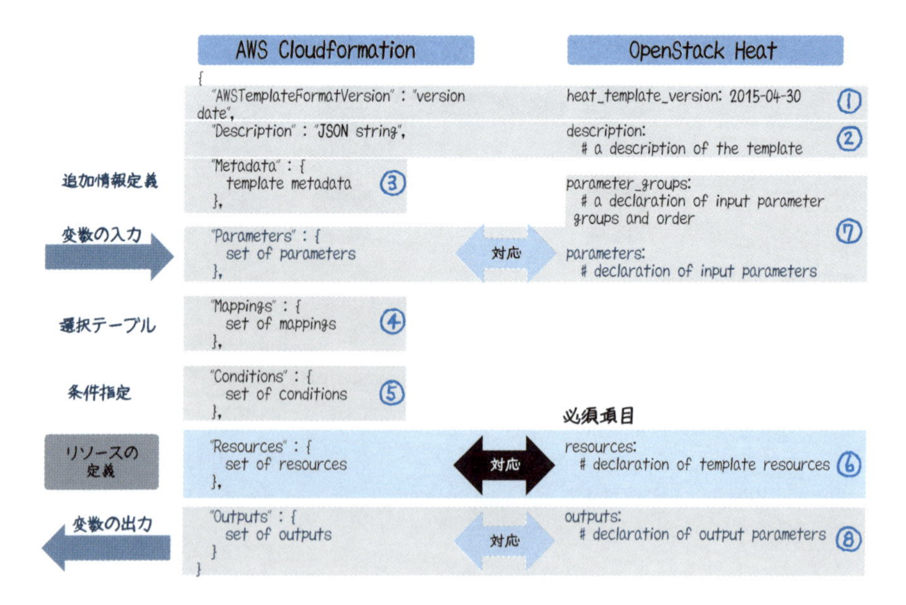

図8.5 テンプレートフォーマット

※7 AWS Cloudformation テンプレートガイド
http://docs.aws.amazon.com/AWSCloudFormation/latest/UserGuide/templateguide.html
OpenStack Heat template テンプレートガイド
http://docs.openstack.org/developer/heat/template_guide/hot_spec.html

を担うリソースのみです。その他の要素は、オーケストレーションを便利に利用する補足要素と考えてください。たとえば、パラメータとアウトプットを活用することで変数の入出力を行なうことができ、テンプレートの再利用性が上がります。

各要素の最初には、定義する名前を記載します。そして、その名前の下の階層に、個々の要素の中にプロパティと呼ばれる属性（アトリビュート）が存在し、その属性を活用することでリソースの依存関係を定義することができます。

まず、図8.5のテンプレート比較を元に、要素（セクション）の概要を紹介します。

①テンプレートバージョン

テンプレートには、バージョンが存在します。テンプレートバージョンによって、パラメータのオプションが変わることがあるため、作成する場合は、テンプレートバージョンとそれぞれの項目のオプションに注意する必要があります。

②ディスクリプション

テンプレートがどういったものであるのか説明を記述します。ディスクリプションに関しては、オーケストレーション動作に直接影響はないので、任意でわかりやすい説明を付け加えます。

③メタデータ（AWS Cloudformationのみ）

テンプレートに関する情報をJSONオブジェクトとして追加することができます。

④マッピング（AWS Cloudformationのみ）

ResourceおよびOutputセクションで使う検索テーブルをキーと値で指定することができます。

⑤コンディション（AWS Cloudformationのみ）

特定のリソースについて、作成されるかどうかを選択するための値を決めることができます。たとえば、本番環境ではリソースAを使い、テスト環境ではリソースBを使う、といった使い分けに利用できます。

⑥リソース

テンプレートの中核で、クラウドで用意されているサーバーのリソースを記述できます。

⑦パラメータ

リソースの中で使う、変数（パラメータ）を定義して指定することができます。

⑧アウトプット

オーケストレーションが完了した後の出力を制御します。たとえば、オーケストレーションしたシステムへのアクセス方法（Webシステムであれば、管理画面へのURL、ユーザー名、パスワード）などを出力させたり、オーケストレーションの結果を出力できます。

このうち、両サービスに共通し、最低限覚えておくべき3つの基本要素は⑥～⑧のリソース、パラメータ、アウトプットです。以降では、この3つに絞ってJSONサンプルを元にポイントを解説していきます[※8]。

8.1.5 リソース

まず、環境テンプレートの根幹である、リソースの記載について説明していきます。これまで、サーバー、ブロックストレージ、ネットワークの章の最後にリソースマッピングを説明してきましたが、その内容がそのまま当てはまります。

リソースはエンティティ、リソース内のプロパティはアトリビュートが、そのまま当てはまります。AWS Cloudformation と OpenStack Heat がどのようなリソースとプロパティを対象として、どのような名前で記述するかについては、各ドキュメントの「リソースプロパティタイプ」[※9]で確認することができます。クラウドは日進月歩でリソースとプロパティが増えていくため、常に最新情報を確認するようにしてください。OpenStack Heat では AWS 互換したリソースやプロパティにも一部対応しています。

図8.6のように "Resources" の {} 内にリソースを定義していきます。名前、タイプ、プロパティのセットでリソースの定義となります。複数のリソースがある場合は、このリソースを並列に記述していきます。

※8　とはいえ、AWS Cloudformation 固有のメタデータ、マッピング、コンディションも実務ではとても便利な機能なので、興味がある方は AWS Cloudformation のマニュアルを参照してください。

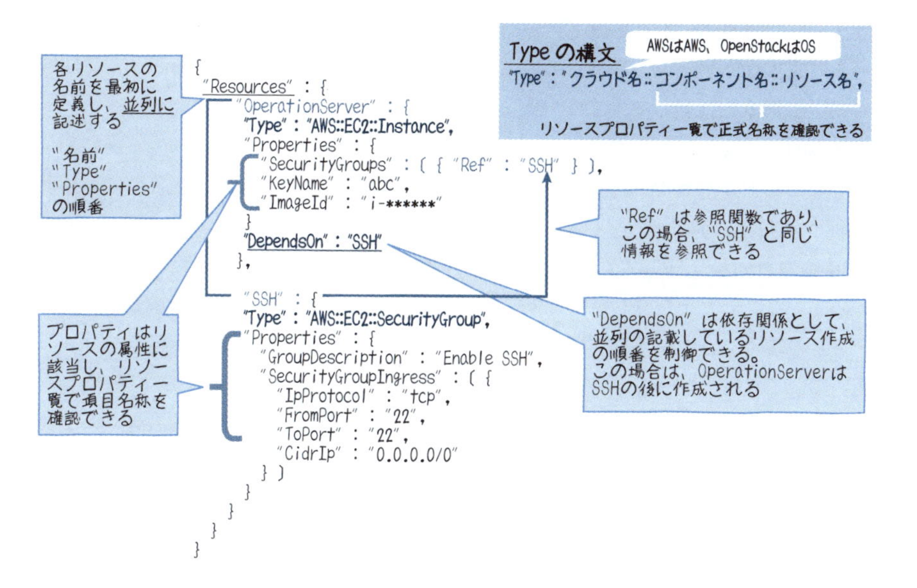

図 8.6　リソース

"Type" は、「" クラウド名 :: コンポーネント名 :: リソース名 "」という書式で記述します。"Properties" は、リソースが保持する属性を順番に定義していきます。両方とも、具体的な記述の命名規則は前述のリソースプロパティタイプで確認できます。

各リソース間には UUID 等を元にしてリソース作成の前後関係を持っているケースがあります。たとえば、サーバーを作成するためにはイメージがあらかじめ必要といった関係です。そのような場合は、整合性を保つため、他のリソースの属性情報を引っ張ってきたり、リソースの起動順序を制御する必要性があります。属性情報を引っ張ってくるには Ref という参照関数を使い、「"Ref" : "***"」と記述します。これで、*** の情報を引っ張ってくることが可能です。

また、起動順序を依存関係として定義し、「"DependsOn" :"***"」と記述することで、*** の後に起動させるように制御させることも可能です。

※ 9　AWS Cloudformation の AWS リソースプロパティタイプ
http://docs.aws.amazon.com/AWSCloudFormation/latest/UserGuide/aws-templateresource-type-ref.html
OpenStack Heat の OpenStack リソースプロパティタイプ
http://docs.openstack.org/developer/heat/template_guide/openstack.html
OpenStack Heat の AWS リソースプロパティタイプ
http://docs.openstack.org/developer/heat/template_guide/cfn.html

次に、Amazon EC2 で Web サーバー、OpenStack Nova でアプリケーションサーバーを構成するテンプレートを、AWS Cloudformation の JSON 形式と OpenStack Heat の YAML 形式で比較してみます（図 8.7）。

基本的な構文には差異がないこと、OpenStack では AWS のリソースの一部に対応していることがわかります。OpenStack は Amazon EC2 のインスタンスには対応していますが、プロパティ（属性）の一部に不足があります。これは、OpenStack Heat 側の対応が、Amazon EC2 インスタンスの最新のプロパティ一覧に完全に追いついていないことを意味しています。非常に速いスピードでリソースや属性（プロパティ）が増えていくクラウドでは、オーケストレーション機能のリソース対応が一部追いついてないということはよくあることなので注意してください。

オーケストレーションを成功させるための鍵は、クラウドインフラの要件からリソースの関係を意識して忠実にテンプレート化することです。ぜひこのリソース定義の基本内容はしっかりおさえてください。

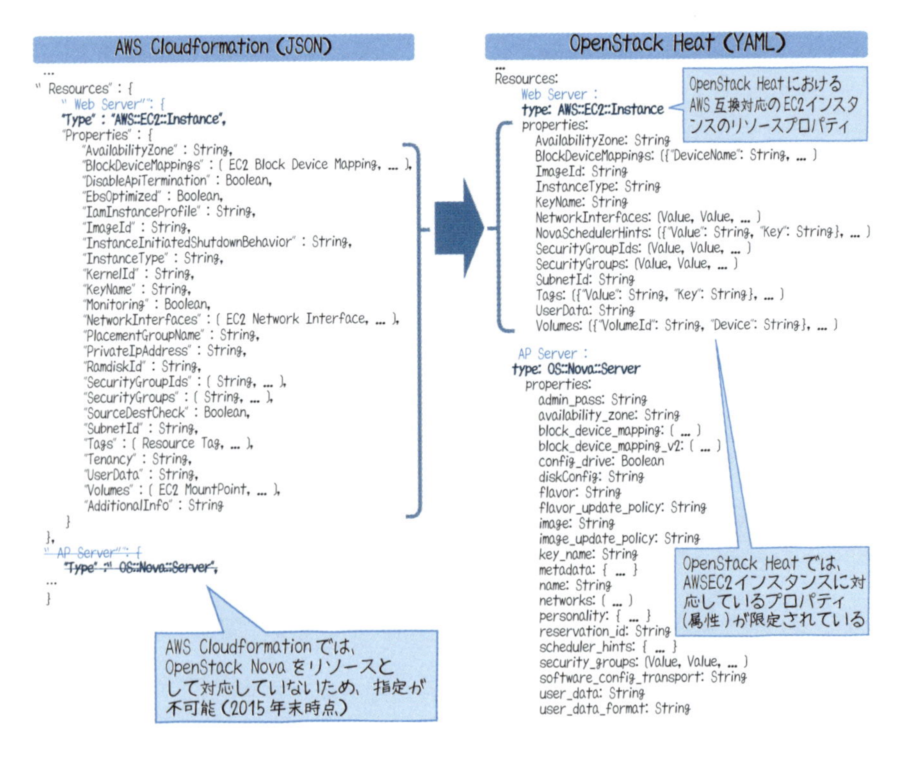

図 8.7　リソースプロパティの比較

8.1.6 パラメータ

テンプレートの根幹はリソースですが、テンプレートのリソースやプロパティが固定化されていると再利用する際に不便なので、一部の情報を可変にして汎用的にテンプレートを扱いたいというニーズも多くあるはずです。その場合に活用できる要素がパラメータであり、テンプレートに対して、入力情報を提供します。

図 8.8 に、パラメータの例を挙げます。基本的な構文はリソースと同じですが、クラウドが提供するリソースの属性（プロパティ）にパラメータを入力する場合は、リソースと同様に "Type" で指定するところがポイントとなります。パラメータで入力した内容をリソースが読み込むには、先ほど紹介した "Ref" の参照関数などを使います。

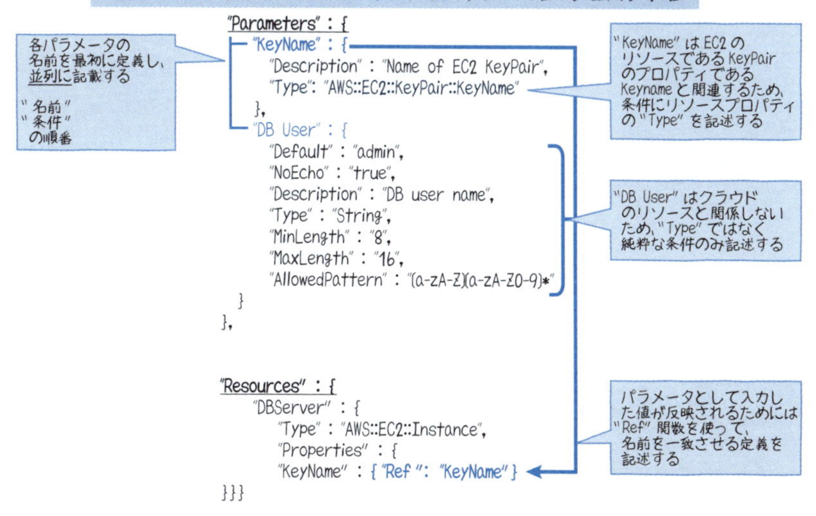

図 8.8 パラメータ

8.1.7 アウトプットリソース

テンプレートの実行結果後に、何かを出力したいケースがあります。その場合に活用できるのがアウトプットです。アウトプットは、テンプレートからの出力情報を提供します（図 8.9）。

基本的な構文は、リソースやパラメータと同様、"Value": の部分にテキストやパラメータ、リソースのプロパティ情報の変数を引用して定義します。Ref の参照関数も使えます。また、"Fn::GetAtt": は、リソースのプロパティ情報を直接引用できる関数で、[" リソース名 "," プロパティ名 "] と定義して利用できます。

図の 8.9 の例では、KeyPair の名前と、AWS オリジナルである Elastic Load Balancer の DNS 名を GetAtt 関数を使って取得して「http://」を付与したアクセス用の URL の 2 つを取得しています。

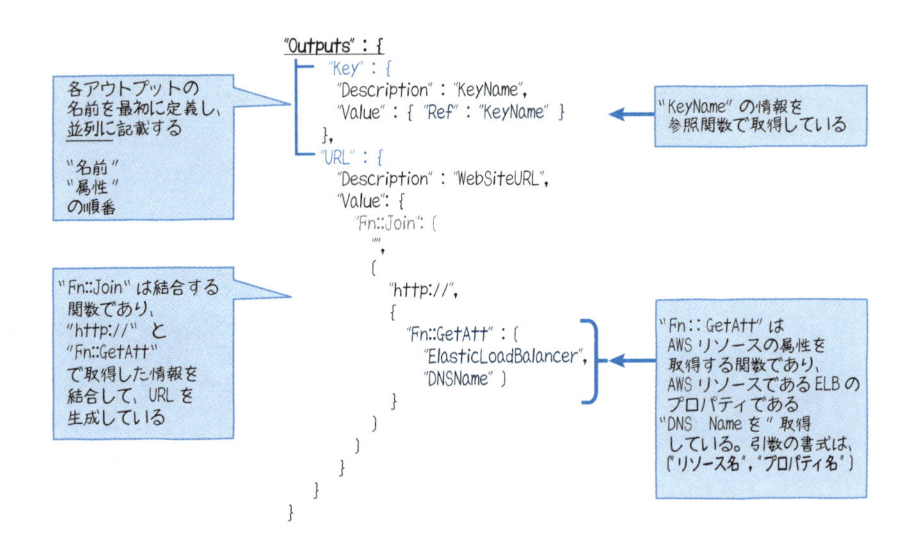

図 8.9　アウトプット

8.1.8 テンプレートの検証

複雑な環境テンプレートを論理的に正しいかを検証する方法があります。この検証のために「Validate Template」という API が用意されています。この API は、OpenStack Heat、AWS Cloudformation の両方で利用できます。

OpenStack Heat では、URI「https://orchestration/v1/{tenant_id}/validate」のクエリーパラメータに「--template」や「-template_url」で検証したい環境テンプレートを指定して「POST」を発行します。

AWS Cloudformation では、URI「https://cloudformation.region.amazonaws.com/」に「Validate Template」を指定し、クエリーパラメータに「--templateBody」や「--template」を指定して検証できます。ただし、この検証はあくまでテンプレートの

構文チェックなので注意してください。実環境を考慮したリソースやプロパティの有効性は確認できません。また、（本書執筆時点では）AWS Cloudformationにはドライラン（実環境での検証）の機能実装がないため、必要に応じてリハーサルなどを行ないながら試していく必要があります。

8.1.9 テンプレートの互換性

このようにオーケストレーション機能は、テンプレートもわかりやすく、どのクラウド環境でも多くの要素は共通化が図れています。しかし、OpenStackクラウド環境のインフラ構成をそのままAWSクラウド環境で使ったり、逆にAWSクラウド環境のインフラ構成をOpenStackクラウド環境で使ったりなど、システムのライフサイクルを想定した統合配備（マルチクラウド環境、ハイブリッドクラウド環境）は、リソースとテンプレートの互換性の問題から難しい場合があります（図8.10）。

このような環境を実現したい場合には、Ruby fogなどのクラウドオーケストレーションのライブラリを用いたり、それぞれのクラウドのAPIおよび対応したクライアントを組み合わせた独自のスクリプトを用意するなどの対応を検討していくことになります。この方法については第11章で触れます。

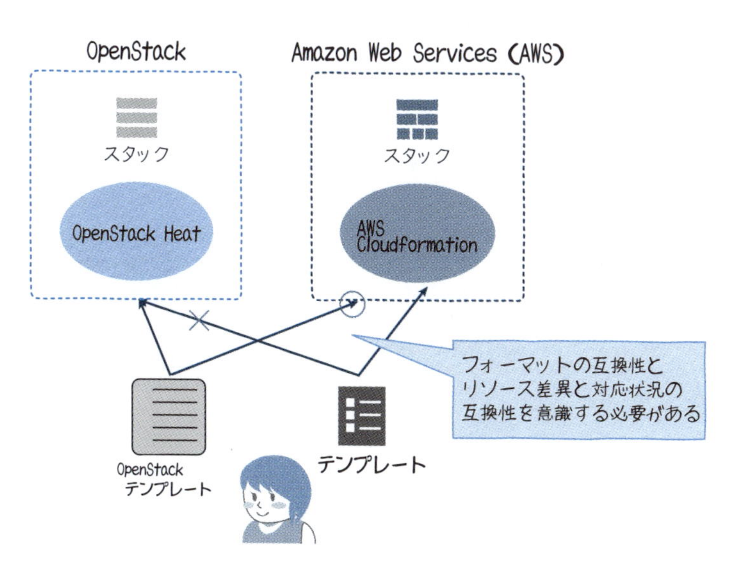

図8.10　テンプレートの互換性

8.1.10 実行中のステータスとトラブルシュート

オーケストレーション機能はリソースの集合体であるため、作成中にエラーになったり時間がかかり過ぎたりする場合に、状況の確認やトラブルシュートが難しいと言ます。そのため、各リソースやイベント状況を確認するためのAPIが用意されています。

リソースの状態を確認するには、OpenStack Heatでは、「List resources」APIが用意されており、URI「https://orchestration/v1/{tenant_id}/stacks/{stack_name}/{stack_id}/resources」に対して「GET」を発行することで、指定したStack名に所属するリソースID一覧の状態を確認できます。

AWS Cloudformationでは、「List Stack Resources」APIが用意されており、URI「https://cloudformation.region.amazonaws.com/」に対して「GET」を発行することで、指定したStack名に所属するリソースID一覧の状態を取得できます。

図8.11は、OpenStack Heatで実行した例になります。

```
{
    "resources": [
        {
            "creation_time": "2015-06-25T14:59:53",
            "links": [
                {
                    "href": "http://hostname/v1/1234/stacks/mystack/629a32d0-ac4f-4f63-b58d-f0d047b1ba4c/
resources/random_key_name",
                    "rel": "self"
                },
                {
                    "href": "http://hostname/v1/1234/stacks/mystack/629a32d0-ac4f-4f63-b58d-f0d047b1ba4c",
                    "rel": "stack"
                }
            ],
            "logical_resource_id": "random_key_name",
            "physical_resource_id": "mystack-random_key_name-pmjmy5pks735",   ← リソースをユニークに示すUUIDが表示される
            "required_by": [],
            "resource_name": "random_key_name",
            "resource_status": "CREATE_COMPLETE",   ← リソースの作成状況が表示される
            "resource_status_reason": "state changed",
            "resource_type": "OS::Heat::RandomString",   ← リソースプロパティタイプが表示される
            "updated_time": "2015-06-25T14:59:53"
        }
    ]
}
```

図8.11 リソース作成状況

実際に、スタックを作成、更新している際の状態を時系列に詳細に確認したい場合は、イベントの状態確認がおすすめです。

OpenStack Heatでは、「List Stack Event」APIが用意されており、URI「https://

orchestration/v1/{tenant_id}/stacks/{stack_name}/{stack_id}/events」に対して「GET」を発行することで、指定したStack名に所属するイベント一覧を確認できます。

AWS Cloudformationでは、「Describe Stack Event」APIが用意されており、URI「https://cloudformation.region.amazonaws.com/」に対して「Get」を発行することで、指定したStack名に所属するイベント一覧を取得できます。

言葉の説明だけではわかりにくいので、AWS Management Consoleを例に、エラーが発生したイベントを見てみましょう（図8.12）。これは、後述するAWS Cloudformerを起動するスタックを実行したときのイベント結果です。

下から時系列に見ていきますが、途中のAmazon EC2の起動で、上限値にひっかかったのが原因でエラーになったことが確認できます。その後、ロールバック処理が実行され、同じスタック内で起動したリソースの削除処理が実行され、すべての削除の完了をもってロールバックが完了したことがわかります。

このように、オートメーション機能を使うことにより、エラーも判別しやすく、ロールバックもスタック全体に対してきちんと行なわれようになり、トラブルシュートもしやすくなります。

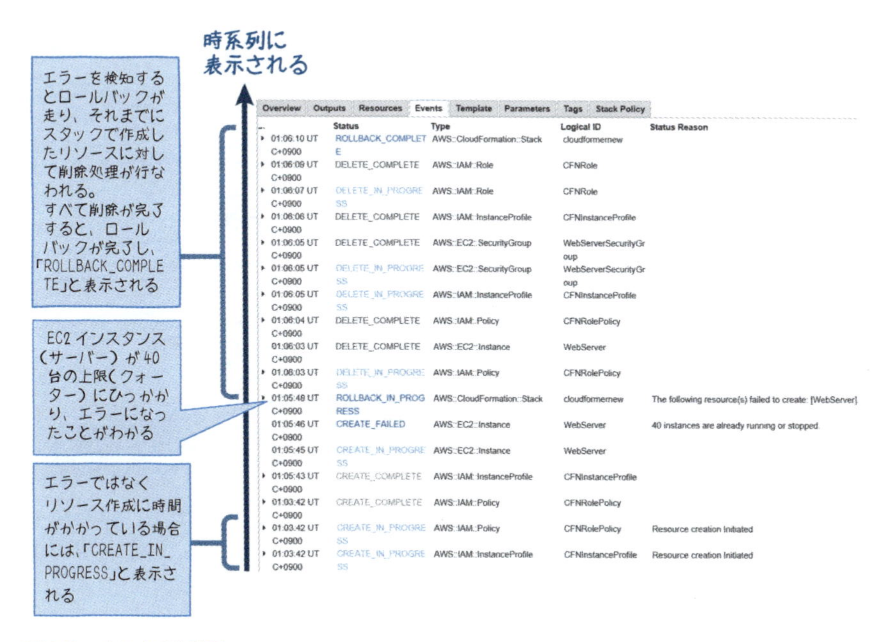

図8.12　イベント出力状況

8.1.11 既存リソースからテンプレートの自動生成

最初からテンプレートを手動で一から記述するのは手間がかかります。また、既存のクラウド上に実装した環境をテンプレートに落とし込みたい場面もあるでしょう。

AWS Cloudformationでは、既存環境のリソース情報をメタデータとして収集し、テンプレートに変換するCloudformerという機能があります。Cloudformer自体はAmazon EC2で動いているため、図8.13のようにあらかじめ用意されたCloudformer用の環境テンプレートを使ってスタックを作成することで起動します。スタック作成が完了するとアウトプットでアクセス用のURLが作成されるため、クリックするとCloudformerの画面に遷移します。

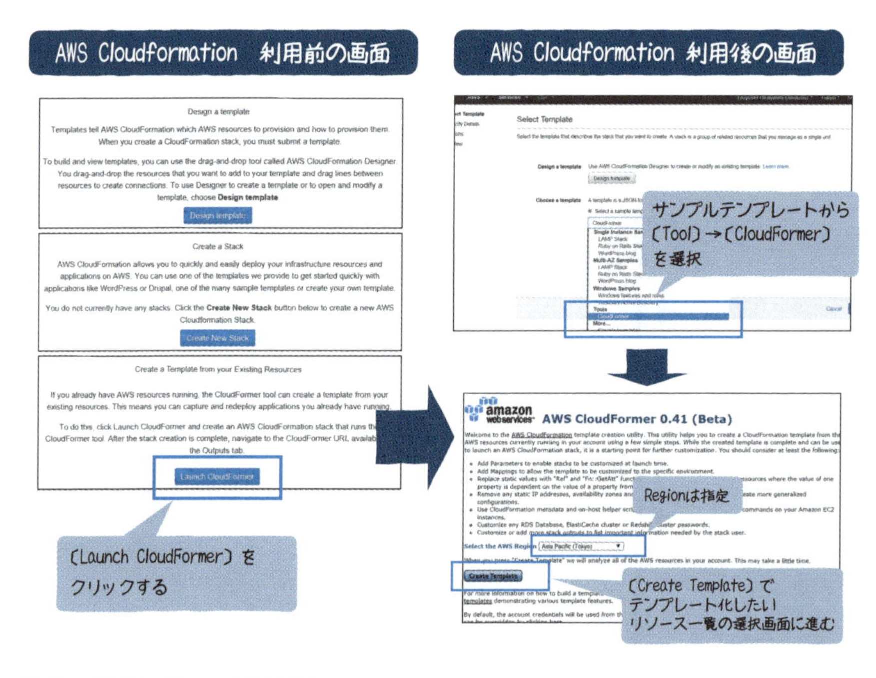

図8.13　AWS Cloudformerの起動方法

Cloudformerは既存のリソース情報を内部的に抽出し、画面に各コンポーネント順にリソース一覧を表示するので、テンプレート化したい対象のリソースを順番に指定していきます（図8.14）。最終的には、選択したリソースの集合体のテンプレートが

JSON 形式で自動生成されます。この既存リソースの情報を元にしたテンプレートから、スタック内で別のリソースとして起動していきます。

既存リソースがスタックの中に入るわけではなく、「スタック内で別のリソースが起動する」という仕組みはおさえておいてください。

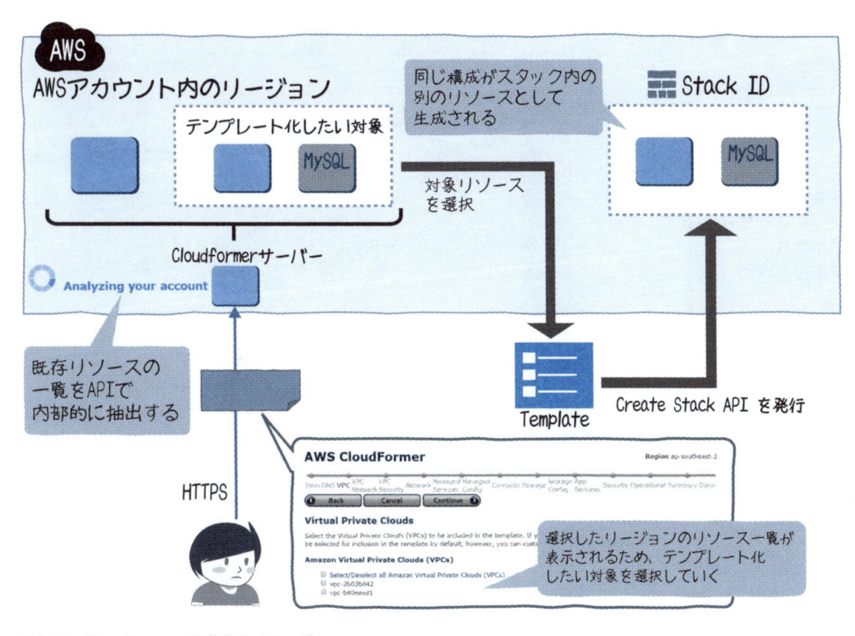

図 8.14　Cloudformer の動作とイメージ

8.1.12 テンプレートの可視化

JSON や YAML のテンプレートは、人間にもわかりやすい宣言型の文法になっていますが、システムの規模が増えるにつれ、テンプレートへの記述量が膨大になってくるため、テンプレートだけでは構成のイメージやリソース間の関係がわかりにくくなります。

AWS Cloudformation Designer は、テンプレート情報からリソースに基づいた構成を AWS アイコンでビジュアルに表示しますが、機能はそれにとどまりません。図 8.15 は、AWS CodeDeploy という機能を使った際のテンプレートの例ですが、表示されているリソースのアイコンをクリックすると、リソースプロパティ、ポリシー設定、コンディションの設定情報が特定して確認できるため、メンテナンス性が上がります。また、その設定情報を修正して直接テンプレートに反映したり、新規リソースのアイコンを元にしてテンプレートをビジュアルに作成したりすることもできます。機能を世の中に大きく普及させるのにはツールが重要になりますが、自動生成や可視化のツールはオーケストレーション機能の導入の敷居を下げる重要なツールになっています。

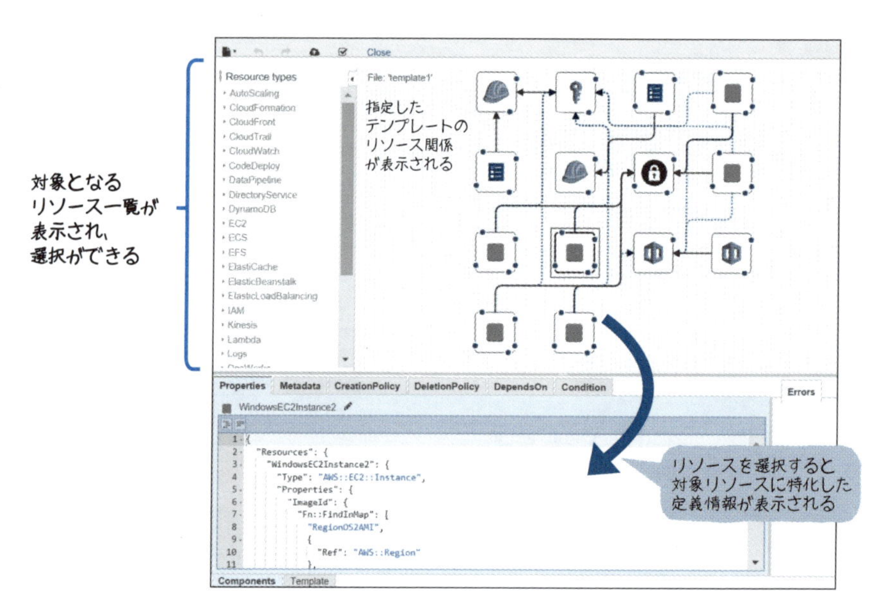

図 8.15 Cloudformation Designer

8.2 オーケストレーションのメリット、適用方法、注意点

これまで、テンプレートの作り方および、オーケストレーションの動作など、基本動作を説明してきました。ここからは、そのオーケストレーションがどのような場面でメリットがあり、どのように適用していき、どのような注意点があるのかについて説明していきます。

クラウドの利用者からすると、GUI や CLI からリソースを単体で操作していけばシステムを構成できるため、オーケストレーションツールなど使う必要はないと感じる方もいるでしょう。しかし実はそのようなときでも、オーケストレーションツールを有効活用できる場面があります。また、オーケストレーションのメリットを理解したうえで、オーケストレーションを基本としたシステムに切り替えるには、スタックとリソースを中心としたシステム管理の考え方を変えるステップが必要となります（詳細は後述します)。そして、実際にオーケストレーション機能を本番運用に適用するにはいくつかの注意点もあります。

以降では、著者のこれまでの経験に基づいて、オーケストレーション機能を本番運用へ適用させる場合の具体的なメリットと適用方法、注意点について解説していきます。

8.2.1 環境構築自動化のメリット

サーバー、ネットワーク、ストレージを作成する場合は、APIとそれを操作するコマンドやプログラムを用いることで、ユーザーが指定したとおりにクラウド自身が基盤の状態を判断して自動作成されます。ただし、APIを使うにしても、作成するサーバーの種類が違えばコマンドも異なるため、数回コマンドを実行しなければなりません。

表8.1は、OpenStackのCLIで異なる仮想マシンをブートさせる例です。フレーバーとブートイメージ、起動するインスタンスの数が異なっているため、同様のコマンドを3回入力／実行しなければならないことを示しています。

表8.1　異なる仮想マシンをブートさせるときの例

回数	コマンド
1	nova boot --flavor **small** --image **ubuntu15.10** --key-name secret --security-groups sshable --num-instance **10**
2	nova boot --flavor **learge** --image **ubuntu14.04** --key-name secret --security-groups sshable --num-instance **5**
3	nova boot --flavor **small** --image **fedora** --key-name secret --security-groups sshable --num-instance **20**

この例では、サーバーリソースを扱うnovaコマンドを示しましたが、システム全体として見るとnetworkを扱うneutronコマンドなど、システムに関する他のコマンドも実行する必要があります。

たとえば、シェルスクリプトやオートメーションツールなどを組み合わせたとしても、指定するオプションの数に変わりはなく、膨大な確認作業に時間を割かなければなりません。また、人間がこれらの作業を実施するため、仮想マシンを10台と指定するところを100台と誤って指定したり、仮想マシンを削除するのを忘れたりする可能性もあります。このような場合、AWSでは想定外の課金が発生したり、あらかじめ設定された条件に抵触したり、OpenStackではクォータで制限されたリソースを食い潰してしまい同テナントの他のユーザーが使えなくなったりする可能性があります。

コマンドを多く入力する必要がある場合は、このようなオペレーションミスも考慮しなければなりません[※10]。

一方、オーケストレーション機能では、上記のような場合、テンプレートでリソースの関係、状態を定義することで、オーケストレーションエンジンが自動的に判断して、適切なリソース配備とシステムの状態維持を行なってくれるため、いままで必要だった確認作業を減らすことができます。つまり、管理者は、オーケストレーション機能のスタックの状態を確認して「正常」と確認できれば、リソース配備の正常性を確認できるということです。さらに、リソースの制限についても、テンプレートで定義することで、多くのリソースを消費してしまうといったミスを防ぐことができます。

つまり、オーケストレーション機能は、環境構築の自動化を大きく支援し、オペレーションを最適化します。これは、リソースの種類や数が増えた場合でも、API発行回数の抑制による作業効率化とともに、作業ミスの低減やリソースの状態管理性の向上にも寄与します。

8.2.2 運用におけるメリット

環境構築フェーズでは、前述の効率化が構築期間の短縮につながります。対して、長期に続く運用フェーズでは、運用期間は変わらないため、各種運用作業工数の削減とミス防止が評価指標になります。そのため、運用自動化という観点が重要になります。ここでは、運用におけるオーケストレーション適用のメリットを見ていきましょう。

テンプレートの中で下記①②の定義をすることで、単にリソースを配備するのではなく、配備時、配備後に役立つ機能を利用できます。リソース同士の依存関係を定義できれば、自動化によって不意にサーバーリソースを使ってしまう、誤った順序でリソースを起動するといった間違いも防ぐことができます。また、従来であれば、人間の判断、人間のオペレーションで実現していた障害復旧に関しても、自動化することが可能です。

●①リソース同士の依存関係の定義

データベースサーバーを作った後にアプリケーションサーバーを起動するといった依存関係を定義できます（図8.16）。

※10　ミスがあった際、クラウドの管理者はサービスを止めないよう、ユーザーやテナントごとにクォータ制限をかけておくなどユーザーがリソースを奪い合わないようにする対処が必要です。たとえばAWSでは、あらかじめ各リソースには上限値が定められており、拡張したい場合は上限緩和申請を行ないます。

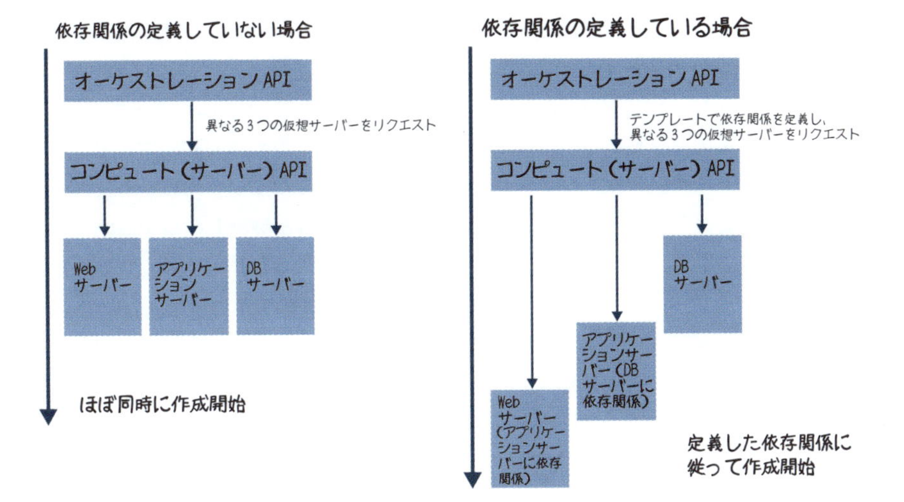

図 8.16　依存関係の定義

◉②オートスケーリング、オートヒーリング

監視サーバー、監視 API と連携することで、システムの異常状態のアラートをトリガーとして、リソースの自動再配置処理を実行できます（図 8.17）。

オートスケーリング機能とは、条件設定された負荷などに応じて自動的にサーバー数を増やしたり減らしたりする機能です。オートヒーリング機能とは、条件設定された状態に応じて、自動的にサーバーを正常な状態へ戻す機能です。

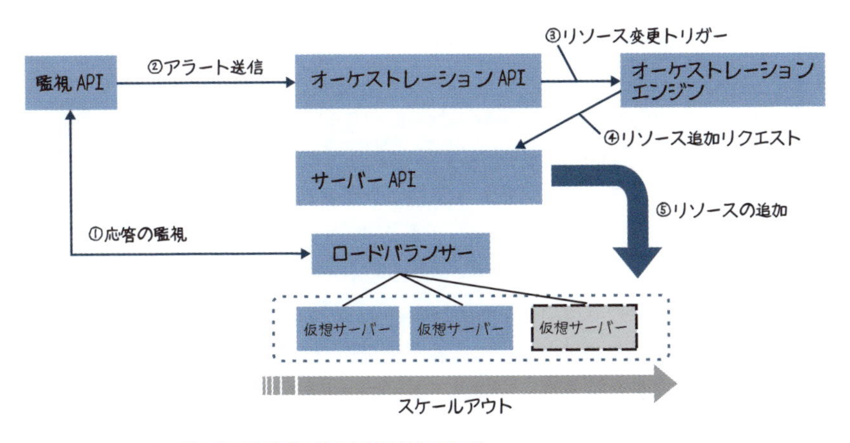

図 8.17　オートスケーリングの例（負荷増の場合と障害発生時の例）

一般的なITインフラでは、監視ソフトを使い障害を検知し、その障害内容に応じて手作業で問題を切り分けていきます。

著者の経験から言うと、日頃からシステム構築に携わっていたり、長い間同じシステムを管理していたりしなければ問題切り分けから復旧するための判断はとても難しく時間がかかります。また、システム運用に多くの人間を割けない場合があり、運用専任部隊がいるケース以外は、1人で夜間待機するといった経験も少なくないはずです。そのとき、システム構築に携わった人や運用経験の長く知識がある人を頼ることもあるでしょう。

大規模障害の場合、サービス品質を下げないためにも、なるべく多くの人を巻き込んで早期復旧するのが先となります。一方で、同時に多くの人が動くとなると、人的コストがどんどん増していき、運用コストが上がり、トータルで会社の利益を下げてしまうことが想定されます。

こういった場面で、オーケストレーション機能と関連させたリソースの状態異常（トリガー）を他のAPIから受け取ることができるため、オーケストレーションエンジンがAPIを経由し、状態を確認し、前述したオートヒーリング機能やオートスケール機能と連動できます。

実は、オートスケーリング機能やオートヒーリング機能は、単体でも利用できます。たとえば、起動条件についてはAPIを呼び出すスクリプトなどでロジックを埋め込むことで条件指定できます。

AWSの場合、オートヒーリング機能は、EC2 Actionの「Recover an instance」や「Reboot an instance」をAWSの監視機能であるCloudWatchのEC2の状態確認メトリックに対応したアラーム設定と連動させることで実装できます。オートスケーリング機能は、AWS Auto Scalingという独立したコンポーネントとして存在しており、直接起動元のマシンイメージと関連させることができます。しかし、リソース数が増えてくるとこれらの設定を個別に設定していると膨大な量になりますし、管理がしきれません。また、これらの設定項目はシステム管理上、極めて重要な内容になります。これらの設定をテンプレートに定義して、オーケストレーション機能を使うことにより確実な反映が可能になります。

オーケストレーションを使うことで、クラウド環境の構成がJSONテンプレートで管理されるため、手動で環境構築する場合に比べて論理構成が一見して把握できるようになります。そのため、環境不整合や環境変更点を特定しやすくなります。また、本番環境では業務影響を考慮して詳細な調査に制約がつきまといますが、このテンプレートを活用して、環境を複製し自由な再現環境を一時的に構成することも容易になります。

システム運用における障害の多くは「変更」に起因すると言われています。クラウドは相反して、簡単に変更できてしまう特徴があります。オーケストレーション機能は、この変更を適切かつ確実に行なう制御機能とも捉えることができます。

8.2.3 テンプレートの再利用による環境複製のメリット

オーケストレーション機能では、環境定義するテンプレートがJSONファイルとして外出しされています。つまり、同じJSONファイルを元に名前などの別のパラメータを指定しつつ、CreateStackのAPIを複数実行することで、同じ環境を簡単に複製できます（図8.18）。

本番環境を複数バージョンで展開して切り替えるImmutable Infrastructure（第12章で解説）に活用することもできますし、検証環境を必要に応じて展開し、複数面で並行的に作業を進めることも可能です。また、リージョンなどをパラメータ指定することでDR[※11]構成のテンプレートとしても活用することができます。

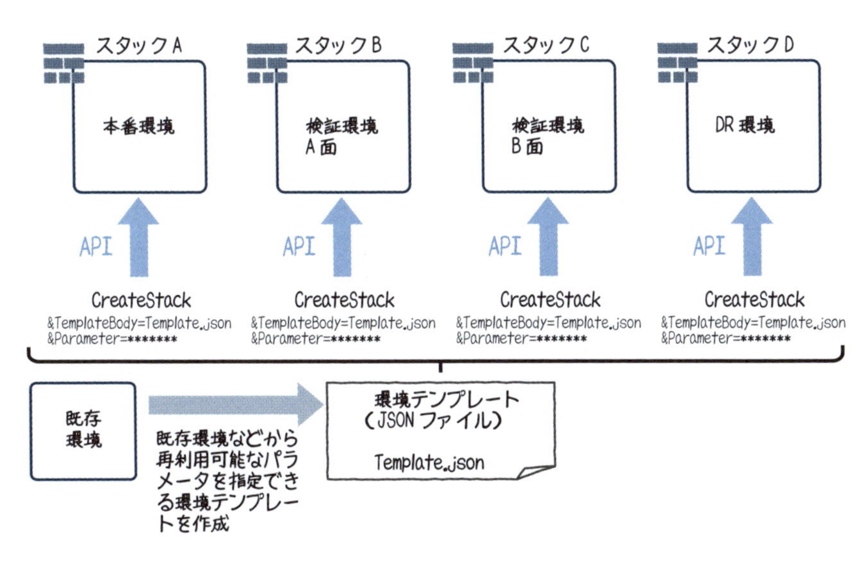

図8.18　環境の複製

上記のように、別の機会に同様のシステムを構築する場合に再利用することもできます。また、あらかじめサーバーの台数やスペックなどをパラメータとして指定しておけば、パラメータを変更するだけで、システム全体の設計や構成に矛盾を生じさせ

※11　ディザスターリカバリの略で災害対策のこと。

ずに、システムの性能を環境ごとに上げることができます。さらに、リソースの記述は、リソースごとに独立して書くこともできるため、検証段階から実運用段階へ移行するときに、他のリソースも意識しつつ、新たなリソースを追加することができます。

特にAWSでは、従来の環境との決定的な違いとして、この環境複製の効果を言及されるケースがとても多くあります。「無限に近いリソース上限」、および「リソース情報を環境テンプレートとしてコードで定義できること」の2つはクラウドの大きな利点です。

8.2.4 オーケストレーションで継続的インテグレーションを実現するメリット

オーケストレーションは、Infrastructure as Codeをクラウドが提供するコンポーネント部分を中心に実現する機能です。そして、Infrastructure as Codeは、DevOpsにおけるCI（継続的インテグレーション）を支援します。

CIの目的はアプリケーションリリースのライフサイクルを効率化して短縮し、サービス提供の競争力を高めることです。従来のCIの中心はアプリケーションや設定環境のレイヤーのデプロイだったため、小規模なアプリケーションの修正やリリースには向いていましたが、サーバー、ストレージ、ネットワークの構成変更を含む大規模なリリースには適さない面もありました。しかし、クラウド環境ではインフラが抽象化されるため、このオーケストレーション機能を使って、サーバー、ストレージ、ネットワークといったインフラもリソース指定することで、CIの対象に含むことができます。これは、従来の構成変更も伴う大規模リリースもCIの対象にできるといった点以外にも、以下のようなメリットも考えられます。

①アプリケーションリリースに伴うインフラ変更の同時反映
②業務量予測に合わせて適切なリソースのチューニング
③クラウドの最新機能の適用

◉①アプリケーションリリースに伴うインフラ変更の同時反映

実際のリリースでは、アプリケーションとインフラの設定が合っていないために発生する不具合が多くあります。オーケストレーション機能を使えば、テンプレートにアプリケーションとインフラの両方を定義して、スタック内に共存させることが可能です。実際にはアプリケーションの実行体をマシンイメージやGitなどのライブラリに格納しておき、リソース起動時に呼び出すという手法が一般的です（図8.19）。

この共存したスタックを実行することで一体化した環境でまずテストを行ない、その同じスタックで本番にデプロイすることが可能になるため、アプリケーションとインフラの設定が合わないという不具合を防ぐことができます。

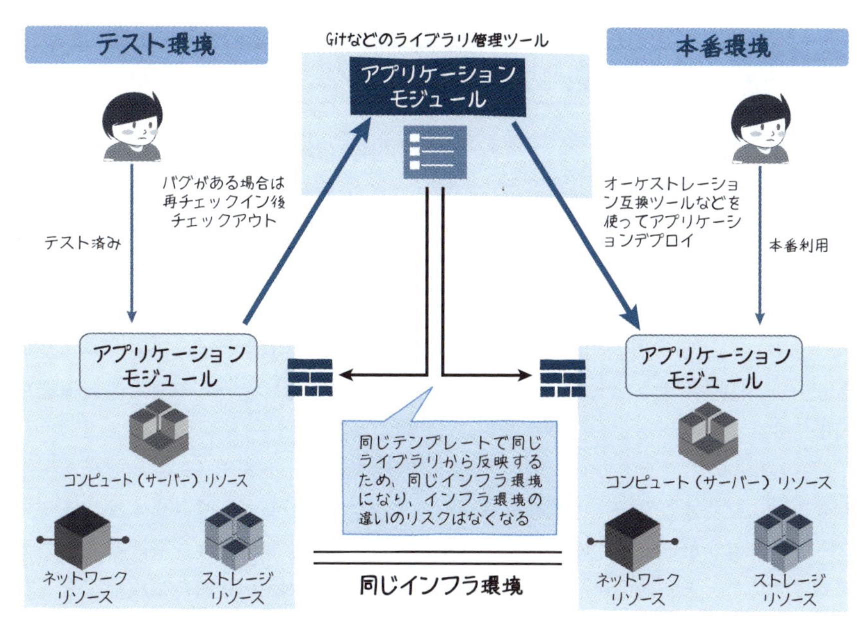

図 8.19　CI にインフラも含むイメージ

◉②業務量予測に合わせて適切なリソースのチューニング

運用のメリットでも触れたとおり、オートスケーリング、オートヒーリングといった自動拡張機能が備わっているため、細かいピーク対応は吸収できます。しかし、それらの上限、下限や起動条件を抜本的に変えたい場合は、定義変更が必要となりますが、オーケストレーション機能を使うことで、影響を軽微に確実に反映できます。

◉③クラウドの最新機能の適用

クラウドを利用していると、機能拡張として、どんどんコンポーネントやリソースが追加されていきます。これらの新機能を段階的に適用したい場合にも活用できます。

このインフラも含めたCIは、Google、Amazon、Facebookといった大規模なサービス企業を中心にした高度な更新手法でしたが、クラウド環境でオーケストレーション機能を使えば近いアプローチを行なうことができます。このオーケストレーション機能を使ったCIは、環境を部分的に複製して切り替えを行なうImmutable Infrastructureという新しい考え方を生み出しました。これについては第12章で解説します。

8.2.5 構成管理、リバースエンジニアリングでのメリット

大規模なシステム管理において重要な運用項目は「構成管理」です。従来の環境では、CMDB（構成管理データベース）を用いてインフラの構成情報を吸い上げたり、台帳で管理されているケースが多いでしょう。クラウドでは、環境テンプレートのJSONファイルがリソースの集合体を表わしており、これがある意味、構成情報の集合体です。この環境テンプレートを元に構成情報をビジュアルに表示するツール（VisualOpsなどが有名）は多々あります。たとえばAWSでは、Cloudformation Designerが提供されているので、AWSアイコンの形で各リソースの関係性の確認も可能です。

既存環境やプログラムから構成図や設計書を自動作成しドキュメント作成を効率化および均一化することを、一般的にリバースエンジニアリングと呼びますが、オーケストレーション機能にはこの要素があります。オーケストレーション機能を使ってデプロイすることで、適用された環境テンプレートを元に固定化された構成情報を管理することが可能です。

なお、この構成管理対象に含められるのは、オーケストレーションのスタックで作成されたリソースのみになります。AWSのCloudformerは既存環境からJSONを生成しますが、スタックに含むためには、CreateStackのAPIを発行し、あくまで別のリソースとして新規作成するため、元となる既存環境はオーケストレーション機能でのスタック管理下にはありません。

ただし、AWSの場合は、AWS Configというリソース状態の変更管理を行なう機能があります。そのため、AWS Configを使うことで、AWS Configが対応しているリソースに関しては、オーケストレーション機能以外でデプロイされたリソース情報の管理やリソースの状態なども含めた変更管理を行なうことも可能になっています。

8.2.6 アクション志向からリソース志向へのシフトとデザインパターンの確立

さて、ここまで説明してきたオーケストレーションのメリットを享受したいと感じた方は、オーケストレーション機能を使ったデプロイへの移行を検討するでしょう。

実際の最終的な採用への判断基準は、

・運用者がクラウドのオペレーション管理をアクション指向からリソース指向にマインドを切り替えられるか？
・この切り替えに開発者が賛同できるか？

の2つだと著者は考えています。

具体的には、環境構築自動化のメリットでも言及したとおり、各リソースに対して順番にAPIアクションを実行していく「アクション指向」から、リソースを集合体とみなしてスタックとしてまとめてAPIを実行する「リソース指向」に管理手法を変えていくことになります。簡単に構築できてしまうクラウドとはいえ、大規模な構成になるにあたって、構成変更における一定のルールを仕組みとして実装というイメージが近いでしょう。

そして、このサイクルが軌道にのり、構成が要件に応じてパターン化されるとテンプレート自体をデザインパターンとして社内に展開できるようになり、システム構成の標準化も図れるようになります。

8.2.7 オーケストレーションの利用上の注意点

オーケストレーションを利用する際には、原理原則の方針としてあらかじめおさえておくべき利用上の注意点として、次の3つがあります。

①スタックで作成したリソースは個別のアクションAPIで変更しない
②リソース変更（UpdateStack）する際のリソースの挙動を確認する
③オーケストレーション機能に対応していないコンポーネントとリソースをあらかじめ確認しておく

順番に見ていきましょう。

◉①スタックで作成したリソースは個別のアクションAPIで変更しない

当たり前の話ですが、オーケストレーションで作成したリソースは、環境テンプレートで定義されたリソースと一体になっています。そのため、リソースを変更する際はオーケストレーションのAPIのみでリソースを操作しないと、元の環境テンプレートとの差異が出てしまいます（図 8.20）。

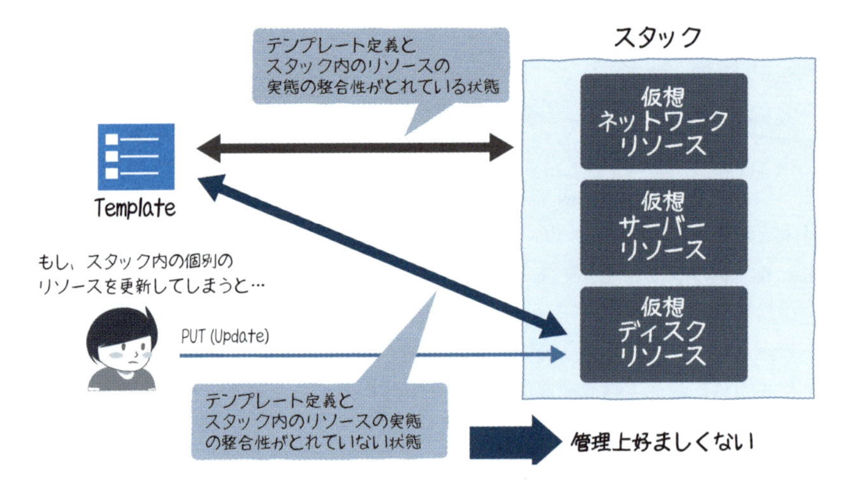

図 8.20　テンプレートとの整合性

直接リソースを変更操作してしまうと、べき等性や構成管理の考え方に反し、最新のリソース環境がどのような状態かわからなくなってしまうため、極力避けるべきです。しかし、このような方針にすると、軽微な変更にもすべてオーケストレーション機能の API を使わなくてはならなくなるため、手間がかかってしまう場合があります。したがって、実際のプロジェクトでは、オーケストレーション機能で制御するリソースと、制御しないリソースを明確に区分する場合もあります（詳細は後述のベストプラクティスで紹介します）。

◉②リソース変更（UpdateStack）する際のリソースの挙動を確認する

オーケストレーション機能には UpdateStack という機能があり、環境テンプレートの変更差分を読み込んで、リソースに最新の環境テンプレート情報を反映することができます。この変更による各リソースの挙動は、各クラウドのリソースプロパティタイプのマニュアルに記載されているので、把握しておく必要があります。

AWS のリソースを例に説明しましょう。「Update requires : No interruption」と表示されているリソースは、UpdateStack（変更）を行なってもリソースが停止せず、サービスへのダウンタイムを意識せずデプロイすることができます。それに対し、「Update requires : Replacement」と表示されているリソースは、UpdateStack（変更）を行なった際にリソースの再作成が発生するため、一時的にダウンタイムが発生します。ダウンタイムを許容できない場合には、別のスタックで作成して切り替えるImmutable Infrastructureを検討することになります。

◉③オーケストレーション機能に対応していないコンポーネントとリソースをあらかじめ確認しておく

コンポーネント、リソース、アトリビュートは機能拡張に伴い、定期的に増えていきますが、オーケストレーション機能の環境テンプレートが未対応のケースもあります。その場合はオーケストレーション機能に取り込むことができないため、あらかじめ対応状況をリソースプロパティタイプなどで確認することをおすすめします。

AWS CloudformationもOpenStack Heatもリリース当初に比べて利用ユーザーが増えていることもあり、新しい機能への対応は早くなってきています。

8.2.8 スタックとテンプレートの最適な粒度とネスト

大規模なシステムを管理していくと、リソースの数は膨大になってきます。また、リリース頻度やサービスレベルなどが違うシステム群も多々出てくるでしょう。その場合に検討していくのが、スタックの分離になります。

スタックの分離の粒度は、要件に応じてさまざまなパターンがありますが、「システム設計における共通要素とサブシステム分割に合わせる」というのが基本的な考え方になります。このサブシステムがクラウドになると、疎結合なアーキテクチャになるためサブシステム間の依存度が下がり、リリース速度を上げるため細分化される傾向があり、これがマイクロサービスの発想につながっていきます。

スタックとしてサブシステムから分離される共通要素については、AWS Cloudformationでは以下のようなものが代表的です（図8.21）。

- 運用共通サービス
- ネットワーク（VPC）
- 認証（IAM）
- フロントエンド（DMZ）
- データストア（DB、Storage）

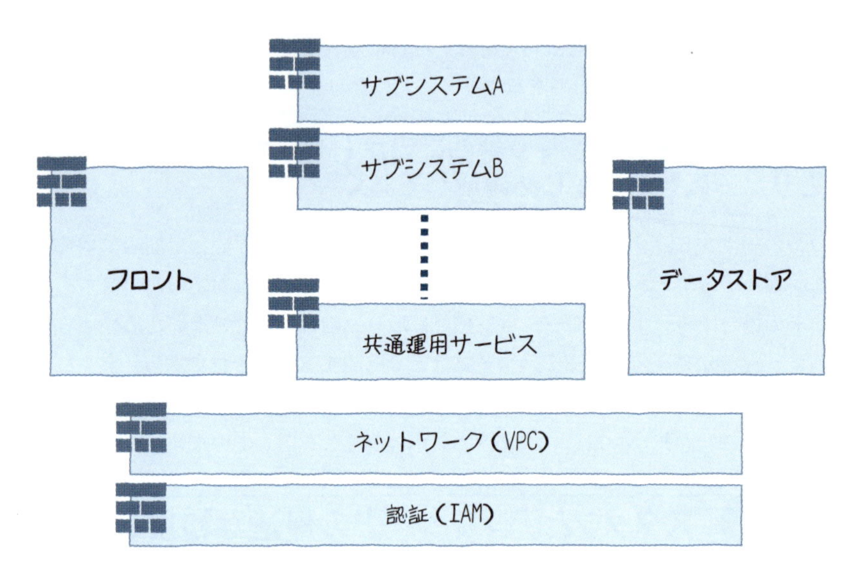

図 8.21　スタックの分離

さて、スタックを分離すると、スタック間の連携が必要になるケースがあります。スタック間の連携には、前述の「アウトプット」を受け渡し元のスタックから出力し、同じ属性名の「パラメータ」で受け取り側のスタックから取得するようにします（図 8.22）。

また、AWS の Cloudformation では複数のスタックをネストさせて関連させたスタックの更新テンプレート内のリソースの変更を反映させることも可能です。環境テンプレート内に Cloudformation のスタックのリソースプロパティタイプを指定することで実現できます。

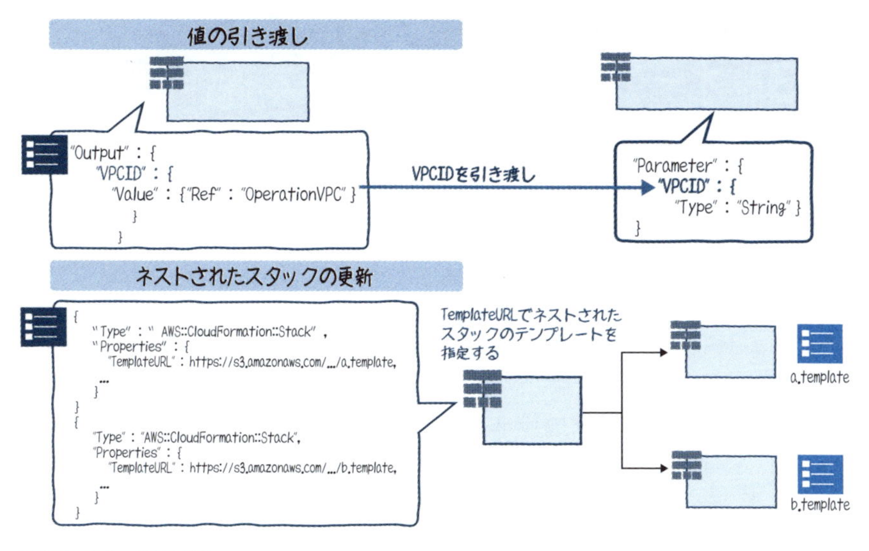

図 8.22　スタック間の連携

8.2.9 オーケストレーションのベストプラクティス

オーケストレーション機能の大規模環境での実践的な普及が進んでいるAWSでは、さまざまなベストプラクティスが提示されています。マニュアルにも記載され、AWSの最大のカンファレンスRe:Inventでも毎年発表されています。

これらは、Cloudfromationマニュアル、Cloudfromation Best Practice @Re:Invent2015、Cloudfromation Best Practice @Re:Invent2014としてWebで公開されています[※12]。

セキュリティやパラメータの制御方法も記載されているので、興味がある方はマニュアルで最新情報を確認してください。

※12　Cloudfromation マニュアル
http://docs.aws.amazon.com/AWSCloudFormation/latest/UserGuide/bestpractices.html
Cloudfromation Best Practice @Re:Invent2015
http://www.slideshare.net/AmazonWebServices/dvo304-aws-cloudformation-best-practices
Cloudfromation Best Practice @Re:Invent2014
http://www.slideshare.net/AmazonWebServices/app304-aws-cloudformation-best-practices-aws-reinvent-2014

8.3 オーケストレーションの基本操作とAPI

ここまでは、オーケストレーション機能の動作や実現できることについて説明してきました。ここから、オーケストレーション機能のAPIと他のリソースのAPIの間でどのようなことが行なわれているかについて、内部構成が公開されているOpenStack Heatを例に解説していきます。

OpenStack HeatのAPIリファレンス[※13]を見てみると、他のリソースのAPIと比較してかなり絞られた内容になっていることがわかります。

HTTPのPOSTメソッドを使い、指定したテナントへテンプレートを含むJSONファイルをあげるだけで、あとはHeatエンジンによる自動管理が始まります。Heatエンジンは、そのリソースの状態が定義された状態になるまでリソースを構成し続けようとします。そのため、「一時的にリソースを解放する」「任意のタイミングで自動管理を始める」などの目的で、スタックの停止と再開のAPIも用意されています。スタックの停止を実施した後であれば、該当サーバーを削除したとしても、Heatが該当リソースを使おうとすることはありません。また、スタックの作成以後、必要なマシンスペックが変わった場合には、スタックを更新することで、自動的にマシンのリサイズが走ります。

8.3.1 オーケストレーションAPIの動作

OpenStack Heatは、Heat APIとHeatエンジンの2つで構成されます。

Heat APIは、クライアントからのAPIリクエストを受け取ったり、他のAPIへのリクエストを送信したり、そのリプライを受け取ったりします。他のAPIへリクエストを投げることで、それぞれのリソースのAPIを介してクラウド全体のリソースを操作できるようにします。いわば、Heat APIは、リソース統合をするためのAPIです。

一方、Heatエンジンは、Heat API経由で受け取ったテンプレートで記述した状態を、スタックと呼ばれるリソースの集合として管理します。必要があれば、Heatエンジンから Heat APIへリソースの操作依頼を送信します。

テンプレートを登録してからのHeatの動作、ワークフローは次のとおりです。

①テンプレートを登録すると、テンプレートに記述されたリソースごとにスタックを作る

※13 http://developer.openstack.org/api-ref-orchestration-v1.html
http://developer.openstack.org/api-ref-guides/bk-api-ref-orchestration-v1.pdf

② Heat エンジンから Heat API 経由で、各 API にクラウドの状態を維持するために必要な指示を出す
③それぞれの API と呼応してテンプレートに記述された状態を作り出す
⇒ここで状態を維持するだけのリソースが足りなければ、スタックの作成が失敗します
④すべての API とのやり取りが終わり、テンプレートに記述された状態を作り出せればそのリソースは正常に動いていると判断される
⑤ Heat エンジンが定期的に状態を確認し、状態異常があれば、該当のリソースを状態異常として扱う

8.3.2 オーケストレーション API の実際のやり取り

次に、実際のオーケストレーションの動きを追いかけてみましょう。

◉スタックを作るときの API の実行例

スタックを作成する際は、URI「http://orchestration/v1/{tenant_id}/stacks」に対して「POST」を実行します。実行する際には、body にテンプレートの情報を含んでいなければなりません。テンプレートの情報が含まれるので、他のリソースの API リクエストと比べると長くなっています。

スタックを作成する API の実行例

```
curl -g -i --cacert "/opt/stack/data/CA/int-ca/ca-chain.pem" -X POST
http://orchestration/v1/{tenant_id}/stacks ?…略…
-d '{
  …略…
  "disable_rollback": true,
  "parameters": {},
  "stack_name": "teststack",
  "environment": {},
  "template": {
    "heat_template_version": "2015-04-30",
    "description": "Simple template to deploy a single compute instance",
    "resources": {
    …略…
```

```
      "my_instance": {
        "type": "OS::Nova::Server",
        "properties": {
          "key_name": "my_key",
          …略…
          "flavor": "m1.small",
          "networks": [
            {
              "port": {
                "get_resource": "my_instance_port"
              }
            }
          ]
  }
}}}}'
```

応答内容

```
{"stack": {"id": "36a0faa0-1fd8-4178-9732-131b8c4b57b8", "links":
[{"href": "http://192.168.33.10:8004/v1/aee128258f514dbf95696587ea9fff3f/
stacks/teststack/36a0faa0-1fd8-4178-9732-131b8c4b57b8", "rel": "self"}]}}
```

このように、オーケストレーションの API を使うだけであれば、そこまで複雑な動作は含まれていません。複雑な動作、作業、人間が考えるべき部分に関しては、すべてオーケストレーションエンジンである Heat エンジンが担っています。つまり、Heat エンジンがその他のリソースへリクエストを投げているということです。

Heat エンジンが何をしているかは、Heat エンジンやリソースの API ログを参照すればわかります。たとえば、ネットワークとサーバーをリソースとして記したテンプレートを使った場合、ネットワークとサーバーの API ログを見ると、それぞれを操作するクライアントが接続していることがわかります。

ネットワークの例を見てみましょう。この例では、Heat エンジンから neutron-client を使ってネットワークのリソースである port を有効化していることがわかります。

heat engine のログファイルの中にある neutron からのリクエストの例

```
REQ: curl -i http://192.168.33.10:9696//v2.0/ports.json -X POST -H "User-
Agent: python-neutronclient" -H "X-Auth-Token: e9f09e904c7446cf97f764861d
36eb8c" -d '{"port": {"name": "stacker-my_instance_port-bbkutstlhd5o",
"admin_state_up": true, "network_id": "fbd7fe69-d511-4fd1-907d-
b56af6c148f1", "security_groups": ["1ed81a91-8b96-4c9e-a3cc-
8a70e0cada60"]}}'
```

8.4 オーケストレーションリソースのコンポーネントとまとめ

最後に、オーケストレーションのリソースの関係性をコンポーネント図でまとめます（図 8.23）。オーケストレーションはそもそもリソースの集合体を JSON 形式のテンプレートにして、Stack という単位にまとめているものです。

したがって、オーケストレーションから見ると、Stack 自体がリソースになります。Stack 内の属性にイベントやテンプレートが保持される形になります。

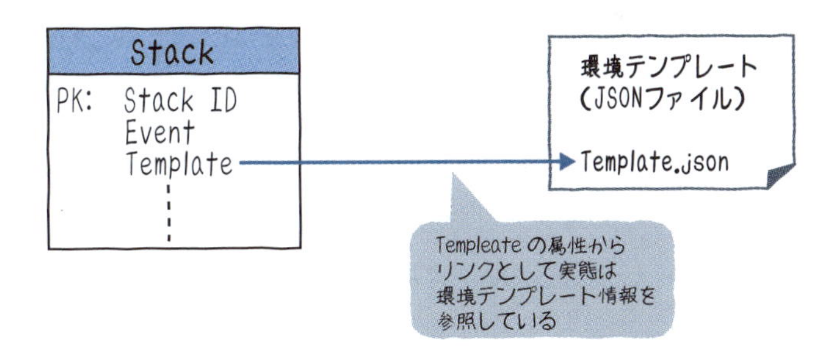

図 8.23　OpenStack Heat、AWS Cloudformation リソースマップ

本章では、オーケストレーションの基礎から、宣言型のオーケストレーションの使い方、API の動作などに関して説明しました。なぜ私たち IT エンジニアにこういった技術が必要であるかといった利用のメリットも紹介しました。

社内インフラ担当として、案件担当エンジニアとして、運用メンバーとして現場の限られたリソースの中で、日々皆さん頑張っていることでしょう。その中で、オーケストレーションツールなどを活用し、構築作業を正確に早くしたり、障害が発生した場合でも、自動でリカバリさせることができれば、運用負荷も下がるのではないでしょうか。

昨今、どのようなアプリケーション、コンピュータリソースについてもAPIを実装するのが当たり前になってきました。コードでインフラリソースなどを定義、記述できるということは、ソフトウェア開発で使われてきたツールをそのままインフラをデザインしたコード（テンプレートなど）にも適用できるということです。たとえば、バージョン管理ツールである、Git、Subversion、Mercurial、RCSなども使えますし、コードレビューツール（gerritなど）＋継続的インテグレーションツール（Jenkinsなど）を使えば、コミット&プッシュしたテンプレートに対しての承認プロセス、ワークフローおよびコードテストの環境も用意できるでしょう。本書を読み終わったら、ぜひそういった内容にもチャレンジして、オーケストレーション、オートメーション、Infrastructure as codeのメリットを享受してください。

本書はインフラに特化しているため、ほとんど触れていませんが、AWSではこれらの支援ツール群（GitやJenkins）に相当する機能をマネージドに提供するサービスとしてAWS CodeCommit（コードのリポジトリ格納サービス）、AWS Code Pipeline（CI制御サービス）、AWS CodeDeploy（コードのデプロイサービス）が提供されています。そして、Chefを内包したサービスとしてAWS OpsWorks、Dockerや言語実行環境を内包したサービスとしてAWS Elastic Beanstalkも提供されています。これらがクラウドサービスとして提供されているということはAPIで制御ができ、リソースとしてオーケストレーション（AWS Cloudformation）が対応していれば、環境テンプレートでも定義できるため、これらのコンポーネントのリソースもオーケストレーション機能で一元管理し制御できるわけです。

Infrastructure as codeの実現のハードルを下げるとともに、このオーケストレーション機能と、リソース指向、べき等性の考え方が、すべての基礎になっています。オーケストレーション機能はREST APIのROAをテンプレート化したクラウドの特徴を最も表わしたサービスとも言えます。この知識がインフラエンジニアにおいて必須になる日も遠くないかもしれません。実践的な活用に向けては、本書での概念の理解を前提に実機でのトライアルとケーススタディが重要なので、ぜひサンプルテンプレート[※14]を実機で試し、独自のシステム構成への適用ポイントを考えてみてください。

※14 AWS Cloudformationのサンプルテンプレート
http://docs.aws.amazon.com/AWSCloudFormation/latest/UserGuide/cfn-sample-templates.html

第9章

認証とセキュリティ

第３章で説明したAPIの仕組みを元に、第５章以降では具体的なコンポーネントでの動作を見てきました。

クラウドではAPIやリソースを共有しながら使うため、セキュリティが最優先事項として考慮されています。APIへの通信は、HTTPでは平文になるため、セキュアな環境では実質的にはHTTPSが使われています。また、エンドポイントを共有しているので、実行者を明確に分離したいケースがほとんどです。

そのため、第３章でも触れましたが、認証と権限制御の仕組み、そして認証処理を簡易化する仕組みがあります。具体的には、OpenStackではKeystone、AWSではIAM（Identity and Access Management）、STS（Security Token Service）が該当するコンポーネントになります。

本章では、それらの認証の仕組みとセキュリティの基本的な部分にフォーカスして説明していきます。

9.1 HTTPS

9.1.1 HTTPSの仕組み

APIで使うHTTPは平文で通信が行なわれてしまうため、盗聴が可能であり、重要なメタデータをやりとりするクラウドでは通常、HTTPSが使われています[※1]。

HTTPSは、皆さんご存知のとおり、重要なWebサイトでも利用される一般的な技術です。実質的にはHTTP over SSL/TLSでポート番号は標準で443を使い、TCP/IPのOSI階層のL5にSSL/TLSが入る形になり、後述する証明書を使って実現します。HTTPSの目的には、暗号化に加え、改ざん対策としての完全性保護、正しいURIであることを確かめる証明書認証の役割もあります。

クラウドのAPIリクエストやAPIレスポンスのデータは重要であり、盗聴や改ざんをされるわけにはいかないため、多くのクラウドAPIではHTTPSが標準で採用されています。

9.1.2 証明書

証明書には、サーバー証明書とクライアント証明書があります。

クラウドでは、クラウド自体の認証を目的として証明書を使いますが、クラウドの

※1　OpenStackを内部利用者限定でプライベートネットワーク間で使うような場合は、セキュリティ要件によってはHTTPのままということもあり得ます。

エンドポイントはサーバーサイドになるため、主にサーバー証明書が使われます（図9.1）。

クライアント側がだれでどこかという情報による認証は、主にクラウドが有する認証機能や、HTTP ヘッダーにあったユーザーエージェントなどを使うのが主流です。

また、暗号化と複号を行なうには鍵が必要です。代表的な手法として共通鍵暗号方式と公開鍵暗号方式がありますが、HTTPS では両方を組み合わせたハイブリッド暗号方式となります。具体的には、最初に公開鍵暗号方式を使って暗号化通信で共通鍵を安全に受け渡し、その後に共通鍵暗号化通信を使います。

クラウドのエンドポイントにはサーバー証明書が設定されているため、HTTPS で API を発行できますが、サーバー証明書自体は、証明書のデファクトスタンダードである Symantec（旧 Verisign）社などの証明書を使っているケースがほとんどです。その場合は、Symantec 社などの CA（認証局）がドメインの信頼、認証を行なっています。

しかし、これはあくまで証明書（URI と HTTPS）の認証であって、ユーザー認証は別に行なわれます。通常の会員向け Web サイトでも ID とパスワードの認証があるように、クラウドでもユーザー認証があります。次節ではクラウドにおけるユーザー認証の仕組みを説明していきます。

また、エンドポイントが HTTPS になり上記の仕組みを実装するにあたり、ユーザー認証に加えて、9.2.6 項で解説する署名というプロセスが必要になります。

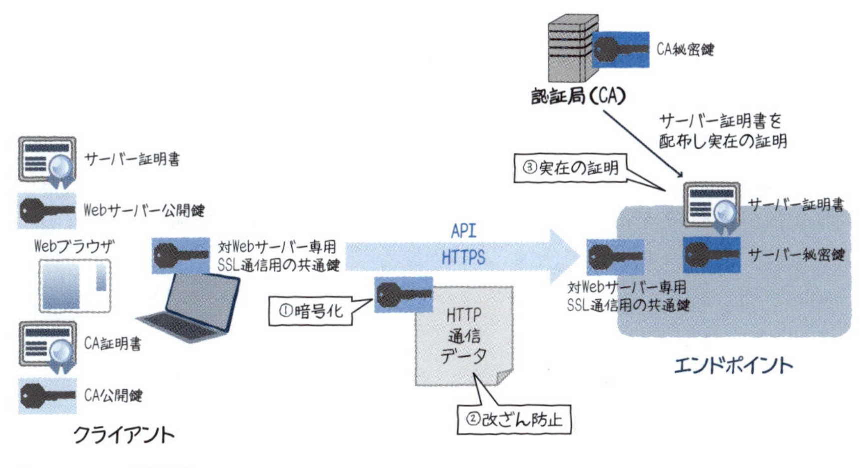

図 9.1　HTTPS と証明書

9.2 ユーザー、グループ、ロール、ポリシー

アクター（ユーザー）[※2]に対する認証を担うコンポーネントは、OpenStackではKeystone、AWSではIAM（Identity and Access Management）です。まずはその単位と権限制御の仕組みを見ていきましょう。

9.2.1 テナント

第2章で説明したとおり、クラウドには最上位の考え方として、テナントがあります。OpenStackのKeystoneではプロジェクトと定義し、AWSではアカウントとして定義されています。

テナント間は完全に分離されているため、テナントをまたいでの操作はできなくなっています。認証もリソースに分離されますが、すべてのリソースは、テナント配下にある、すなわちどこかの1つのテナントに必ず所属します。ただし、テナントをまたぐ拡張設定も可能なため、後述します。

9.2.2 ユーザー

アクターとは処理を実行する人を意味し、ユーザーが該当します。ユーザーもリソースとして存在しており、APIで作成、変更、削除をしていくことになりますが、最初はリソースがないため、ユーザーがありません。どうしたら良いでしょうか。

クラウドにはテナント（アカウント）と関連した特別な管理者ユーザーがあります。これは、OSでいうところのLinuxではroot、WindowsではAdministratorに該当します。最初はこのユーザーで作成していきます。この管理者ユーザーはOSと同様に権限制御が困難なので、実運用に入ったらオペレーションでは原則利用しません。これはOSのユーザー管理と同じです。

AWSでは、AWSアカウントを作る際のメールアドレスがユーザーになり、それにひもづく認証情報を使います。

OpenStackでは、ロール（役割）という機能があり、Admin（管理者）とMember（一般ユーザー）があるため、Adminを割り当てられたユーザーが管理者ユーザーとなります。

では、実際にクラウドのユーザー、いわゆる一般ユーザーの作成を説明していきます。

※2　第3章で説明したとおり、APIでは認証のユーザーは「アクター」と定義されます。

OpenStack では、URI「https://identity/v3/users」に POST することで作成されます。

AWS では、IAM はリージョンに所属していないため、リージョンがない URI「https://iam.amazonaws.com/」に対して Create User API を発行します。

ユーザーを作成した直後は、権限がないため、何も API 操作ができません。権限を付与するには、後述するポリシーを作成し、個別にユーザーに割り当てる必要があります（図 9.2）。

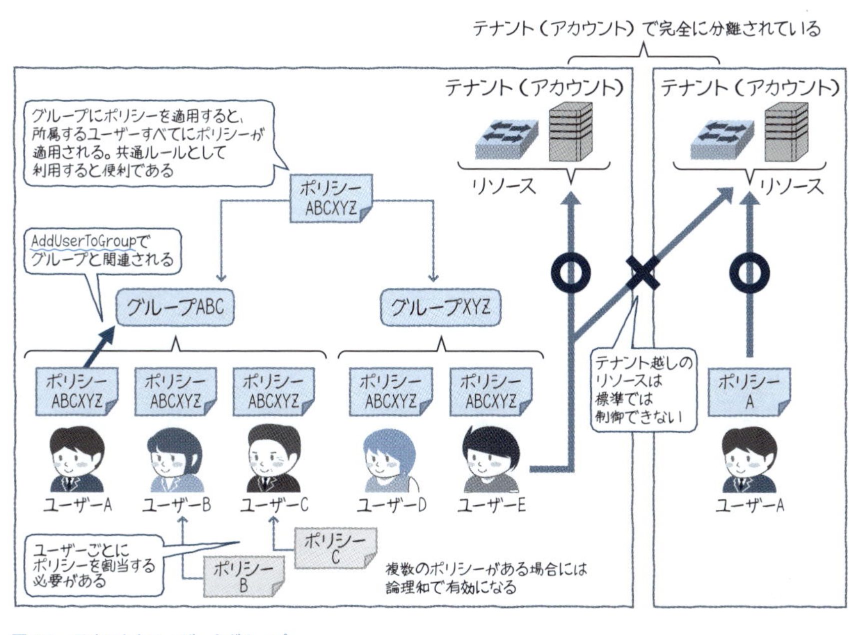

図 9.2　テナントとユーザーとグループ

9.2.3 グループ

クラウドにも OS と同様に、ユーザーをまとめたグループという考え方があります。ユーザーに個別のポリシーを適用していく必要があるため、ユーザー数が膨大になった場合に、ポリシー修正の際に手間がかかります。

しかし、複数のユーザーをグループの中に入れると、グループに適用するポリシーがグループ内のユーザーすべてに適用されるので、手間が省けるとともに、統制も効くようになります。ユーザー数が多くなったり、組織などで権限をカテゴライズしたい場合に便利です。

OpenStackでは、URI「https://identity/v3/groups」にPOSTすることで作成され、URI「/v3/groups/{group_id}/users/{user_id}」にPUTすることで、ユーザーをグループに追加できます。

AWSでは、URI「https://iam.amazonaws.com/」に対してCreate Group APIを発行することで作成され、AddUserToGroup APIを発行することでユーザーをグループに追加できます。

9.2.4 ポリシー

権限制御を担うポリシーは重要な機能です。定義や考え方を含めて説明しましょう。

クラウドには多くのコンポーネントやアクションAPI、リソースがあり、なんでも操作できてしまうと困る場面がありますが、ポリシーの記載によって、操作を限定的に制御することが可能です。

ポリシーは、第3章や第8章で紹介したJSONで構成されており、基本はAPIを制御するものです。そのため、図3.6（P.57）で示したアクションとリソースの関係図に対応し、図9.3のように制御することができます。つまり、権限制御の仕組みはAPIの考え方にそのまま対応しています。

各クラウドサービスによって、記述できる設定に差異はあるものの、基本的にはアクションとリソースの集合体に対して、エフェクトとして許可、拒否の設定を入れて、JSONの配列で括ります。

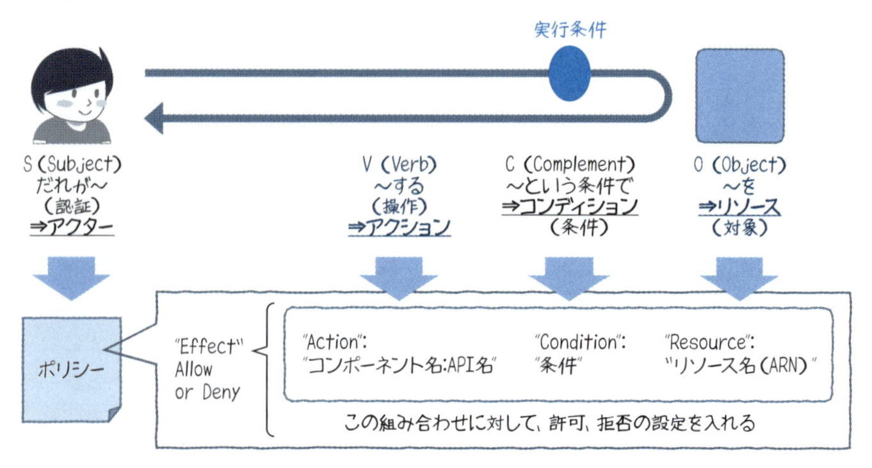

図9.3 ポリシーとAPIの対応関係

◉ AWS IAMのポリシーの基本要素

AWS IAMのポリシーの基本的な要素（エレメント）は、エフェクトとアクションとリソースの3つで、構文は以下のようになります。

エフェクト——"Effect"

許可を"Allow"、拒否を"Deny"で定義します。

アクション——"Action"

許可か拒否するアクションAPIを指定します。

リソース——"Resource"[※3]

許可か拒否するリソース（ARN）を指定します。

構文　AWS IAMのポリシー

```
{
  "Effect": " Allow ",
  "Action": " コンポーネント名:API名 ",
  "Resource": " リソース名 (ARN) ",
  "Condition": "  条件  "
}
{
  "Effect": " Deny ",
  "Action": " コンポーネント名:API名 ",
  "Resource": " リソース名 (ARN) ",
  "Condition": " 条件 "
}
        （暗黙の Deny）        ←何も記述（指定）しない
```

何も指定していない場合は、否定（暗黙のDeny）になります。そのため、同じアクションやリソースに対して複数のエフェクトが定義されている場合は、

明示的Deny ＞ Allow ＞ 暗黙のDeny

※3　リソースは、一部のみ対応しており、すべてのコンポーネントが指定できるわけではありません。ARNの構文に関しては第3章の3.2.6項（P.73）を参照してください。

の優先順位で適用されます。

複数のアクションやリソースを指定する場合は、[ ] を使い、[" ", " ", " "] とつなぐことが可能です。また、"Effect" で始まる構文は何個でも並列に指定できるため、個別に "Effect" を書いてもかまいません。

アクションの API 名やリソース名には、ワイルドカード[※4]が使えます。たとえば、Get で始める API 全部を指定したければ、"s3:Get*" と記述できますし、極端な例ですがリソースすべてであれば "*" とだけ記述すればすべてが対象にできます。

◉ AWS IAM のポリシーのその他の要素

この他、AWS IAM には、以下のような要素（エレメント）もあります。

コンディション——"Condition"（AWS のみで任意）

送信元 IP や時間などの各種用意された条件をファンクションとして指定することもできます。

バージョン——"Version"

AWS IAM のポリシー文法は変わることがあり、そのバージョンを定義します[※5]。

ID ——"ID"

ポリシーに付与される ID を明示できます。

ステートメント——"Statement"

エフェクトで始まる構文を束ねた単位となります。

ステートメント ID——"Statement ID"

ステートメントに付与される ID を明示できます。

プリンシパル——"Principal"

後述するリソース指定のポリシーの場合に、制御したいアクターの ARN を指定します。

Not ～——"NotPrincipal"、"NotAction" など

否定で始める要素を指定できます。リソースが増えてきた場合に、「～以外」という設定をすることで行数を減らすことができます。

※4 * で示され、どの文字が入っても良いという意味。
※5 執筆時点の最新は「2012-10-17」。

◉ AWS IAMのポリシー例

具体的にAWS IAMのポリシーサンプルとして、図9.4を元に説明していきましょう。

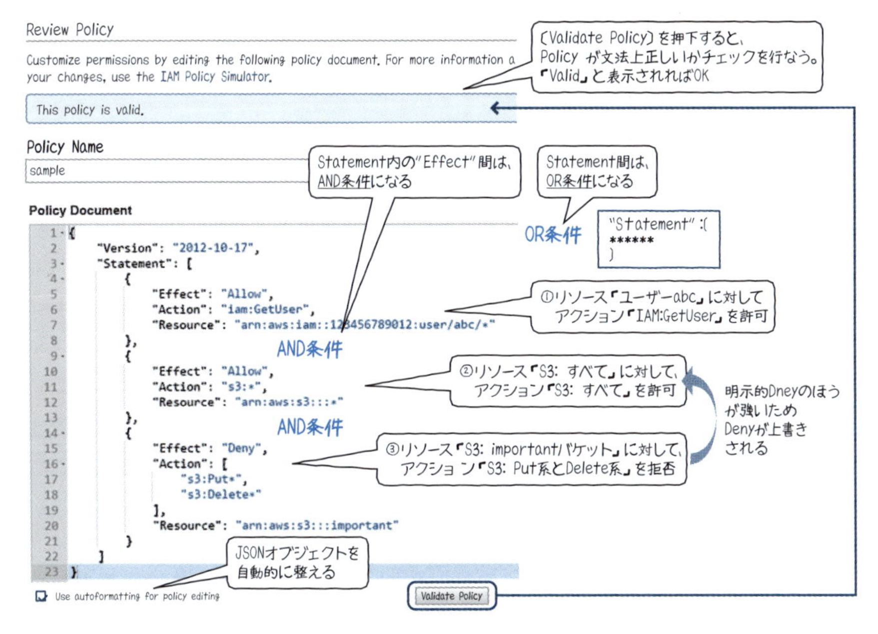


```
{
    "Version": "2012-10-17",
    "Statement": [
        {
            "Effect": "Allow",
            "Action": "iam:GetUser",
            "Resource": "arn:aws:iam::123456789012:user/abc/*"
        },
        {
            "Effect": "Allow",
            "Action": "s3:*",
            "Resource": "arn:aws:s3:::*"
        },
        {
            "Effect": "Deny",
            "Action": [
                "s3:Put*",
                "s3:Delete*"
            ],
            "Resource": "arn:aws:s3:::important"
        }
    ]
}
```

図9.4　ポリシー例と文法チェック

このポリシーは、次の3つのルールを組み合わせした例になります。

① IAMのユーザーであるabcの参照
② Amazon S3機能をすべて有効
③ importantというS3バケット（箱）は更新と削除をできなくする

基本的には、先ほどの構文に沿ってワイルドカード指定を活用して記述しています。①はIAMという別のリソースなので独立していますが、②はすべてのバケットを指定しているため、③のimportantバケットとリソースとアクションの両方が重複しています。

ステートメント内のエフェクト間ではAND条件となります。つまり、「② AND ③」になりますが、重複する部分はDenyが強いのでDenyが有効になります。ステートメント間でのエフェクトの関係はOR条件になります。

9　認証とセキュリティ

また、AWSでは、IAMのポリシーが構文的に正しいかチェックをする機能もあります。今回はわかりやすいようにConsoleで表示していますが、APIも用意されています。Validとなれば正常で、エラー時はエラー行とエラー内容が表示されます。ただし、あくまで構文チェックであって、論理的に整合性が取れているかの確認ではない点は注意してください。

◉ OpenStack Keystoneのポリシー例

OpenStack Keystoneでも基本的な考え方は同じですが、明示的Denyやコンディションがない点、あらかじめ定められたロールがある点など、少し構文の違いがあります。

たとえば、以下の例では、インスタンスの作成（compute:create）はだれでもできますが、起動ホストを指定したインスタンスの作成（compute:create:forced_host）はadminロールを持つユーザーに限定しています。ロールはKeystoneに作成済みのロールであればなんでも指定できます（adminは組み込みのロールです）。

また、インスタンスの削除（compute:delete）は、所有者と管理者だけができるように"admin_or_owner"というルールを定義し、それを利用してポリシーを定義しています。

OpenStack Keystoneのポリシー例

```
"admin_or_owner" : "role:admin or project_id:%(project_id)s",
"compute:create" : "",
"compute:create:attach_network" : "",
"compute:create:attach_volume" : "",
"compute:create:forced_host" : "role:admin",
"compute:delete" : "rule:admin_or_owner",
```

これまで説明してきたAPIとJSONの基礎知識があれば、ポリシーについての大枠は理解できるでしょう。

◉ポリシーの記述

AWS IAM、OpenStack Keystoneともに、APIに対する制御やJSONのようなオブジェクト構造で定義する部分は共通しています。ただし、ポリシーの詳細文法についてはベンダー固有の機能もあるため、マニュアル[※6]を参考にすると良いでしょう。

このポリシーは、JSONで直接記述しても良いですが、支援ツールもあります。

※6 AWS IAM Policyマニュアル
http://docs.aws.amazon.com/IAM/latest/UserGuide/reference_policies.html
OpenStack Keystone設定マニュアル
http://docs.openstack.org/ja/openstack-ops/content/projects_users.html#customize_auth

たとえば、AWSでは図9.5のように「AWS Policy Generator」というGUIツールを元に条件を指定して自動生成することも可能です。

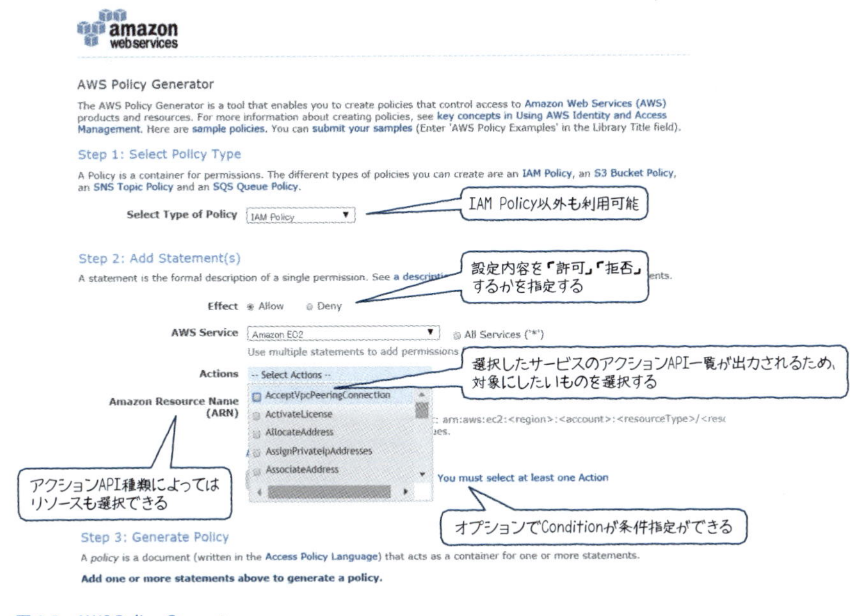

図9.5　AWS Policy Generator

また、条件が複雑になってくるとJSON文も長くなり、一見しただけではどのアクションが許可または拒否されているのかわかりにくくなってきます。そこで、AWSでは図9.6のように「AWS Policy Simulator」というポリシーを読み込んで、どのAPIが許可、拒否されているかを表示する機能もあります。今回は図9.6のポリシーを解析していますが、GetUserは許可設定を入れているので「Allow」となり、その他のIAMアクションは「Deny」となっています。

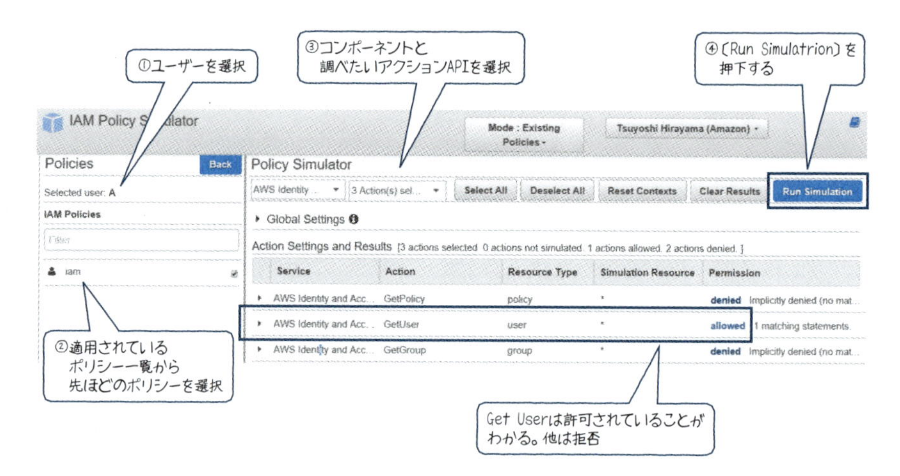

図 9.6　AWS Policy Simulator

なお、従来の考え方では、作成したポリシーは必ず 1 つのユーザーやグループに付与して一体となっているインラインポリシーが一般的でした。しかし、AWS では、ユーザーやグループとは独立した管理ポリシーも生成できるようになっています。これによって、1 つのポリシーを複数のユーザーやグループに適用されることが可能になり、ポリシーの使い回しが可能になり便利性が向上しています。また、AWS では、ポリシーの変更履歴管理も可能でロールバックも可能になっています [※7]。

9.2.5 認証キー、トークン

◉認証キー

ユーザーから API 操作を行なうには、ID に加え、認証の機能としてパスワードに相当する認証キーが必要になります。この認証キーは、クラウドサービスや、提供される 4 つのユーザーインターフェース（API、CLI、SDK、Console）によって、若干差異があります。

たとえば、OpenStack では、シンプルな構成になっており、OpenStack Keystone の ID に対して、パスワードを設定するという方法で、4 つのインターフェースとも統一されています。

対して、AWS では、Console は IAM のユーザーに対してのパスワードとなりますが、API、CLI、SDK は、IAM に合わせて設定される ID に相当するアクセスキーとシ

※7　AWS Policy Generator（IAM 以外で制御するポリシーも可能）
https://awspolicygen.s3.amazonaws.com/policygen.html
IAM Policy Simulator
https://policysim.aws.amazon.com/

ークレットアクセスキーを設定します。

◉トークン

基本的な設定は上記のとおりですが、パスワードをAPI発行時やCLI/SDKの初期設定に入れてAPIでヘッダーやクエリーパラメータにセットして通信するのは、セキュリティ上のリスクがあります。そこで、多くのクラウドでは、期限を持つ一時的パスワードに相当するトークンという機能を提供しています（図9.7）。

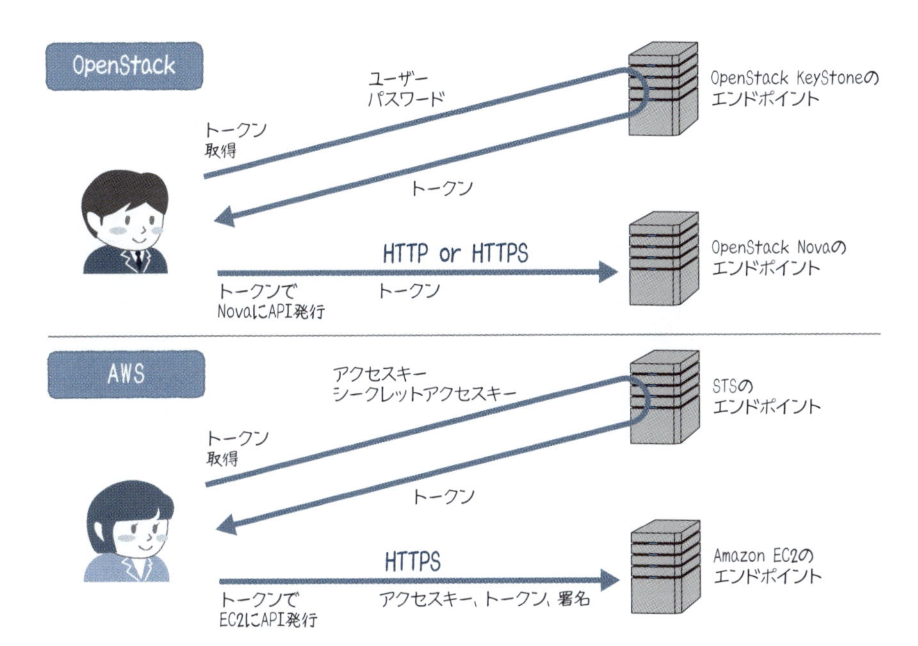

図9.7　トークン

OpenStackでは、IDとパスワードをトークンに置き換える仕様になっており、次のようなデータ部にテナント名、ユーザー名、パスワードをセットしたリクエストを発行することでトークン値を取得できます。

OpenStackでのトークン情報の取得

```
$ curl -s -X POST http://identity/v2.0/tokens ¥
          -d '{"auth": {"tenantName": "'"$TENANT_NAME"'",
          "passwordCredentials":
          {"username": "'"$USERNAME"'", "password": "'"$PASSWORD"'"}}}'
```

トークン情報はHTTP拡張ヘッダーに挿入することが可能で、以下のように認証済みAPIを発行することができます。

トークン情報をHTTP拡張ヘッダーに挿入

```
$ curl -s -X HTTPメソッド  -H "X-Auth-Token: トークン情報" URI
```

AWSでも、STSというトークンを使えますが、トークン取得後にアクセスキーと組み合わせて使います。AWSのSTSは、AWS IAMと別のコンポーネントになっており、URI「https://sts.amazonaws.com/」に対してGetSessionTokenというAPIを発行するとトークン情報を取得できます。

AWSでのトークン取得

```
HTTPメソッド パス HTTP/1.1
Authorization: AWS4-HMAC-SHA256**** …略… (APIリクエストの署名。詳細は9.2.6項)
host: ドメイン
X-Amz-Security-Token: トークン値
```

このトークン機能は、有効期限を定めたテンポラリーパスワードとしての使い方もありますが、この後に紹介するIAMロール、フェデレーションでも内部的に利用されています。

9.2.6 署名

主にAWSのようなエンドポイントがグローバルにあるクラウドの場合は、HTTPSとは別にクライアント側の実在性（リクエストIDの確認）や改ざん防止のセキュリティを担保するため、APIのリクエストの際に署名というプロセスが追加で必要になります。この署名は、CLIやSDKを使う場合は内部的に行なわれるので意識する必要はありませんが、APIを直接実行する場合には必要となります。そこで、署名の仕組みとプロセスを、AWSを例に説明していきましょう。

APIであるHTTPリクエストに署名するには、リクエストのハッシュを計算して、そのハッシュ値、リクエストの他の値、およびシークレットアクセスキーを使用して署名を作成します。この署名作成のアルゴリズムはSHA（Secure Hash Algorithm）と呼ばれ、ハッシュ値の長さなどによって、SHA-1、SHA-2のようにバージョンが指定されており、2015年には最新のSHA-3が発表されています。

AWS では、署名方法のタイプをバージョンとして定義しており、利用するリージョンやサービスによって指定が違うので、あらかじめ仕様を確認する必要があります。本書では執筆時点での最新版である署名 v4 を前提に、図 9.8 に沿って説明します。

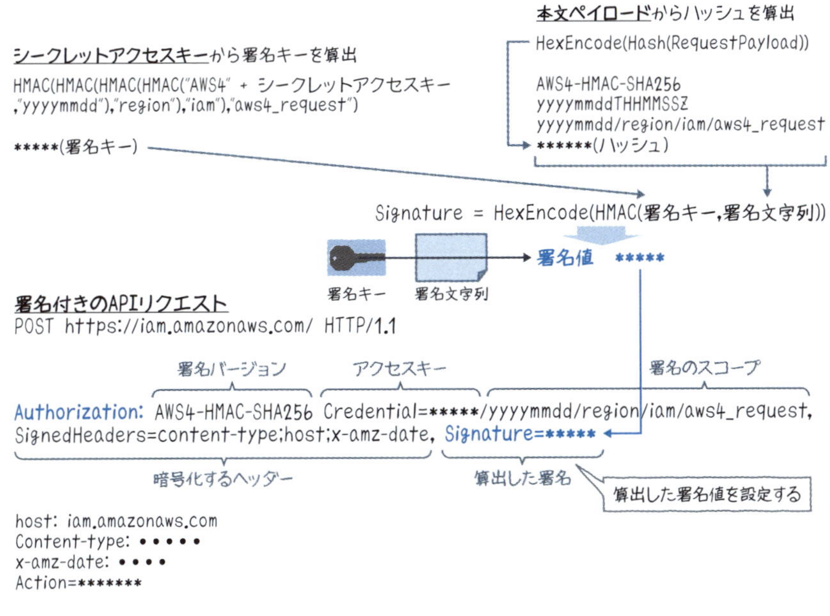

図 9.8　署名

まず、署名値を算出するために必要な署名文字列と署名キーの 2 つを、HMAC（Hash-based Message Authentication Code）関数を使って取得します。あらかじめ必要になる情報は、シークレットアクセスキーとペイロード[※8]です。

HMAC 関数で署名キーを取得するプログラムのサンプルは、AWS のサイト[※9]で公開されています。

取得した署名キーをハッシュキーとして使用し、署名文字列に対してキー付きハッシュ操作を実行すると、署名値を計算できます。この署名値を、署名 v4 では最終的に HTTP ヘッダーのうち Authorization ヘッダーにセットすることで署名を実現します。

※8　リクエストボディの SHA256 ダイジェスト。
※9　http://docs.aws.amazon.com/ja_jp/general/latest/gr/signature-v4-examples.html

9.2.7 IAMロール、リソースベースポリシー

ポリシーはアクターであるユーザーやグループに付与するのが一般的な考え方でわかりやすいのですが、クラウドはリソース指向アーキテクチャで考えます[※10]。そのため、リソースに対してポリシーを与える機能として、IAMロールとリソースベースポリシーがあります。これは、これまでアクター起点でシステム設計を考えてきた人にはかなり理解しにくい内容のため、コンセプトを重視して説明していきます。

AWSでは、OpenStackのロールと機能が異なるため、明確に「IAMロール」と表記します。IAMロールは、リソースに付与することで、そのリソースから認証キーを不要にAPIが実行できる機能です。IAMロールを割り当てると内部的にSTSが利用されるため、API実行時のキーの指定を不要にできるセキュリティ上のメリットがあります。

IAMロールは元々シークレットアクセスキーのベタ書きを防止し、STSを簡易に使うことから始まった機能ですが、近年AWSにおいてバックエンドがAmazon EC2で動いているマネージドサービスが増えており、それらの機能が内部的にAPIを発行するときにも使われています。

IAMロールを理解するポイントは、ポリシーの定義が「リソースから（From）」の制御を意味する点です（図9.9）。たとえば、サーバー（Amazon EC2）にオブジェク

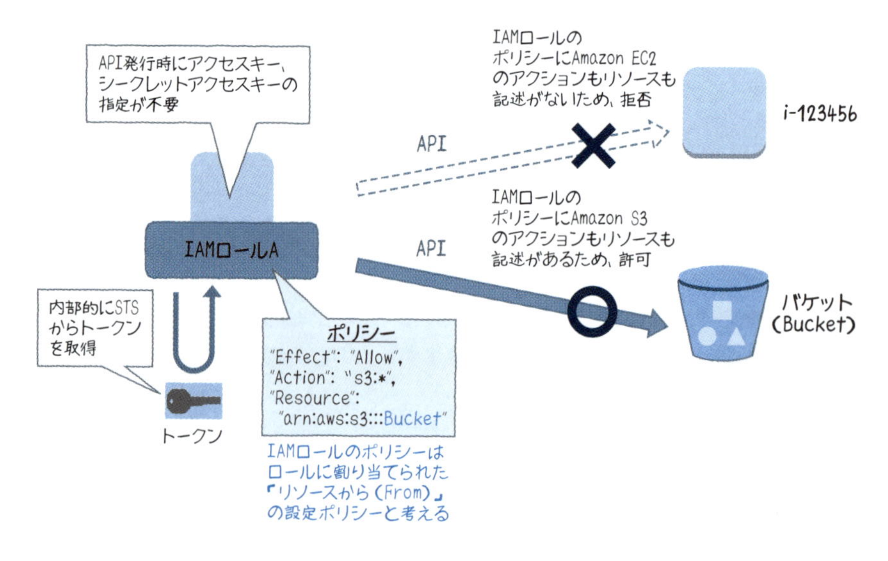

図9.9 IAMロール

※10 アクターやグループはOpenStackでも可能です。違いはIAMロールとリソースベースポリシーです。

トストレージ（Amazon S3）を更新する許可のポリシーの IAM ロールが割り当てられていれば、「Amazon EC2 " から " 認証キーが不要（内部的に STS）で Amazon S3 を更新できる」という意味になります。それに対して、リソースベースポリシーの定義は「リソースへ（To）」の制御を意味し、ポリシーにはプリンシンパル（だれが）を設定します（図 9.10）。Amazon S3 のバケットに対してユーザーによる更新を許可するリソースベースポリシーが割り当てられている場合、バケットを更新できますが、他のユーザーはバケットを更新できません。

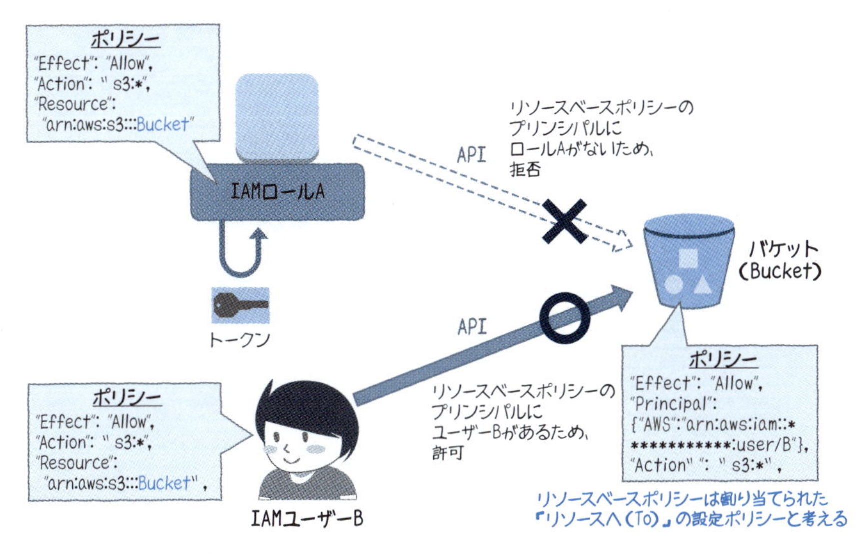

図 9.10　リソースベースポリシー

9.2.8 テナントを超えた操作権限

テナントを超えたポリシーも作成することができます（図 9.11）。

OpenStack の場合は、ユーザーは複数のテナントに所属することができ、ユーザーとテナントの組に対してロールが設定されます。同じユーザーであっても、操作対象のテナントによりロールを変えることができます。たとえば、2 つのテナントに所属するユーザーは両方のテナントのリソースを操作できますが、リソースの操作はあくまでそれぞれのテナントとして行なわれます。

より詳しく言うと、9.2.5 項で説明したトークンはいずれかの 1 つのテナントに関連付けられ、同じトークンを使って複数のテナントを操作することはできません。別のテナントを操作するときは、トークンを取得し直す必要があります。ユーザーのテナントへの割り当ては、管理ユーザー、およびドメイン管理者（Keystone v3 APIの場合）が行なうことができます。

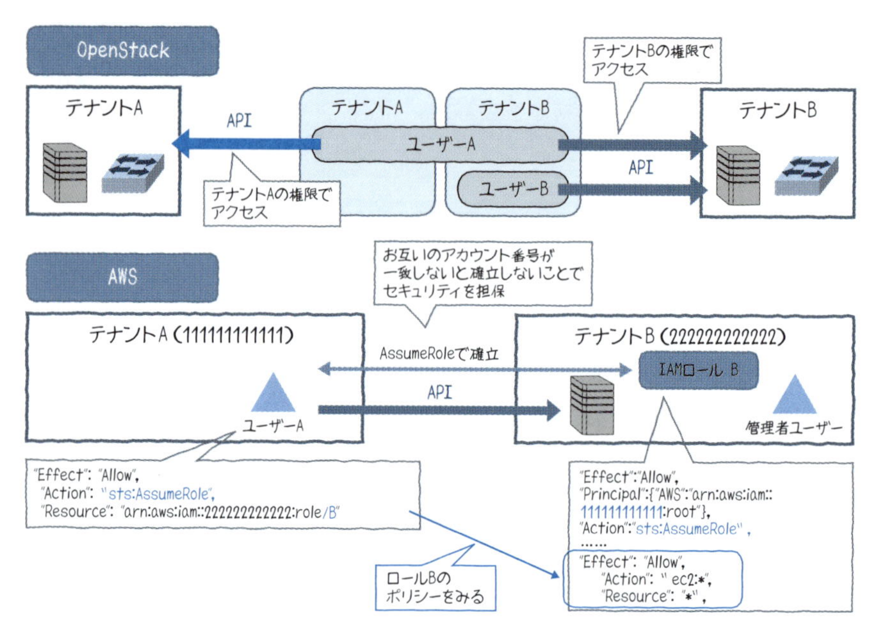

図 9.11　テナントを超えた操作権限

AWSの場合は、管理ユーザーはIAMユーザーではなくメールアドレスのユーザーとして分離されており、テナントに相当する他のアカウントをコンポーネントとしては操作できません。したがって、IAMロールのプリンシパルにアカウント番号を指定し、AssumeRoleのAPIを発行することで、別のテナント（アカウント）からのアクセスを許可します。AWSでは、この設定をクロスアカウントと呼びます。

アクセスを守る側のリソース側に、第3者のアカウント番号を指定してアクセス許可することで、悪意の第3者からの不正なアクセス設定を防止しています。

クラウドの設計の要素は多岐にわたりますが、このアカウント設計と分離は、どの案件でも話題になる基本的かつ最も重要なテーマの1つです。権限分離を取るか、利便性を取るか、要件と役割に応じたアカウント設計が重要です。

9.3 フェデレーション

トークンの活用方法として、別のIDに権限を委譲する、フェデレーションという仕組みがあります。APIを利用するために認証は不可欠であり、それを効率化するために多くのインターネットサービスがこのフェデレーションを活用しています。

たとえば、皆さんもGoogle、Amazon、Yahoo、Microsoft、Facebook、TwitterなどのIDでシングルサインオンできるサイトを利用したことがあるでしょう。これは同じHTTPで実装されるWeb APIでも活用できます。フェデレーションでは、代替ユーザーに相当する概念をIDプロバイダー（IdP）と呼び、このIDプロバイダーと別のIDに信頼関係を保つことで実現します。

既存のID管理システムに対して、SAMLやOpenID Connectなどでアクセスする方法と、Google、Amazon、FacebookといったWebIDでフェデレーションを行なう方法などがあり、クラウドサービスによって対応状況も異なります。

SAML（Security Assertion Markup Language）[※11]は、ユーザーの認証や属性、認可に関する情報を記述するマークアップ言語です。SAMLをHTTPでやりとりすることで、シングルサインオンが実現できます。クラウドからSAMLメタデータ[※12]も提供されており、これを適用することで、IDとIDプロバイダー間の信頼関係を確立します。

OpenID Connect[※13]は、HTTPでの認証の標準であるOAuth 2.0を標準にしてWeb APIへのアクセスを認可する手法です。OpenID[※14]が提供する認証情報を元に別のIDとIDプロバイダー間の信頼関係を確立します。

図9.12は、AWSを例にしてフェデレーションの流れを図示したものです。信頼関係の確立後は、図9.12のようにID認証とのフェデレーションが可能になり、その認証後にフェデレーション用のトークン取得APIが発行され、トークンによるAPIが実行できるようになります。

※11　執筆時点での最新版は2.0。SAMLの仕様は以下のサイトを参照。
https://wiki.oasis-open.org/security
※12　https://signin.aws.amazon.com/static/saml-metadata.xml
※13　http://openid.net/connect/
※14　OpenID財団が運営しているIDの標準化団体。

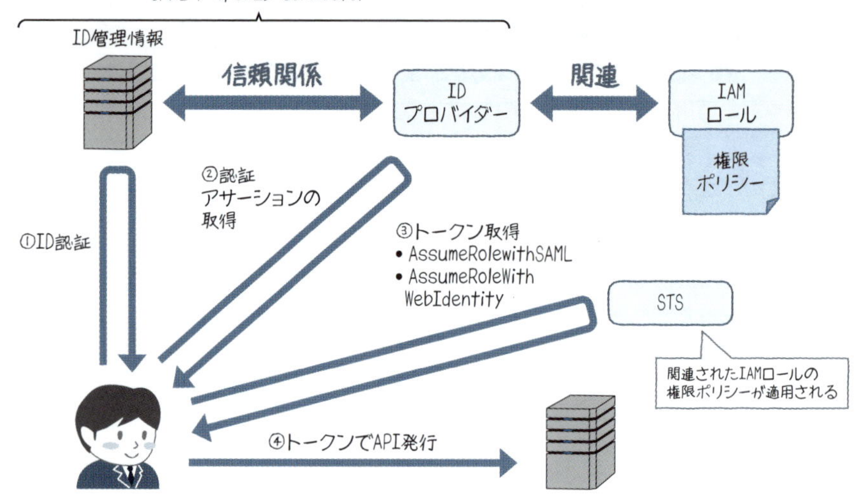

図 9.12　フェデレーションの仕組み

アプリケーションにとってIDは極めて重要な要素です。特にクラウドのAPIを軸にしたクラウドネイティブなアプリケーションを構成する場合は、セキュリティの観点からも、このフェデレーションが重要となります。ポリシーとの関連設定手順などは、クラウドによって細かな違いがあるため、最新のマニュアル[※15]を確認すると良いでしょう。

※15　OpenStack Keystoneでのフェデレーション
http://docs.openstack.org/developer/keystone/configure_federation.html
AWSでのフェデレーション
http://docs.aws.amazon.com/IAM/latest/UserGuide/id_roles_providers.html

9.4 認証リソースのコンポーネントとまとめ

最後に、認証のリソースの関係性をコンポーネント図でまとめましょう。

まず、グループとユーザーの関係はシンプルですが、その他は多少差異があります。

OpenStackでは、トークンとロールはプロジェクト（テナント）とユーザーの組に関連付けられ、ポリシーはロールを使用して定義されます（図9.13）。

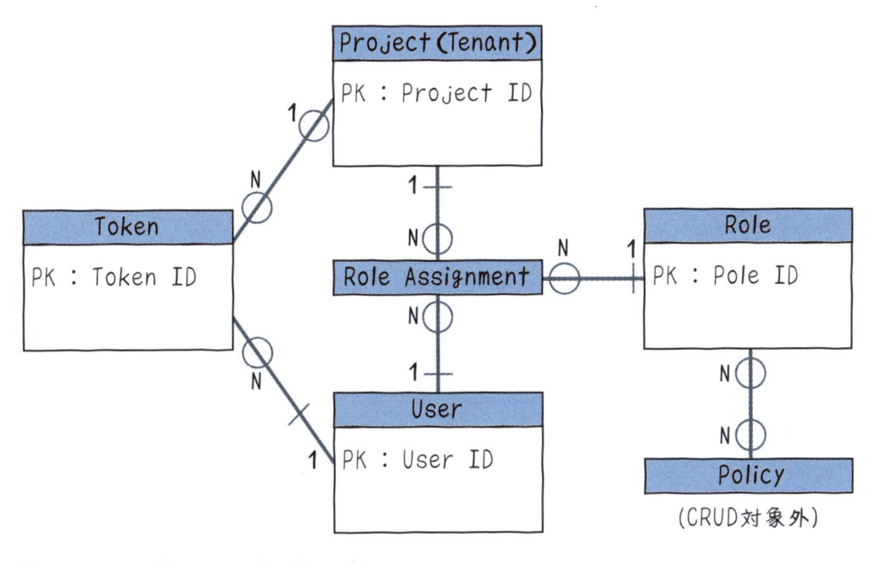

図9.13　OpenStack Keystone リソースマップ

それに対して、AWSではポリシーは独立して作成できるので、ユーザー、グループ、AWS固有であるIAMロールに対してN対Nで付与できます（図9.14）。また、トークンもユーザー、ロール、それぞれから生成できる違いがあります。

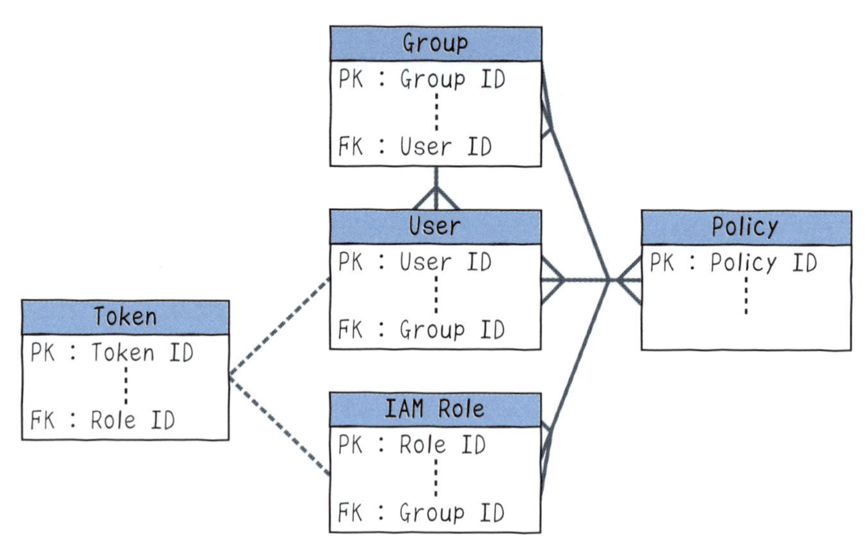

図 9.14　AWS IAM、STS リソースマップ

大規模かつ複雑なシステムをクラウド上で構成するにあたって、エンドポイントをグローバルに開放して利用する場合はこの認証設計は必須になっています。

AWS では IAM ベストプラクティスもマニュアル[※16]に記載されているため、実務への適用に向けて合わせて参照してみてください。

著者自身、これまで大規模なクラウド案件支援の経験がありますが、たとえば AWS では、VPC、CloudFormation、IAM がクラウドでの設計や統制における共通の検討項目 3 点セットになっています。そして、すべてリソース指向のプロパティで設計できることから、横断的に選任の管理者を配置するケースもあります。そのため、第 7 章ではネットワーク、第 8 章ではオーケストレーション、第 9 章では認証を順番に説明してきました。これらは、クラウドファーストにおける共通した検討事項となるコンポーネントでもあります。

次の第 10 章から第 12 章では、より発展的に分散やスケーラブルといったクラウドネイティブにするためのコンポーネントや考え方を説明していきます。

※16　IAM ベストプラクティス
http://docs.aws.amazon.com/ja_jp/IAM/latest/UserGuide/best-practices.html

第 10 章

オブジェクトストレージ制御の仕組み

この章では、クラウド活用において代表的なコンポーネントであるオブジェクトストレージについて説明していきます。

OpenStack では Swift、AWS では S3（Simple Storage Service）が該当するコンポーネントです。この分散配置されるオブジェクトストレージをデータストアの基本にしたシステム構成こそが、クラウドネイティブなアーキテクチャと言えます。本章では、第 2 章で簡単に紹介したオブジェクトストレージの特徴、REST API との関係、内部構造まで含めて詳しく説明していきます。

10.1 オブジェクトストレージ

10.1.1 ストレージ分類から見るオブジェクトストレージ

ストレージは大別すると、以下の 3 種類のタイプがあります。

①ブロックストレージ
②ネットワークストレージ
③オブジェクトストレージ

①は第 6 章で扱ったブロックストレージで、ストレージから見るとデータはあくまでブロックとして認識されており、ファイルは OS 側のファイルシステムで認識されます。サーバーからストレージにはデバイスとして認識され、ローカルディスクやデータベースを中心に主にオンライン処理でのアクセスの用途に用いられます。

②はネットワークストレージで、サーバーからストレージには TCP/IP ネットワークで接続できる特徴があり、NFS が代表的なプロトコルになります（第 6 章の最後に紹介した NFS サービスもあります）。こちらも、OS 側から NFS サービスをマウントして利用するため、ファイルとしては同様に OS 側のファイルシステムで認識されます。

③が本章で扱うオブジェクトストレージです。これはファイル単位でデータを管理するストレージのことで、HTTP（HTTPS）プロトコルでアクセスするという特徴があります。ファイルシステム相当の機能はオブジェクトストレージ側にあり、サーバー OS からマウントして利用するという使い方はあまりせず、単体で利用するケースが主流です。登場してからの歴史が浅く、比較的新しいストレージのタイプとも言えます。クラウドサービスだけではなく、アプライアンスやソフトウェアとして提供さ

れているものもありますが、クラウドサービスでその利用場面と価値が増えています。その理由を内部構成と合わせて見ていきましょう。

10.1.2 オブジェクトストレージの内部構成と特徴を活かした活用方法

オブジェクトストレージでは、HTTP（HTTPS）でファイルを操作することから、内部に HTTP サーバーが組み込まれています。したがって、公開したいファイルを HTTP サーバー経由でそのまま Web サイトとして公開することも可能です。

サーバーとブロックストレージで Web サイトを構成する場合、サーバー OS 上に Apache、Nginx、IIS などの HTTP サーバーを設定して、ファイルを配置してマウントして……といった作業が必要になります。オブジェクトストレージを使えばそれらの作業が不要になるため、比較的簡易に Web サイトをそのまま公開できることになります。

図 10.1 は、サーバーとブロックストレージを合わせた場合と、オブジェクトストレージ単体の場合での Web サイトを構成する比較例です。オブジェクトストレージは、HTTP サーバー、ファイルシステム、ネットワークデバイス接続をすべて内包しているため、設定作業が減り、シンプルになっていることがわかります。

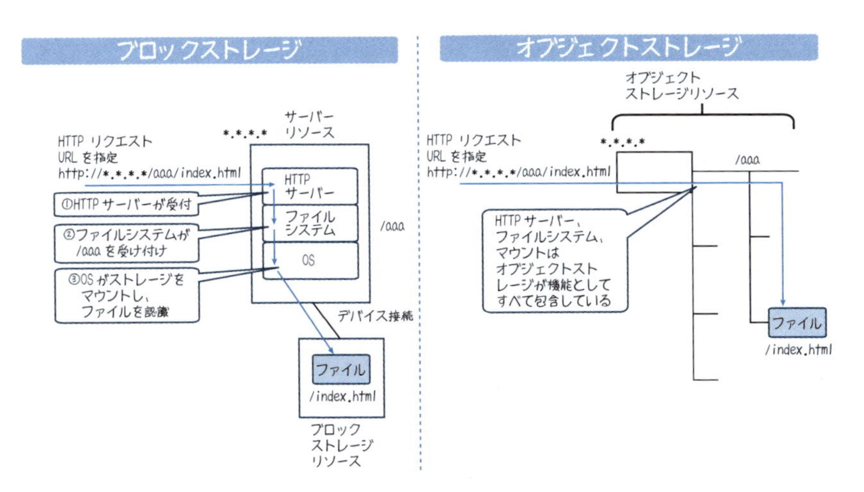

図 10.1　ブロックストレージとオブジェクトストレージの違い

第 5 章、第 6 章で説明したサーバーリソースとブロックストレージでは、これらのリソースを API で制御することができましたが、ファイルはサーバーリソースにある OS 上のファイルシステムで認識されているため、ファイルを操作するためには

APIではなく、OSのコマンドを実行する必要があります。これに対して、オブジェクトストレージではファイルそのものをクラウドで制御するため、ファイルの操作をAPIで制御可能です。ここが大きな違いであり、第3章で説明したRestful APIの考え方がそのまま適用できるため、クラウドネイティブなアプリケーションの基盤にもなっています。

さらに、オブジェクトストレージには、標準でファイルを複数箇所にレプリケーションする機能が内包されているため、バックアップを別途考える必要がありません。ブロックストレージで構成する場合はファイルの遠隔地への同期やスナップショットによるバックアップの検討が必要となるため、耐久性の面でもオブジェクトストレージにはメリットがあると言えます。

オブジェクトストレージでは、サービス側で総容量に対するサイジングの考慮も不要です。ブロックストレージでは、あらかじめ格納できる容量をブロックディスク側およびサーバーOS側のマウント時に指定し、総容量が超えないように監視する必要があります。これに対し、オブジェクトストレージでは、総容量は特に気にする必要がありません[※1]。

オブジェクトストレージの特徴をまとめてみましょう。

①ファイルにHTTP（HTTPS）でアクセスする
② APIでファイルをそのまま制御できる
③複数箇所にレプリケーションされている
④総容量に対するサイジングが不要

これらの特徴に合う用途として、クラウドでのオブジェクトストレージは、静的なWebサイトや容量の大きい動画ファイルの公開、非常にデータの変動が読みづらく爆発的に増える類のビッグデータ分析用の大量ログ情報の格納に用いられています。

逆に、安定した高いI/O性能やロックも含めた一貫性、という面で向いていないため、これらの用途では引き続きブロックストレージの利用が主体です。それぞれの特徴を活かしたストレージの使い分けがクラウドでは重要になってきます。

従来は「OSから直接ファイルシステムとして利用」という利用方法が適さないこともあり、間接的な利用が中心でしたが、近年ではこのオブジェクトストレージをデータストアの起点にしたビッグデータ解析やバックアップDR関連のクラウドサービス／サードパーティソフトウェアが増えてきています。データをオブジェクトストレージに入れておけば、それらのサービスやソフトウェアから簡単に利用、操作できるようになっているため、メインの業務データストアとしても利用されるようになってきています。

※1　ただし、ファイル単体の上限制約があるため、その対処については10.2.7項で説明します。

10.2 オブジェクトストレージ基本操作の API

ここでは、オブジェクトストレージリソースの基本やオブジェクトを操作する API を説明していきます。

10.2.1 オブジェクトストレージを構成するリソース

オブジェクトストレージは、表面的には「ファイルを管理する」というシンプルな思想でできているため、リソースはアカウント、バケット（コンテナ）、オブジェクトの3つで構成されています。

アカウントは、第2章で紹介したテナントに該当します。AWS の場合は、アカウントは標準で構成されているので意識はしませんが、アカウント間でバケットを共有するクロスアカウント機能（第9章で紹介）を使う場合に意識をします[※2]。

バケット（コンテナ）は、ファイルシステムにおけるディレクトリのトップ階層のフォルダに相当します。OpenStack ではコンテナ、Amazon S3 ではバケットと呼びます。

OpenStack では、バケット名はアカウント内で一意であれば問題ありません。これに対し、Amazon S3 では、バケットがインターネット上に FQDN として公開されるため、バケット名はアカウントの枠を超えて一意である必要があります。

> **!** コンテナという呼び方は Docker などのコンテナ技術のコンテナとまぎらわしいため、本章ではバケットと呼ぶことにします。OpenStack Swift ではバケットをコンテナと読み替えてください。

オブジェクトとは、バケット内に格納されるファイルを意味します。バケット内にバケットを作成することはできませんが、オブジェクトを格納する際に、Linux でいうディレクトリパス、Windows でいうフォルダパスに相当するプレフィックス（接頭辞）を加えれば、バケット内の構成を階層化することができます。そして、このプレフィックスも含んだ絶対参照先のことをキーと呼びます。OpenStack では Account/Container/Object、Amazon S3 では Bucket/Object がキー名になり一意になります。

この3つのリソースの関係性ですが、最上位にアカウントがあります。図 10.2 のように、その配下にバケットがありますが、アカウント内に複数のバケットが作成できるため、アカウント：バケット＝1：N の関係になります。バケットの配下にオブ

※2 このクロスアカウント機能は、特定の他の利用者とファイルを共有するのにとても便利で、クラウドの特性を活かしたファイル連携方法でもあります。

ジェクトがあり、そのバケット内に複数のオブジェクトが作成できるため、バケット：オブジェクト＝1：Nの関係になります。よって、アカウント：オブジェクト＝1：Nにもなります。この関係性から、アカウントがなければバケットも作成できません。バケットがなければオブジェクトも作成できません。通常のファイルシステムからも想像できますが、同じオブジェクトでも格納先が違うならば、別のリソースとして扱われます。そして、これらのリソースに対して、CRUD（作成、更新、参照、削除）が可能なAPIが用意されており、操作を行ないます。

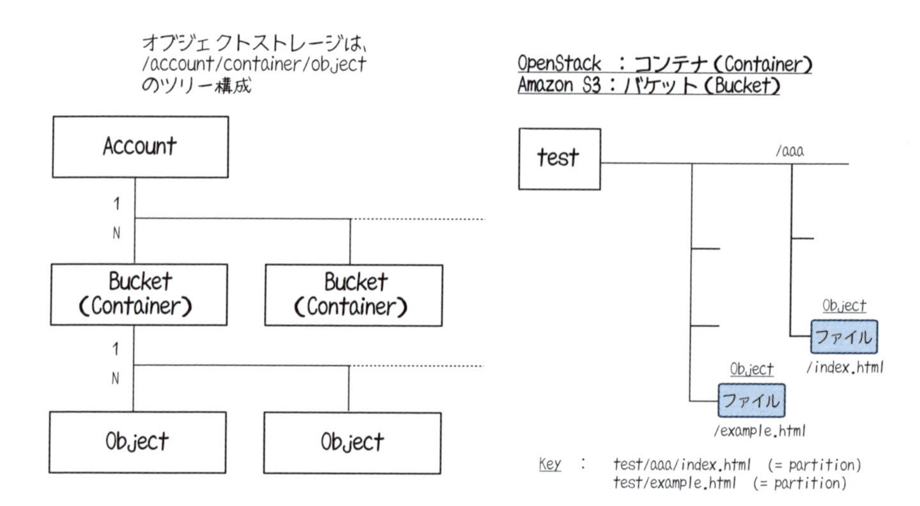

図10.2　オブジェクトストレージを構成するリソースの関係

10.2.2 アカウントの操作とバケット一覧の参照

OpenStack Swiftでは、最上位に位置するアカウント[※3]に対してGETを発行することで、そのアカウントが持つバケット（コンテナ）の一覧を取得できます。Curlを使ったAPIで示すと、「curl -i {endpoint}/v1/AUTH_{account} -X GET -H "X-Auth-Token: $token"」となります。この{account}にはKeystoneに登録されたテナントIDを指定します。アカウントで参照できる情報には、コンテナの一覧以外にも、そのテナントにおけるオブジェクトストレージの設定、保持オブジェクト数やデータ量などの統計情報といったメタデータがあります。GETを使うとバケット一覧とメタデータが参照でき、HEADを使うとメタデータのみ参照できます。POSTを使うと、

※3　Swiftでは過去の経緯からテナントのことをアカウントと呼んでいます。

アカウントの設定を編集できます。

Amazon S3では、最上位のアカウントに対応するリソースは定義されていませんが、テナントの全バケット一覧を取得するAPIとして「GET Service」が用意されています。

10.2.3 バケット作成とオブジェクトの格納

バケットを作成して、そのバケットの中にオブジェクトを入れる操作をCLIとAPIの両方で確認してみましょう。

図10.3は、OpenStackでCLIを使って、この操作を実施する例です。CLIツールで、バケットを作成する「swift post 〈バケット名〉」を実行すると、内部的にはSwiftのエンドポイントに向けてAPIが発行されてバケットが作成されます。

この例では、testという名前のバケットが作成された後に、testの配下にオブジェクトを格納できるようになります。ローカルにあるファイルをCLIツールでSwiftに格納するには、「swift upload 〈バケット名〉〈相対ファイル名〉」を実行します。すると、内部的にAPIが発行され、この例ではindex.htmlがtestというバケットの中にアップロードされています。

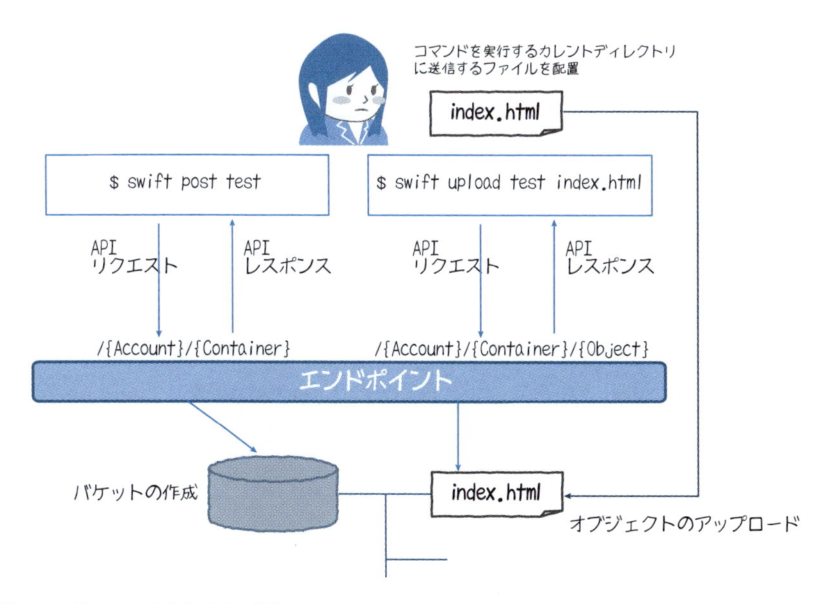

図10.3 バケット、オブジェクトの操作

利用者がコマンドラインを実行するだけでは、内部的にAPIがどのように発行されているかは、CLIの仕様を確認したり、パケット情報を取得しない限りわかりません。具体的に内部で発行されるAPIを見ていきましょう。

バケットを作成するには、既存のアカウント配下のURI「https://ObjectStorage/v1/account/container」に対して、「PUT」を実行します（図10.4）。Curlでは、「curl -i $URI -X PUT -H "Content-Length: 0" -H "X-Auth-Token: $token"」で、バケット名をオプションではなく、リソースのURIで指定しています。まさに第3章で説明したRestful APIのリソース志向の考え方に沿った形です。このような仕組みのため、同じバケット名が指定された場合、リソース重複エラーになり、名前の一意性を保つことができます。

同様に、オブジェクトにファイルを格納するには、そのテナント配下のURI「https://ObjectStorage/v1/account/container/object」に対して「PUT」を実行します。このオブジェクト名は、新規に作成するため、ローカル側のファイル名と必ずしも同じにする必要はありません。しかし、CLIでの「swift upload」コマンドでは、既存のファイル名をそのままアップロードする使い方を前提としているため、結果的にはファイル名と同じオブジェクト名をリソースに付与しています。

ファイルがSwiftにアップロードされオブジェクトとして正常に格納されれば、APIは正常終了を示すHTTPレスポンスコードを返します。オブジェクトも同様にリソースのURIにオブジェクト名を指定しますが、オブジェクトの場合はファイルであるため、重複した場合はオブジェクトを上書きする仕様になっています。

両APIともに、リクエストボディ部に詳細な条件が不要なシンプルなAPIになっています。

しかし、リソースの新規作成であるのに「POST」ではなく、更新を意味する「PUT」が用いられている点に違和感がある方もいるかもしれません。ここにポイントがあります。オブジェクトストレージのリソースは、アカウントを軸にしたツリー構造であると説明しました。つまり、ツリーのルートであるアカウント配下はすべて追加として扱う整理にしていることで、APIが極めてシンプルになっているのです。

また、HTMLのFormの仕様で「POST」のみに限定されるため、Amazon S3のオブジェクトでは「POST」メソッドのAPIも用意しており、HTTPヘッダーの「Content-Type」がForm-dataの場合に利用します。

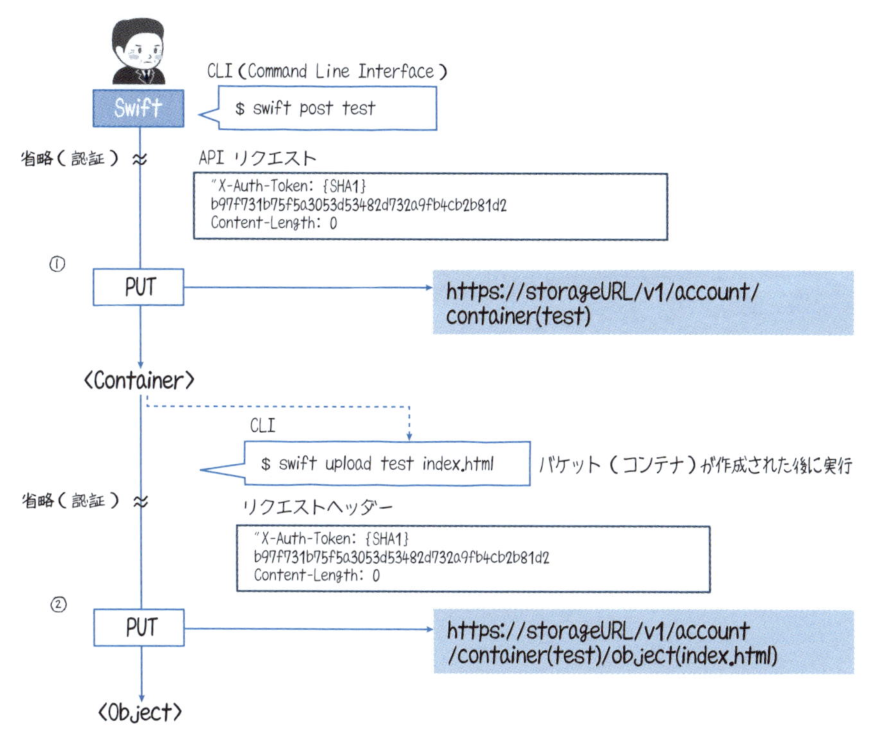

図 10.4　バケット、オブジェクト作成で実行される API

10.2.4 バケットやオブジェクトの設定情報の変更

OpenStack では、バケット、オブジェクトの設定情報（メタデータ）を更新する際に「POST」を選択することがあります（図 10.5）。OpenStack の設定情報は、HTTP の拡張ヘッダーの X-Container-Meta-{name} で、name にメタデータ名を指定して更新しますが、URI は通常のバケット、オブジェクトと変わりません。設定情報を新規に作成する場合は、「POST」を選択します。

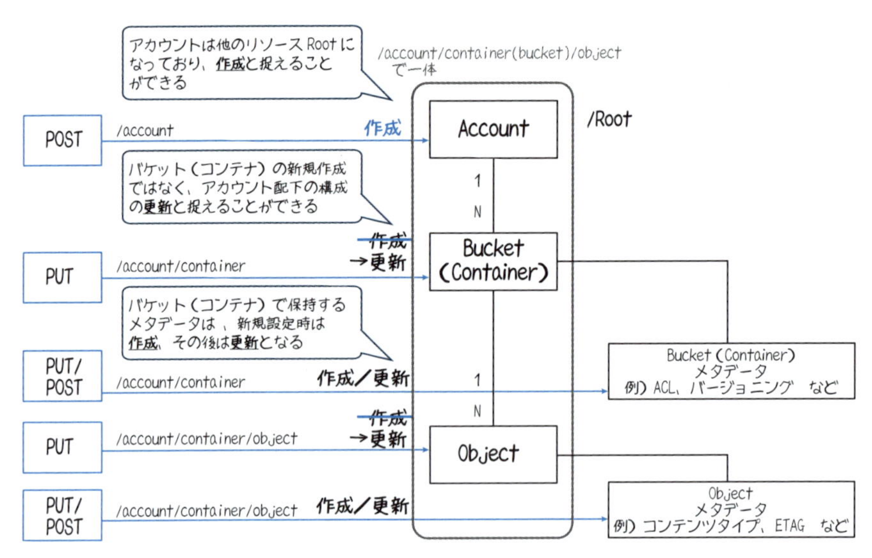

図 10.5　オブジェクトストレージのリソース作成が PUT になる理由

さて、具体的な設定情報とはなんでしょうか。たとえば、バケットであればACL（アクセスコントロール）、バージョニング、Webサイト機能などがあります。これらの設定情報は内部的にメタデータとして管理されています。

それでは、バケットに対して特定のユーザーが書き込みできるACLを付与するAPIの具体例を見ていきましょう（図10.6）。CLIでは「swift post test --write-acl account1」と実行すると、内部的には「curl -i $URI -H "X-Auth-Token: $token" "X-Container-Write: account1"」が発行され、testのバケットに対して、account1の「書き込み権限」が付与されます。

最後に、設定情報だけを削除するにはどのようにしたらよいでしょうか。バケットに対する「DELETE」はURIが同じでバケット自体を削除するAPIであるため、使えません。したがって、「POST」で"X-Remove-Container-Meta-Century"という削除を意味するパラメータを指定して、空の設定情報を上書きすることで削除します。具体的には、「curl -i $publicURL/marktwain -X POST -H "X-Auth-Token: $token" -H "X-Remove-Container-Meta-Century: x"」のようにAPIを実行します。APIを忠実に受け止めると、設定情報の枠は残して、NULLにするというイメージが近いでしょう。

Amazon S3の場合は、設定情報が非常に多岐にわたっており、設定情報ごとに別々のAPIが用意されています。たとえば、ACLの更新は「PUT Bucket ACL」というAPIを使います。拡張HTTPヘッダーのx-amz-aclにACL名を指定し、x-amz-grant-

{control} の Control に Read や Write などの権限を指定します。Amazon S3 でも ACL 操作の API には DELETE がなく、更新に対する考え方は似ています。

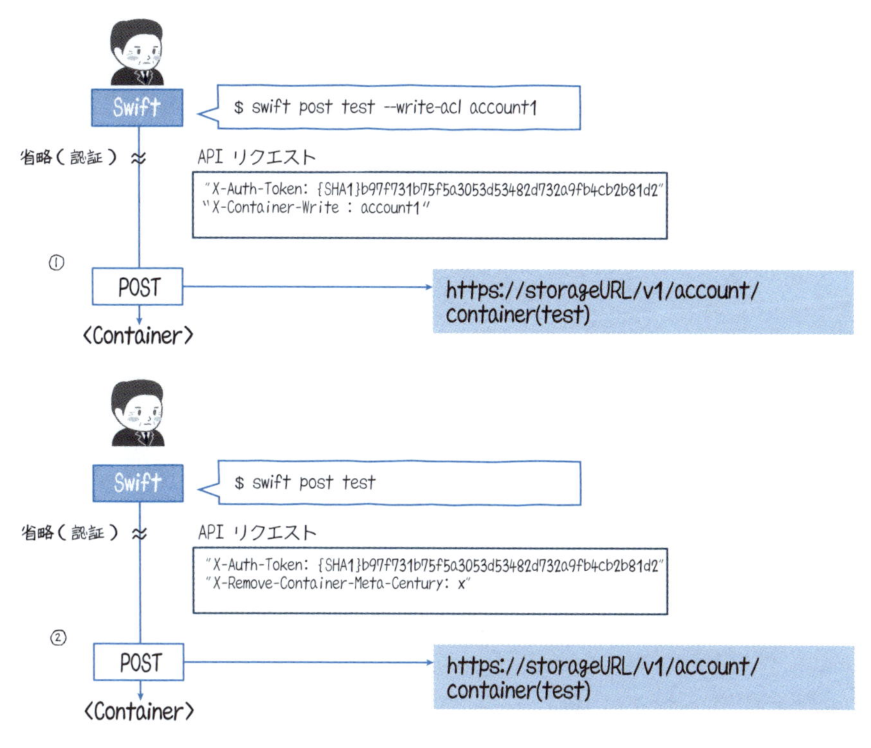

図 10.6　オブジェクトストレージの設定変更で実行される API

10.2.5 オブジェクト一覧の取得

アカウントの説明では、バケット一覧表示を例示しましたが、実務上はオブジェクト一覧を表示したいケースのほうが多いでしょう。

OpenStack では、URI「https://ObjectStorage/v1/account/container」に「GET」を発行すると、オブジェクト一覧の情報を取得することができます。

Amazon S3 では、「GET Bucket」の API が「List Object」となります。

ただし、いずれも表示できるバケット数に上限があります。執筆時点では、OpenStack Swift は 10000 まで、Amazon S3 では 1000 までになっています。また、プレフィックス内の情報もデフォルトでは一律表示されてしまいます。したがって、

Marker オプションでオブジェクト名、Prefix オプションでプレフィックス名を指定して、表示されるオブジェクトを絞り込むことも可能です。

10.2.6 オブジェクトのコピー

ファイルの操作には CRUD に完全には適合しない、すなわち HTTP メソッドの POST、GET、PUT、DELETE に当てはまらない処理があります。それがファイルのコピーです。

OpenStack Swift には、オブジェクトをコピーする API があります。URI「https://ObjectStorage/v1/account/?container/?object」に「COPY」を発行することで、ファイルシステムにおけるコピーコマンドのように扱うことがきでます。

Amazon S3 では、オブジェクトのコピーには、「PUT Object - Copy」が用意されています。内部的には GET したものを PUT しており、拡張 HTTP ヘッダーの x-amz-copy-source を付与して実装しています。

10.2.7 マルチパートアップロード

オブジェクトストレージには、操作できるファイルサイズの上限があります。また、ファイルサイズが増えると単体では転送のオーバーヘッドもかかるため、スループットを向上させるためにも、分割して並列処理を行ないたいという要望もあるでしょう。

オブジェクトストレージには、このような課題に対応するために、マルチパートアップロードという機能が用意されています。この機能は、図 10.7 のように 3 つのステップから構成されます。

①オブジェクトを分割しパートを作成
②そのパートをアップロード
③パートを結合し元のオブジェクトを作成

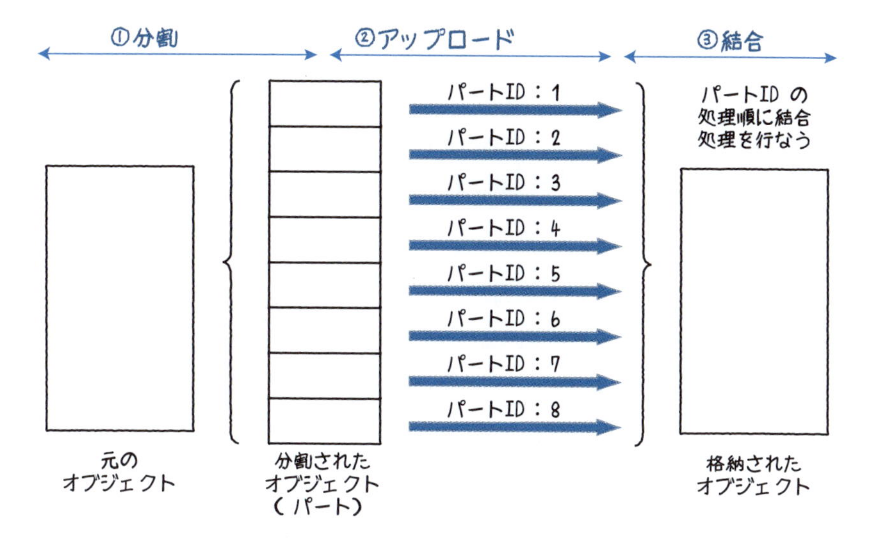

図 10.7　マルチパートアップロード（Multipart Upload API）

OpenStack Swift では、オブジェクトに対する「PUT」の API のクエリーパラメータに multipart-manifest を指定することで、3 つの処理を 1 つの API でまとめて実装しています。

これに対し、Amazon S3 では、3 つのステップに対応した別々の API が用意されています。オブジェクトに対してマルチパートを有効化するかの初期化処理は、「Initialize Multipart」の API で、実行後にはアップロード ID が生成されます。実際にアップロードする処理は、「Upload Part」の API で、このアップロード ID に加えて、分割されたパートを示すパート ID を指定します。最後の結合処理は、「Complete Multipart Upload」の API でアップロード ID を指定すると該当するパート ID の順番にファイルが結合され、完了するとパートが削除されます。

10.2.8 Amazon S3 CLI

OpenStack でも AWS でも API をラッピングした CLI が提供されていますが、Amazon S3 の CLI では、オブジェクト操作を Unix/Linux のファイルシステムのように扱える CLI と、他のサービスと同様に API に対応した CLI の 2 種類が利用できます。API に対応したコマンドを利用する場合は、「aws s3api」を最初に指定します。ファイルシステムのように扱えるコマンドはハイレベル API と呼び、「aws s3」を最初に指定することで利用できます。

まず、Unix/Linuxでは「ls」というディレクトリやファイルの一覧を出力するコマンドがありますが、「aws s3 ls」でも同じような使い方ができます（図10.8）。引数に何も指定しないとバケット一覧が表示され、引数にバケットやプレフィックスを指定するとその中のオブジェクト一覧が表示されます。内部的には「Get Bucket」のAPIが発行されています。

また、Unix/Linuxにおける「cp」というファイルをコピーするコマンドについては、「aws s3 cp」でも同じような使い方ができ、送信元ファイル名のパスと送信先ファイル名のパスを指定することで、その間のコピーを行なえます。指定はCLI環境からアクセス可能なパスとAmazon S3のプレフィックスの両方が指定できます。内部的には「Put Object - Copy」が標準で使われています。他にもUnix/Linuxと似たコマンドとしては、オブジェクト移動の「mv」、オブジェクト削除の「rm」、バケット作成の「mb」とバケット削除の「rb」があります。

現場やシステム実装時に重宝する機能として「aws s3 sync」があります。これは、ファイル名を指定して特定のオブジェクトを同期するコピーとは違い、引数には送信元と送信先のパスのみを指定して、パス配下のオブジェクトを完全同期します。全体の同期を図りたいときに用います。Unix/Linuxにおけるメモリのデータをディスクに吐き出す「sync」とは意味が多少違うので注意してください。

cp、mv、syncともにオブジェクトの移動について、内部APIはPUTとMultipart Uploadをファイルサイズ等の条件に応じて最適に使い分けする仕様になっています。APIを直接利用する場合は、この2つのAPIを使い分けるにはAPIコマンドを変えるしかありませんが、CLIツールを使えばCLIで指定された条件に応じて自動で最適に内部で発行されるAPIコマンドが変わります。

AWS CLIはオープンソースとしてGitに公開されているので、詳細を知りたい場合はドキュメントやソースを参照するとよいでしょう。

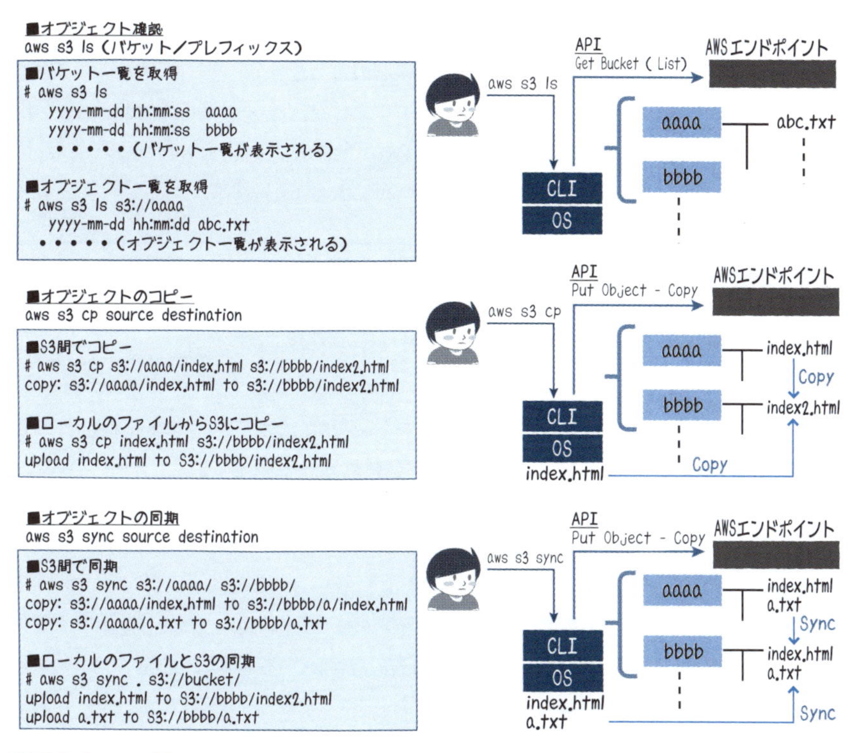

図 10.8 Amazon CLI

10.3 オブジェクトストレージの設定変更と API

ここでは、オブジェクトストレージの代表的な設定機能をピックアップし、機能の概要と API を説明していきます。最新機能の一覧は、各クラウドベンダーの API リファレンスから確認してみてください。

10.3.1 ACL の有効化

先ほど設定情報の代表例として触れた ACL とは、バケット、オブジェクトの両方に対して可能なアクセス制御機能です。アクターは内部的には第 9 章で説明したユーザーが該当しますが、ACL ではそれらをオブジェクトストレージ固有のグループとして包含し、それぞれに対して Read や Write の権限を与えます。(10.2.4 項で触れた通りです)。

OpenStack Swiftでは、認証はユーザー情報を設定します。

Amazon S3では、管理権限も含めた認証が必要な場合はAuthenticated Usersグループ、認証が必要ではない通常アクセスも含めた全体を示すEveryoneグループ、ログ管理用ユーザーを示すLog Deliveryグループに分かれています。

10.3.2 バージョニングとライフサイクル

◉バージョニング

バージョニングという機能を使うと、複数バージョンのオブジェクトを履歴として保持できます。バージョニングは、バケット全体に対して設定します。バージョニングされたオブジェクトには必ずバージョンIDが保持されます。デフォルトでGETコマンドを発行すると最新のオブジェクトが取得されますが、過去分を取得する場合はこのバージョンID番号を指定して取得します。

また、バージョニングが有効の場合、直近のファイルを削除しても、過去のバージョンID番号のオブジェクトは残ります。過去分を削除する場合は、過去のバージョンID番号を指定して削除する必要があります。

OpenStack Swiftでは、URI「https://ObjectStorage/v1/account/container」に対して「PUT」のAPIに拡張HTTPヘッダーのX-Versions-Locationに値をセットすることで有効にします。

Amazon S3では、「PUT Bucket Versioning」というAPIが用意されており、このAPIでバージョニングを有効にします。

◉ライフサイクル

ライフサイクルは、オブジェクトを一定の期間で物理削除したい場合にルールを指定できる機能です。

Amazon S3では「PUT Bucket Lifecycle」のAPIが用意されており、このAPIで有効にします。

バージョニングとライフサイクルを組み合わせると、バージョニングの履歴期間を制御できるようになります。ライフサイクルの期間の起点に、オブジェクトだけではなく、最新オブジェクトか否かも指定できます。

図10.9の例では、ファイルを1週間単位で上書きし、10日単位でアーカイブするルールを加えています。Amazon S3ではアーカイブもできるため、基本ルールは期

間の起点をキー名にするか、バージョンにするか、アクションを削除にするか、アーカイブにするかの4つの組み合わせから選択することができます。

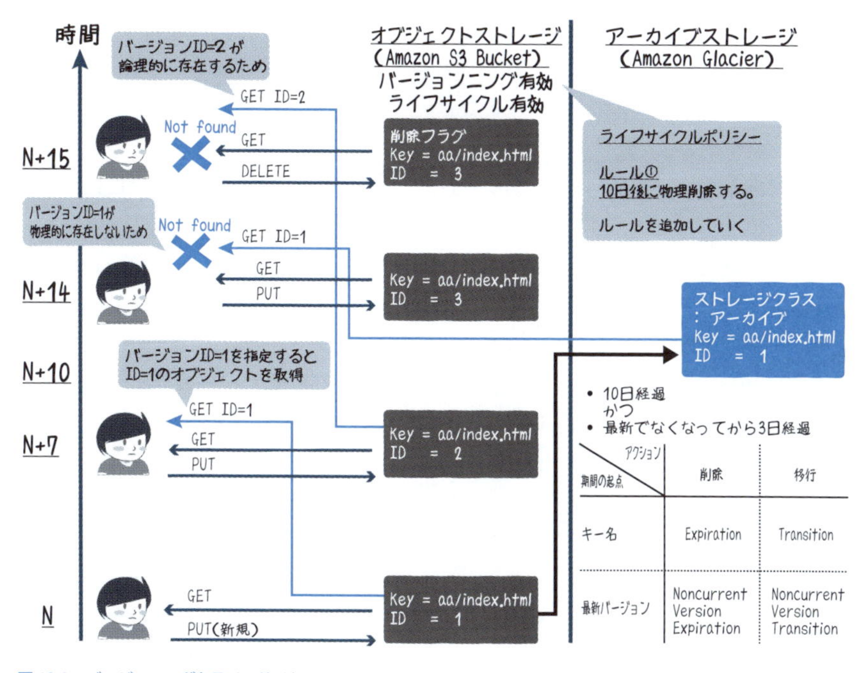

図 10.9 バージョニングとライフサイクル

10.3.3 暗号化

オブジェクトストレージに重要なデータを格納するケースも増えてきており、注目されている機能として暗号化があります。オブジェクトストレージに対する暗号化の考え方としては、Amazon S3を例にすると以下の2つがあります（図 10.10）。

①サーバーサイド暗号化
②クライアントサイド暗号化

◉サーバーサイド暗号化

サーバーサイド暗号化とは、バケット全体に設定されディスクに書き込まれるときにデータをオブジェクトレベルで暗号化し、ユーザーがデータにアクセスするときに復号化することです。したがって、アクセス許可と鍵情報を持っていれば、オブジェクトが暗号化されているかどうかに関係なくアクセス自体はできてしまいます。

サーバーサイド暗号化は、クラウド内に閉じてオブジェクトをセキュアに管理したい用途に向きます。サーバーサイド暗号化の鍵としては、Amazon S3が提供する鍵や独自の鍵を指定できますが、サーバーサイド暗号化の指定専用のAPIが用意されているわけでも、オプション指定をするわけでもなく、通常のPut ObjectやGet ObjectのAPIに対して、拡張HTTPヘッダーであるx-amz-server-side-encryptionに暗号キーを設定してAPIを発行します。

また、独自の鍵を用いる場合は、別の拡張HTTPヘッダーであるx-amz-server-side-encryption-customer-algorithmにAES256などの暗号化アルゴリズムを指定し、x-amz-server-side-encryption-customer-keyにキーを指定することで対応可能です。

◉クライアントサイド暗号化

次に、クライアントサイド暗号化とは、クライアント側からオブジェクトを送信する際にオブジェクトそのものを暗号化することです。クラウド内では暗号キーがメタデータとして管理され、ダウンロードしても、暗号化された状態が保持されます。

クライアントサイド暗号化は、クラウド内に依存せず暗号化したい場合の選択肢となります。暗号化の鍵としては、クライアントサイドでファイルに対して暗号化するため、Amazon S3が提供する鍵は選択できず、独自の鍵となります。サーバーサイド暗号化と同様に専用のAPIは用意されていませんが、RESTの拡張HTTPヘッダーで指定するのではなく、オブジェクト単位でPUTする際にSDKに代表される暗号化クライアントで暗号キーを指定することで実現します。

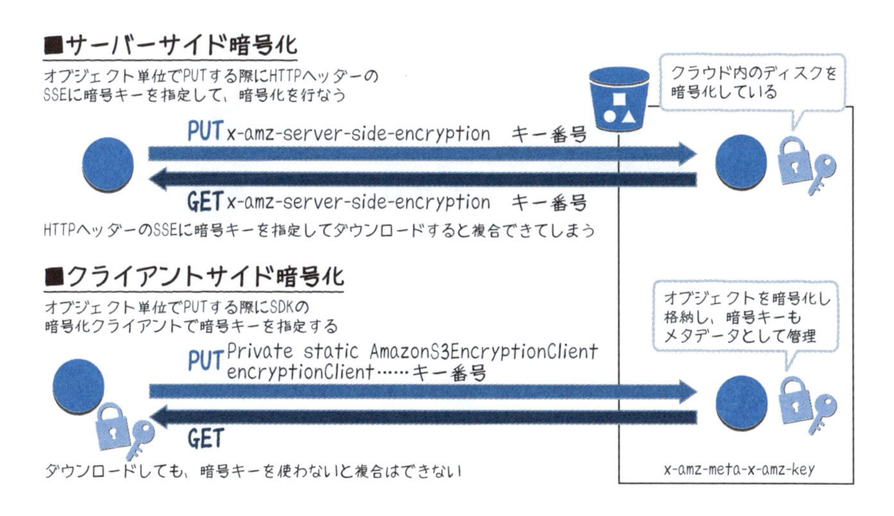

図 10.10　暗号化

10.3.4 Webサイト機能

オブジェクトストレージでWebサイトを構成できます。そもそもオブジェクトストレージはHTTPでアクセスするため、たとえばHTMLファイルであれば、オブジェクトに公開権限を与え、FQDNを含んだURLをHTTP（HTTPS）で指定すればWebページとして表示されます。

対して、Webサイト機能は、単にアクセス許可を行なうだけではなく、通常のWebサーバーで制御できるドキュメントルート、カスタムエラー、リダイレクトといった基本機能を有している点が大きく異なります（図 10.11）。公開権限を与えただけでは、パスでオブジェクト名まで指定しないとアクセスできませんが、Webサイトホスティングを有効にした場合、FQDNだけを指定すれば、ドキュメントルートのパスにフォワードされます。また、HTTPエラーが発生した場合に、独自のエラーレスポンス（画面）を返す設定も可能で、処理をリダイレクトさせることも可能です。

OpenStack Swiftでは、URI「https://ObjectStorage/v1/account/container」に対して「PUT」のAPIの拡張HTTPヘッダーであるX-Web-Modeにtrueをセットすることで有効化します。

Amazon S3では「PUT Bucket website」というAPIを使って有効化します。

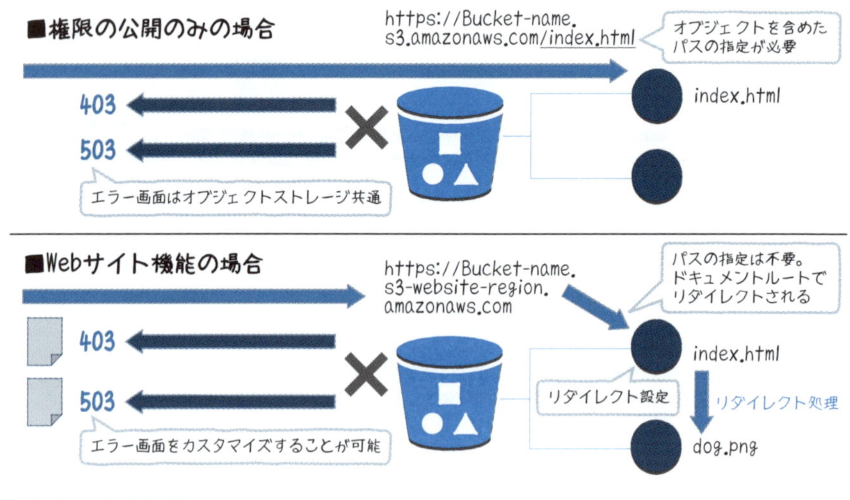

図 10.11　Web サイト機能

10.3.5 CORS（クロスオリジンリソースシェアリング）

ドメインをまたいだXMLHttpRequestの制約であるクロスオリジンの問題は、オブジェクトストレージを静的サイトとして利用する場合に考慮する必要があります。たとえば、Amazon S3を静的Webサイトやリンク先として利用する場合、bucket-name.s3-website-region.amazonaws.comというドメインが付与されています。そのため、Amazon S3にCSSスタイルシートや画像、スクリプトなどを格納し、外部ドメインのWebサイトからXMLHttpRequestオブジェクトを使ったHTTPリクエストが発行され、画像やスクリプトを呼び出されると、同一生成元ポリシー（same-origin policy）の制約に抵触していまいます。

Amazon S3ではこれらの対処ができるように、CORS（クロスオリジンリソースシェアリング）の設定をバケットに設定できます。Amazon S3でのAPIでは、PUT Bucket CORSを発行し、Body部分にCORS設定を定義することで有効化します。

CORSの設定は<CORSConfigure>で始め、<CORSRule>にて許可ルールを並列に複数定義することが可能です。<AllowedOrigin>に許可するオリジンのドメイン名、<AllowedMethod>に許可するHTTPメソッドを定義します。<AllowedHeader>にはAccess-Control-Request-Headersヘッダーによって、プリフライトリクエストで許可されるHTTPヘッダーを指定し、<MaxAgeSeconds>にプリフライトリクエストのレスポンスをブラウザでキャッシュできる時間を秒単位で指定できます。

また、<ExposeHeader> にはアプリケーションからアクセスできるようにするレスポンス内の許可する HTTP ヘッダーを指定することができます。図 10.12 の例では、index.com のオリジンに対して、x-amz- で始めるワイルドカード指定をしており、Amazon S3 固有の HTTP ヘッダーをすべて許可しています。

クロスドメインアクセスが可能かどうかを確認するリクエストであるプリフライトリクエストが可能か否かはブラウザに依存します。オブジェクトのパスを含んだ URI に対して「OPTION」の API を発行することで確認できます。

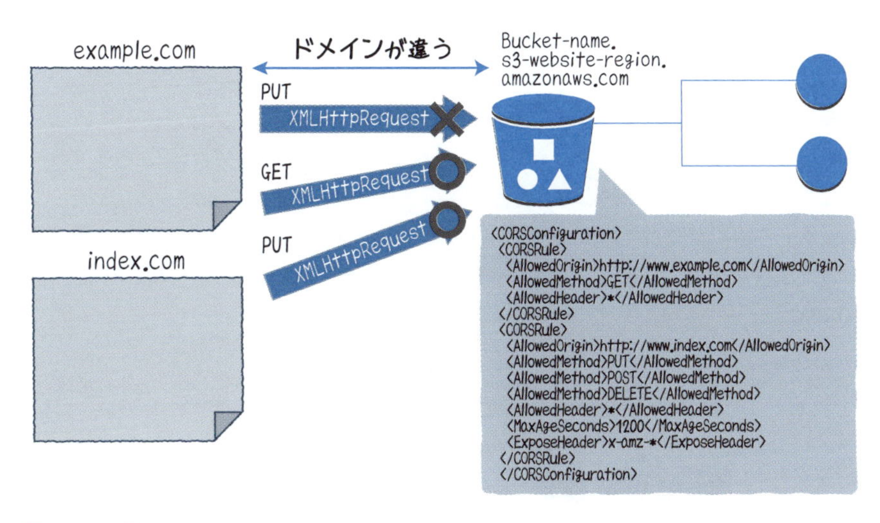

図 10.12　CORS

10.4 オブジェクトとAPIの関係性

10.4.1 結果整合性

オブジェクトストレージは、HTTPベースでアクセスし、耐久性を重視するため、API実行後のオブジェクトの状態には整合性と結果整合性という2つの特性があります。

整合性とは、その名の通り、確定したオブジェクト情報をそのまま返すという意味で、ファイルシステムやリレーショナルデータベースでも同様の考え方になります。ただし、この考え方がオブジェクトストレージでは、新規のオブジェクトをPUTする場合しか適用されません。厳密には書き込み後の読み取り整合性が保たれます。

それに対し、結果整合性とは、分散オブジェクト特有の事象ですが、確定したオブジェクト情報を参照した際にタイミングによっては古いオブジェクトを返すことがあるという意味を持ちます。これは、PUTによる上書き、DELETEの際に起こります（図10.13）。

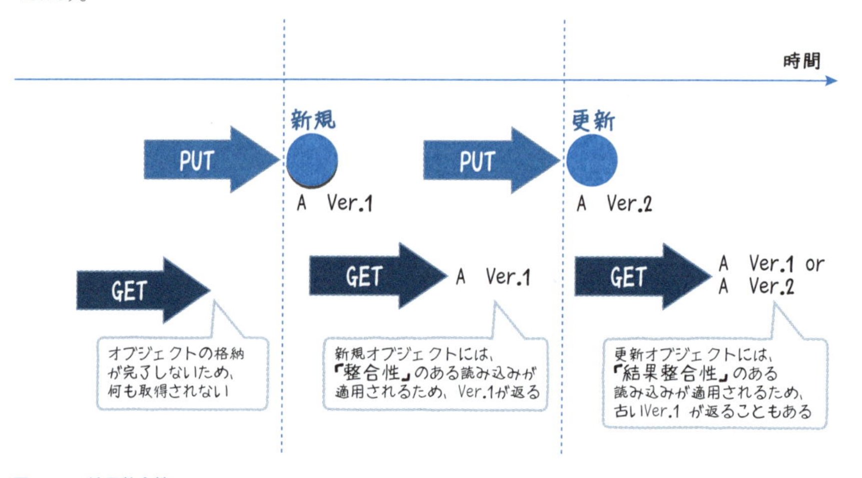

図10.13　結果整合性

また、既存のオブジェクトにPUTを2回実行したタイミングでは、クライアント側の実行されたタイムスタンプではなく、ネットワークを介したオブジェクトストレージ側のタイムスタンプで新しいほうが上書きされます。タイムスタンプはオブジェクトストレージ側になるため、複数のクライアントからのレイテンシー[※4]に大きな差異がある場合は、後にPUTした処理が先にPUTした処理に上書きされてしまうという逆転もタイミングによってはあり得ます。つまり、ロックの仕組みがありません。よって、ロックが必要な場合は、制御のロジックをAPIを駆使して実装する必要があります。

DELETEについても、同様に結果整合性になるのには違和感を持った方もいるでしょう。詳細は後述しますが、内部的には一時的に論理削除が行なわれるため、更新に近い挙動になるためです。なぜ、このようになるのかは、REST、べき等性の考え方とオブジェクトストレージのレプリケーションのアーキテクチャに依存するため、後ほど内部構成と合わせて説明します。この仕組みの謎が、本章を最後まで読めばきっと理解できるようになるはずです。

10.4.2 Etagによるオブジェクトの確認

オブジェクトストレージが結果整合性のアーキテクチャである以上、オブジェクトがきちんと格納されたことを確認するにはどのような方法がよいでしょうか。

HTTPの世界でよく用いられるのがEtagを用いる方法です。Etagとはエンティティタグの略で、HTTPヘッダー項目の1つでオブジェクトに対して、MD5のハッシュアルゴリズムで値を返します。このEtagの値もHTTPレスポンスで返ってきていれば、HTTP処理だけではなく、オブジェクトも処理が完結し、正しく反映されたと判断することができます。

ただし、注意点があります。独自暗号化を行なっている場合は、ハッシュ以外のアルゴリズムが用いられることがあります。また、マルチパートを利用している場合は、パートオブジェクト単位で確認が必要となります。

10.4.3 Restful APIとの関係

第3章で、ROAの4原則を説明しました。オブジェクトストレージはアドレス可視性があり、ステートレスで、HTTPを使った統一インターフェースであり、ROAをそのまま体現しているサービスであるとも言えます。ただし、外部リンク性を表わす接続性のみはオブジェクトストレージ間では該当しません（ただし、S3イベント通知に代表されるように、コンポーネント間の接続性はあります）。

バケットはリダイレクト設定ができますし、オブジェクトは公開してURLを付けることはできますが、バケットとオブジェクトはそれぞれ直接リンクにはなりません。

※4 データを要求してから、そのデータが返送されるまでの遅延時間のこと。

ただし、たとえばAmazon S3のURIでは、他のサービスから直接リソースにアクセスし利用でき、S3イベント通知という他のサービスとの連携性もあるため、他のサービスとの接続性があるとも言えます。

10.4.4 べき等性との関係

べき等性とは「何回もその処理を実行しても同じ結果が得られる」という処理をシンプルにするSOAやRESTにおいての基本的な考え方になります。すなわち、プログラムのループ処理のように、実行結果を変数として渡し、結果を足し合わせるということが行なわれないことを意味します。

OpenStack SwiftやAmazon S3では、GETやHEADはもちろんのこと、PUTやDELETEでも、べき等性が保たれた構成になっています。本章の冒頭で説明したオブジェクトの作成、更新の両方でPUTを使われている意義を思い出してください。つまり、同じオブジェクトを何回PUTしても、そのオブジェクトが格納されていることには変わりなく、そして同じオブジェクトに対して何回DELETEしても、そのオブジェクトが削除されていることには変わりません。最新が上書きされるという仕様に統一されていることにより、シンプルな結果整合性を実現しています。

10.5 オブジェクトストレージの内部構成

オブジェクトストレージの内部構成を、OpenStack Swiftを例としてAPI発行の裏側で何が起こっているかを説明していきます。Swiftのアーキテクチャは、図10.14の通り、大きくフロントとバックエンドに分類されます。

①フロント　　：HTTPリクエストを受付するアクセスティア
②バックエンド：オブジェクトをデータとして格納するストレージノード

それぞれを詳細に見ていきましょう。

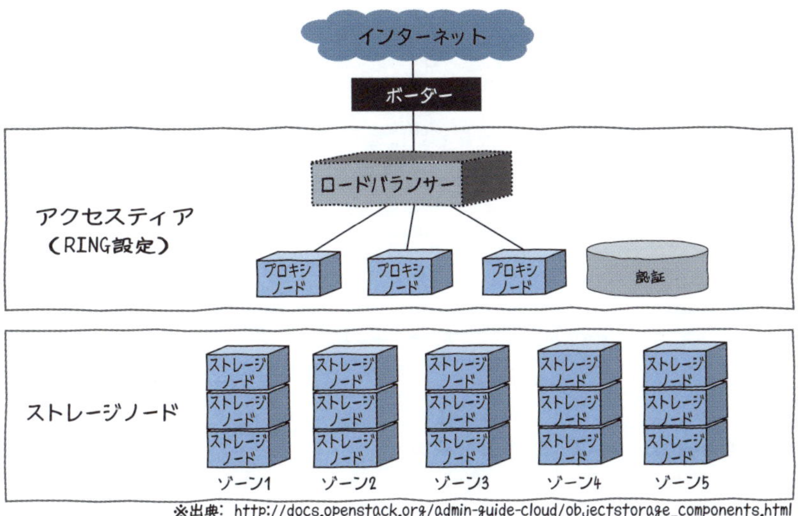

図10.14　Swiftアーキテクチャ

10.5.1 アクセスティアのアーキテクチャ

オブジェクトストレージは、HTTPでファイルのやり取りを行ないます。そのため、OpenStackではアクセスティアにHTTPプロキシが構成されており、拡張性のあるWebシステムと同様に、HTTPアクセスをスケーラブルに処理するためにロードバランサーで負荷分散を行ないます。

実利用ではHTTPSが利用されることがほとんどなので、SSL Terminationの処理もこのティアで行ないます。また、該当のオブジェクトがない場合、上限を超えるアクセス時、認証失敗の場合、HTTPエラーを返す仕組みが必要ですが、その制御の役割もこのティアが担っています。

バックエンドであるストレージノードへのアクセス制御を行なう設定をRING（リング）と呼びます。このRINGはSwiftの中核を成すコンポーネントで、ストレージノードに対するレプリカ数、パーティション、ディスク情報の3つを定義します。

RINGはテナント、バケット、オブジェクト、それぞれに対し個別のRINGで静的なハッシュテーブルを保持し、パーティションに対してMD5によるハッシュアルゴリズムを用いて、ストレージノード群であるゾーンへの分散配置のマッピングを制御します。

OpenStack Swiftでは、RINGによる設定が静的なハッシュになっているため、複数パーティションとレプリケーションされる複数ゾーンの関係が固定でマッピングされる点が特徴で、図10.15のような挙動になります。したがって、ストレージノードの増減に合わせて、RINGの再作成が必要になりますが、ハッシュアルゴリズムにて、既存のノードからのオブジェクトの移行が少なくなるようにリバランスが行なわれます。

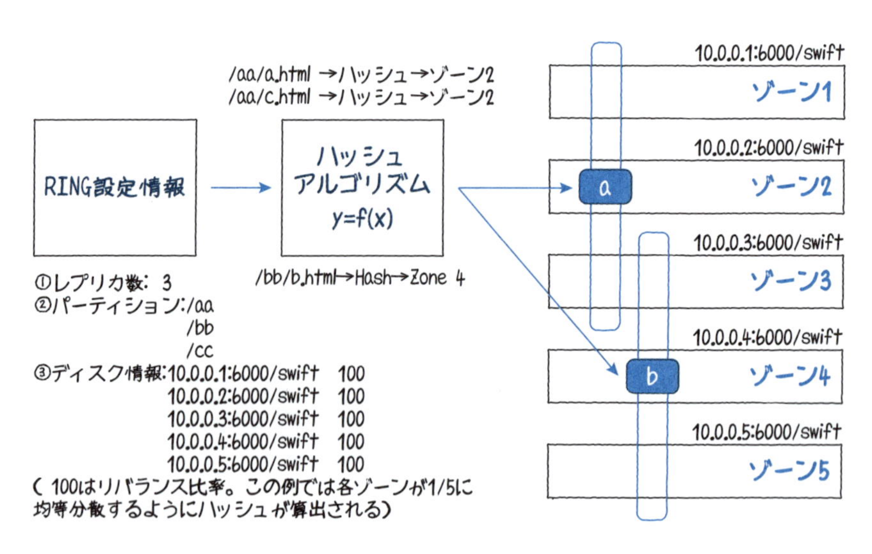

図10.15 RING設定詳細

10.5.2 ストレージノードのアーキテクチャ

実際のオブジェクトを格納するストレージノード群のことをゾーンと呼びます（図10.16）。耐久性を考慮して、このゾーンは物理的に分離されている必要があります。RINGに設定されたレプリカ設定に基づき分散配置する場所が決められ、アカウント、テナント、オブジェクトそれぞれのファイルに対してレプリケーションが行なわれています。

レプリケーションは、①チェックと②コピーという2つのプロセスで構成されており、内部的にはレプリケータという同期用のプロセスが実行されており、この役割を担っています。

ファイルのコピーがRINGで指定したゾーンに確実に存在するように、レプリケータは定期的に各パーティションを調べており、他のゾーンの複製コピーと比較する処理にハッシュとタイムスタンプの2つを確認しています。

大きなオブジェクト自体をチェックするとなると、ゾーン間でのTCP接続処理などのオーバーヘッドがかかりますが、メタデータで内部管理されているハッシュとタイムスタンプを活用することで、オブジェクトサイズや種類に依存せずにオーバーヘッドが少なく、論理的かつ標準的な転送制御を実現しています。

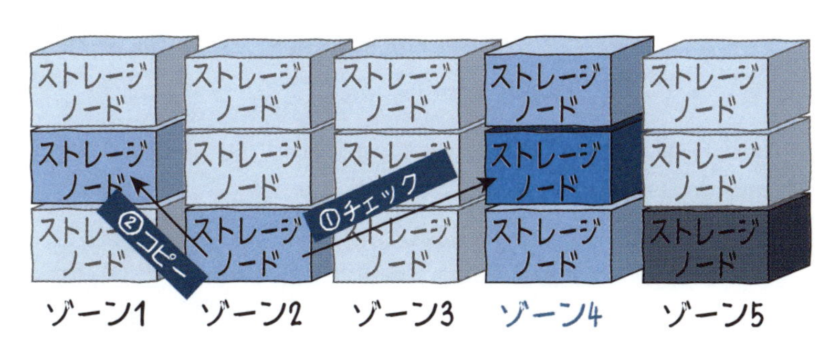

図10.16　ゾーンレプリケーション

RING設定のパーティションは、分散配置の粒度を決める要素でもあります。パーティションの数が多いほどハッシュも増えていくため、偏りが小さくなる傾向があります。この仕組みは後ほど詳細に説明します。

RING 設定のディスク情報は、ゾーン、IP アドレス、デバイス名（マウントポイント）といった情報になります。

10.5.3 Read、Write での挙動

オブジェクトに対しての Read（API では GET）、Write（API では PUT）の挙動を見ていきましょう（図 10.17）。

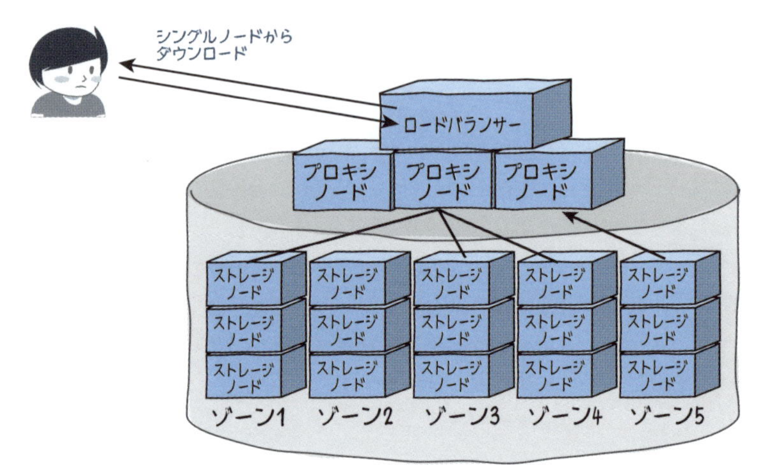

図 10.17 Read/Write オペレーション

オブジェクトは複数のゾーンに分散されていますが、Read では GET リクエスト発行後に、負荷分散された後に 1 つのゾーンのみからオブジェクトを取得しています。これは、1 つの API リクエストを負荷分散してから、どれかのゾーンに振り分けをするという構成にも関係しています。つまり、複数回の GET リクエストを発行した場合、別のゾーンからオブジェクトが取得されることもあることを意味します。

Write の場合も基本的には同じです。POST や PUT のリクエスト発行後に、負荷分散された 1 つのゾーン内のノードのオブジェクトを作成、更新した後に、RING で設定された設定により、別のゾーンにレプリケーションされます。

この仕組みを考えると、Write は RING で指定されたゾーンのみ、Read は RING 指定されたレプリカ設定のゾーン全体、となるため、HTTP プロキシがボトルネックにならない限り、Read のほうが多くのリクエストを受けることができます。

たとえば、Amazon S3 は、執筆時点での公式ドキュメントの記載では、通常時で

は100回のPUT/LIST/DELETEリクエスト、毎秒300回のGETリクエストを元に設計がされています。また、これを超える場合も、自動または申請ベースの拡張が可能です。Amazon S3では3箇所以上にレプリケーションされているので、このアーキテクチャを踏襲すると、GETはPUTの3倍以上のリクエストを許容できる理由がわかります。実際のシステムにおけるファイル操作ではユースケースにもよりますが、Readが大きな比率を占めるのが一般的であるため、その実態に即したアーキテクチャであるとも言えます。

10.5.4 分散レプリケーションと結果整合性の関係

この仕組みが、10.4.1項で説明した結果整合性の技術的な実装にもなります。このアーキテクチャでは、更新処理は、① PUTのAPI処理、②内部的なレプリケーションの両方が必要になりますが、頻度が高い参照のGETのAPI処理は、負荷分散されます。したがって、タイミングによって更新前のデータが結果として返ることがあり、結果整合性の理論とも合致します。このタイミングは、ネットワーク上のHTTPレスポンス時間と振られるゾーンの負荷分散にも依存していると言え、アーキテクチャと時系列でのデータの状態をまとめると図10.18のようになります。

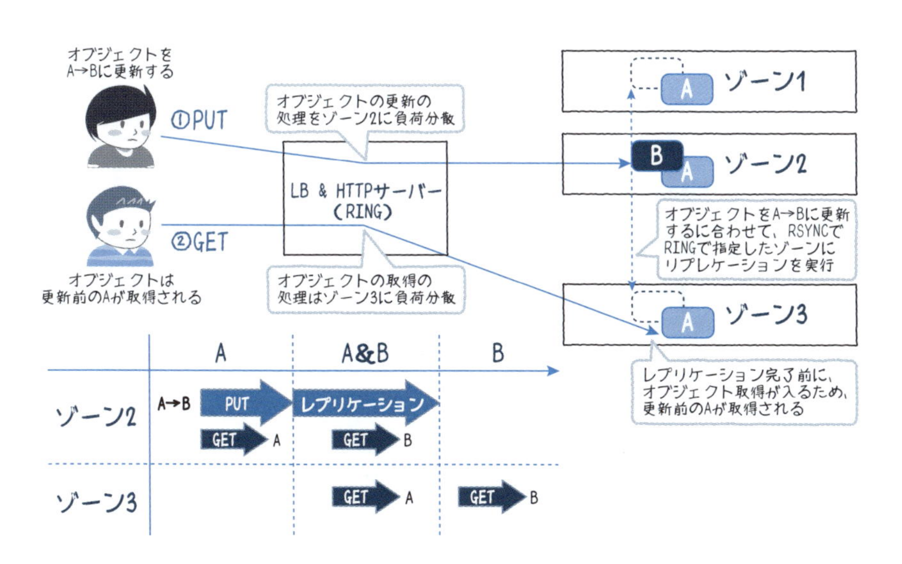

図10.18 分散レプリケーションと結果整合性

10.5.5 パーティションとタイムスタンプの関係

OpenStack Swift では、パーティションとゾーンのマッピングに、ハッシュアルゴリズムを使っています。このハッシュ値は、内部的にはパーティション番号から算出されますが、もう少し詳しく言うとオブジェクトのキー名から算出されます。したがって、キー名が変わらないファイル更新処理の PUT が来た場合は、ハッシュ値が変わりません。レプリケータはハッシュ値とタイムスタンプを元に処理を行なうため、この場合はタイムスタンプを見て差分を確認します。OpenStack Swift ではタイムスタンプがファイル名になっているため、このファイルを rsync することで実現しています。

各メタデータ、ハッシュとレプリケーションの関係は図 10.19 のようになります。

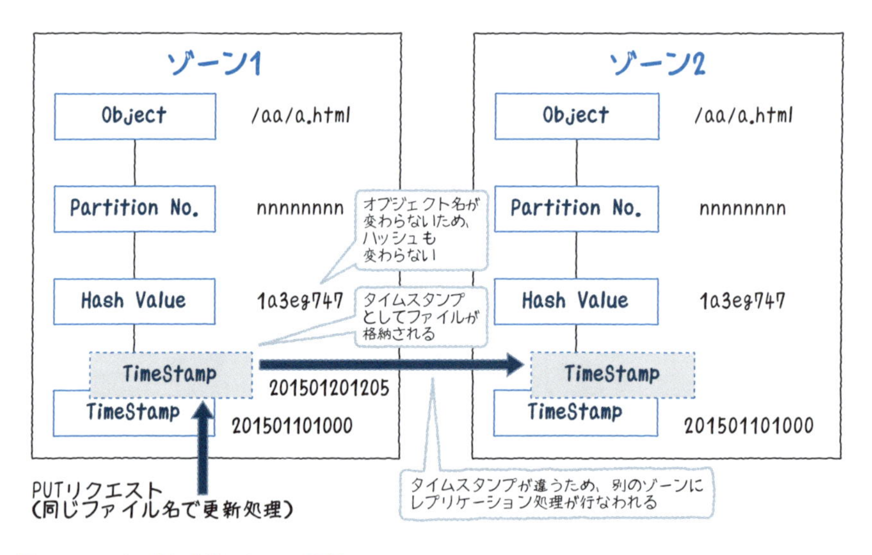

図 10.19 ハッシュとレプリケーションの関係

この仕組みから考えると、削除の場合には問題が起こることがわかります。そこで、OpenStack Swift では、削除の際は削除ファイルを連携することで実現しています。いわゆる論理削除の手法を用いて実装していますが、これは DELETE でべき等性を保つためにも重要な仕組みです。

10.5.6 プレフィックスと分散の関係

先ほど、Read と Write のゾーンへの振り分けについて説明しましたが、MD5 のハッシュアルゴリズムに最適化するように設計することで、各ゾーンへのアクセスを均一に近づけるよう調整できます。

ハッシュの算出元は、パーティションであり、その作成元はプレフィックスになるため、重要なのはプレフィックス設計となります。

MD5 は与えられた情報に対して、16 進数で 128bit の値を出力します。今回のケースでは、プレフィックスの最初の文字列から読んでいくため、最初の文字がランダムな 16 進で振られるのが、最もパーティションが分散される設計となります。たとえば、Amazon S3 ではオブジェクトのストレージの I/O を、バックエンドのゾーンを均一に分散することでパフォーマンスを最大化したい場合には、プレフィックスの最初から 3-4 文字を 16 進である [1-f] の順番に振るということが推奨されています。具体的には、図 10.20 のような動きとなります。

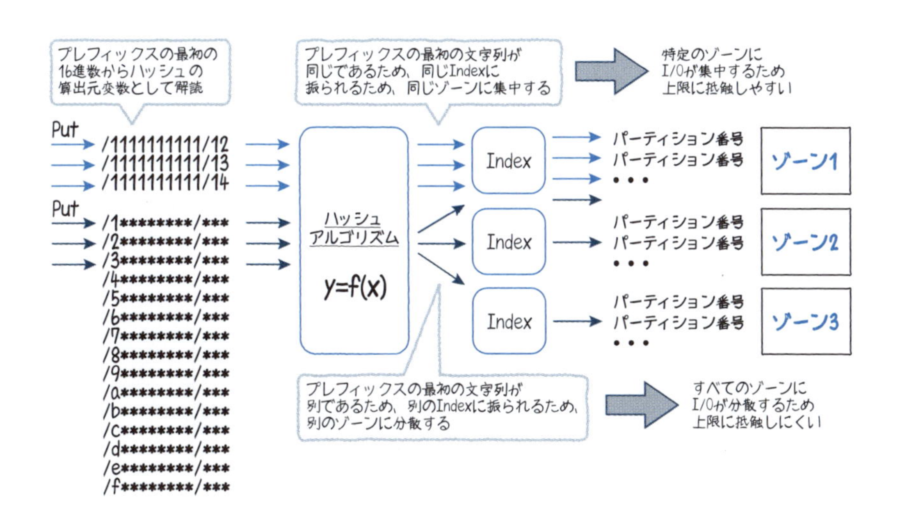

図 10.20 プレフィックスと分散の関係

10.6 オブジェクトストレージリソースのコンポーネントとまとめ

最後にオブジェクトストレージのリソースの関係性をコンポーネント図でまとめておきましょう。リソースは、アカウント、バケット（コンテナ）、オブジェクトであり、オブジェクトストレージの基本になります。OpenStackでは、メインのバケットとオブジェクトというリソースに対してパラメータで設定情報を付与している特徴があります（図10.21）。それに対して、Amazon S3で設定情報をバケットとオブジェクトのそれぞれの関連したリソースとして定義しています（図10.22）。

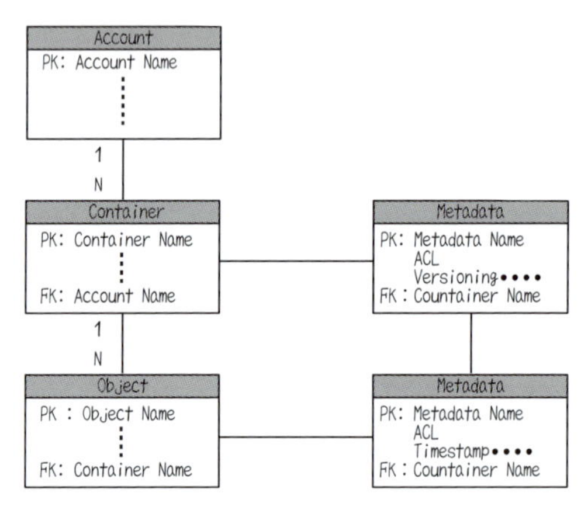

図10.21　OpenStack Swift リソースマップ

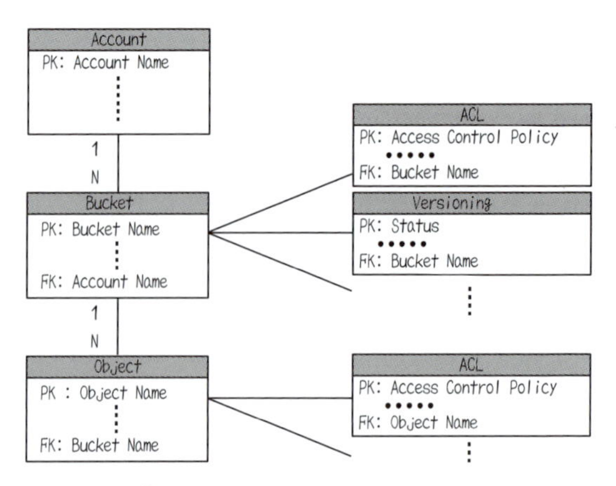

図10.22　Amazon S3 リソースマップ

第11章

マルチクラウド

この章で扱うメインテーマは、マルチクラウドとエコシステムです。ハイブリッドクラウドがプライベートクラウドに代表されるオンプレミス環境とパブリッククラウド環境の相互接続を意味するのに対して、マルチクラウドとは複数のクラウド環境の組み合わせを意味します。

クラウドの普及と合わせて、大手ITベンダーもクラウド提供に舵をきっています。マルチクラウドこそ今後のクラウド上でのシステムを考える際の重要検討事項の1つとなるでしょう。そこでまず、マルチクラウドを実現するための技術要素を説明します。この内容は次章で説明するImmutable Infrastructureでも活用できます。

また、クラウドでは、さまざまなソフトウェアを、ライセンス利用料の従量課金、もしくはBYOL（ライセンス持ち込み）で利用することができる、マーケットプレイスという仕組みが提供されています。クラウド上で手軽にソフトウェアを利用できるように整備することは、クラウドベンダー、ソフトウェアベンダー、ユーザー、各々にとってメリットがあります。そこで最後に、クラウド上で構成されるエコシステムの考え方と技術要素を説明します。

11.1 マルチクラウド

11.1.1 マルチクラウドを構成する目的

マルチクラウド構成を検討する目的は大きく次の2つが考えられます。

①特定のクラウドに価格や機能の面でロックインされたくないため、複数のクラウド間でシームレスに相互運用を可能にしたい。
②複数のクラウド間でそれぞれ優劣のコンポーネントがあるため、最良のコンポーネントを、そのつど適用できるようにしたい。

①の目的では、移植性と互換性が求められるため、なるべく双方のクラウドで共通に保持するコンポーネントのリソースに利用を限定したほうが良いでしょう。クラウドへ移行した際に移行先のクラウドでは対象となるコンポーネントのリソースがないとなると、同じ環境を構成できません。

ただし同じリソースであっても、クラウドごとにAPIとエンドポイントが違うため、互換性を考慮する必要があります。この詳細については11.4節で説明します。

②の目的では、移植性が求められるわけではないので、それぞれのクラウド固有のコンポーネントのリソースを活用しても問題ありません。

これらの関係を集合で表現すると、図 11.1 のようになります。基本的なことですが、目的によって、選択するコンポーネントに違いが出てきます。

11.1.2 マルチクラウドの互換性を考慮する範囲

マルチクラウドの互換性を考慮する範囲とは、当然ながら図 11.1 のように、クラウドが用意するコンポーネントのみになります。この部分は、API や用意されているコンポーネントに差異があるため、その差異を吸収する仕組みが必要になります。

逆に、クラウドの上に載る OS、コンテナ、ミドルウェア、アプリケーションは、クラウドから分離しているため、どのクラウド環境でも同じように、Chef、Docker Hub、Git といった管理ツールや管理スクリプトがそのまま利用できます。特定のクラウド環境のみであれば、このレイヤーの違いをあまり意識せず管理することもできますが、マルチクラウドではこの範囲の違いを明確に意識する必要があります。

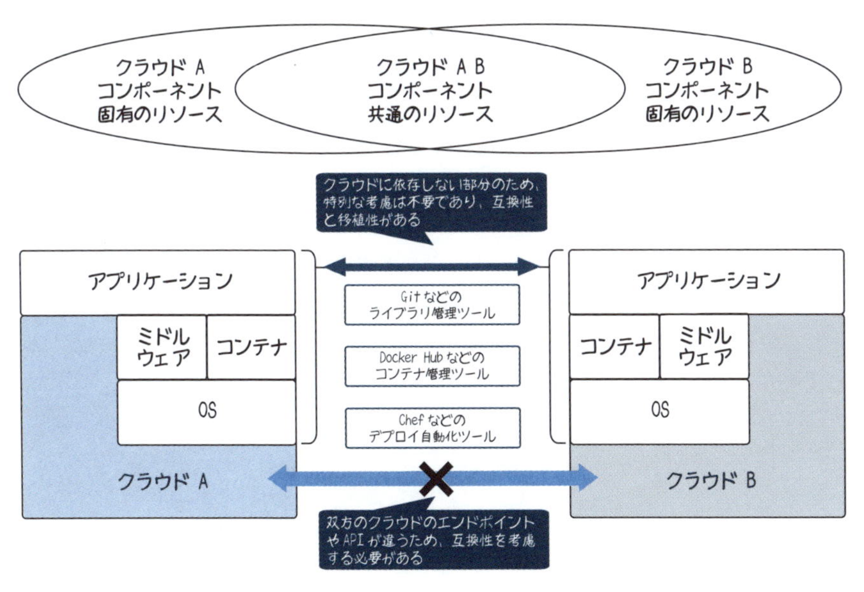

図 11.1 マルチクラウドの範囲

11.1.3 マルチクラウド設計での検討事項

マルチクラウドを設計する際に検討すべき事項は、大きく分類すると次の２つになります。

①クラウド間のネットワーク接続の検討
② API 互換性の検討

①は、クラウド間のネットワーク接続の方法についてです。それぞれのクラウド環境は別々のデータセンターにあるため、それぞれのクラウド間をネットワークで接続しないと相互のクラウド間で通信ができません。具体的には、プライベートネットワークで専用線や VPN を活用する方法もありますし、後述するコンテンツデリバリーネットワーク（CDN）を利用する方法もあります。

②は、API の互換性についてです。各クラウドのコンポーネントの考え方はデファクトスタンダードでもある AWS や OpenStack と似ていますが、それぞれの機能やバージョンに差異があり、完全に互換性があるわけではありません。したがって、その差異を埋め合わせて一体にした構成にする場合は、それらを隠ぺいする仕組みが必要になります。

また、クラウドに依存しないミドルウェアやアプリケーションのレイヤーに関しては、API 互換性の考慮は不要になるため、そのレイヤーの見極めも重要な観点となります。そして、①のネットワークの課題をクリアすれば、クラウド間で API 通信の疎通ができるようになるため、片方のクラウド環境に別のクラウド環境の API をセットアップして、別のクラウド環境を制御することも可能です。見逃しがちですが、ネットワーク接続性の経路には双方の API 通信のルーティングも考慮する必要があります。

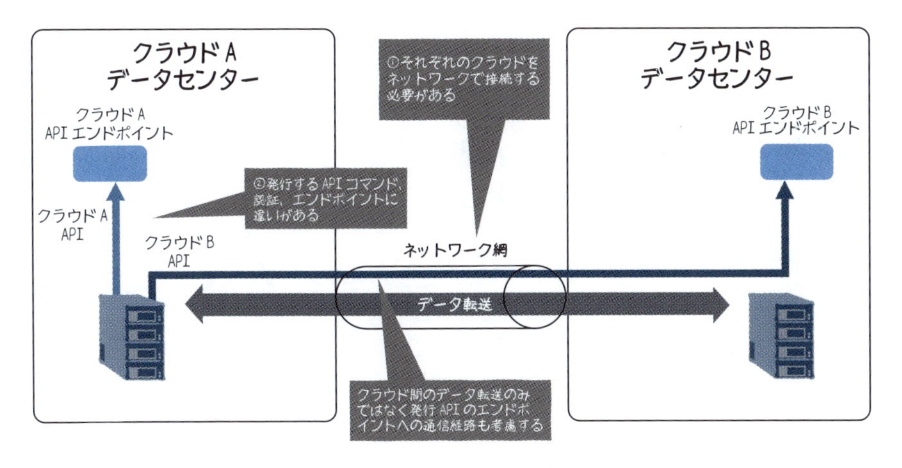

図 11.2　マルチクラウドでの考慮事項のまとめ

11.1.4 マルチクラウドの組み合わせ

マルチクラウドは「複数のクラウドが利用されている」という定義であるため、組み合わせとしては、次のようなものがあります（図 11.3）。

①別の IaaS 上に構成されている SaaS
② IaaS 上に構成されているソフトウェア
③別の IaaS 上に構成されている PaaS
④別々の IaaS 間をシームレスに接続

それぞれについて、見ていきましょう。

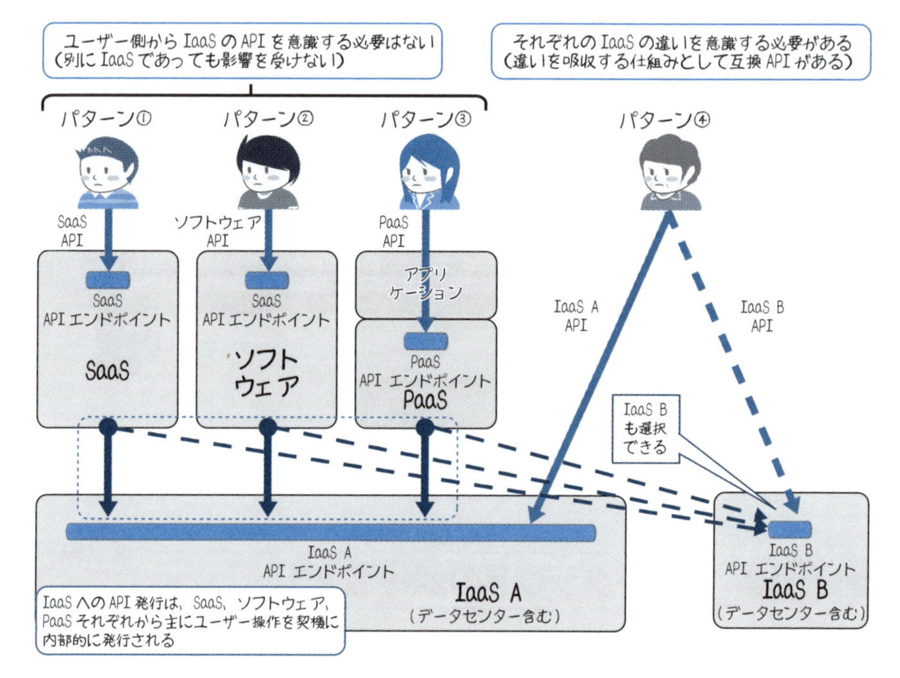

図 11.3　マルチクラウドのパターン

◉①別の IaaS 上に構成されている SaaS

このSaaSの例は、一番イメージしやすいかもしれません。たとえば、動画配信大手のNetflixやファイル共有大手のDropboxは、バックエンドの基盤としてAWSを活用していることを公表しています。しかし、これらのサービスをユーザーとして利用する場合、バックエンドのAWSのAPIを意識する必要はありません。SaaSがIaaSのAPIをユーザーに意識させない形になっており、SaaSが内部的にIaaSのAPIを制御しています。この構成はユーザー視点ではマルチクラウドには見えませんが、内部的にマルチクラウドになっており、SaaSから別のIaaSの選択も検討できます。

◉② IaaS 上に構成されているソフトウェア

このソフトウェアは、多くの場合、ソフトウェアの内部にクラウドを制御する仕組みが組み込まれています。たとえば、クラスタソフトウェアやソフトウェアロードバランサーは、クラウド上で利用できるようにソフトウェアとして提供されていますが、フェイルオーバーや負荷分散のロジックを実装するために、ソフトウェア内部でクラウドのAPIを呼ぶ仕組みが組み込まれています。設定条件に応じてIaaSのAPI

が発行されるため、ソフトウェアのユーザーはIaaSのAPIを意識しません。ソフトウェアはマーケットプレイスからも提供されています（11.5節で解説します）。この構成はユーザー視点ではマルチクラウドには見えませんが、内部的にマルチクラウドになっており、ソフトウェアから別のIaaSの選択も検討できます。

◉③別のIaaS上に構成されているPaaS

このPaaSの例としては、Pivotal社（旧VMware社）が提供するPivotal Web Servicesがわかりやすいでしょう。Pivotal Web Servicesでは、OSSベースのPaaSであるCloud FoundryをAWS上に提供しているサービスです。Cloud Foundry自体は、インフラ環境としてAWS以外にVMwareやOracleのVM環境も選択できますが、その場合、独自に管理しなくてはいけません。Pivotal Web Servicesでは、バックエンドのAWSのAPIを意識せずに利用することができます。

この他に有名なPaaSとしては、Red Hat社が提供するOpenShift、Salesforce社が提供するHerokuがあります。これらもAWS上で動作することを公表しており、Pivotal Web Servicesと同様に利用にあたってはバックエンドのAWSのAPIを意識せずに利用できます（HerokuはVPCを指定できます）。つまり、PaaSが内部的にIaaSのAPIを制御しています。この構成はユーザー視点ではマルチクラウドには見えませんが、内部的にマルチクラウドになっており、PaaSから別のIaaSの選択も検討できます。

◉④別々のIaaS間をシームレスに接続

さて、これまでの①〜③の仕組みは、それぞれレイヤーが違う組み合わせであるため、データセンターはIaaSが保持するデータセンターに依存する形になりますし、ネットワークもIaaSが提供しているものを利用することになります。そして、IaaS側のAPIを意識しません。

これに対して、④のIaaS間をシームレスに接続する場合は、データセンターもネットワークもそれぞれのIaaS環境を意識しますし、当然ながらAPIもそれぞれを意識します。したがって、シームレスなインタークラウドを実現するには、若干ハードルが高く、冒頭で紹介した2つの懸念事項「①クラウド間のネットワーク接続の検討」「② API互換性の検討」が重要になってくるのです。

本書はインフラとAPIを対象としているため、この章では④の組み合わせにおける2つの考慮事項となる技術要素を中心に説明していきます。

11.2 専用ネットワーク

別々のIaaS間でマルチクラウドを構成するための最初の検討事項は、「クラウド間の接続」です。当然ながら、クラウド環境のリージョン、アベイラビリティゾーンが物理的にどこに存在しているかが重要なポイントになります。

たとえば、1つのクラウド環境が東京で、もう1つが南米のサンパウロであれば、その間の接続に際してさまざまな検討事項が出てきますし、大きなネットワークレイテンシーも避けられません。それぞれのクラウドの間をネットワーク接続する方法は、大きく次の2つです。

①通信キャリアやクラウドベンダーが提供する専用ネットワーク
②インターネット

最初にWANネットワークの基本を説明したうえで、それぞれの接続方法について説明していきます。

11.2.1 BGP、AS

インターネットも専用線も含めた広義の意味でのWANは、AS（Autonomous System：自律システム）と呼ばれるネットワーク群であり、各ASは一意なAS番号を保持しています。大規模なネットワークであるため、このAS間をBGP（Border Gateway Protocol）というプロトコルを使ってルーティングすることで経路を確立します（図11.4）。このことをピアリングと呼ぶこともあります。

ルーティングプロトコルは、ネットワークに該当する内部向けのIGPと外部向けのEGPがありますが、BGP[※1]はEGPに含まれます。データセンターが別のクラウド間であれば物理的には離れているため、原則としてこの技術を使って接続することになります。

BGPはCIDRをサポートしているため、クラウド環境で定義されているネットワークのCIDRを別のクラウドに広報することできます。

AS番号にも、IPアドレスと同様の考え方で、パブリック（番号：1～64511）とプライベート（番号64512～65535）があります。インターネットに接続しているサービス（たとえばAmazon S3）向けにはプライベートASを使ってピアリングできませんが、プライベートアドレスで構成されるサービス（たとえばAmazon VPC）向けにはプライベートのAS番号を付与することができます。

※1 BGPを詳しく知りたい方は、『BGP—TCP/IPルーティングとオペレーションの実際—』（オーム社、ISBN 4-274-06568-5）がおすすめです。少し古い書籍ですがBGPの基本的な内容が網羅されています。

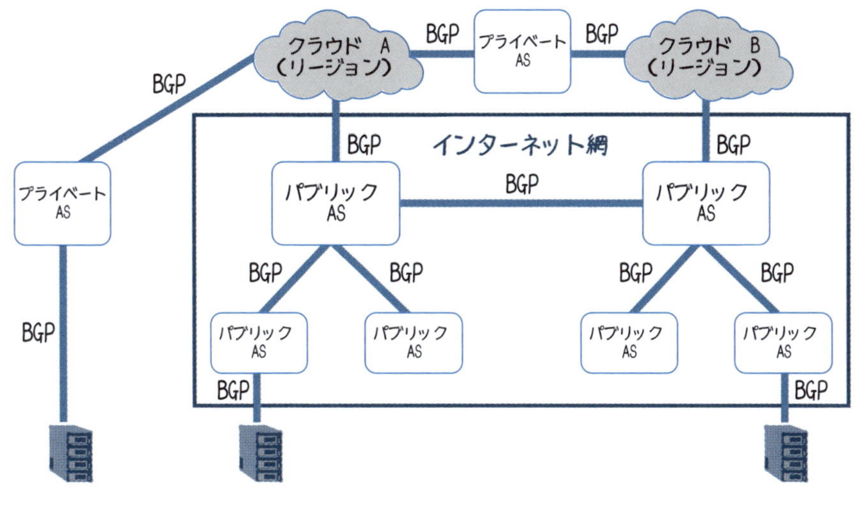

図 11.4 BGP、AS

11.2.2 専用回線

クラウド間を専用回線で接続するためには大きく次の 2 つのタスクがあるので、順番に説明していきます。

①専用回線の種類を選択して、新規の場合は回線敷設、物理結線を行なう
②クラウド側のゲートウェイと専用ネットワークの API で論理結線を行なう

残念ながら、既存に接続している専用回線がなく、新規に物理結線が必要な場合は、物理的な作業が必要になるため、API だけでは実装できません。あらかじめ回線敷設と物理結線が必要です。

◉回線の選択と物理結線

大きく分類すると、専用回線の種類には次の 2 つがあり、要件に応じて選択することになります。

①拠点間専用回線への接続
②広域イーサネットへの接続

その前に最初のステップとして、回線キャリアの選択においては、2つの確認項目があります。

確認項目1　それぞれの物理的な拠点の場所に回線が敷設できるキャリアであるか

提供している回線キャリアによって、物理的な解説敷設が可能な地域に違いがあります。関東圏や関西圏に特化していたり、海外接続には制約があるケースもあるので、基本的なことですが、事前に確認する必要があります。

確認項目2　クラウドサービス側で許可しているキャリアであるか

パブリックなクラウドベンダーでは、専用回線のキャリアが指定されていることがあります。

また、パブリッククラウドベンダーでは、リージョンとして地域が指定されていますが、住所が開示されていないケースもあります。その場合はクラウドベンダーが指定している接続ポイントに専用回線を敷設することになります。たとえば、AWSではリージョンごとに指定があり、執筆時点では東京リージョンではグローバルなデータセンター事業を展開しているEquinix社のデータセンターが指定されているため、その住所に向けて回線敷設を依頼します[※2]。

これらの前提条件を元に、要件に応じて帯域、価格、サポート、品質、に加えて、前述の拠点間接続か広域イーサネット接続かを合わせて検討し、回線キャリアを選定していきます（図11.5）。

①の拠点間専用回線は、2つの拠点間のみをピアリングしたい要件の場合に利用されます。ただし、将来に接続する拠点が増えていった場合に、そのつど専用回線を敷設してしまうとコストが増大するため、将来像も描いたうえでの設計が重要になります。

②の広域イーサネット接続は、既存の広域イーサネット網（キャリアによってはIP-VPN網とも呼ぶ）を間に介する形で、拠点とクラウド間を接続する方式です。広域イーサネット網間の通信制御は、ASを分割されBGPでルーティングされます。

※2　AWS Direct Connectの最新の接続先一覧は以下のサイトで確認できます。
http://aws.amazon.com/directconnect/details/

①物理的にも近く、2拠点間接続の場合

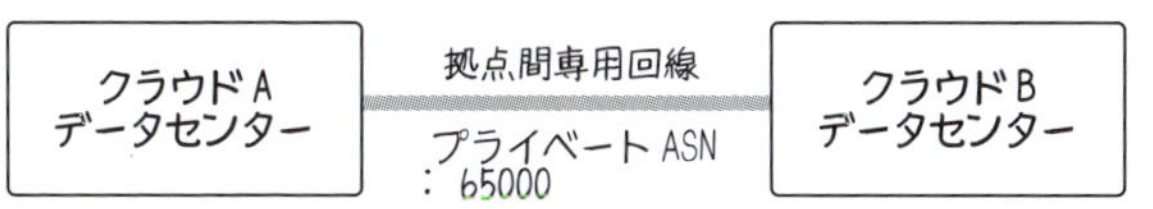

②物理的にも遠く、多くの拠点と接続する場合

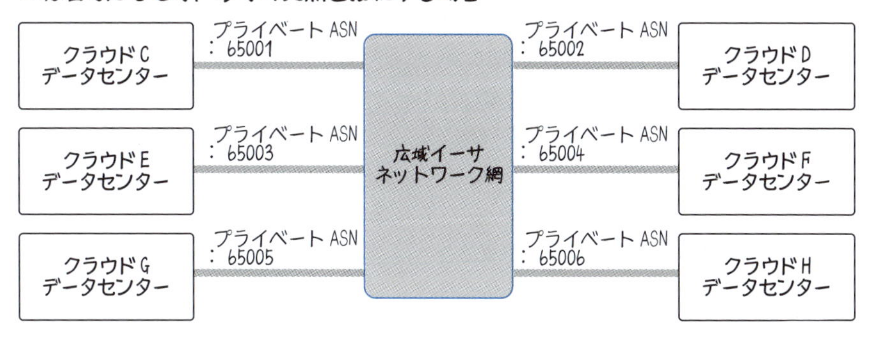

図11.5　物理結線のイメージ

◉論理結線

物理的な結線の後には、論理結線を行ないます。お互いの環境をプライベートネットワークで接続する前提では、第7章で紹介した仮想ネットワークのプライベートゲートウェイ間で接続を行ないます。当然ながらプライベートIPアドレスは重複しないように設計することが推奨です[※3]。

そして、クラウドでは、この結線をAPIで行なうためのコンポーネントが用意されています。たとえば、日本にデータセンターがあるAWS、Microsoft Azure、IBM SoftLayerの3つのグローバルベースのクラウドサービスを例にとると、AWSではDirect Connect、Microsoft AzureではExpress Route、IBM SoftLayerではDirect Linkが該当するコンポーネントになります。

AWSでは、論理結線の単位としては、バーチャルインターフェースで構成され、APIのリソースとしてはコネクションIDを元に接続を確立します（図11.6）。コネクションIDは、プライベートAS番号、VLAN番号、双方のCIDR、プライベートゲートウェイIDなどの属性で構成され、関連付けが行なわれます。AWSのDirect Connectサービスのエンドポイント（directconnect.region.amazonaws.com）に対して、CreatePrivateVirtualInterfaceのAPIを実行することでコネクションIDが作成され、AllocatePrivateVirtualInterfaceのAPIで実行することで接続が完了します。

ここまでは、プライベートネットワーク間を接続するケースを前提にしています

※3　IPアドレスが重複してしまう場合、経路上のルーターのどこかでNATする方法も用いられますが、複雑な構成になります。第7章で触れたようにクラウド側の仮想ネットワークの制約にあたるケースもあるため、極力NATを避けるほうが好ましい設計となります。

が、AWSではグローバルIPのみに開放しているサービスもあります。これらのサービスに対してはインターネット接続もできますが、帯域、ルーティング、セキュリティを考慮して、要件に応じて専用回線を介して接続する選択もでき、具体的にはパブリックASを使います。AWSには、パブリックAS番号でコネクションIDを作成するAPIが用意されており、CreatePublicVirtualInterfaceのAPIで実行して、パブリックAS番号などを使ってAllocatePublicVirtualInterfaceで接続を完了します。

そして、ピアリング確立後に忘れてはいけないのが、第7章で紹介したルーティングです。それぞれCIDRを宛て先にしたルーティングを、それぞれの環境の仮想ルーターに設定することで、拠点間の経路が確立します。

AWSの場合は、バーチャルプライベートゲートウェイ（VGW：Virtual Private Gateway）が接続口になるため、拠点のCIDRが宛て先に指定された場合にはVGWに向かうというルーティングを設定することになります。

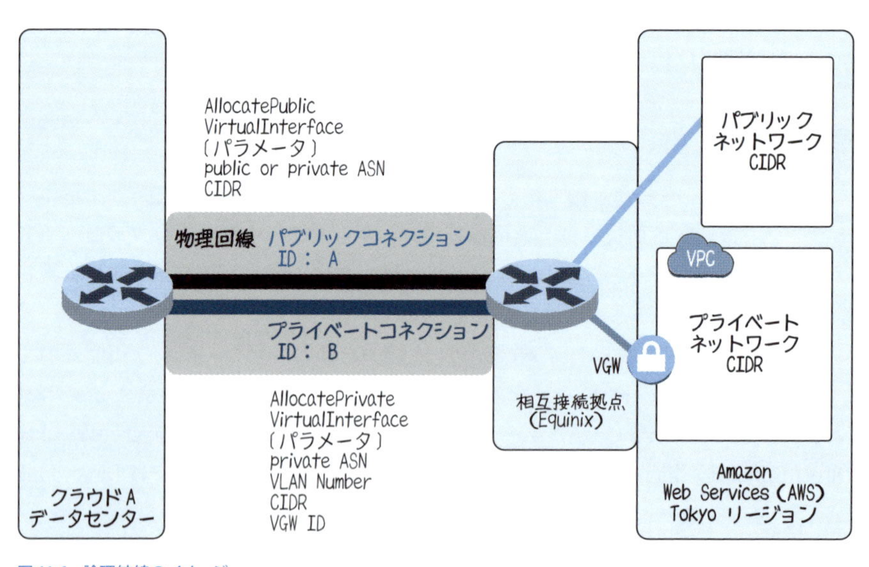

図11.6　論理結線のイメージ

11.2.3 インタークラウド

これまでの説明は、物理的な拠点が固有な場所にあり、初めて接続する場合に用いられました。しかし、大規模なパブリッククラウドベンダー間であれば、データセンター間通信はどの利用者でも同じ経路になるため、既存のベンダー間回線を利用したほうが効率的と考えられます。これは、ネットワークを意識せずにクラウド環境をシームレスに利用する定義である「インタークラウド」とも呼ぶことができます（図11.7）。

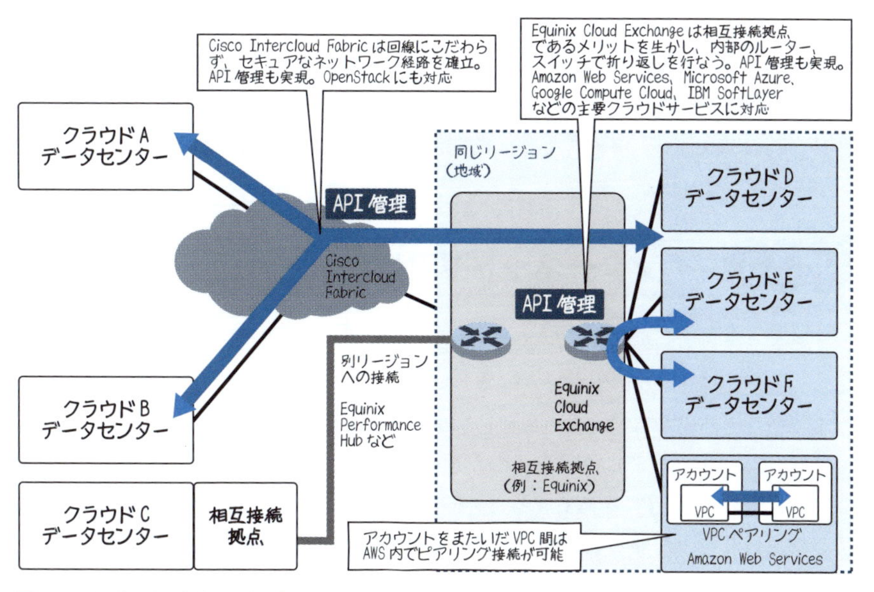

図11.7　インタークラウドのイメージ

技術的にはCisco社が構想しているIntercloud Fabricが有名ですが、現状は同じ地域（リージョン）での別のクラウドであれば、パブリッククラウドの受け口となっているデータセンターがEquinix社であることが多いです。そのため、Equinix社のネットワーク機器で通信の折り返しを行なうサービスであるEquinix Exchange[※4]を活用する方法があります。帯域、QOS[※5]などの条件を確認しておく必要がありますが、Equinix製品のAPI管理機能が利用でき、Equinix社が有するグローバルネットワークも他の地域と接続する場合に活用することもできます。このインターコネクトの場合でも、IPで通信するため最終的にはそれぞれルーティングを設定する必要が

※4　Equinix Exchangeの詳細はEquinix社のサイトを参照ください。
http://www.equinix.co.jp/services/interconnection-connectivity/cloud-exchange/
※5　Quality of Serviceの略称で、ネットワーク上で提供するサービス品質のこと。

あります。

同じクラウドサービス内でテナント（アカウント）間を通信したい要件の場合には、仮に同じリージョンを選択していればデータセンターは同じになるため、物理結線は必要ありません。パブリックに接続しているサービス間の接続であれば、第9章で説明した相互認証のみで十分ですが、別テナントのそれぞれのプライベートネットワークに接続している場合では、ピアリングを張る必要があります。

第7章でも触れていますが、AWSではVPC Peeringという機能があり、異なるテナントのVPC間でも同じリージョン内であればピアリングを張ることが可能です。CreateVpcPeeringConnectionで接続元のVPC ID、および接続先のアカウントIDとVPC IDを指定してAPIを発行することで、同様にコネクションIDが作成されます。接続先アカウントにおいて、AcceptVpcPeeringConnectionのAPIをリソースに該当するコネクションIDを指定して実行することで、ピアリングが確立します。その後のルーティング設定は、ピアリングコネクションがゲートウェイ（PCX[※6]）になるため、別のVPCのCIDRが宛て先に指定された場合にPCXに向かうというルーティングを設定します。

11.2.4 インターネットVPN

これまでは専用回線を介した接続の例でしたが、リモートアクセスなどに代表される、性能要件が高くない場合に安価なインターネット回線を活用して仮想的に閉域ネットワークを構成するインターネットVPNという選択があります。代表的なVPNとしてはIPsec VPNとSSL-VPNの2つが選択できます。

インターネットVPNを確立するためには、VPNルーターが必要ですが、クラウドでは機器持ち込みが難しいため、ソフトウェアVPNをサーバー上に構成する手法が一般的です。

また、AWSでは、先ほど紹介したバーチャルプライベートゲートウェイ（VGW）が代表的なVPNルーターベンダーのIPsec通信をサポートしているため、VGWを使ってIPsec VPN通信を確立することも可能です。複数のIPsec VPN通信を確立できるため、経路をVGW折り返しするCloudHubという構成も多く用いられます（図11.8）。

※6 ピアリングコネクションゲートウェイ（Peering Connection Gateway）の略称。

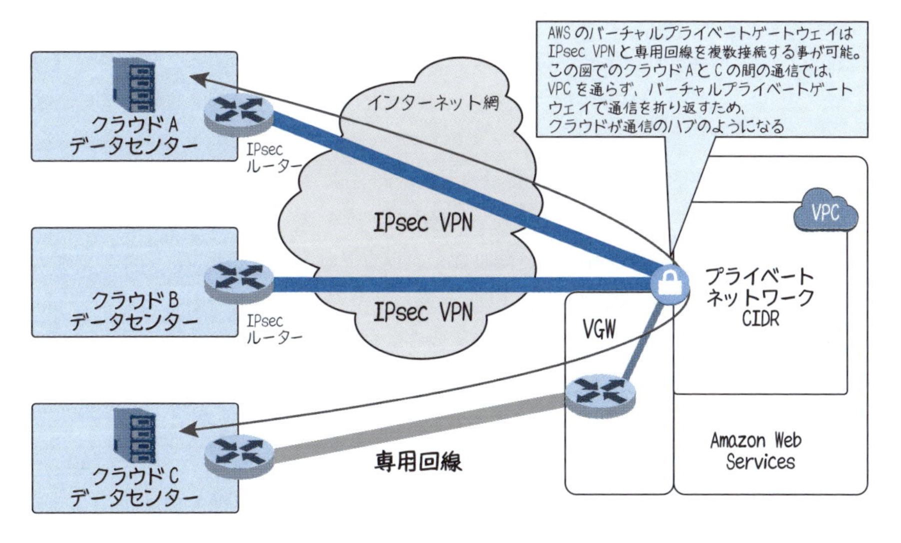

図11.8　インターネットVPNとCloudHubのイメージ

11.3 CDN

ここまで、マルチクラウドのネットワークにおいて、リージョンが近い閉域網を前提にしていましたが、複数のリージョンにおける複数のクラウドの接続するために、コンテンツデリバリーネットワーク（CDN）が活用されるケースも多くあります。CDN（Contents Delivery Network）とは、インターネット経由でのWebコンテンツの配信を中心としたHTTP通信に最適化されたネットワークのことです。

少しおさらいをしましょう。クラウドの根幹技術であるDNSは第3章で、オブジェクトストレージは第10章で説明してきました。動画に代表される大容量なファイルが増えており、クラウド型のアーキテクチャでは、オブジェクトストレージに格納したファイルをDNSで最適にルーティング制御することになります。しかし、昨今では一般ユーザー、モバイルも含めてピーク性が激しい一時的な大量アクセスが増えています。よって、この課題を解決するため、DNSとオブジェクトストレージやロードバランサーの間にCDNを入れる構成が増えています。CDNは、HTTP通信に最適化され、最寄りのエッジ（データセンター内のサーバー）を活用したキャッシュ機能、ネットワークルーティング機能、セキュリティ機能、を保持しているため、クラウドでグローバルシステムを構成するにあたって極めて親和性が高い構成になります。

CDNベンダーサービスとしては、Akamai、Amazon CloudFront、EdgeCast、Limelight、CDNetworksなどが有名です。本書では、CDNのデファクトスタンダードであるAkamaiと、AWSが提供するAmazon CloudFrontを中心に説明していきます。

CDNをクラウドと定義することには議論の余地がありますが、リソースが抽象化され、APIで制御ができ、インターネット経由でアクセスし、クラウドと組み合わせて使う場面が多いという意味では、限りなくクラウドのコンセプトに近いものと考えることができます。本節ではまず、CDNを構成する基本コンポーネントとAPIを説明した後に、マルチクラウドにおいての重要性にも触れます。

11.3.1 インターネットの仕組みから考察するCDNの基本アーキテクチャ

まず、CDNはインターネットを高速化する技術であって、回線としてはインターネット網を使います。つまり、CDNは物理的ではなく論理的に高速化を実現しているため、APIでの制御が可能になるわけです。インターネットも前述のBGPを用いてAS間をルーティングするネットワークです。ただし、AS数が膨大にあるため、多くのASと接続を保持しフルルートを持つAS群があり、これをTier1と呼びます。第3章で紹介したDNSツリーをイメージしてもらうとわかりやすいですが、多くのASをまたぐ通信の場合は、経路としてフルルートのTier1を通る確率が上がります（図11.9）[※7]。また、下位ランクの規模のASを順番に、Tier2、Tier3とも呼びます。

インターネットはルーターの集合体ですが、CDNはそのルーターの近くに制御するサーバーがあり高度な制御ができる、とイメージすると良いでしょう。このサーバーは、高速化させるためにDNS、ルーティング情報、キャッシュ保持などの役割を果たしており、CDNはこれらの情報を元に最適な経路にルーティングを行ないます。

まず、CDNを構成するコンポーネントを説明し、その後にDNSとの関係、キャッシュの有無による挙動、ルーティング機能を解説していきます。

※7 「Tier1プロバイダー」という言葉を聞いたことがある方もいるかもしれませんが、これはTier1を運営する会社のことで、ピアリングで通信するインターネットにおいて、その仕組みの特性から大きな主導権を握っています。

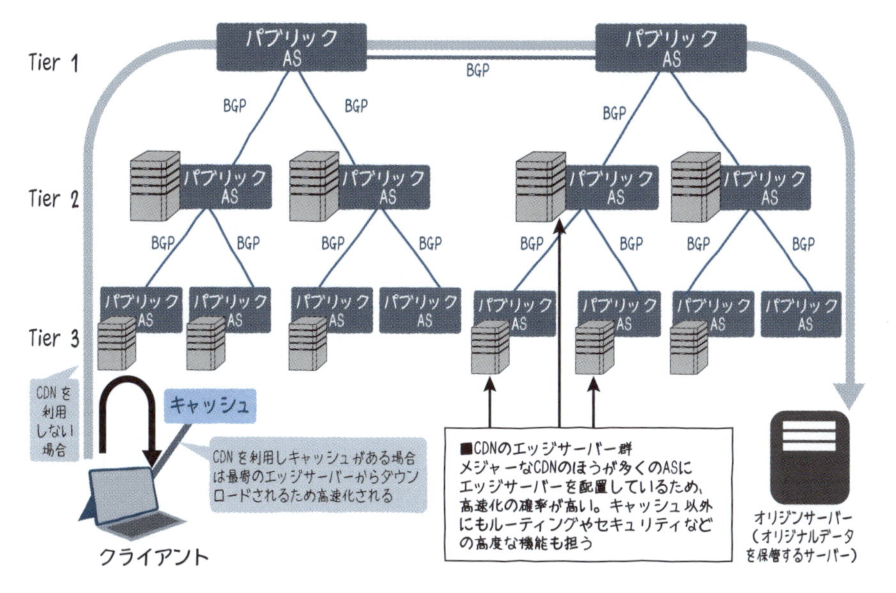

図 11.9　Tier と CDN の基本アーキテクチャ

11.3.2 エッジ

CDN では、キャッシュサーバーがあるデータセンターのことをリージョンではなく、エッジ（ロケーション）と呼びます。世界中に多くのエッジが配置されています。各リクエストの送信元 IP から最も近いエッジにルーティングを行なうことで、最適な経路での HTTP レスポンスを返すという仕組みになっているため、送信元の近くにエッジがあるかが性能の観点で重要になります。したがって、各 CDN サービスは、エッジの数と場所を、差別化のため拡張し続けています。

11.3.3 オリジン

CDN はネットワーク網であるため、元となるコンテンツを保持するサーバーが必ずあり、これをオリジンと呼びます。CDN は HTTP 通信をベースとしているため、オリジンは HTTP サーバーで構成されている必要があります。オリジンは、動的サイト向けには Web サーバーの手前にロードバランサーが設置されているケースがほとんどなので HTTP ロードバランサー、静的サイト向けには内部的に HTTP サーバーが構成されているオブジェクトストレージを中心に構成されます。

11.3.4 ディストリビューション

CDN は、DNS とオリジンの間に存在するために、利用者が URL でアクセスする際には意識しません。しかし、CDN には、最適なエッジに制御するためにルールを定義する論理的な単位があります。この論理単位を Amazon CloudFront ではディストリビューション、Akamai ではエッジホスト名と呼び、オリジンに関連付けされています。本書では以降、ディストリビューションと呼びます。

ディストリビューションには 1 つの CDN が定義する CNAME レコードが割り当てられ、エッジの複数の IP アドレスがマッピングされます。これが CDN の仕組みの肝になるため、この後に仕組みを説明します。

Amazon CloudFront を例にすると、ディストリビューションは Web 型とストリーミング型の 2 種類が選択でき、それぞれ別の API とリソースとして定義されています。これまでのコンポーネントでは、Direct Connect も含めて、エンドポイントにはリージョンのドメインが含まれていましたが、CloudFront の場合はエンドポイントにエッジは含まれず、「cloudfront.amazonaws.com」となります。これは、具体的な対象リソースとなるディストリビューションが複数のエッジにまたがって定義されるためです。

まず、Web ディストリビューションは、URI「cloudfront.amazonaws.com/yyyy-mm-dd/distribution」に対して「POST」を発行すると作成され、ディストリビューション ID が生成されます。このディストリビューション ID をリソースにして、「cloudfront.amazonaws.com/yyyy-mm-dd/distribution/distribution ID」に対して「GET」を発行すると特定のディストリビューションのメタデータを参照できます。「GET」の代わりに、「DELETE」を発行すると特定のディストリビューションを削除できます。

ディストリビューションの定義設定については、第 10 章で説明した CORS 設定と同じように、HTTP のボディ部の <Distribution Config> 内に設定します。設定する情報は、オリジンを定義する <Origin> やキャッシュ設定の定義をする <Cache Behavior> のほか、アクセスログ出力の有効化設定である <Logging> などもあります。

ストリーミングディストリビューションの場合は、別の URI「cloudfront.amazonaws.com/yyyy-mm-dd/streaming-distribution」に対して「POST」を発行しますが、「GET」や「DELETE」の考え方は同じです。

11.3.5 ビヘイビア

ビヘイビアとは、ディストリビューションからのオリジンへの振り分け機能を意味し、ディストリビューションに対して定義します。ディストリビューションがFQDN部分を担うのに対し、ビヘイビアはURIのパス部分が相当し、このパスが指定された場合は、このオリジンに振り分けするという基本制御を行ないつつ、透過するHTTPメソッド、キャッシュ向けのTTLの定義、分散するエッジの限定化などの指定も可能です（図11.10）。

ビヘイビアは<Cache Behavior>に設定します。Amazon CloudFrontを例にすると、一度作成済みのディストリビューションに対して設定／追加／変更する場合がほとんどであるため、設定管理用のリソースが定義されています。このリソースを使って設定するには、URI「cloudfront.amazonaws.com/yyyy-mm-dd/distribution/distribution ID/config」に対して「PUT」を発行します。Configは上書きになるため、「DELETE」メソッドはなく、設定情報を無効にしたい場合は、NULL情報を上書きすることで対応します。「GET」で参照することは可能です。

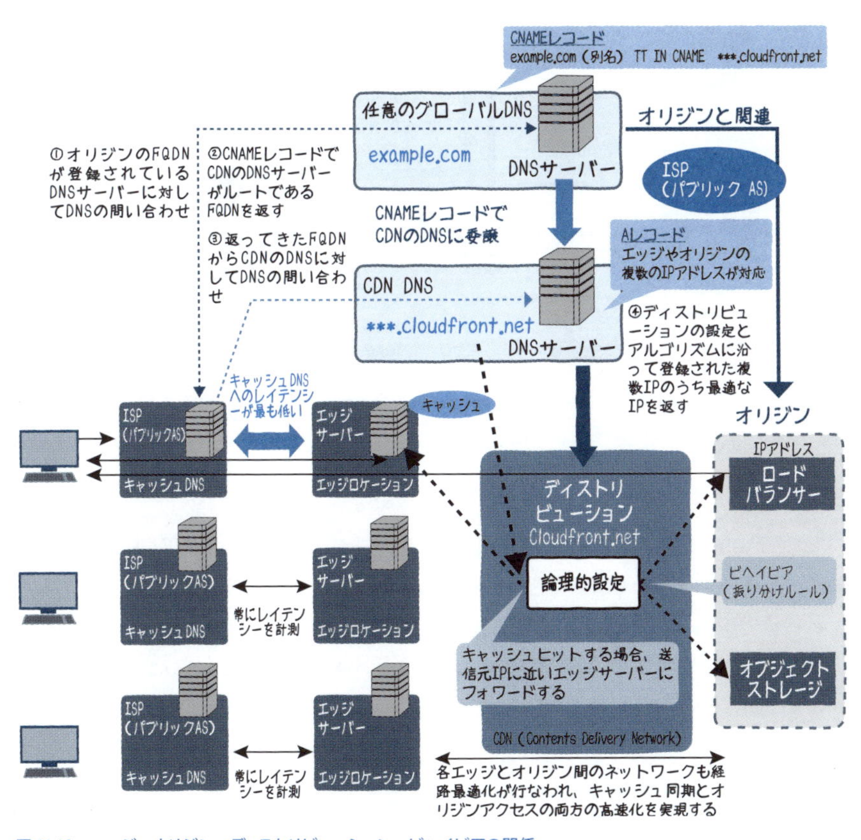

図11.10　エッジ、オリジン、ディストリビューション、ビヘイビアの関係

11.3.6 ホワイトリスト、ソーリーページ、独自証明書

CDNはHTTPに特化したネットワークであるため、L3レベルでの制御ではなくL7のHTTPレベルでの制御が可能です。

たとえば、Amazon CloudFrontでは、ホワイトリスト（許可する条件）として、HTTPヘッダーを指定したり、HTTPのエラーコードを元にソーリーページにリダイレクトしたりする設定が可能です（図11.11）。

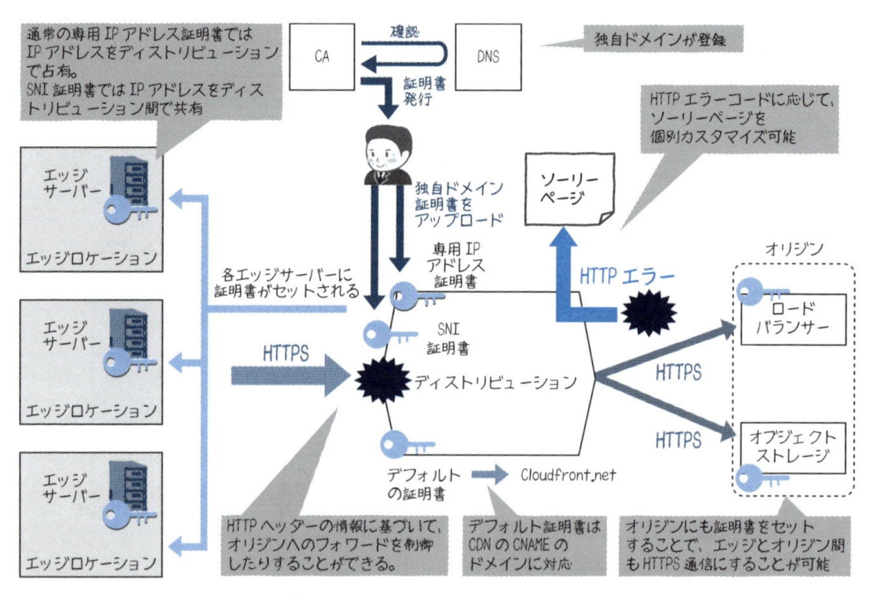

図11.11 ソーリーページ、証明書、ヘッダーフィルタ

また、Web Application Firewall機能があるサービスもあり、CDNはHTTPをベースにするため、今後のCDNの主要サービスになることも予想されます。

第9章で説明したように、実際の通信はHTTPSが主流のため、独自ドメインの証明書を配置するケースもありますが、CDNはドメインに関連された統一的な入り口になるため、最適な証明書の配置場所と考えることもできます。証明書はディストリビューションにアップロードして設定しますが、独自ドメインは複数のエッジのIPに対応するため、証明書は対応するエッジに分配されます。

証明書には、通常の証明書と複数のCNAME（バーチャルホスト）に対応できるSNIの2つが選択できます。その仕組み上、通常の証明書の場合は、1つの各エッジ

のIPアドレスが特定のディストリビューションのCNAMEにリソースが占有されますが、SNIの場合は各エッジを複数のディストリビューションのCNAMEで共有することが可能です。

11.3.7 クラウドプライベートネットワーク

CDNは、ディストリビューションとオリジンの間にプライベートネットワークを構成することができます。これにより、オリジンは必ずCDNを経由するようになり、インターネット（ISP）から直接アクセスができなくなります。また、オリジンに別のクラウドを定義することで、HTTPレイヤーに関しては、CDNを入り口として、クラウド間の切り替えや通信ができるようになります。

この機能は、Amazon CloudFrontの場合、プライベートコンテンツ（OAI）と呼び、執筆時点ではオリジンがAmazon S3の場合に選択できます（図11.12）。

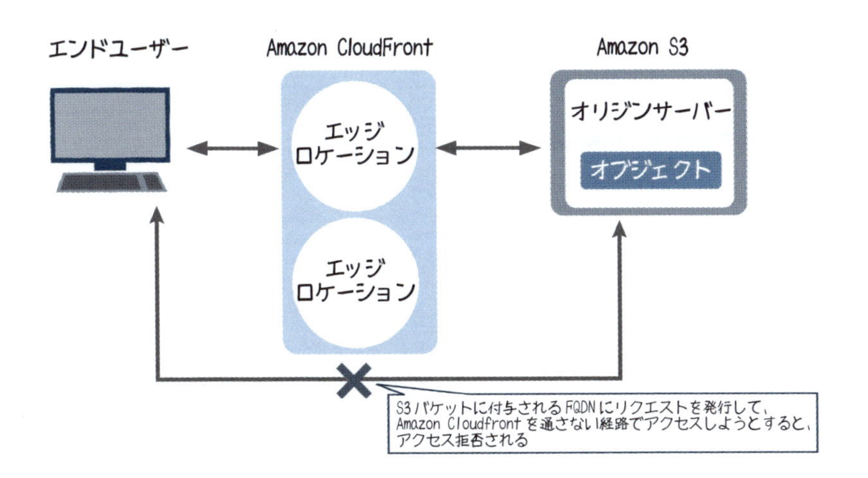

図11.12 プライベートネットワーク（OAI）

Akamaiでは、Site Shieldという機能が該当し、オリジンは多くのクラウドに対応しています。Site Shieldは各エッジサーバーの親の役割を果たし、必ずルーティングされるように制御されます。

また、Equinixでは、パフォーマンスハブを使ったプライベートCDN[※8]も提供しています。

※8 Equinixのパフォーマンスハブを使ったプライベートCDNについては以下のサイトを参照してください。
http://www.equinix.co.jp/solutions/applications-content-acceleration/private-cdn/

11.3.8 CDNにおけるキャッシュ制御の仕組み

CDNの肝となるキャッシュの制御は、HTTPヘッダーとディストリビューション、それぞれの設定値に基づいて決定されます（図11.13）。

キャッシュを制御するHTTPヘッダーには、Cache-ControlとExpiresの2つがあり、両方設定されている場合は、Cache-Control側が優先されます。

Expiresはキャッシュ有効が途切れる日時、Cache-Controlはキャッシュが有効になる期間（秒単位）を設定するため、設計ルールに合わせて適用します。また、CDNのディストリビューション側にもキャッシュを制御するTTLを設定することができます。

HTTPヘッダーとディストリビューションの両方の設定がされている場合は、エッジサーバーへのキャッシュ制御は基本的にはディストリビューション側が優先されます[※9]（図11.13）。逆に、ブラウザキャッシュは、HTTPヘッダーの設定値のみが適用されます。

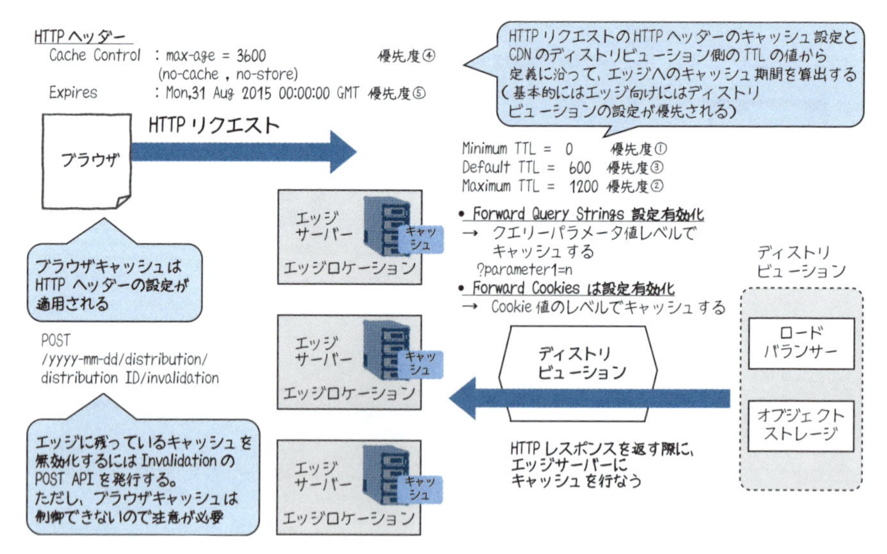

図11.13 CDNのキャッシュ制御

Webアプリケーションで使用されるURIのクエリーパラメータ値を元にキャッシュ有無を判断したい場合は、ディストリビューションの「Forward Query Strings」を有効化することで、キャッシュの条件を詳細化することも可能です。HTTPヘッダーのCookieの値によってキャッシュ有無を判断したい場合は、「Forward Cookies」を有効化します。

※9 詳細なルールは複雑なので、以下のマニュアル「CloudFrontキャッシュのハンドリングのルール詳細」を参照してください。
http://docs.aws.amazon.com/AmazonCloudFront/latest/DeveloperGuide/Expiration.html

手動でエッジサーバーに格納されているキャッシュデータを無効にしたい場合のAPIも用意されており、URI「cloudfront.amazonaws.com/yyyy-mm-dd/distribution/distribution ID/invalidation」に対してInvalidationBatch elementに該当するパスなどを指定して「PUT」すれば対応することが可能です。

11.3.9 CDNのルーティング

ここまではキャッシュを前提にした最適化でした。現在もトラフィックの大部分は大量ファイルの参照である、という特性を考えると引き続き有効な最適化手法ですが、更新処理にはあまり有効ではないと考えられます。

昨今の動画配信やモバイルといった用途でCDNの規模が巨大になるにつれ、インターネットを構成する非常に多くのISPに対して、特定のCDNベンダーがISPの枠を超えてサーバーを設置している状況となっています。その結果、多くのプロバイダーを介したAS間のBGPのやりとりによる経路よりも、CDNベンダーが計算したルーティングのほうが最適化できるようになりました（図11.14）。たとえば、AkamaiにはSure Routeというサービスがあり、エッジのサーバー間を仮想ネットワークのように構成して最適にルーティングを行ないます。

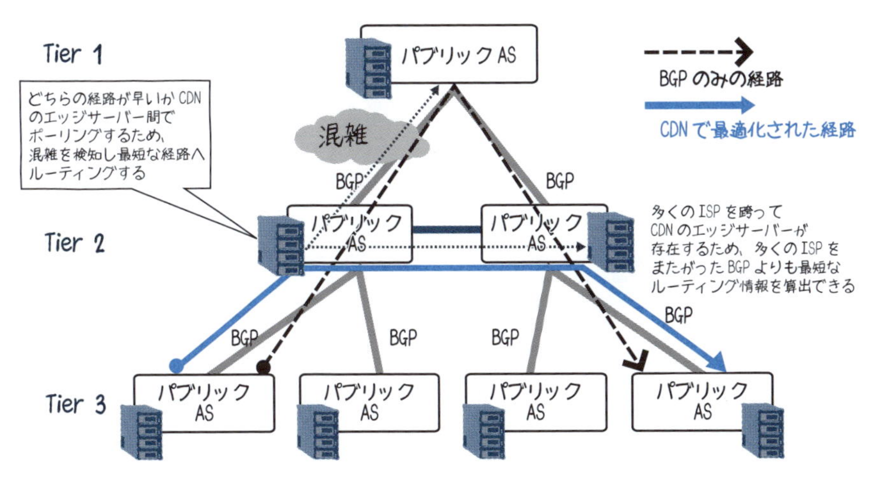

図11.14　CDNのルーティング

このようにCDNは、従来のようにキャッシュを活用する用途では、HTTPの「GET」処理のレスポンス向上の目的が中心となります。そして、セキュリティとネットワークの最適化を目的とした用途では、HTTPの「PUT」や「DELETE」での利用のメリットが出てきます。

11.3.10 マルチクラウドにおけるCDNの役割

CDNは元々、動画などの大容量コンテンツの配信をキャッシュさせて利用するために作られた仕組みです。たとえば、AWSではオブジェクトストレージであるAmazon S3に大容量ファイルを格納して、手前にAmazon CloudFrontを配置するのが一般的な構成であり、HTTP GETに有効です。しかし、CDNは現在それにとどまらず、セキュリティとルーティングの機能が充実してきており、HTTPのPOST/PUTでも活用できます。さらにCDNでは最近、セキュリティ、動画トランスコード処理といった機能拡張が行なわれ[※10]、ネットワークではモバイル網、企業WANでも活用されており、Equinixではプライベート CDNも利用できます。

特にクラウドでは、Webシステムでの用途が多く、Web APIによる制御になるため、通信の基本はHTTPになります。「グローバルにシステムを配置して切り替えや同期を行なう」「マルチクラウドでサーバーリソースとオブジェクトストレージを別のクラウドにする」といったケースにおいて、通信のレイテンシーとデータ領域の共有が課題になります。データセンター間のネットワークをHTTPレベルで最適化する必要がある、という特性があるため、CDNは極めて重要なコンポーネントです。

※10 AWSにはElastic Transcorderというサービスがあります。

11.4 APIの通信経路と互換性

マルチクラウドを構成するにあたっては、両クラウドのAPIの違いを考慮する必要があります。ここでは、代表的な検討項目の通信経路と互換性について説明していきます。

11.4.1 APIの通信経路

クラウド間の通信経路は、クラウド間のデータ通信の役割もありますが、クラウドをまたぐAPIの通信経路の確保も必要となります。おさえておくべきポイントはDNSと認証の2つです。それぞれについて、OpenStack環境からAWS環境にAPIを発行する例を元に見ていきましょう。

◉ DNS

経路

まず、経路を設計するにあたっては、各サービスのAPIのエンドポイントがどこにあるか、そしてエンドポイントとサービスの両方のFQDNをどのように名前解決するかを考えます。

たとえば、AWSでは、サービスのエンドポイントはamazonaws.com配下に提供されていて、グローバルIPアドレスが対応します。

それに対して、OpenStackは自社内に環境を構築できるため、自社の要件向けにカスタマイズして構成し、より柔軟なクラウド環境の構築が可能です。用途に合わせて環境を選択するのが重要であり、そのためにはAPIの活用方法、考えから理解することが必要なのです。両方のクラウド環境を前述した閉域のプライベートネットワークで接続した場合、図11.15のような構成となります。OpenStackの環境からインターネットに接続できれば問題ありませんが、セキュリティ要件からインターネットへの経路はAWS側に限定されている構成を例に考えてみます。

まず、エンドポイントであるamazonaws.comを閉域のOpenStack環境から名前解決できるようにする必要があります。AWSの環境内からであれば、VPCの中でもamazonaws.comの名前解決できる仕組みが標準でありますが、その他の環境から利用の場合は名前空間が別になるため、名前解決を最初に検討します。

具体的には、OpenStackのDNSサーバーにamazonaws.com宛て先の場合は、AWSのDNSサーバーにフォワードするという設定を加えるのが良いでしょう。これによって、その後の名前解決をAWS内で処理されるようになります。

このAWS向けの名前解決の仕組みは、エンドポイントだけではなく、AWSのマネージドサービスを活用する場合にも必要になります。たとえば、本書では扱いませんが、ロードバランサーのサービスであるElastic Load Balancing、データベースのサービスであるRelational Database Servicesでは宛て先にamazonaws.comから始めるFQDNでアクセスする必要があるためです。

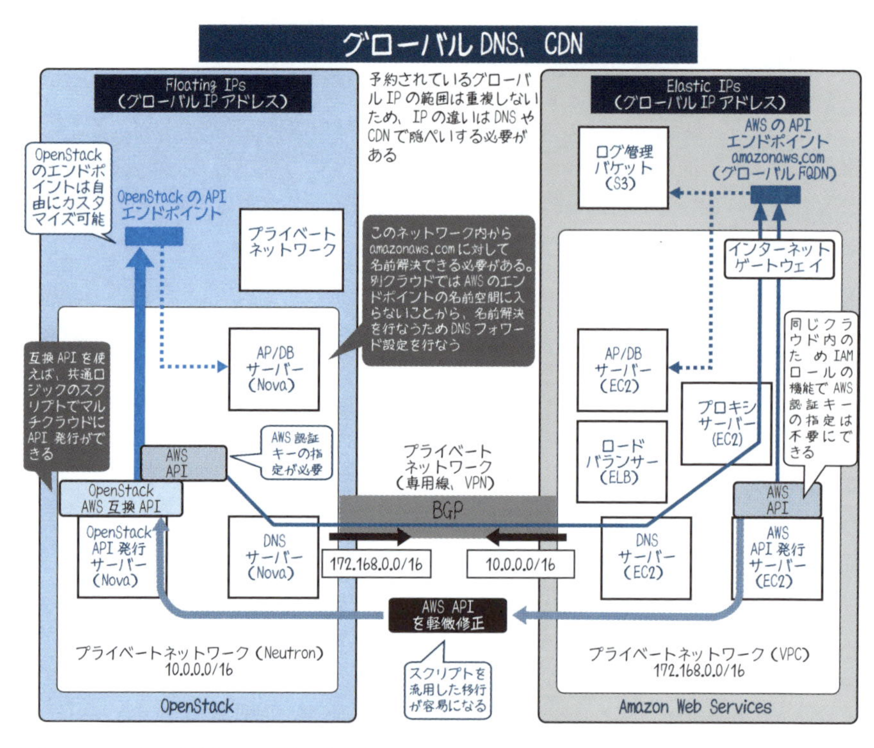

図11.15 マルチクラウド間のAPI発行の考慮点

ルーティング

次にルーティングですが、BGPのピアリングは近接するVPCのCIDRのみを広報[※11]します。そのため、図11.15の例では、OpenStack側からは、宛て先がAWSのVPCである172.168.0.0/16しか専用回線を通らないため、AWS側のCLIでプロキシ設定を行ない、プロキシサーバーを活用して、グローバルアドレスにあるAWSのエンドポイントに抜ける必要があります。

仮にプロキシサーバーでセキュリティを考慮して、宛て先がap-northeast.amazonaws.comのみを通過する設定を行なった場合、AWSのサービスではリージョ

※11 アドバタイズとも呼び、CIDRを伝えることを意味します。

ンに所属しないサービスもあるため、そのサービス向けのAPI通信はプロキシサーバーで設定したフィルタリングを通らず、遮断されてしまいます。したがって、利用するエンドポイントとサービスのFQDNをきちんと確認して柔軟にプロキシで通信許可設定を行なう必要があります。

◉認証

もう1つの考慮点は、第9章で説明した認証です。認証には、

- ユーザーのキー情報を直接入力しておく方法
- IAMロールをサーバーに割り当てて内部的に認証する方法

の2種類があります。たとえば、AWSでは近年はセキュリティを考慮してIAMロールを使う方法が主流になっていますが、この場合、同じクラウドでないと内部的に認証はできません。したがって、OpenStack環境からAWSのAPIを発行する場合は、キー情報を入力する必要があります。

マルチクラウドの場合は、基本的にはそれぞれのクラウド環境のエンドポイントに対して別々のAPIを発行することになるため、マルチクラウド間の差異を隠ぺいするにはAPI互換ツールがあったほうが管理上便利になります。次節ではAPI互換を具体的に見ていきましょう。

11.4.2 APIの互換性

クラウド間の差異は、認証キーが別になること以外に、コンポーネントの違い（たとえば、AWSでいえばEC2とS3）と似たところがあります。Amazon EC2とS3では、エンドポイントもサービス内容も違いますし、当然ながら同じリソース、同じコマンドもありません。クラウド間の場合もこれと同じ差異がありますが、コンポーネント間の差異と違って不便な点があります。

たとえば、Amazon EC2とOpenStack Novaは、どちらもサーバーリソースを扱います。このリソースを「クラウド間の差異を意識せず完全にシームレスに制御する」ためには、APIをなるべく同じに近づけたほうが管理上好ましいため、APIを互換させるツールが用意されています。互換させるためには、どちらかのクラウドのAPIルールに寄せることになりますが、今のところ、AWSが最初のクラウドとして認知され、最も長い実績を有していることから、AWSのAPIルールに寄せるのが主流になっています。しかし現実的には、リソースに対する考え方が異なるクラウドにおい

て、互換APIを維持していくのは難しいため、今後マルチクラウド環境を操作していくうえで、後述するjcloudsやAnsible、Teraform等のライブラリやツールを間に挟んで抽象化することで操作を統一する方法が一般的になっていくでしょう。ここではjcloudsを使った例を紹介します。

APIの発行はAPI、CLI、SDK、Consoleという4つの手法がありますが、これらについてAWSとOpenStack間の互換を見てみましょう（図11.16）。

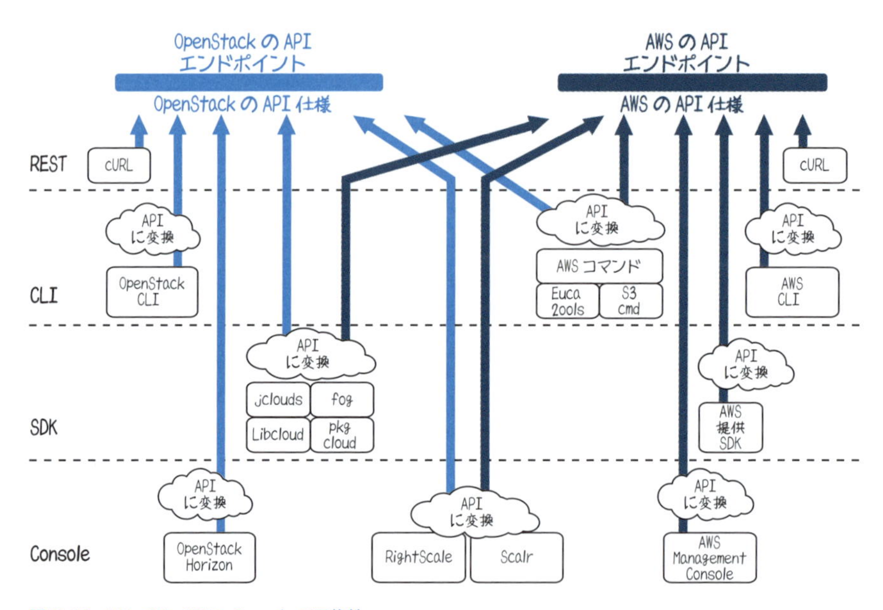

図11.16　API、CLI、SDK、Consoleの互換性

◉ API

APIは素のままであるため、互換するツールの層がなく、隠ぺいするのが困難です。

◉ CLI

OpenStackのCLIの場合は、Amazon EC2、S3を中心に互換するパッケージに対応しています。具体的には、Amazon EC2向けにはeuca2ools、Amazon S3向けにはS3cmdに対応していますが、これらのツールはAWS基準のキー情報（アクセスキー、シークレットアクセスキー）が必要になります。

互換 CLI

- euca2ools——https://github.com/eucalyptus/euca2ools
- S3cmd————http://s3tools.org/
- Terraform——https://terraform.io/

第 9 章で紹介した「keystone ec2-credentials-create」コマンドで、OpenStack における AWS 基準の認証キーを作成し環境設定を行なうか、指定時のオプションで指定するようにすることで、OpenStack を AWS CLI コマンドで操作できます。厳密には、互換ツールを使っているため、euca2ools の場合は「aws ec2 describe-regions」というコマンドが「euca-describe-regions」となり、S3cmd の場合は「aws s3 ls」というコマンドが「s3cmd ls」となりますが、API 部分は互換性があります。

OpenStack の AWS 基準の認証キーと AWS 自身の認証キーは、別のキーであるため、双方の操作を同一環境で連続的に行なうにはそれぞれの認証キーを、コマンド発行のたびにオプションを指定したり、プロファイル指定で対応します。しかし、これらの CLI 互換ツールは登場してから比較的長い時間が経過していますが、大きな進展はしていません。

最近では人の判断を要する非定型処理は Console で実施されることが多いため、CLI の用途は主に定期処理の自動化になります。そのため、一度構成してしまえば、各クラウドの最新の差異があってもそれほど苦にならないことや、改修する際も互換ツールが各クラウドの最新の API を反映するのにタイムラグが出てしまう課題もあります。現在はコマンドそのものよりも、第 8 章で紹介したオーケストレーションや構成管理をマルチクラウドで横断的に行なう Terraform のようなツールが主流になってきています。

◉ SDK

逆に複雑なロジックにおける生産性と管理性を上げるべく、SDK のマルチクラウド対応が充実してきています。代表的なツールは、Java では Apache jclouds、Python では Libcloud、Ruby では fog、Node.js では pkgcloud で、AWS と OpenStack の両方にも対応しています。

マルチクラウド互換 SDK

- jclouds（Java）————http://jclouds.apache.org/
- Libcloud（Python）——https://libcloud.readthedocs.org/
- fog（Ruby）—————http://fog.io/
- pkgcloud（Node.js）——https://github.com/pkgcloud/pkgcloud

Java用の互換SDKであるjcloudsの例として、独自APIと互換APIそれぞれを使ったJavaのサンプルコードを図11.17に挙げます。

認証キーは各クラウドサービス独自のキー設定に対応していますし、APIに対応する処理メソッドはクラウド独自のメソッド名とAPI互換したメソッド名が定義できます。クラウド独自の場合はAPIは互換していませんが、コードを一体化することでその差異を意識しないようにしています。「最良のコンポーネントを、そのつど利用したい」場合は、クラウド独自のメソッド名でかまわないでしょう。互換APIは各クラウド互換用のモジュールを読み込むことで対応します。jcloudsの例では、Amazon EC2用にはorg.jclouds.ec2、OpenStack Nova用にはorg.jclouds.openstack.nova.v2_0.NovaApiとなります。

図11.18は、fog（Ruby）を使ってマルチクラウド環境を構築する例で、引数条件を元にしてサーバーを1つのコードで一斉に起動するRubyのサンプルコードです。各クラウド互換用のモジュールを読み込む点は変わりませんが、OpenStackとAWSの間で起動時に呼ぶリソース情報に差異があるため、パラメータ定義を一部変換する工夫をしています[※12]。

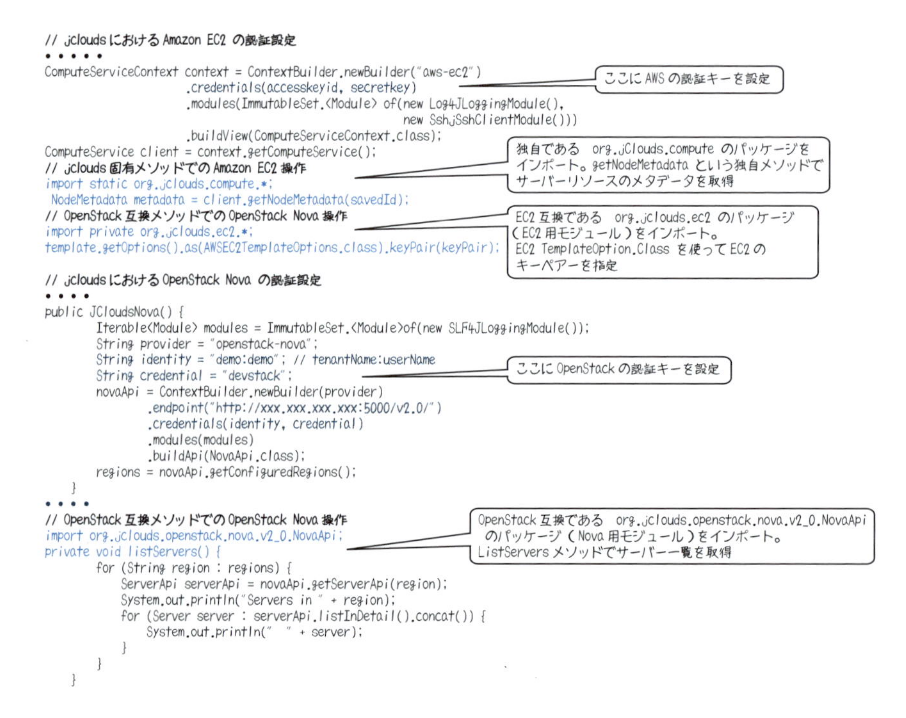


```
// jcloudsにおけるAmazon EC2の認証設定
• • • • •
ComputeServiceContext context = ContextBuilder.newBuilder("aws-ec2")
                    .credentials(accesskeyid, secretkey)
                    .modules(ImmutableSet.<Module> of(new Log4JLoggingModule(),
                                                new SshjSshClientModule()))
                    .buildView(ComputeServiceContext.class);
ComputeService client = context.getComputeService();
// jclouds固有メソッドでのAmazon EC2操作
import static org.jclouds.compute.*;
 NodeMetadata metadata = client.getNodeMetadata(savedId);
// OpenStack互換メソッドでのOpenStack Nova操作
import private org.jclouds.ec2.*;
template.getOptions().as(AWSEC2TemplateOptions.class).keyPair(keyPair);

// jcloudsにおけるOpenStack Novaの認証設定
• • • •
public JCloudsNova() {
        Iterable<Module> modules = ImmutableSet.<Module>of(new SLF4JLoggingModule());
        String provider = "openstack-nova";
        String identity = "demo:demo"; // tenantName:userName
        String credential = "devstack";
        novaApi = ContextBuilder.newBuilder(provider)
                .endpoint("http://xxx.xxx.xxx.xxx:5000/v2.0/")
                .credentials(identity, credential)
                .modules(modules)
                .buildApi(NovaApi.class);
        regions = novaApi.getConfiguredRegions();
    }
• • • •
// OpenStack互換メソッドでのOpenStack Nova操作
import org.jclouds.openstack.nova.v2_0.NovaApi;
private void listServers() {
        for (String region : regions) {
            ServerApi serverApi = novaApi.getServerApi(region);
            System.out.println("Servers in " + region);
            for (Server server : serverApi.listInDetail().concat()) {
                System.out.println("    " + server);
            }
        }
    }
```

図11.17　jclouds（Java）による互換APIと独自APIの例

※12　『OpenStackクラウドインテグレーション オープンソースクラウドによるサービス構築入門』（翔泳社、ISBN 978-4-7981-3978-4）では、fog（Ruby）を使ったマルチクラウド展開を詳細に説明しています。

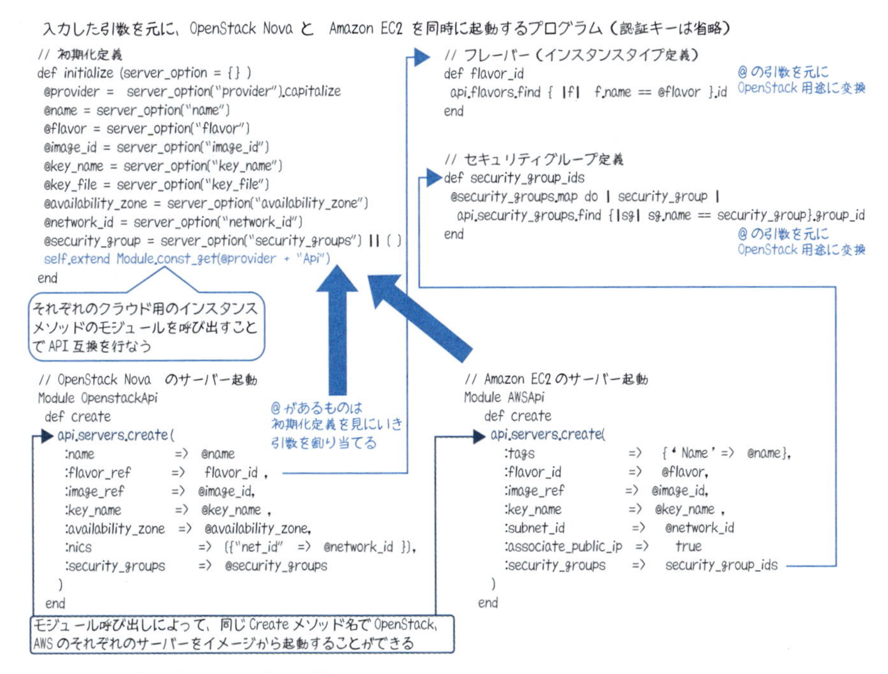

図 11.18 fog（Ruby）による互換 API 例

◉ Console

Console は画面が API への変換機能を担い、見やすさや操作性で差別化できることから多くのツールがリリースされています。RightScale や Scalr などが有名ですが、最近では OSS の統合管理ツールでもある Hinemos も対応しています。

11.4.3 環境とデータの移行性

ここまで API の互換性を中心に説明してきましたが、マルチクラウドの目的が「シームレスな相互運用」であれば、環境とデータの移行性も検討しなくてはなりません。クラウドへの移行の代表的指標としては Gartner 社が提示している 5R[※13] による 5 つの移行戦略が有名ですが、これは PaaS や SaaS への移行も含めた戦略になっています。IaaS 間への移行については、この 5 つのうち Rehost の戦略のみが対象となるため、この戦略を少し深掘りして説明していきましょう。図 11.19 がレイヤーごとへの移行性をまとめたものです。

※13 Gartner 社が定義する移行の 5R。「Rehost」以外は PaaS や SaaS への移行戦略。
http://www.gartner.com/newsroom/id/1684114

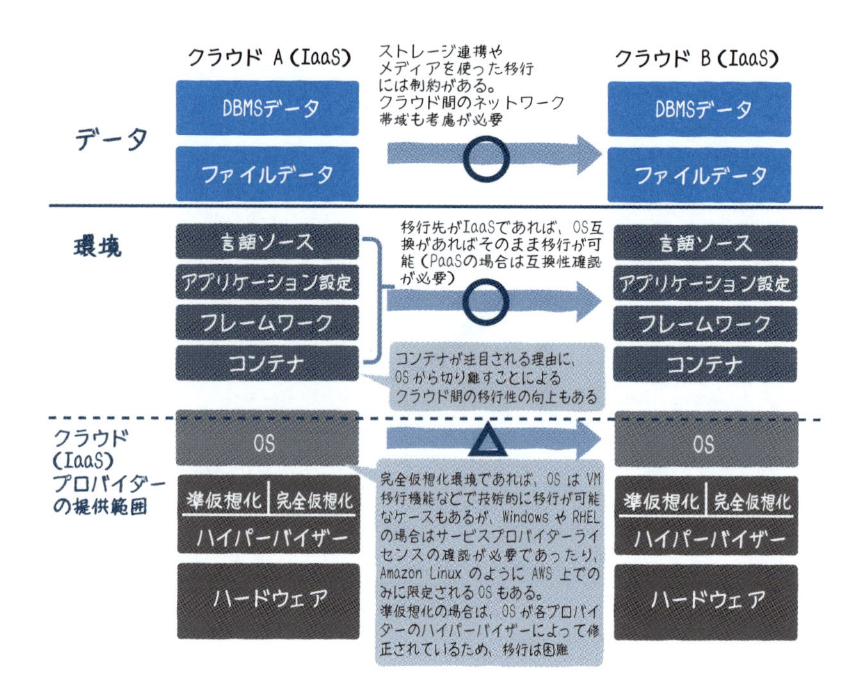

図 11.19　環境とデータの移行性

◉データの移行性

従来のオンプレミス環境と大きくは変わりませんが、クラウド固有の注意点がいくつかあります。

その1つは、データのストレージレプリケーションやメディア持ち込みの制約です。同じクラウド間であればスナップショットコピーを使えば済みますが、異なるクラウド間であればスナップショットに互換性がないため、ストレージ機能が使えず、ブロック単位ではなくファイル単位で移行するのが原則です。

また、クラウド間のネットワークは、選択する回線によって帯域の制約があるため、データ量によっては移行のスループットも考慮しておく必要があります。実際のクラウド移行案件では、全件である初期移行のデータ量が多く、移行に時間を要するため、前もって転送を行なっておき、切り替え日のタイミングで、少量になる全件からの差分だけを同期するといった2段階の手法も用いられます。

なお、オンプレミスで行なわれるディスクメディアを取り外してトラックなどで運び、移行先データセンターに取り付ける、というアナログな手法は、物理環境が隠ぺいされるクラウドでは難しいケースが一般的です。たとえば、AWS では Import/

Export Snowballサービスやメディアをデバイスとして受け取るサービスがありますが、対応しているリージョンが限定的であったり、電源装置などの送付が必要だったりします。

◉環境の移行性

IaaSでは、コンテナより上位レイヤーはクラウド非依存なOS環境に依存するため、対応するOS環境であればそのまま移行が可能です。ハイパーバイザー以下のレイヤーについては、クラウド側の提供になるため移行はできませんが、あまりこだわるレイヤーでもないでしょう。

この中で、一番やっかいなのは実はOSです。IaaSでは、OSは責任分界点上は利用者側になります。そして、OSコマンドはクラウド環境に依存せず、同様に使うことができます。しかし、Microsoft WindowsやRed Hat Enterprise LinuxといったOSのライセンスやサブスクリプション提供の多くは、クラウドサービスからの提供モデルになっており、クラウド利用料の中に含まれるのが主流です。

また、OSはハイパーバイザーとの組み合わせにも依存するため、クラウドが提供しているハイパーバイザーに依存します。準仮想化モードで動いている場合は、OSはそのクラウド環境のハイパーバイザー環境によってカスタマイズされているため、別のハイパーバイザーで動いている別のクラウドには移行できません。

完全仮想化の場合は、OSカスタマイズはありませんが、ハイパーバイザーの種類やバージョンによって動作できるOSのバージョンの制約があるため、そのまま移行できないケースもあります。たとえば、古いバージョンのWindowsやRHELはハイパーバイザーが対応していないケースが散見されますし、独自のCPUとハイパーバイザーに強く依存するUnix OSのOracle SolarisやIBM AIX、AWS環境でのみの動作を前提とするAmazon Linuxなどがあります。また、完全仮想化の場合は、I/Oを準仮想化のように早く動作させるために、PVドライバ[※14]をインストールしているケースがありますが、このドライバもハイパーバイザーに依存するため、移行にあたっては再設定が必要であったりもします。物理環境からP2V[※15]した仮想環境は、OSやハイパーバイザーのバージョンによって、互換性の確認が必要になるケースもあります。

さて、このようにやっかいなOSですが、具体的な移行方法は、最も基本的かつ力技とも言える、仮想イメージの出力と取り込みを行なうVM Export/Import機能を使う手法です。しかし、これまで触れた互換性の課題から、条件は限定的になるケースが多くあるのが実状となっています。

このように見ていくと、クラウドのIaaS間での移行では、大量データのネットワ

※14　完全仮想化環境で、準仮想化向けに性能を改善するドライバのこと。
※15　Physical to Virtualの略称で、物理マシン上で稼働しているシステムを仮想マシン上へ移行すること。

ーク越の移行方法とOSの移行方法が主な検討事項となります。大量データ移行については、IBMのAsperaといったファイル転送を高速化するソフトウェアの利用も検討します。OSの移行は、バージョンを極力合わせることに注力し、クラウドが提供するイメージから新規にOSを起動しChefなどのリポジトリ管理機能を使ってパッケージなどの環境を合わせる、といった手法も用いられます。

また、このハイパーバイザーやクラウド環境に密接に関わりがあるOSの煩雑さから解放され、移植性（ポータビリティ）を上げる手段として、第12章でも触れますがDocker[※16]などのコンテナ技術が注目されています。このコンテナ化は、IaaSだけではなく、PaaSへの移行性向上にも有効な選択肢になっています。

11.5 マーケットプレイスとエコシステム

11.1.4項で説明したマルチクラウドのパターンのうち、「② IaaS上に構成されているソフトウェア」では、サーバーリソースのOS上にライセンス認証済みのバイナリからインストールするといった従来型の手法以外にも、クラウドが提供するマーケットプレイスからイメージを選択してソフトウェア導入済みのサーバーを直接起動する方法もあります。そもそも、ソフトウェアをインストールするという作業はクラウド的ではありませんし、クラウド固有のAPIを呼び出す設定をソフトウェアに実装するのも面倒です。そのため、クラウドが提供するプラットフォームを使ってソフトウェアを設定し、インストール済みの環境をイメージ形式で提供してユーザーに使ってもらうマーケットプレイスという仕組みが提供されています。

このマーケットプレイスには、ソフトウェア単位で専用ページが用意されており、サポートされるインスタンスタイプや詳細バージョン、設定手順などを表示できるため、マニュアル簡素化にも寄与します。そして、より特徴的なのは、ソフトウェアの利用料を従量課金でインスタンスサイズに応じて定義して請求できる点です。クラウドのリソースが従量課金になっても、その上にインストールされるソフトウェアが従来型のソフトウェア購入で調達していれば、クラウドによる柔軟なコストメリットも活かせません。

SaaSやPaaSの場合は、課金体系や請求をPaaSやSaaS側に寄せたうえで、内部のAPIでIaaSの利用時間も把握できるため、そこから利用料内訳まで管理することができます。しかし、ソフトウェアを購入する場合は、サービス利用ではないため、IaaSの利用時間をソフトウェア側から判断できません。したがって、その仕組みをIaaS側に寄せてソフトウェア利用の従量課金の仕組みを実装しているのが、マーケ

※16 Dockerの機能詳細や使い方については、『Docker実践入門——Linuxコンテナ技術の基礎から応用まで』（技術評論社、ISBN 978-4-7741-7654-3）や『プログラマのためのDocker教科書——インフラの基礎知識&コードによる環境構築の自動化』（翔泳社、ISBN 978-4-7981-4102-2）が参考になります。

ットプレイスなのです。これにより、簡単に従量課金が実現でき、従来必要であったライセンス管理や購買にかかる手続きも不要にできるメリットがISV（ソフトウェア会社）側にもあります。

具体的な画面が見たほうがわかりやすいため、AWS Marketplaceを例に説明していきましょう。AWSのマーケットプレイスは、次のURLから参照することができます[※17]。

- AWS Marketplace——https://aws.amazon.com/marketplace

トップ画面にはソフトウェア一覧が表示されるため、検索やカテゴリーから任意のソフトウェアを選択すると、図11.20のように詳細画面に遷移します。この画面で、バージョン、インスタンスタイプ、リージョン、時間あたりの利用料を確認することができます（年単位請求も可能なソフトウェアもあります）。［Continue］ボタンを押下すると、インスタンス起動設定画面に遷移し、起動後はソフトウェア利用料が、時間単位で課金されるようになります。

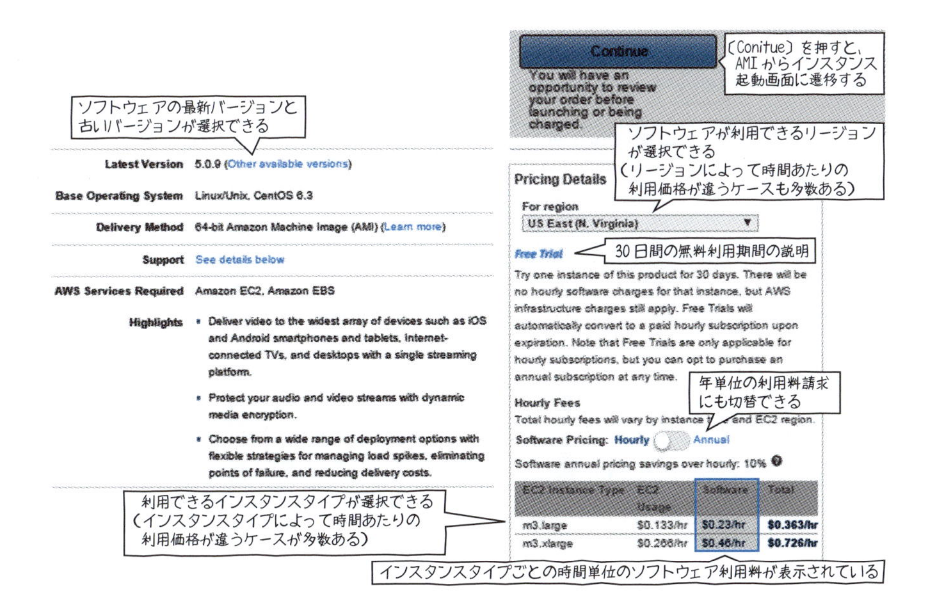

図11.20　AWS Marketplaceの例

※17　OpenStackにもMuranoというApplication Catalogを提供するプロジェクトがあり、これを利用してマーケットプレイスを組み上げることができます。
OpenStack Murano　https://wiki.openstack.org/wiki/Murano

マーケットプレイスは、まだ発展途上の機能ですが、クラウドの普及とともに今後も多くのソフトウェアが対応していくと予想されます。ISVにとっても、多くのクラウドのマーケットプレイスに対応して一覧化されて表示されることは、ユーザーのクラウド選択の際の候補になるというメリットがあります。クラウドベンダーにとっても、多くのISVに対応していることで、利用者を多く呼び込むというメリットがあります。

ITの世界では、ベンダー間で互恵関係を結ぶことを「エコシステム」と呼び、パートナーリングの基本となりますが、マーケットプレイスはISVとクラウドプロバイダーの間で構成されるエコシステムと呼ぶことができます（図11.21）。今後、マーケットプレイスは、クラウド上でのソフトウェア利用の標準的なプラットフォームになる可能性があります。

現在、クラウドによって拡張性の高いインフラになっても、上位のアプリケーションがライセンス体系や機能方式面の制約で拡張できないというケースが散見されます。今後はマーケットプレイスにおいて、クラウドのAPIを組み込んだ拡張性の高いソフトウェアが提供されることが増えていくことにもつながるでしょう。また、ソフトウェア以外のネットワークも含めたサービスやサービスデリバリー（コンサルティング）も本格的にマーケットプレイスから提供されていく可能性もあります。

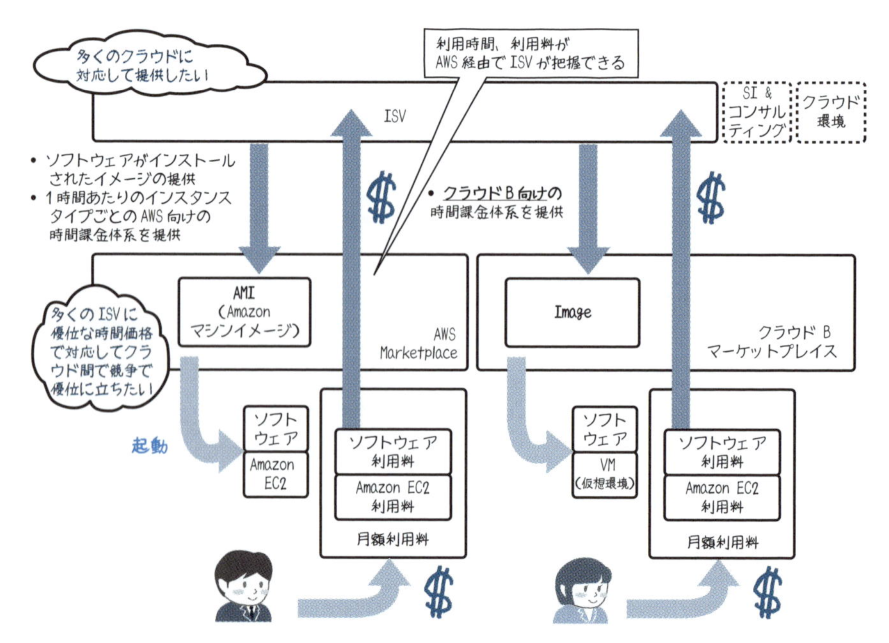

図11.21　マーケットプレイスとエコシステム

第 12 章

Immutable Infrastructure

ここまで、クラウドの世界でのインフラ環境構築と、クラウドAPIを利用した、さまざまなシステムコンポーネントを構築する仕組みについて解説してきました。この章では、従来のシステムと、システムコンポーネントを組み合わせて実現するシステムとの大きな違い、つまり、容易に破棄でき、アプリケーションのライフサイクルに合わせて管理できるインフラ環境「Immutable Infrastructure」について解説していきます。

12.1 これまでのインフラ構築手法と課題

第4章で、クラウド以前のインフラにおける環境構築と、クラウドの世界での環境構築を対比しました。クラウドでは、手順が簡略化されて、環境構築が効率化されることがわかりました。ここでは、アプリケーションとそれを支えるインフラ環境のライフサイクルにフォーカスを当てて、クラウド以前の環境構築の課題を明確にします。

12.1.1 従来のシステムのライフサイクル

クラウド以前のインフラにおける環境構築、つまりオンプレミスで環境を構築する場合、そのシステムのライフサイクルにおいて、構成するハードウェアやソフトウェアの保守期限が重要な要素でした。

システム構築を計画する際に企業のシステム部は、そのシステムが実現する業務プロセスやサービスに見合ったシステム投資額を決定し、そのシステムを何年利用するかを決めます。システム投資が抑えられるため、対象の業務プロセスやサービスが将来的にあまり変更されないのであれば、できるだけ長い期間使いたいというのが企業の本音でしょう。ただし、実際はそうはいきません。従来型のITシステムは、ハードウェアやソフトウェアのライフサイクルに応じて、数年ごとに更改が必要です。

たとえば、10年利用する企業システムを計画するとしましょう。中規模の業務プロセスを実現するシステムを開発する場合、半年間でその計画を立て、1年半システム構築を完了し、リリースするといったスケジュール感が一般的でしょう（図12.1）。そのあと10年利用すると、計画からシステムの利用完了まで12年の期間があります。ハードウェアは、通常5年程度で資産償却されることを前提に保守期限が決められています。12年間そのまま同じハードウェアを利用し続けることができる保証はありません。また、ハードウェア自身も、年々電源効率が改善し、計算能力も増加していくため、12年後も同じハードウェアを利用し続けることで、コストメリットがあるとも必ずしも言い切れません。

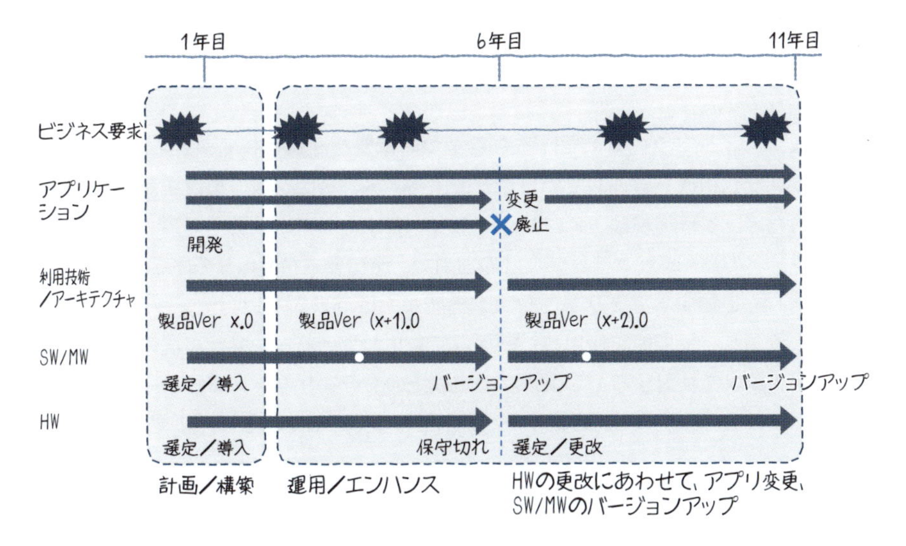

図 12.1　従来のシステムのライフサイクル

ソフトウェアについてはどうでしょうか。12年間の間に、オペレーティングシステムは3～5回程度のメジャーバージョンアップがあることが予想されます。システムを構成するソフトウェアのうちコアとなるデータベースやアプリケーションサーバーも数回のメジャーバージョンアップがあるでしょう。初期に導入したバージョンを利用し続けしようとしても、ソフトウェアには保守期限があり、保守期限切れ後は新規のパッチも提供されなくなるため、セキュリティが保てません。

アプリケーションのアーキテクチャや開発手法も考慮する必要があります。過去10年間を振り返ってみても、COBOLやC++から、Javaによるエンタープライズアーキテクチャが主体になり、現在ではより軽量なRailsを利用したWebシステム、クラウドSaaSなどさまざまなアーキテクチャが登場してきています。アーキテクチャやソフトウェアは、技術者のライフサイクルに影響します。たとえば、システムリリース後にシステムの機能追加に新しく若い技術者を雇ったとします。その技術者は、5年、10年前の技術で、アプリケーションを更新することができるでしょうか。

これら、ハードウェア、ソフトウェア、アーキテクチャのライフサイクルはシステムのライフサイクルに直接影響します。システムが提供する業務プロセスやサービスに大きな変更が不要だとしても、これらのライフサイクルの制限によって、システム担当者は3年から5年で、大幅なシステム更改と追加のシステム投資を迫られます。つまり、従来型のインフラ構築には、本来業務プロセスやサービスのビジネスライフサイクルでシステム投資が行なわれるべきところが、ハードウェアやソフトウェアのライフサイクルによって、システムのライフサイクルが決まってしまうという大きな課題があります。

これまでのインフラ構築におけるもう1つの重要な課題として、ドキュメントによってシステム構成を管理していることによる、メンテナンスの煩雑さがあります。構築されたインフラ環境は、アプリケーション要求、セキュリティ対策、性能向上、ソフトウェアのバージョンアップなどの理由で、常に要求が変化していきます。たとえば、新しく追加するアプリケーション機能が、Javaの新しいバージョンから利用できるようになった機能を使用したい場合、利用しているインフラ環境のJavaのバージョンアップを検討するでしょう。想定以上のトランザクションが流入した場合、データベースやアプリケーションサーバーなどの複数の設定値を同時に変更することもあります。

また、利用しているTomcatやApacheなどに緊急のセキュリティ脆弱性が発見された場合、ごく短期間にセキュリティパッチを当てる必要があります。従来のインフラ環境は、一般的に設計書に基づいて構築を行なっていたため、システムに変更を加える場合には常に設計書と環境構成を合わせて更新していく必要がありました。ただ、ドキュメントとして管理されたインフラの構成情報と実際の構築された環境の整合性の維持は、管理者の裁量によります。緊急でインフラ構成を更新した場合、その変更が設計書に反映されないことは、簡単に起こりうることだというのは皆さんも経験的にご存知でしょう。

12.2 Immutable Infrastructureの概念

クラウドによるインフラ環境構築では、仮想サーバーの構築、追加、削除が簡単にAPIを通して実現できます。ではクラウドの場合も、12.1節で説明した従来システムのようなシステムライフサイクルやメンテナンスの課題を考慮していく必要があるでしょうか。

クラウドでは、システムのライフサイクルやメンテナンスの考え方も変えていくことができます。

12.2.1 ビジネスに沿ったシステムライフサイクル

企業システムは、ハードウェアやソフトウェアのライフサイクルに縛られず、そのシステムが提供するビジネスプロセスや、サービスのライフサイクルで、構築から利用完了まで計画されることが本来望ましいと言えます。

たとえば、ある企業がオンライン販売のビジネスを計画するとします。サービスの企画、アプリケーションの開発、ソフトウェアライセンスの購入、サーバーやネットワークのハードウェア購入などが初期費として必要になりますが、このうち、ハードウェアは5年償却の計画を立てるでしょう。このビジネスがうまいかず、2年で撤退したとしても、5年分の負担が残り、簡単にビジネスをやめられないといったことが起こります。ビジネスにスピードが求められる現在では、これは足かせになります。スタートアップの企業や、開発や流行のサイクルの速いオンラインゲーム企業であれば、なおさらです。すぐにサービスを立ち上げ、必要に応じてサービス拡張し、ビジネス撤退時は、資産を残すことなく撤退するビジネスライフサイクルを実現できるシステム環境が必要になります。

12.2.2 Immutable Infrastructure のライフサイクル

ここで Immutable Infrastructure という概念に触れましょう。

Immutable Infrastructure は、直訳すると「不変なサーバー基盤」です。この言葉は、LivingSocial の元シニアバイスプレジデント Chad Fowler が 2013 年 6 月 23 日に自身のブログにポストした記事「Trash Your Servers and Burn Your Code: Immutable Infrastructure and Disposable Components」[※1] で初めて使われました。"不変なサーバー"というと、変更できない従来のオンプレミスのインフラ環境を想像する方も多いかもしれません。しかし、記事タイトルで「Disposable Components（破棄可能なコンポーネント）」と「Trash Your Servers and Burn Your Code（サーバーの廃棄と、コードの除却）」が一緒に用いられていることから、この記事では「インフラ環境を自動構築し、システム変更が必要な場合、（構築された環境への変更は行なわず）構築した環境を破棄し、新しく構築し直す手法」への示唆が述べられています。直接的なインフラ構築の手法や手順は述べられていませんが、"不変"という言葉は、関数型プログラミング言語のコードから出力される結果の不変性と同様に、「インフラ環境をコードで生成し、メンテナンスはコード側で行なっていくこと」を示唆しています。

※1　http://chadfowler.com/blog/2013/06/23/immutable-deployments/

それでは、Immutable Infrastructureのライフサイクルを見ていきましょう（図12.2）。まず、システムのライフサイクルは、ビジネス要求に沿ったものになります。新規のビジネスの追加や、提供するビジネスの内容に変更があった場合、その内容に応じて、アプリケーションの変更が行なわれます。この際、ビジネスを実現するための非機能要件を満たすことができるインフラ構成に変更することを検討します。また、たとえば、ソフトウェアのアップデートによって、現行のインフラ環境では実現できなかった機能を取り込むことも検討できるでしょう。そして、まったく新しいインフラ環境に、変更されたアプリケーションをデプロイしてリリースします。

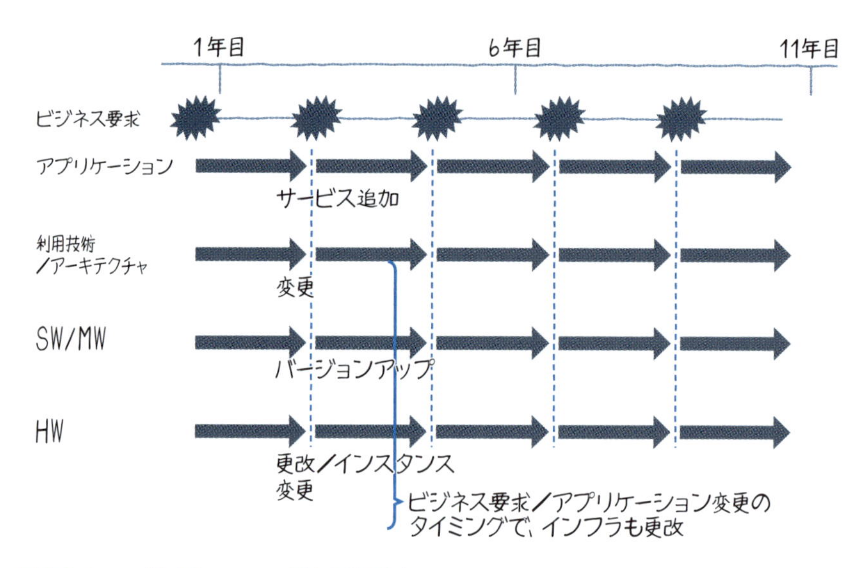

図12.2　Immutable Infrastructureのライフサイクル

ここまでで解説してきたように、クラウドの世界では、必要なときに必要なサーバーリソースを確保できます。AWSを含めた一般的なパブリッククラウドは、従量課金の料金体系のため、サーバーリソースは稼働している時間の料金しかかかりません。現在、本番環境になっているリソースも、廃止してしまえば、それ以上のコストはかからなくなります。初期投資や、減価償却を考慮する必要がありません。

また、ハードウェアのアップデートも非常に簡単に実現できます。AWSであれば、Amazon EC2インスタンスを停止して、新しいインスタンスタイプを指定して再起動するだけで、常に最新のハードウェア上に仮想インスタンスを確保できます。つまり、ハードウェア投資というコストの観点、および、ハードウェアとアップデートの観点の両方から、ハードウェアのライフサイクルがシステムライフサイクルに与える課題を克服できます。

ソフトウェアのバージョンアップやセキュリティパッチ適用も、リリースに合わせて実施することができます。また、AWSなどのパブリッククラウドであれば、従量課金で利用できるデータベースやアプリケーションサーバーなどのソフトウェアだけでなく、フルマネージドのPaaSも提供されているため、リリースのタイミングで最新のものに入れ替えれば良いことになります。また、アーキテクチャに関しても、そのときのアプリケーション開発者が開発できるアーキテクチャを利用し、新しいアーキテクチャに移行する場合でも、既存の環境を破棄して移行すれば良いので、変更の障壁は小さくなります。

12.3 Immutable InfrastructureとInfrastructure as code

それでは、インフラ環境のメンテナンス性はどのように実現していけば良いでしょうか。

そのためには、インフラ環境の構成情報をコードとして定義して、自動構築の仕組みを使って、構成を再現できるようにすることが必要です。クラウドの世界以前にも仮想化技術が普及した際に、このような概念が議論されました。この概念は一般的に、Infrastructure as codeと呼ばれます。

自動構築の仕組みは、ChefやPuppet、Ansible、構築された環境の単体テストを実施するServerspecなどを組み合わせて実現可能です。ここまで解説してきたクラウドAPIは、それらのツールから呼び出して、Infrastructure as codeを実現するのに必要な要素であることがわかるでしょう。パブリッククラウドベンダーもこのツールに相当するサービスを提供しており、第8章で解説したオーケストレーションツール、OpenStackではHeat、AWSではCloudFormationがそれに相当します。これらのツールを利用することで、従来のインフラ環境の設計書を、インフラ環境の構成情報を記述するコードに置き換えて管理し、メンテナンス性を高めることができます。インフラ環境を変更する場合は、コードを更新、コードから環境を構築し、既存の環境と入れ替えることで、常に設計情報と環境の整合性を保つことができます。

また、AWSでは、Webアプリケーションの実行環境の構築からアプリケーションのデプロイをPaaSに隠ぺい化したElastic Beans Talkが提供されています。ChefやHeat、CloudFormationで構築するインフラ環境の管理範囲は、仮想マシンのレイヤー（IaaSレイヤー）、TomcatやApacheおよびJavaやPythonなどを含めたアプリケーション実行環境、デプロイするライブラリとアプリケーション本体です。しかし、Elastic Beanstalkは、このうち仮想化レイヤーを隠ぺい化したPaaSとして提供されており、ユーザーが実行環境を選択して、デプロイするアプリケーションモジュールを指定するだけで、自動的に容量のプロビジョニング、負荷分散、Auto-Scaling、およびアプリケーション状態モニタリングなどを管理してくれます。

Elastic Beanstalkを利用すると、ユーザーはIaaSレイヤーを意識することなく、設定（コード）でインフラ環境を構築、管理できます。本書のメインテーマはIaaSなので詳しい説明は省きますが、AWSなどのパブリッククラウドでは、機能を実現するインフラ構成を極力隠ぺいした、サーバーレスのPaaSサービスの展開への注力が始まっています。

12.4 Blue-Greenデプロイメント

Immutable Infrastructureは、インフラ環境に変更が入る場合は、既存の環境を破棄して、新規の環境を構築する考え方です。企業内で利用されるシステムであれば、休日などそのシステムを利用するユーザーがいない時間帯で、数時間システムを停止して新規の環境に入れ替えることは可能です。ただし、広く一般的にインターネットに更改しているような、たとえばeコマースサイトなどは、システムダウンタイムがユーザーの利便性を損ない、サイトの売り上げ減につながってしまいます。

ここでは、システムダウンタイムをなるべく少なくして、環境の切り替えを行なう方法を解説します。

一般的に、すでに動いているアプリケーションを新しいアプリケーションで更新する方法としては、次の2つが考えられます。

1つ目は、すでに動いている実行環境に、新しいアプリケーションモジュールを配布する方法です（図12.3）。これをインプレース更新と呼びます。インプレース更新をすると、リクエストの受け付けが一時的にできなくなるという欠点があります。また、リリースするまでアプリケーションの動作は確認できないので、性能問題を引き起こすアプリケーションの問題を抱えていても、それがわかるのはリクエストが来てからです。まったく新しいアプリケーション実行環境に置き換えて、アプリケーションをリリースするようなこともできません。

オンプレミスで構築した環境では、既存のインフラ環境を継続して使用する必要があるため、この方式が一般的でした。複数のWebサーバーがある場合は、サーバー1台ずつリリースすることで、全体のリクエストがいっせいに受け付けできなくなることを防げますが、新しいバージョンのコンテンツと古いコンテンツが同時に見えてしまう不整合が発生することもありました。

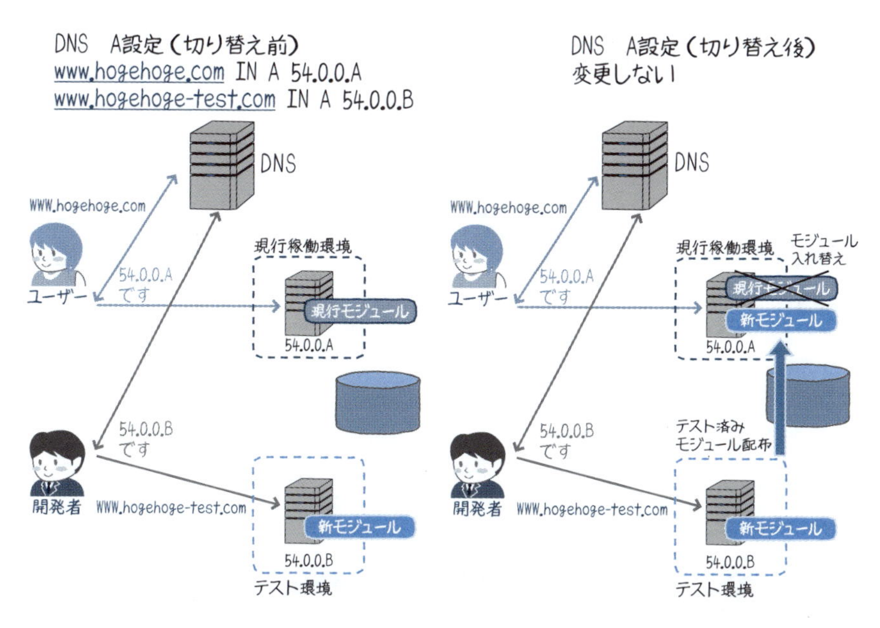

図 12.3　従来のデプロイメント

2つ目は、アプリケーションの更新や、実行基盤の更新の際に、新しいバージョンのアプリケーションを実行環境ごとに別に構築し、動作確認まで行なったうえで、現行の環境とURLスワップを行ない、リクエストを受け付けられる状態を継続していく方法です（図12.4）。この方法は、2つの本番に相当する2つの環境を切り替えて利用するため、Blue-Greenデプロイメントと呼びます。

Blue-Greenデプロイメントという言葉は、Immutable Infrastructureよりもさらに前の2010年3月にMartin Fowler氏が書いた記事「BlueGreenDeployment」[※2]で最初に使われました。この方法では、新しい環境で十分な動作の確認がとれた場合、既存の環境は破棄します。また、切り替えた後も一定期間、切り替え前の環境を保持しておくことで、何か問題があったときの切り戻し（切り替え前に戻す）も簡単に行なうことができます。この後者の切り替え方法は、Immutable Infrastructureによる、基盤管理の基礎となる方法です。

※2　http://martinfowler.com/bliki/BlueGreenDeployment.html

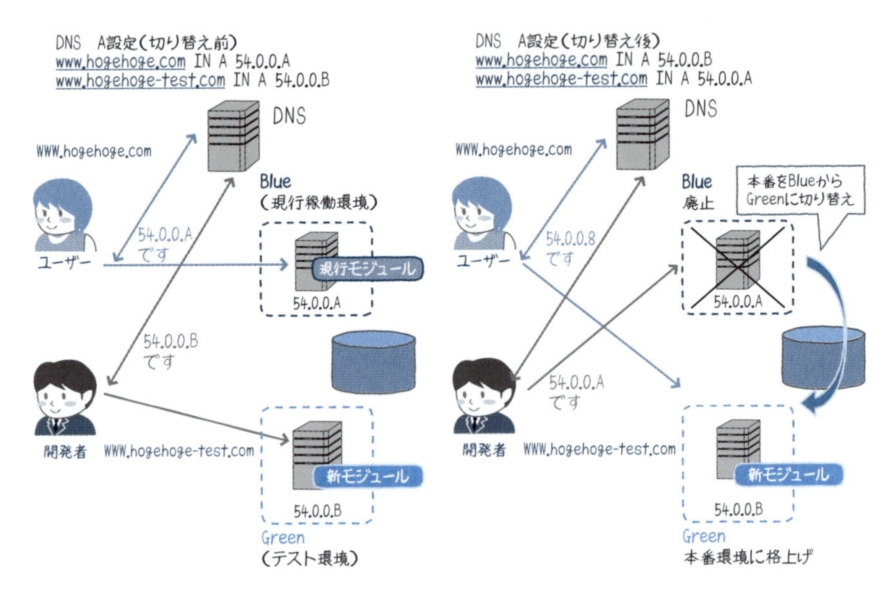

図 12.4　Blue-Green デプロイメント

12.5 Immutable Infrastructureとアプリケーションアーキテクチャ

ここまでImmutable Infrastructureの実現方法とシステムライフサイクルについて解説してきましたが、すべてのITシステム基盤にそのままの考え方を適用していくことができるわけではなく、制約が存在します。Immutable Infrastructureを実現する場合、変更前のインフラ環境と、変更後のインフラ環境の間で、共有するものがないShared Nothingの構成をとる必要があります。

Webアプリケーションを、一般的なWeb 3階層のアーキテクチャで考えてみましょう。クライアントから近いほうから、「プレゼンテーション層」「アプリケーション層」「データ層」と呼ぶことにします。

プレゼンテーション層、アプリケーション層は、一般的にアプリケーションサーバーに配置されます。プレゼンテーション層、アプリケーション層は、提供するビジネス要求に従って、頻繁に更新される可能性があります。また、インターネットを含めた外部からのアクセスという脅威に常にさらされる層のため、セキュリティ脆弱性の課題はすぐに修正する必要があります。これまで解説してきたように、Immutable Infrastructureへの要求が強い領域です。

一般的にプレゼンテーション層、アプリケーション層は、1リクエストに対して処理を行なう機能を提供しますが、1ユーザーの複数のリクエストにまたがるデータを保持するセッション情報を持ちます（図12.5）。ショッピングサイトにおいて、ログインした後に、買い物かごに複数の商品を入れながら清算に進む場合、画面遷移の際にセッションが使われることはご存知の方も多いでしょう。

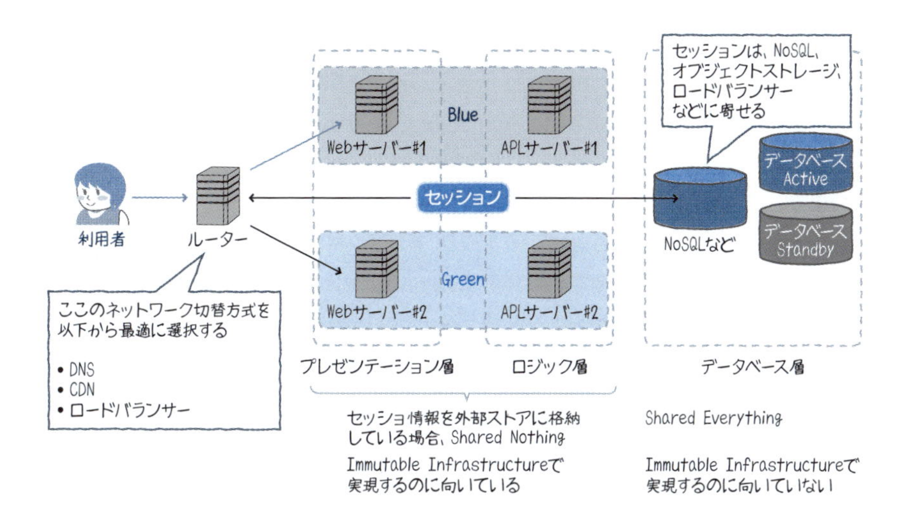

図12.5　Immutable Infrastructureとアプリケーションアーキテクチャ

セッションは、1つのアプリケーションサーバー、または耐障害性を高めるために複数のサーバーにレプリケーションして持つことができますが、その場合、Blue-Greenデプロイメントで一度にサーバーを切り替えてしまうと、たとえば、買い物かごの中身がなくなってしまうような事象が起こります。また、新規のリクエストの受け付けを停止し、すべてのセッションが切れるまで待機して、新しい環境に移行することも考えられますが、Blue-Greenデプロイメントで実現できるダウンタイムなしの環境切り替えのメリットを損ないます。つまり、「プレゼンテーション層」「アプリケーション層」をImmutable Infrastructureで実現するのであれば、セッション情報をアプリケーションサーバーの内部メモリに構成したセッション領域ではなく、AWSのDynamo DBのような外部のKey-Valueストア型データストアに保持することを検討する必要が出てくるでしょう。

次は、データ層です。一般的にデータ層は、リレーショナルデータベース上に構成されます。データベースには、トランザクションデータや、マスターデータが保持され、複数のアプリケーションから利用されます。このデータ層を変更前のインフラ環境と、変更後のインフラ環境の間で共有しないのは現実的ではありません。データ量に依存しますが、あるリレーショナルデータベースから、他のリレーショナルデータベースにデータをすべて移行するには、非常に時間がかかります。つまり、共有され、永続的にデータを保持するデータ層は、Immutable Infrastructure で構成することは難しいと言えるでしょう。ただし、データベースはアプリケーションプログラムを配置しないことが一般的ですし、また、インターネットにさらされた外部ネットワークに配置されることもないため、セキュリティパッチを頻繁に当てる必要もなく、頻繁なメンテナンスは不要であるため、Immutable Infrastructure が求められるようなインフラ環境ではないとも言えます。

つまり、1 つの IT システムを構成する場合でも、Shared Nothing の構成をとることができるプレゼンテーション層、アプリケーション層は Immutable Infrastructure、データ層は永続的なインフラ基盤といった使い分けを行なうことで、メンテナンス性に優れたシステムを実現することができます。ただし、データ層についても、インフラ環境のライフサイクルを従来のままにする必要があるということではありません。アプリケーションが利用するデータを永続的なデータではない 1 トランザクションのみで利用するような一時的なデータのみにし、クラウドが提供するオブジェクトストレージや Key-Value ストア型データベースなどに格納することで、データストアのライフサイクルをあまり意識することなく、データ層を構成することもできます。アプリケーションのアーキテクチャも、このようにクラウドと親和性の高い技術を用い、クラウドネイティブのアーキテクチャに変更することで、よりクラウドのメリットを享受できるようになります。

12.6 マイクロサービスとImmutable Infrastructure

ここでは、Immutable Infrastructure を効率的に利用するための、アプリケーションの特徴について解説します。

アプリケーションは提供するビジネスの拡大に伴って肥大化します。追加／更新される機能の大きさ、タイミングはさまざまですし、時には共通機能やアプリケーションフレームワークの更新も考えられます。

ここで、アプリケーションの実行基盤を Immutable Infrastructure で実現しているシステムで、1 つのモジュールを変更し、このタイミングで基盤のセキュリティパッチの適用も同時に行なう計画を立てたとします。アプリケーションモジュールは、新しく構築した基盤ですべての機能の動作確認が必要になります。アプリケーションの機能が多い場合、この更新のタイミングですべての機能の動作確認を行なうのは現実的ではなく、非常にメンテナンス性が低いシステムと言えます。また、プログラマがまったく新しい技術を使ったインフラ基盤の利用を望んでいたとしても、既存の他のモジュールへの影響を考えるとインフラ基盤を簡単に変更することはできません。

それでは、メンテナンス性の高いアプリケーションとは、どのような単位が適切でしょうか。

ここでは近年注目が集まっているマイクロサービス（Microservices）について取り上げます。マイクロサービスは、James Lewis 氏と Martin Fowler 氏の記事にその概念が述べられています[※3]。マイクロサービスとは、独立してデプロイできるサービスによってデザインされるソフトウェアアプリケーションで、アプリケーションアーキテクチャとしての正確なマイクロサービスの定義はありませんが、ビジネス遂行力を考慮した開発組織、構築／デプロイの自動化、シンプルなエンドポイント定義、データの非集中管理など、組織から、アーキテクチャ、開発のサイクルまでを含めた特徴を持つアプリケーションとして定義しています。

この記事の内容をふまえて、マイクロサービスと、そうでないサービスとの違いを整理してみましょう（表12.1）。

表12.1　マイクロサービスの特徴

	マイクロサービス	非マイクロサービス
コンポーネント化	サービスとして定義 公開されたインターフェース	ライブラリとして定義 インメモリの関数呼び出し
サービスインターフェース	REST/HTTP	Webサービスなど
データ管理	サービスごとのデータベース管理	統合データベースでの管理
アプリケーション更改	サービスを進化させる	リリース時に完全更改
耐障害方針	Design for failure	完全冗長化
インフラ環境構築	自動構築、自動デプロイ、自動テスト 別々のプロセスでサービス稼働	全体での構築、テスト、デプロイ 1つのプロセスでの複数サービスの稼働
ガバナンス	サービスごとのガバナンス 利用技術もサービスごとに選択	集中ガバナンス アプリケーションで統一された利用技術
組織	1サービスを構築／管理するのは クロスファンクショナルチーム	DBAチームや、UIスペシャリストチーム ミドルウェアスペシャリストチームなど 機能ごとのチーム アプリケーション全体で1組織
チームの継続期間	サービス、商品のライフタイム	プロジェクトの完遂まで

※3　http://martinfowler.com/articles/microservices.html

このように整理すると、サービス単位で独立したマイクロサービスのアーキテクチャがImmutable Infrastructureとの相性が良いことがわかります。1つのマイクロサービスをマネジメントしていくチームが、利用する技術、アプリケーション実行環境を自ら選び、また、サービス／チームのガバナンス、サービスの発展までの責任を持ちます。つまり、小規模から中規模のチームで、自分たちで管理可能な範囲をマネジメントしていくため、インフラ基盤のメンテナンス時もアプリケーションの影響を見極めて、基盤の置き換えができることになります。

12.7 コンテナ仮想化技術とImmutable Infrastructure

次に、Immutable Infrastructureやマイクロサービスと関係の深い、Dockerに代表されるコンテナ仮想化技術について説明します。

ハイパーバイザー型の仮想化技術は、仮想サーバーごとにゲストOSが存在して独立したサーバーを構成します。これに対し、コンテナ仮想化技術は、1つのホストOS上に独立した仮想サーバー相当の"コンテナ"を複数構成する技術になります（図12.6）。

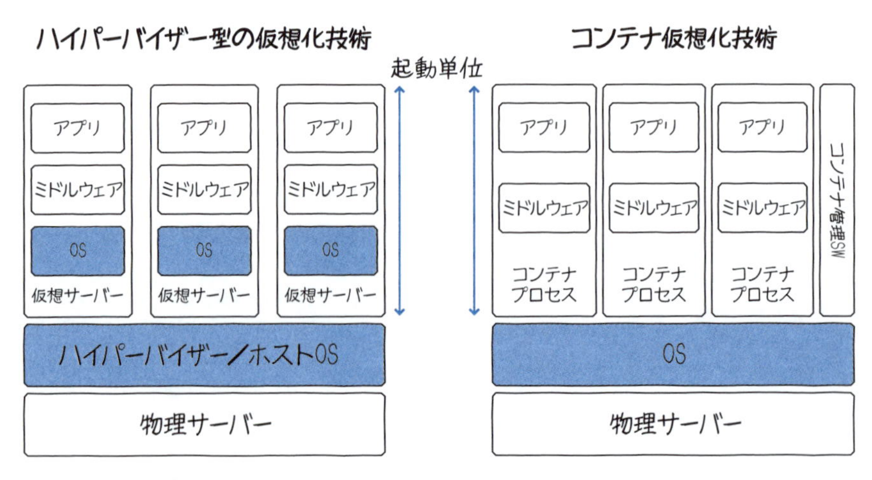

図12.6　コンテナ仮想化

1つのコンテナでは、アプリケーション実行環境をパッケージ化できるため、インフラ技術者が管理するOSまでのレイヤーと役割を分離できます。

コンテナ仮想化技術を利用しない場合、アプリケーション開発者は、たとえば、物理的なサーバー間の通信のTCP/IPの設計、サーバー全体のリソース配分などの、仮想サーバーや、OS、物理的なネットワークのレイヤーも意識する必要がありました。そこで、コンテナ仮想化技術を使えば、実際にアプリケーションの実行に直接影響する実行環境、Javaで例えると、Javaのランタイムから上位に関心を集中すれば良いことになり、管理が容易になります。

Immutable Infrastructureを実現するうえで、インフラ環境として、意識すべき範囲にOSを含む必要性はあまり大きくありません。Javaの登場から、アプリケーションのランタイムは移植性が高くなり、異なるOSへ簡単に移行することができるようになりました。マイクロサービスをマネジメントする組織は、アプリケーションの実行環境までを意識し、コンテナを管理する仕組みにサービスのエンドポイントをURLとして公開するだけで、コンテナを管理する仕組み側でサービスの登録、公開、発見を提供してくれるようになります。この点で、コンテナ技術は、マイクロサービスとの相性が良いことがわかるでしょう。

また、第8章で説明したオーケストレーションツールからサーバースタックを構築するのと比較して、OS起動が不要のため、非常に短時間にアプリケーション実行環境を構築／起動できます。

たとえば、AWSのCloudFormationやOpenStackのHeatなどのオーケストレーションツールを利用してImmutable Infrastructureを実現した場合、新しい環境を構築する流れは以下のようになります。

①オーケストレーションツールの起動
②仮想マシン～OSまでのスタックの構築とOSの起動、OS設定のコンフィギュレーション
③ Chefなどを組み合わせ、インフラ構成のコードから、アプリケーション実行環境を構築し、アプリケーションを配備
④ネットワークの切り替えまたはロードバランサーへの組み込みによる本番環境化

これと比較して、コンテナ仮想化を行なった場合の環境構築の流れは以下のようになります。

①コンテナ管理ソフトウェアに登録したコンテナのイメージから、すでに構成されているOS上に新しいコンテナを起動
② Chefなどを組み合わせてアプリケーションの最新モジュールを配備

③ネットワークの切り替えまたはロードバランサーへの組み込みによる本番環境化

このようにコンテナ仮想化を利用している場合は、OSレイヤーの起動、OS設定のコンフィギュレーションが不要になるため、起動までの時間が非常に短く済みます。

また、アプリケーションの実行環境のイメージをパッケージ化しておけば、必要なライブラリモジュールの最新化、アプリケーションの配備だけで良いため、さらに起動時間は短くなります。また、パッケージの最新化のサイクルを考慮すれば、Immutable Infrastructure実現の阻害要因にはなりません。

12.8 Dockerとコンテナクラスタ管理フレームワーク

最後に、代表的なコンテナ仮想化のオープンソースフレームワークDockerと関連技術を解説します。DockerはLinux系コンテナ仮想化技術を利用したコンテナ管理のオープンソースソフトウェアで、Docker社[※4]が開発を行なっています。

12.8.1 Dockerの構成技術

Dockerでは、次のようなLinuxの複数の標準的なカーネル技術を利用して、コンテナ仮想化を実現しています。

◉ Namespaces

ユーザーが利用する空間を分離して、利用しているユーザーが専用のグローバルリソースを持っているように見せる機能です。PID（プロセスの動作空間）、MNT（ファイルシステムのマウントポイント）、IPC（System V IPC、POSIXメッセージキュー）、NET（ネットワークデバイス、スタック、ポートなど）、UTS（ホスト名とNISドメイン名）の5つを利用しています。

◉ cgroups

cpu（CPUの利用割合）、cpuset（CPUコア数）、memory（メモリ上限）、device（利用できるデバイス）などグループ化したプロセスのリソース制御をします。

◉ Storage

プラガブルな（着脱が可能な）ストレージドライバ機能です。Dockerではdevice

※4 https://www.docker.com/

mapper、btrfs、aufs、overlay、vfs が選択できます。

◉ Networking

veth（ネットワークデバイスのペアを作り、コンテナとホスト間の通信を行なう）、bridge（仮想的なブリッジを実現し、コンテナ間の通信を行なう）、iptables（コンテナ間の通信可否を制御する）などでコンテナ内のプロセスの動作を制御します。

◉ Security

Capability（プロセスの特権を管理する。コンテナから利用できる特権を落としている）、SELinux（コンテナ内のプロセスの動作をコンテナ内に制限している）、seccomp（プロセスが発行するシステムコールを制限する）などでコンテナ内のプロセスの動作を制御します。

このようにDockerで利用されているLinuxのカーネル技術を俯瞰してみると、DockerはLinuxのホストマシン上のプロセスをホストマシンのLinuxのカーネル技術を組み合わせて隔離しているだけで、ハイパーバイザー型の仮想化技術のような、ホストマシンとプロセスの間に特別なソフトウェアのレイヤーを構成しているわけではないことがわかります。各コンテナはゲストOSは持たず、ホストOS上のプロセスとして起動されるため、起動が速くなります。

ただし、1つのOS上のプロセスの隔離だけでなく、そのプロセスを含むコンテナをイメージ化し、別のOSのDocker環境に移植し稼働させることも可能で、この可搬性の高さもDockerの特徴の1つです。

たとえば、すでに導入されているオンプレミス環境が本番環境として使われている場合、AWS上に構築したDockerコンテナイメージで新しいアプリケーションをテストして、テストされたDockerイメージを本番環境のDocker上にインポートして稼働させることもできます。ハードウェアの入れ替えや、クラウド上の仮想インスタンスの変更も、コンテナは意識することなく移植できます。つまり、Dockerによるコンテナ仮想化技術は、インフラ環境のうちのハードウェアのレイヤーを関心から完全に分離できます。

12.8.2 Dockerのライフサイクル

Dockerは、ライフサイクルのすべてをコマンドラインインターフェースで管理できます（図12.7）。

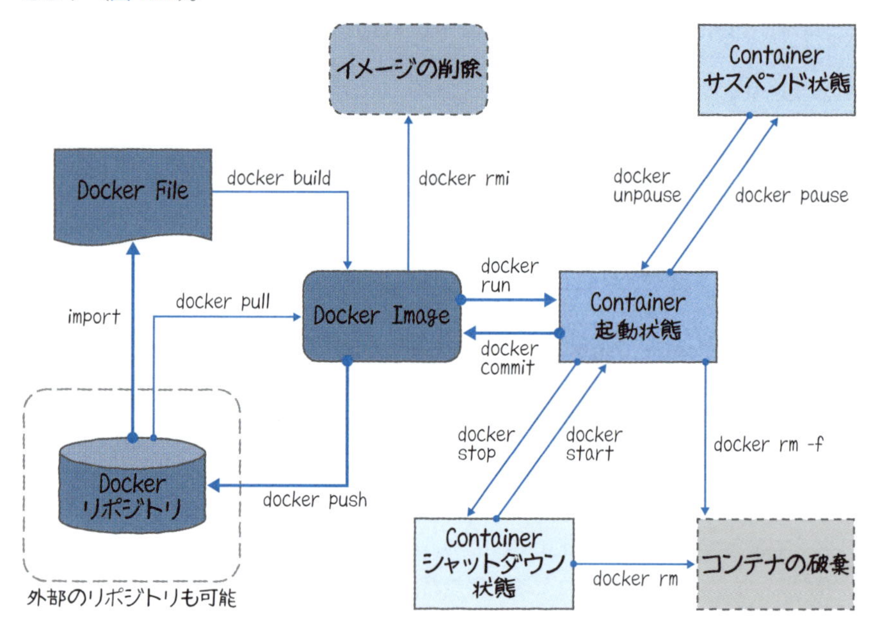

図12.7 Dockerコンテナのライフサイクルとコマンド

このライフサイクルのうち、Dockerイメージを保存するDockerリポジトリは、同じホストマシンにある必要はありません。この特徴を利用して、複数のホストマシンでクラスタを構成し、クラスタ上で自由にコンテナを稼働させるためのフレームワークKubernetesや、Docker Swarmも登場してきています。Dockerクラスタを利用することで、先に述べたDockerコンテナの移植性の高さの特徴を活かして、複数のノードのリソースをより効率的に利用できるようになります。

DockerとDockerコンテナクラスタを実現する機能は、その注目度と機能性の高さから、AWSやOpenStackにも取り込みが始まっています。AWSでは2014年のAWS re:InventでAmazon EC2インスタンスのクラスタを管理するEC2 Container Serviceが発表され、OpenStackでは2015年5月のOpenStack SummitでKubernetesやDocker Swarmといった既存のDockerに対応したコンテナクラスタ機能をOpenStackに統合するプロジェクトMagnumが発表されています。

12.8.3 コンテナクラスタ機能

AWS の EC2 Container Service（ECS）を例として、コンテナクラスタ機能がどのような役割を担うかを見てみましょう。

ECS は、Docker コンテナをサポートした Amazon EC2 インスタンスのマネージド型クラスタです。ECS は、Docker クラスタを Kubernetes や Docker Swarm といったソフトウェアを利用せずに、AWS 上に構築、管理できます。表 12.2 に、ECS が提供する機能を整理します。

表 12.2　Amazon EC2 Container Service（ECS）の機能

機能	概要
クラスタ管理	特定のAWSリージョンの複数のEC2インスタンスをDockerクラスタとして管理する。各コンテナインスタンスにはECS Agentが配備され、ECS Agentはユーザーやスケジューラーからのリクエストに応じて、コンテナの開始、終了、監視を行なう。また、クラスタは複数のアベイラビリティゾーンにわたって配置することが可能で、異なるインスタンスタイプとサイズを含むことができる
タスク管理	ECSクラスタ上で複数のコンテナで1つの目的を実行するためのタスクを管理する。コンテナイメージ、メモリやCPU割り当て、ポートマッピングなどの情報を管理してタスクを実行する
スケジューラー	ECSがクラスタ内のどのECSインスタンスにコンテナをデプロイするのかを決定する機能。定義されたタスクを実行するコンテナを常に一定に保つサービススケジューラー、指定された複数のタスクを順次余裕のあるインスタンスに振り分けて実行するタスクスケジューラー、およびユーザーが定義できるカスタムスケジューラーが提供されている
ECSコンテナレジストリ	ECSの利用するDockerコンテナイメージを保存、管理、配布するレジストリ機能

Docker はあくまで 1 つのホスト OS 上にコンテナ仮想化を実現するソフトウェアのため、1 つのコンテナに割り当てるリソースの配分や、複数のホスト OS 上のコンテナを協調動作させる機能は有していません。

コンテナクラスタ管理フレームワークである ECS や OpenStack Magnum を用いれば、クラスタを構成するインスタンス群のリソース利用状況を把握し、必要なタイミングで必要なタスクを効率的かつコンテナの細かい粒度で実行できるようになります（図 12.8）。

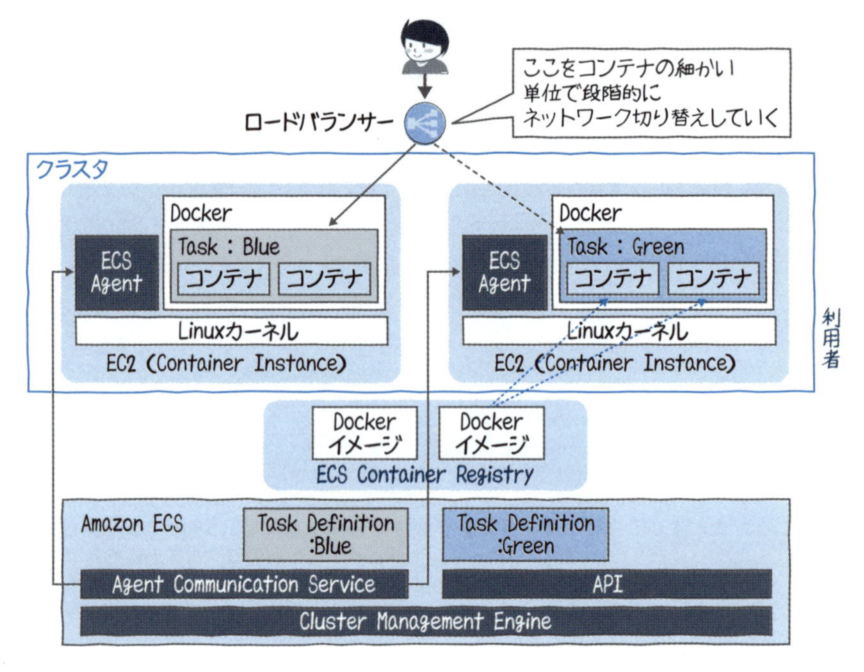

図 12.8　Amazon EC2 Container Service（ECS）による切り替え

ECS や Magnum を利用するユーザーは、コンテナが実現する目的をタスクとして管理して、Docker の CLI を意識することなく、タスクとクラスタをコントロールする API を通じて、システムを管理できます。

12.9 まとめ

本章では、クラウドの世界でのインフラ環境構築のライフサイクルに着目して、ビジネスアプリケーション開発者が必要なタイミングで必要なアプリケーション実行環境を構築し、ビジネスアプリケーションのライフサイクルに沿ってメンテナンスしていく Immutable Infrastructure について説明しました。

クラウドインフラを使用することで、不要な環境も簡単に費用負担なく破棄でき、アプリケーションと、その実現するビジネスのライフサイクルで、インフラ環境を管理できるようになります。また、コンテナ仮想化による、ハードウェアリソースの効率的な利用と、Immutable Infrastructure におけるハードウェア層のサイクルの分離も可能になります。

代表的なAPIリファレンス

最後に、OpenStackとAWSの代表的なAPIリファレンスの概要を紹介します。詳細については、各クラウドの最新のAPIリファレンスを参照するようにしてください。

 OpenStack

OpenStackのAPIはREST APIで統一されています。したがって、操作はHTTPメソッドに対応し、リソースの関係をURIのパスで確認することができます。代表的なAPIは以下のとおりです。

OpenStackの主なAPI

メソッド	URI（ドメインとコンポーネント部分は省略）	機能
GET	/{tenant_id}/servers	サーバーの一覧の表示
POST	/{tenant_id}/servers	サーバーの作成
DELETE	/{tenant_id}/servers/{server_id}	サーバーの削除
POST	/{tenant_id}/volumes	ボリュームの作成
GET	/{tenant_id}/volumes/{volume_id}	ボリュームの詳細を取得
POST	/networks	ネットワークの作成
PUT	/networks/{network_id}	ネットワークの更新
POST	/subnets	サブネットの作成
PUT	/subnets/{subnet_id}	サブネットの更新
POST	/{tenant_id}/stacks	スタックの作成
PUT	/{tenant_id}/stacks/{stack_name}/{stack_id}	スタックの更新
GET	/users	ユーザー一覧を表示
DELETE	/users/{user_id}	ユーザーの削除
POST	/groups	グループの作成
PUT	/groups/{group_id}	グループの更新
POST	/auth/tokens	トークン情報の発行
PUT	/{account}/{container}	コンテナの作成
PUT	/{account}/{container}/{object}	オブジェクトの作成、更新

◉ OpenStack APIリファレンス

http://developer.openstack.org/api-ref.html

AWS (Amazon Web Services)

代表的なAPIは以下のとおりです。AWSのAPIでは、REST APIとクエリーAPIが混在しており、REST APIはこの一覧の中ではAmazon S3のみが該当します。

AWSの主なAPI

メソッド	URI（ドメインとコンポーネント部分は省略）	機能	API名
GET	/?Action=DescribeInstances	サーバーの一覧の表示	Describe Instances
POST	/?Action=RunInstances	サーバーの作成	Run Instances
GET	/?Action=DescribeInstances&instance_id=**	サーバーの詳細の取得	Describe Instances
POST	/?Action=CreateVolume	ボリュームの作成	Create Volume
GET	/?Action=DescribeVolumes&volume_id=**	ボリュームの詳細を取得	Describe Volumes
POST	/?Action=CreateVpc	VPCの作成	Create VPC
POST	/?Action=ModifyVpcAttribute&VpcId=**	VPCの更新	Modify VPC Attribute
POST	/?Action=CreateSubnet	サブネットの作成	Create Subnet
POST	/?Action=ModifySubnetAttribute&SubnetId=**	サブネットの更新	Modify Subnet Attribute
POST	/?Action=CreateStack	スタックの作成	Create Stack
POST	/?Action=UpdateStack&StackName=**	スタックの更新	Update Stack
GET	/?Action=ListUsers	ユーザー一覧の表示	ListUsers
POST	/?Action=DeleteUser&UserName	ユーザーの削除	DeleteUser
POST	/?Action=CreateGroup	グループの作成	CreateGroup
POST	/?Action=UpdateGroup&GroupName	グループの更新	UpdateGroup
GET	/?Action=GetSessionToken	トークン取得発行	GetSessionToken
PUT	bucket.	バケットの作成	Put Bucket
PUT	bucket.**/object	オブジェクトの作成、更新	Put Object

◉ AWS APIリファレンス（各コンポーネントのAPIリファレンス）

Amazon EC2/EBS/VPC	http://docs.aws.amazon.com/AWSEC2/latest/APIReference/
Amazon S3	http://docs.aws.amazon.com/AmazonS3/latest/API/
Amazon CloudFront	http://docs.aws.amazon.com/AmazonCloudFront/latest/APIReference/
Amazon Route53	http://docs.aws.amazon.com/Route53/latest/APIReference/
AWS Cloudformation	http://docs.aws.amazon.com/AWSCloudFormation/latest/APIReference/
AWS IAM	http://docs.aws.amazon.com/IAM/latest/APIReference/
AWS STS	http://docs.aws.amazon.com/STS/latest/APIReference/
AWS Direct Connect	http://docs.aws.amazon.com/directconnect/latest/APIReference/

参考文献

● 『オープンソース・クラウド基盤　OpenStack入門』
(KADOKAWA/アスキー・メディアワークス、ISBN 978-4-0486-6067-9)
OpenStackの歴史から開発や利用方法まで一連の基礎知識が習得できます。

● 『OpenStackクラウドインテグレーション　オープンソースクラウドによるサービス構築入門』
(翔泳社、ISBN 978-4-7981-3978-4)
OpenStackの基本コンポーネントの実践的な手順がコマンドラインをベースに確認できます。

● 『Amazon Web Servicesクラウドデザインパターン設計ガイド　改訂版』
(日経BP社、ISBN 978-4-8222-7737-6)
AWSを元にしたクラウドの基本設計のパターンを習得できます。

● 『Amazon Web Services実践入門』　(技術評論社、ISBN 978-4-7741-7673-4)
AWSの基本コンポーネントの実践的な手順がコマンドラインをベースに確認できます。

● 『Amazon Web Servicesクラウドサーバ構築ガイド　コストを削減する導入・実装・運用ノウハウ』
(翔泳社、ISBN 978-4-7981-4267-8)
AWSの利用にあたっては欠かせないコスト観点を意識したノウハウが確認できます。

● 『Amazon Web Services パターン別構築・運用ガイド』　(SBクリエイティブ、ISBN 978-4-7973-8257-0)
AWSのパターンごとの構成技法や手順が確認できます。

● 『絵で見てわかるITインフラの仕組み』　(翔泳社、ISBN 978-4-7981-2573-2)
本書では触れていない物理インフラやインフラ技術の基礎を確認できます。

● 『絵で見てわかるOS/ストレージ/ネットワーク ～データベースはこう使っている』
(翔泳社、ISBN 978-4-7981-1703-4)
本書で触れたサーバー、ストレージ、ネットワークを基盤観点で確認できます。

● 『絵で見てわかるWindowsインフラの仕組み』　(翔泳社、ISBN 978-4-7981-4225-8)
主にLinuxをベースとしてインフラを解説していますが、WindowsやAzureについても学べます。

● 『絵で見てわかるシステムパフォーマンスの仕組み』　(翔泳社、ISBN 978-4-7981-3460-4)
インフラやクラウドのパフォーマンスについて学ぶことができます。

● 『絵で見てわかるWebアプリ開発の仕組み』　(翔泳社、ISBN 978-4-7981-4088-9)
クラウド制御アプリケーション開発の基本を、利用頻度の高いPHPとNode.jsを題材に学べます。

● 『アーキテクトの審美眼』　(翔泳社、ISBN 978-4-7981-1915-1)
ERモデルの設計技法をアーキテクトの観点で学ぶことができます。

● 『Docker実践入門 —— Linuxコンテナ技術の基礎から応用まで』　(技術評論社、ISBN 978-4-7741-7654-3)
Immutable Infrastructureを構成する技術のDockerについて学ぶことができます。

● 『HTTPの教科書』　(翔泳社、ISBN 978-4-7981-2625-8)
インターネット技術の基礎であるHTTPの基本から理解したい人におすすめです。

● 『Webを支える技術 —— HTTP, URI, HTML, そしてREST』　(技術評論社、ISBN 978-4-7741-4204-3)
HTTPやWeb APIの技術要素が解説されています。

● 『実践DNS　DNSSEC時代のDNSの設定と運用』　(アスキー・メディアワークス、ISBN 978-4-04-870073-3)
日本レジストリサービス執筆陣によるDNSの教科書で、最新動向も多く記載されています。

● 『継続的デリバリー　信頼できるソフトウェアリリースのためのビルド・テスト・デプロイメントの自動化』
(アスキー・メディアワークス、ISBN 978-4-04-870787-9)
継続的インテグレーションの教科書として、広く知られている書籍です。

INDEX

◉ D

◉ E

◉ F

◉ G

◉ H

◉ I

◉ か

◉ き

◉ く

索引

執筆者

●平山 毅（ひらやま つよし）　——本書監修、第3章、5章、6章、7章、8章、9章、10章、11章を担当

東京理科大学理工学部卒業。在学時代から同学にあったSun Siteユーザー。専攻は計算機科学と統計学で電子商取引を研究。早稲田大学大学院経営管理研究科ファイナンス専攻修了（MBA）。Amazon Web Servicesにて、アーキテクトとコンサルタントの両職をそれぞれ1年9か月間担当（2015年末時点では両職を経験した唯一の日本人）。AWS Certified Solutions Architect - Professional、AWS Certified DevOps Engineer - Professionalほか、多数の技術資格を保有。難度が高い最先端のエンタープライズ顧客のグローバル案件でクラウドネイティブにカスタマイズするプロジェクトを数多く担当し、そのゴールとしてクラウドアーキテクトの育成にも従事。それまでは、インターネット関連のISP、広告会社でインターネット基礎技術を習得後、東京証券取引所や野村総合研究所で最先端のミッションクリティカル証券システムのオープンマイグレーションを担当し、オープン系技術のチャレンジングな適用を実践していた。2016年2月からは、IBMにて主に顧問アーキテクトとして活動の幅を広げ、プリンシパルエンジニアリングマネージャーを担う。尊敬するエンジニアは元Sunのビル・ジョイ。共著で『絵で見てわかるシステムパフォーマンスの仕組み』（翔泳社）、『RDB技術者のためのNoSQLガイド』（秀和システム）、『サーバ/インフラ徹底攻略』（技術評論社）、『ブロックチェーンの革新技術 Hyperledger Fabricによるアプリケーション開発』（リックテレコム）、『AWS認定アソシエイト3資格対策』（リックテレコム）、『AWS認定ソリューションアーキテクト－プロフェッショナル』（リックテレコム）、『AWS認定ソリューションアーキテクト－アソシエイト問題集』（リックテレコム）を執筆。

Twitter：@t3hirayama

●中島 倫明（なかじま ともあき）　——第4章、5章、6章、7章を担当

日本OpenStackユーザ会会長（2012～）、一般社団法人クラウド利用促進機構 技術アドバイザー（2012～）、国立情報学研究所/TOPSE 講師（2014～）、東京大学 非常勤講師（2015～）を勤め、国内でのOpenStack／クラウド技術の普及と人材育成を行なう。普段は伊藤忠テクノソリューションズ（CTC）に勤務し、オープンソースソフトウェア（OSS）を中心とした新規クラウド技術の開発と企画を行なっている。共著で『オープンソース・クラウド基盤　OpenStack入門』（KADOKAWA/アスキー・メディアワークス）、『OpenStackクラウドインテグレーション　オープンソースクラウドによるサービス構築入門』（翔泳社）を執筆。

●中井 悦司（なかい えつじ）　——第1章、2章を担当

予備校講師から転身、外資系ベンダーでLinux/OSSを中心とするプロジェクトをリードするかたわら、多数のテクニカルガイド、雑誌記事などを執筆。その後、レッドハット株式会社に移り、エバンジェリストとして企業システムにおけるLinux/OSS活用の促進に注力。共著で『オープンソース・クラウド基盤　OpenStack入門』（KADOKAWA/アスキー・メディアワークス）、『OpenStackクラウドインテグレーション入門』（翔泳社）を執筆。最新の著作『Docker実践入門 —— Linuxコンテナ技術の基礎から応用まで』（技術評論社）では、コンテナを活用した新たなシステム運用の世界など、「クラウドのその先」を見据えたインフラ技術を解説。

●矢口 悟志（やぐち さとし） ——第12章を担当

工学博士。経営学修士（MBA）。2007年野村総合研究所に入社。上級テクニカルエンジニア、認定ITアーキテクト。IT基盤技術に関するR&Dを行なう部門にて、クラウド技術の研究開発、Amazon Web Servicesのエンタープライズ導入のビジネス開発に従事。

●森山 京平（もりやま きょうへい） ——第8章を担当

奈良先端科学技術大学院大学を修了。工学修士。日本マイクロソフト株式会社に在籍。Cloud Solution Architect、Technical Evangelist、Customer Engineerを経験。Microsoft Azureを中心としたクラウド技術に精通、特にアプリケーション開発、DevOpsについての深い見識を持つ。初めて触ったOSはMS-DOS、初めて触ったPCはNEC PC-9801。高校生のときに触ったFedora Core 5、FreeBSDからUNIXおよびLinuxでのオープンソースの素晴らしさに感動し、以後さまざまなオープンソースに触れ、特にLinux kernel tuningやネットワークスタックに関しての調査に力を入れる。さらに、インターネット技術に魅せられて、L1（電源、ファシリティ）からL7（アプリケーション）まで幅広い知識を得てきた。誰のためのクラウドか、クラウドとはどうあるべきかを日夜研究中。

Twitter：@kyoheimoriyam

●元木 顕弘（もとき あきひろ） ——第7章を担当

NEC OSS推進センターに在籍。OpenStack「Neutron」「Horizon」のコアデベロッパーとしてOpenStack開発に携わるとともに、OpenStackを使ったプライベートクラウドの運用、クラウド案件の支援を行なっている。ルーター、広域イーサーネット装置から迷惑メールアプライアンスに至るまでさまざまな研究開発の経験を持つ、FPGAからクラウドまでわかるエンジニア。プライベートではサイクリングを楽しみつつ、OpenStack／Linuxなどの翻訳を行なっている。おいしいビールはコーディングのよき相棒。共著で『OpenStackクラウドインテグレーション　オープンソースクラウドによるサービス構築入門』（翔泳社）を執筆。

装丁＆本文デザイン　NONdesign 小島トシノブ
装丁イラスト　山下以登
DTP　株式会社アズワン

絵で見てわかるクラウドインフラとAPIの仕組み

2016年 2月 18日　初版第1刷発行
2023年 12月 10日　初版第6刷発行

著者・監修　平山毅（ひらやまつよし）
著者　中島倫明（なかじまともあき）
中井悦司（なかいえつじ）
矢口悟志（やぐちさとし）
森山京平（もりやまきょうへい）
元木顕弘（もときあきひろ）
発行人　佐々木 幹夫
発行所　株式会社翔泳社（https://www.shoeisha.co.jp）
印刷・製本　株式会社ワコー

ISBN978-4-7981-4161-9　Printed in Japan